基于“校企合作”人才培养模式
机械制造及自动化示范专业教改新教材

机械零件加工工艺编制

主　编　武友德（学校）
　　　　吴　伟（企业）
主　审　李先跃（学校）
　　　　李珊琳（企业）
参　编（学校）　杨顺田　苏　珉　蒲亨前
　　　　　　　　杨金凤　郑立新
　　　　　　　　杨保成　冷真龙
　　　（企业）　吴　勤　徐　斐　罗大兵
　　　　　　　　杨松凡　钟成明

机械工业出版社

本书共分为“轴类零件加工工艺编制”、“盘套类零件加工工艺编制”、“螺纹加工方法及丝杠的加工工艺编制”、“箱体类零件加工工艺编制”、“圆柱齿轮的加工工艺编制”、“零件的特种加工工艺”、“零件的数控加工工艺编制”等7个课题。

每个课题的内容均按照“机械零件加工岗位职业标准”，分析本课题承担的培养任务，选择合适的载体，并基于零件加工的工作流程，将实际生产案例有机地融入到教材中，做到了生产实际与课堂教学的有机结合。

本书可以作为高等职业教育院校机械制造及自动化专业学生用书，也可作为企业工艺技术人员的参考资料。

图书在版编目（CIP）数据

机械零件加工工艺编制/武友德，吴伟主编．—北京：机械工业出版社，2009.8（2022.8重印）

基于“校企合作”人才培养模式机械制造及自动化示范专业教改新教材

ISBN 978-7-111-27886-3

Ⅰ．机…　Ⅱ．①武…②吴…　Ⅲ．机械元件—加工—专业学校—教材　Ⅳ．TH16

中国版本图书馆CIP数据核字（2009）第129261号

机械工业出版社（北京市百万庄大街22号　邮政编码100037）

责任编辑：汪光灿　版式设计：霍永明　责任校对：陈延翔

封面设计：王伟光　责任印制：郜　敏

北京富资园科技发展有限公司印刷

2022年8月第1版第7次印刷

184mm×260mm · 15印张 · 367千字

标准书号：ISBN 978-7-111-27886-3

定价：45.00元

电话服务

客服电话：010-88361066

010-88379833

010-68326294

网络服务

机　工　官　网：www.cmpbook.com

机　工　官　博：weibo.com/cmp1952

金　　书　　网：www.golden-book.com

机工教育服务网：www.cmpedu.com

前　言

“机械零件加工工艺编制”课程是机械制造及自动化专业的一门主干课程。为建设好该课程，本校组建了由省级教学名师、机械类专业带头人、课程带头人等8名骨干教师、7名兼职教师组成的校企合作课程开发团队。教材的编写实行双主编与双主审制，由四川省教学名师、四川工程职业技术学院机械制造及自动化专业带头人武友德教授和东方电气集团东方电机股份有限公司工艺处高级工程师吴伟专家联合担任教材主编，由中国重装基地知名工艺师李先跃和中国第二重型机械集团公司工艺处专家李珊莉教授级高工联合担任主审。

为了使“机械零件加工工艺编制”课程符合高技能人才培养目标和专业相关技术领域职业岗位的任职要求，课程开发团队按照“行业引领、企业主导、学校参与”的思路，制订了“机械加工岗位职业标准”，该标准已通过四川省经委组织的由有关行业、企业专家组成的鉴定组的评审鉴定。依据本标准，明确课程内容，并基于工作过程对课程内容进行了组织。

本书的编写始终以“机械加工岗位职业标准”所确定的该门课程所承担的典型工作任务为依托，以基于工厂“典型零件”的真实加工过程为导向，结合企业生产实际零件制造的工作流程，分析完成每个流程所必需的知识和能力结构，归纳了“机械零件加工工艺编制”课程的主要工作任务，选择合适的载体，构建主体学习单元；按照任务驱动、项目导向，以职业能力培养为重点，将真实生产过程和产品融入教学全过程。

本书共分为“轴类零件加工工艺编制”、“盘套类零件加工工艺编制”、“螺纹加工方法及丝杠的加工工艺编制”、“箱体类零件加工工艺编制”、“圆柱齿轮的加工工艺编制”、“零件的特种加工工艺”、“零件的数控加工工艺编制”等7个课题。

本书由学校与行业、企业合作编写，在2年前开发出的工学结合的《机械零件加工工艺编制》活页教材的基础上，经过专业教学指导委员会的多次论证和修改，最终编写而成。

本书由四川工程职业技术学院武友德教授、东方电气集团东方电机股份有限公司吴伟高级工程师担任主编。武友德编写课题7，东方电机股份有限公司吴勤提供相关资料，并协助编写；苏珉、杨保成合作编写课题1，中国第二重型机械集团公司李珊琳提供相关资料，并协助编写；蒲亨前编写课题2，东方汽轮机厂钟成明提供相关资料，并协助编写；杨金凤编写课题3，中国第二重型机械集团公司徐斐提供相关资料，并协助编写；杨顺田副教授编写课题4，东方电机股份有限公司吴伟提供相关资料，并协助编写；郑立新编写课题5，东方电机股份有限公司罗大兵提供相关资料，并协助编写；冷真龙编写课题6，中国第二重型机械集团公司杨松凡提供相关资料，并协助编写。

本书由中国重装基地知名工艺师李先跃和中国第二重型机械集团工艺处专家李珊琳教授级高工联合担任主审。

本书的编写属于国家高职示范性院校建设项目，由于编者水平有限，书中难免有不妥之处，敬请读者批评赐教。

编　者

2009. 2

目　　录

前言
课题一　轴类零件加工工艺编制 …… 1
1-1　机械加工工艺认识 …… 2
1-2　零件分析 …… 7
1-3　材料、毛坯及热处理方式选择 …… 8
1-4　轴类零件的常见加工表面及加工方法 …… 22
1-5　轴类零件加工车刀的选择 …… 47
1-6　轴类零件加工机床的选择及工件的装夹 …… 59
1-7　基准及其选择 …… 66
1-8　加工阶段划分与工序顺序安排 …… 67
1-9　加工余量和工序尺寸的确定 …… 69
1-10　机械加工工时定额的制定 …… 73
1-11　填写工艺文件 …… 77
课题二　盘套类零件加工工艺编制 …… 81
2-1　零件分析 …… 82
2-2　材料、毛坯及热处理方式选择 …… 82
2-3　套类零件的常见加工表面及加工方法 …… 83
2-4　盘套类零件的加工方案 …… 108
2-5　盘套类零件的加工工艺编制 …… 110
课题三　螺纹加工方法及丝杠的加工工艺编制 …… 112
3-1　螺纹的分类及技术要求 …… 112
3-2　螺纹的加工方法 …… 113
3-3　丝杠的加工工艺编制 …… 115
课题四　箱体类零件加工工艺编制 …… 118
4-1　零件分析 …… 119
4-2　材料、毛坯及热处理方式选择 …… 120
4-3　箱体类零件的加工方法 …… 121
4-4　制定箱体类零件加工工艺过程的共性原则 …… 146
4-5　箱体类零件加工定位基准的选择 …… 147
4-6　箱体类零件加工工艺过程的制定 …… 149
课题五　圆柱齿轮的加工工艺编制 …… 151
5-1　零件分析 …… 151
5-2　材料、毛坯及热处理方式选择 …… 153
5-3　齿轮的加工方案 …… 154
5-4　圆柱齿轮的齿形加工方法 …… 156
5-5　圆柱齿轮的加工工艺过程编制 …… 165
课题六　零件的特种加工工艺 …… 170
6-1　电火花成形加工 …… 170
6-2　数控电火花线切割加工 …… 189
6-3　超声加工 …… 202
课题七　零件的数控加工工艺编制 …… 204
7-1　数控车削加工工艺编制 …… 204
7-2　数控镗铣、加工中心加工工艺编制 …… 216
参考文献 …… 232

课题一

轴类零件加工工艺编制

给定任务：

图 1-1 所示为某企业实际生产的，年产量达 350 件的传动轴零件图，请编制该零件的工艺，填写工艺文件。

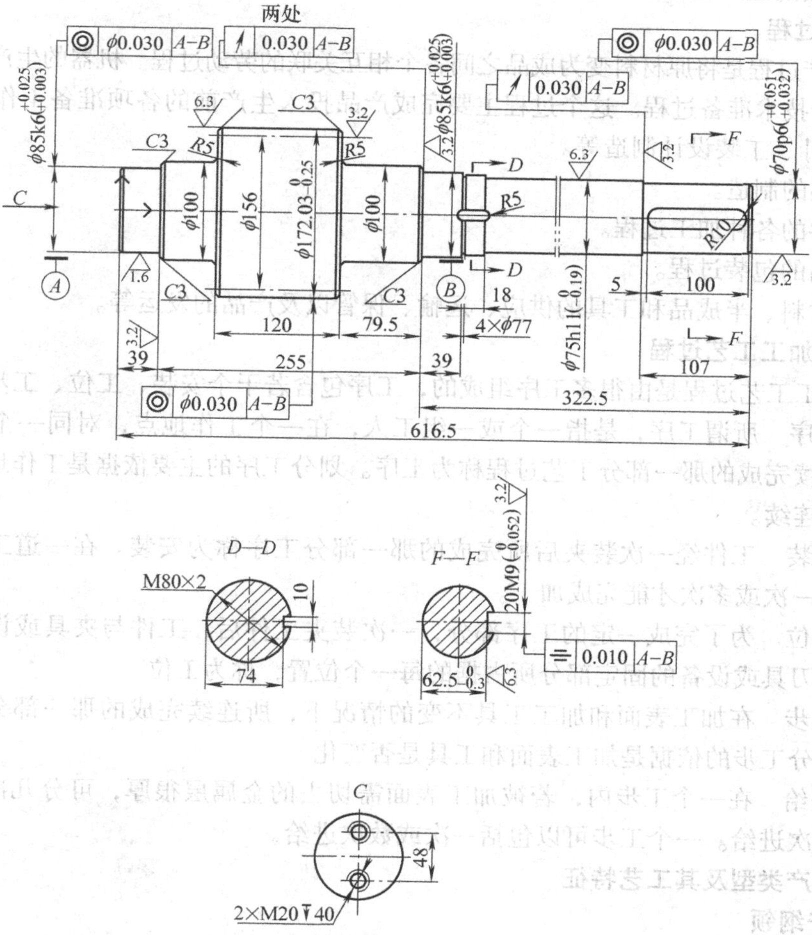

图 1-1 传动轴

要完成该零件的加工，在车间接受任务后，首先由工艺人员审查零件图、分析零件结构和要求；选择或根据给定的零件材料，确定毛坯以及分析应采用哪些热处理方式、各种表面的加工方法；根据企业生产人员技术水平、设备和装备状况，选择加工设备、工装和确定零件精度检验手段及相关检测工具；查阅有关技术手册和相关资料，编制加工工艺文件，然后操作人员按照工艺文件的加工顺序及要求，完成零件的加工。可以说工艺文件是指导加工的重要技术文件，所编制的工艺文件是否科学合理，直接影响到零件的加工质量和生产效率。

1-1 机械加工工艺认识

一、机器的生产过程和工艺过程

1. 生产过程

所谓生产过程是将原材料变为成品之间各个相互关联的劳动过程。机器的生产过程包含：

1）生产技术准备过程。这个过程主要完成产品投入生产前的各项准备工作，如产品设计、工艺设计、工装设计制造等。

2）毛坯的制造。

3）零件的各种加工过程。

4）产品的包装过程。

5）原材料、半成品和工具的供应、运输、保管以及产品的发运等。

2. 机械加工工艺过程

机械加工工艺过程是由很多工序组成的，工序包含若干个安装、工位、工步和进给。

(1) 工序　所谓工序，是指一个或一组工人，在一个工作地点，对同一个或同时对几个工件所连续完成的那一部分工艺过程称为工序。划分工序的主要依据是工作地点是否变动和工作是否连续。

(2) 安装　工件经一次装夹后所完成的那一部分工序称为安装。在一道工序中，工件可能被装夹一次或多次才能完成加工。

(3) 工位　为了完成一定的工序部分，一次装夹工件后，工件与夹具或设备的可动部分一起相对刀具或设备的固定部分所占据的每一个位置，称为工位。

(4) 工步　在加工表面和加工工具不变的情况下，所连续完成的那一部分工序内容称为工步。划分工步的依据是加工表面和工具是否变化。

(5) 进给　在一个工步内，若被加工表面需切去的金属层很厚，可分几次切削，每切削一次为一次进给。一个工步可以包括一次或数次进给。

二、生产类型及其工艺特征

1. 生产纲领

生产纲领是指企业在计划内应当生产的产品产量和进度计划。计划期常定为1年，因此生产纲领常称为年产量。

零件生产纲领要计入备品和废品的数量，可按下式计算：

$$N = Qn\ (1+\alpha)(1+\beta) \tag{1-1}$$

式中 N——零件的年产量，单位为件/年；

Q——产品的年产量，单位为台/年；

n——每台产品中该零件的数量，单位为件/台；

α——备品的百分率；

β——废品的百分率。

2. 生产类型

生产类型是指企业（或车间、工段、班组、工作地）生产专业化程度的分类，一般分为单件生产、成批生产和大量生产三种类型。

生产类型和生产纲领的关系见表1-1。

表1-1 生产类型和生产纲领的关系

生产类型		生产纲领（单位为台/年或件/年）		
		重型零件（30kg以上）	中型零件（4~30kg）	轻型零件（4kg以下）
单件生产		≤5	≤10	≤100
成批生产	小批生产	>5~100	>10~150	>100~500
	中批生产	>100~300	>150~500	>500~5000
	大批生产	>300~1000	>500~5000	>5000~50000
大量生产		>1000	>5000	>50000

3. 各种生产类型的工艺特征

生产类型不同，产品和零件的制造工艺、所用设备及工艺装备、采取的技术措施、达到的技术经济效果等也不同。各种生产类型的工艺特征见表1-2。

表1-2 各种生产类型的工艺特征

工艺特征＼生产类型	单件小批生产	中批生产	大批量生产
加工对象	经常变换	周期性变换	固定不变
零件的互换性	无互换性，钳工修配	普遍采用互换或选配	完全互换或分组互换
毛坯	木模手工造型或自由锻，毛坯精度低，加工余量大	金属模造型或模锻毛坯，精度中等，加工余量中等	金属模机器造型、模锻或其他高生产率毛坯制造方法，毛坯精度高，加工余量小
机床及布局	通用机床按“机群式”排列	通用机床和专用机床按工件类别分工段排列	广泛采用专用机床及自动机床，按流水线排列
工件的安装方法	划线找正	广泛采用夹具，部分划线找正	夹具
获得尺寸方法	试切法	调整法	调整法或自动加工
刀具和量具	通用刀具和量具	通用和专用刀具、量具	高效率专用刀具、量具
工人技术要求	高	中	低
生产率	低	中	高
成本	高	中	低

（续）

生产类型 / 工艺特征	单件小批生产	中批生产	大批量生产
夹具	极少采用专用夹具和特种工具	广泛使用专用夹具和特种工具	广泛使用高效率的专用夹具和特种工具
工艺规程	机械加工工艺过程卡	较详细的工艺规程，对重要零件有详细的工艺规程	详细编制工艺规程和各种工艺文件

三、工艺文件

将工艺文件的内容，填入一定格式的卡片，即成为生产准备和施工依据的工艺文件。常用的工艺文件的格式有下列几种：

1. 机械加工工艺过程卡

这种卡片以工序为单位，简要地列出整个零件加工所经过的工艺路线（包括毛坯制造、机械加工和热处理等）。它是制订其他工艺文件的基础，也是生产准备、编排作业计划和组织生产的依据。在这种卡片中，由于各工序的说明不够具体，故一般不直接指导工人操作，而多作为生产管理方面使用。但在单件小批生产中，由于通常不编制其他较详细的工艺文件，而就以这种卡片指导生产。机械加工工艺过程卡片见表1-3。

表1-3 机械加工工艺过程卡片

	机械加工工艺过程卡片	产品型号		零件图号		共 页 第 页				
		产品名称		零件名称						
	材料牌号		毛坯种类		毛坯外形尺寸		每毛坯可制件数		每台件数	备注
	工序号	工序名称	工序内容	车间	工段	设备	工艺装备	工时		
								准终	单件	
描图										
审核										
底图号										
装订号										
					设计（日期）	审核（日期）	标准化（日期）	会签（日期）		
	标记	处数	更改文件号	签字	日期					

2. 机械加工工艺卡片

机械加工工艺卡片是以工序为单位，详细地说明整个工艺过程的一种工艺文件。它是用来指导工人生产和帮助车间管理人员和技术人员掌握整个零件加工过程的一种主要技术文件，是广泛用于成批生产的零件和重要零件的小批生产中。机械加工工艺卡片内容包括零件的材料、重量、毛坯种类、工序号、工序名称、工序内容、工艺参数、操作要求以及采用的设备和工艺装备等。机械加工工艺卡片格式见表 1-4。

表 1-4 机械加工工艺卡片

<table>
<tr><td colspan="3" rowspan="2">工 厂</td><td colspan="2" rowspan="2">机械加工工艺卡片</td><td colspan="2">产品型号</td><td></td><td colspan="3">零（部）件图号</td><td colspan="2"></td><td colspan="2">共 页</td></tr>
<tr><td colspan="2">产品名称</td><td></td><td colspan="3">零（部）件名称</td><td colspan="2"></td><td colspan="2">第 页</td></tr>
<tr><td colspan="2">材料牌号</td><td colspan="2"></td><td>毛坯种类</td><td></td><td>毛坯外形尺寸</td><td></td><td>每毛坯件数</td><td></td><td>每台件数</td><td></td><td colspan="3">备注</td></tr>
<tr><td rowspan="2">工序</td><td rowspan="2">装夹</td><td rowspan="2">工步</td><td rowspan="2">工序内容</td><td rowspan="2">同时加工零件数</td><td colspan="3">切削用量</td><td rowspan="2">设备名称编号</td><td colspan="3">工艺装备名称及编号</td><td rowspan="2">技术等级</td><td colspan="2">工时定额</td></tr>
<tr><td>背吃刀量/mm</td><td>切削速度/m·min⁻¹</td><td>进给量/mm·r⁻¹</td><td>夹具</td><td>刀具</td><td>量具</td><td>单件</td><td>准终</td></tr>
<tr><td></td><td></td><td></td><td></td><td></td><td></td><td></td><td></td><td></td><td></td><td></td><td></td><td></td><td></td><td></td></tr>
<tr><td></td><td></td><td colspan="2"></td><td></td><td></td><td colspan="3">编制（日期）</td><td colspan="3">审核（日期）</td><td colspan="3">会签（日期）</td></tr>
<tr><td>标记</td><td>处数</td><td colspan="2">更改文件号</td><td>签字</td><td>日期</td><td colspan="3"></td><td colspan="3"></td><td colspan="3"></td></tr>
</table>

3. 机械加工工序卡片

机械加工工序卡片是根据机械加工工艺卡片为一道工序制订的，它更详细地说明整个零件各个工序的要求，是用来具体指导工人操作的工艺文件。在这种卡片上要画工序简图，说明该工序每一工步的内容、工艺参数、操作要求以及所用的设备及工艺装备。一般用于大批大量生产的零件。机械加工工序卡片格式见表 1-5。

表 1-5 机械加工工序卡片

机械加工工序卡片	产品型号		零件图号		共 页
	产品名称		零件名称		第 页
	车间	工序号	工序名称	材料牌号	
	毛坯种类	毛坯外形尺寸	每件毛坯可制件数	每台件数	
	设备名称	设备型号	设备编号	同时加工件数	
	夹具编号	夹具名称	切削液		
	工位器具编号	工位器具名称	工序工时		
			准终	单件	

	工步号	工步内容	工艺装备	主轴转速 /r·min^{-1}	切削速度 /m·min^{-1}	进给量 /mm·r^{-1}	背吃刀量 /mm	进给次数	工步工时 准终	工步工时 单件
描图										
描校										
底图号										
装订号										

					编制（日期）	审核（日期）	标准化（日期）	会签（日期）
标记	处数	更改文件号	签字	日期				

四、编制工艺规程的原则及方法

1. 编制工艺规程的原则

（1）制订工艺规程的原则：保证产品质量，提高生产效率，降低成本。

（2）注意的问题：技术上的先进性，经济效益要高，良好的劳动环境。

2. 编制工艺规程的原始资料

在编制工艺规程时，首先要收集以下原始资料。

（1）产品的装配图和零件图。

（2）质量验收标准。

（3）生产纲领。

（4）毛坯资料。

（5）本厂的生产技术条件。

（6）有关的各种技术资料。

五、编制工艺规程的步骤

（1）分析零件。

（2）选择毛坯的制造方法。

（3）拟订工艺路线，选择定位基准。

（4）确定各工序尺寸及公差。

（5）确定各工序的工艺装备。

（6）确定各工序的切削用量和工时定额。

（7）确定各工序的技术要求和检验方法。

（8）填写工艺文件。

1-2 零件分析

零件的工艺性分析主要是指分析零件的技术要求、零件的结构和零件的结构工艺性。

1. 零件的技术要求分析

轴类零件的技术要求主要有以下几个方面：

（1）直径尺寸精度和几何形状精度　轴上支承轴径和配合轴径是轴的重要表面，其直径尺寸精度通常为IT5～IT9级，形状精度（圆度、圆柱度）控制在直径公差之内，形状精度要求较高时，应在零件图样上另行规定其公差，如图1-1所示。

（2）相互位置精度　轴类零件中的配合轴颈（装配传动件的轴颈）对于支承轴颈的同轴度是相互位置精度的普遍要求。普通精度的轴，配合轴颈对支承轴颈的径向圆跳动一般为0.01～0.03mm，高精度轴为0.001～0.005mm。

此外，相互位置精度还有内外圆柱面间的同轴度、轴向定位端面与轴心线的垂直度要求等。

（3）表面粗糙度　根据机器精密程度的高低、运转速度的大小不同，轴类零件表面粗糙度要求也不相同。支承轴颈的表面粗糙度 R_a 值一般为0.16～0.63μm，配合轴颈 R_a 值为0.63～2.5μm。

2. 零件的结构分析

轴类零件是机器中常见的零件，也是重要的零件，其主要功用是支承传动零部件（如齿轮、带轮等）和传递转矩。

零件的结构分析主要是弄清零件由什么表面构成，各表面的尺寸大小如何。如图1-1所示，轴类零件是旋转体零件，其长度大于直径，加工表面通常有内外圆柱面、圆锥面，以及螺纹、键槽、横向沟、沟槽等。根据轴上表面类型和结构特征的不同，轴可分为多种形式，如光轴、空心轴、半轴、阶梯轴、花键轴、十字轴、偏心轴、曲轴、凸轮轴和齿轮轴等。

3. **零件的结构工艺性分析**

零件的结构工艺性分析，主要分析零件结构的合理性，看零件在结构上是否符合机械加工要求。

1-3 材料、毛坯及热处理方式选择

一、轴类零件的材料

机械加工中常用到铁碳合金材料，铁碳合金是以铁为基础的合金，也是钢和铸铁的统称，它是现代工业中应用最广泛的合金。钢和铸铁虽然是多组元的复杂合金，但铁和碳是它的两个最基本的组元。

(一) 铁碳合金的基本组织

纯铁具有良好的塑性，但强度、硬度较低，很少用它制造机械零件。在纯铁中加入少量的碳，组织和性能就会发生显著的变化，其原因是铁和碳相互结合，形成了不同的合金组织。在固态铁碳合金中，铁和碳的基本结合方式有两种：一种是碳溶于铁的晶格中形成固溶体，另一种是铁和碳形成金属化合物。此外，也可以由固溶体和金属化合物组合成机械混合物。铁碳合金的基本组织有铁素体、奥氏体、渗碳体和珠光体等。

1. **铁素体**

碳溶于 α-Fe 中形成的间隙固溶体称为铁素体，用符号 F 表示。它仍保持 α-Fe 的体心立方晶格，其原子排列如图 1-2 所示。由于体心立方晶格原子间的空隙较小，所以碳在 α-Fe中的溶解度也较小，在 727℃时为 0.0218%；在室温时约为 0.0008%。铁素体的性能与纯铁相似，即具有良好的塑性和韧性，较低的强度和硬度。

2. **奥氏体**

碳溶于 γ-Fe 中形成的间隙固溶体称为奥氏体，用符号 A 表示。它仍保持 γ-Fe 的面心立方晶格，其原子排列如图 1-3 所示。奥氏体的碳溶解能力比铁素体要大，在 1148℃时溶

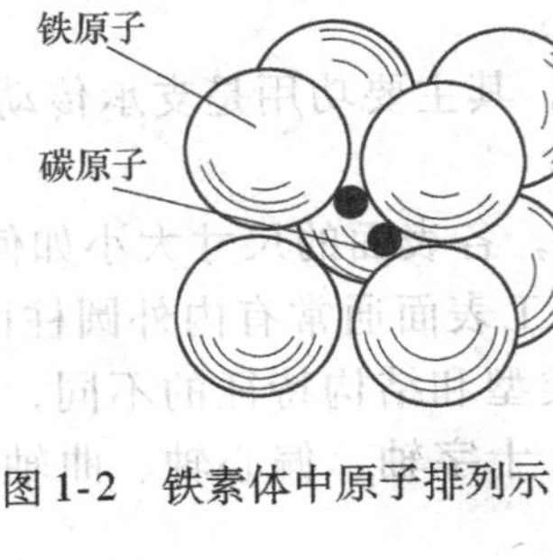

图 1-2 铁素体中原子排列示意图

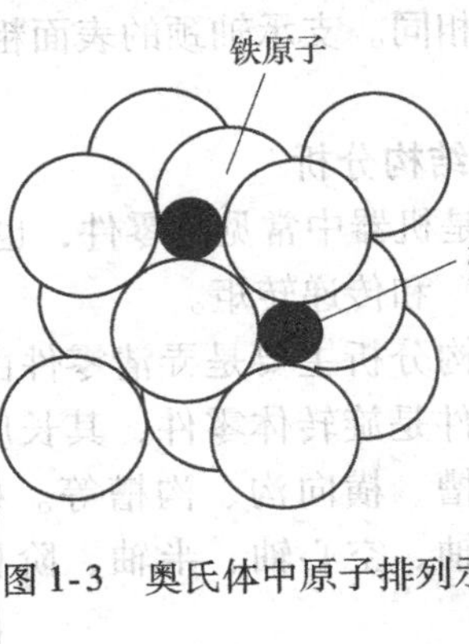

图 1-3 奥氏体中原子排列示意图

解度最大达2.11%；温度降低，溶解度也降低，在727℃时溶解度为0.77%。奥氏体一般存在于727℃以上的高温范围内，具有较低的硬度和良好的塑性，易于锻压成形。

3. 渗碳体

渗碳体是铁和碳形成的一种间隙化合物，其分子式为Fe_3C，可以符号C_m表示。渗碳体的碳的质量分数为6.69%，它是一个高碳相，熔点约为1227℃。其硬度极高，脆性很大，而塑性和冲击韧性几乎等于零。因此渗碳体不能单独使用，在钢中总是和铁素体混在一起，是钢中的主要强化相，渗碳体的数量、形状、大小和分布状况对钢的力学性能影响很大。

渗碳体在一定条件下可以分解形成铁和石墨状态的自由碳：

$$Fe_3C \rightarrow 3Fe + C\ （石墨）$$

这一分解过程对铸铁具有重要意义。

4. 珠光体

珠光体是铁素体和渗碳体组成的机械混合物，用符号P表示。在珠光体中，铁素体和渗碳体各自保持着自己原来的晶格类型。

珠光体的平均碳的质量分数为0.77%。由于它是硬的渗碳体和软的铁素体两相组成的混合物，所以它的力学性能介于铁素体和渗碳体之间。它的强度较高，硬度适中，具有一定塑性。

在铁碳合金的几种基本组织中，铁素体、奥氏体、渗碳体都是单相组织，称为铁碳合金的基本相。而珠光体则是由基本相组成的机械混合物，表1-6列出了铁碳合金的基本组织的力学性能。

表1-6　铁碳合金的基本组织的力学性能

名　称	符　号	定　义	HBW	σ_b/MPa	δ（%）
铁素体	F	碳在α-Fe中的间隙固溶体	80	250	50
奥氏体	A	碳在γ-Fe中的间隙固溶体	170～220	>400	40～60
渗碳体	C_m	铁与碳形成的金属化合物	800	30	≈0
珠光体	P	铁素体和渗碳体的层片状机械混合物	100～280	800～850	20～25

注：表中奥氏体的性能数据为高温力学性能。

（二）轴类零件的常用材料

一般轴类零件的材料常用45钢；中等精度而转速较高的轴类零件可选用40Cr等合金结构钢；精度较高的轴可选用轴承钢GCr15和弹簧钢65Mn等；高速、重载等条件下工作的轴可以选用20CrMnTi、20Cr、38CrMoAl、42CrMo等。

二、轴类零件的毛坯选择

轴类零件的毛坯常用的有棒料、锻件和铸件三种。光轴和直径相差不大的阶梯轴毛坯一般以棒料为主。外圆直径相差较大的轴或重要的轴（如主轴）宜选用锻件毛坯，既节省材料、减小切削加工的劳动量，又改善其力学性能。结构复杂的大型轴类零件（如曲轴）可采用铸件毛坯。

三、轴类零件的热处理

（一）钢的热处理基础

钢的热处理是指将钢在固态下采用适当的方式进行加热、保温和冷却以获得所需要的组织结构与性能的工艺方法。热处理方法虽然很多，但任何一种热处理工艺过程都可在温度—时间坐标系中用曲线图形来表示，如图 1-4 所示。此曲线称为热处理工艺曲线。

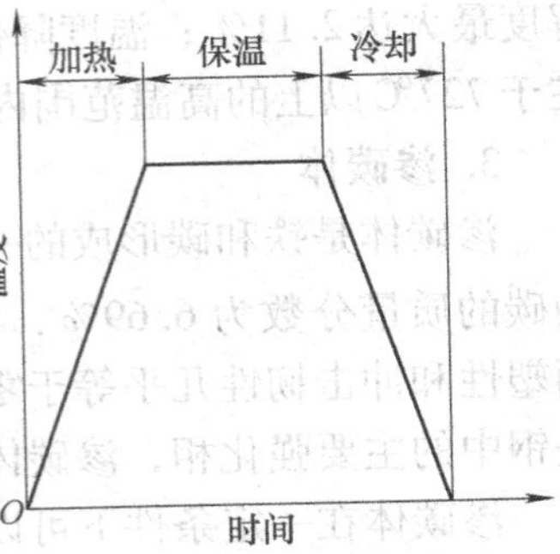

图 1-4 热处理工艺曲线

通过热处理，可以显著提高钢的力学性能，充分挖掘钢材的强度潜力，改善零件的使用性能，提高产品质量，延长使用寿命。

此外，热处理还可改善毛坯件的工艺性能，为后续工序作好组织准备，以利于各种冷、热加工。据统计，现代机床工业中有 60% ~70% 的零件要进行热处理；而在刀具、量具、模具等的制造中，则 100% 的需进行热处理。因此，热处理在机械制造业中占有十分重要的地位。

根据加热和冷却方法不同，常用的热处理方法大致分类如下：

热处理分为普通热处理和表面热处理两大类，其中普通热处理包括退火、正火、淬火、回火 4 种方法；表面热处理又分成表面淬火（感应加热、火焰加热、激光加热）和化学热处理（渗碳、渗氮、碳氮共渗和其他）。

热处理之所以能使钢的性能发生变化，其根本原因是钢在加热和冷却过程中，发生了组织与结构变化的结果。钢在加热时的组织转变，钢的热处理，首先需进行加热，大多数机械零件的热处理都需要加热到临界温度以上，使其全部或部分转变为均匀的奥氏体，以便采用适当的冷却方式，获得所需要的组织。

在铁碳合金状态图中，A_1、A_3、A_{cm} 是钢在极其缓慢加热和冷却时的临界温度。但在实际的加热和冷却条件下，钢的组织转变总有“滞后”现象，即此时的临界温度与状态图所示平衡临界温度有一定的偏离，通常在加热（冷却）时要高于（低于）状态图所示临界温度。为了区别起见，通常把加热时的临界温度分别用 Ac_1、Ac_3、Ac_{cm} 表示；冷却时的各临界温度用 Ar_1、Ar_3、Ar_{cm} 表示，如图 1-5 所示在加热和冷却时 Fe-Fe_3C 状态图上各临界点的位置。

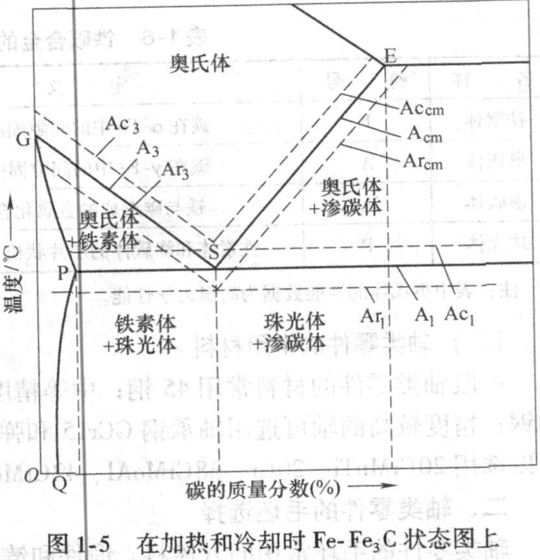

图 1-5 在加热和冷却时 Fe-Fe_3C 状态图上各临界点的位置

由铁碳合金状态图可知，任何成分的碳钢加热到临界温度 Ac_1 以上，都会发生珠光体向奥氏体的转变。热处理时进行 Ac_1 温度以上加热的目的，就是为了得到奥氏体，通常把这一组织转变过程称为奥氏体化。

退火和正火经常作为预先热处理工序，安排在锻造或铸造之后、机械（粗）加工之前，旨在消除前道工序造成的某些缺陷，为随后的切削加工和最终热处理作好准备。对一些普通铸件、焊接件以及一些性能要求不高的工件，也可作为最终热处理工序。

1. **退火**

将钢加热到适当温度，保持一定时间，然后缓慢冷却的热处理工艺，称为钢的退火。根据钢的成分、退火工艺与目的不同，退火常分为完全退火、等温退火、球化退火和去应力退火等。

（1）完全退火 完全退火的工艺是把亚共析钢加热到 Ac_3 以上 30～50℃，保温一定时间，随之缓慢冷却。

由于完全退火加热温度在 Ac_3 以上，实现了亚共析钢的完全奥氏体化，缓慢冷却是保证奥氏体在珠光体转变区的上半部完成组织转变，如图 1-6 所示。因此，完全退火后的组织是接近平衡状态的组织，即铁素体＋珠光体。由于钢在完全退火时，其内部组织经历了一次完全重结晶过程故又称为重结晶退火。重结晶使晶粒细化和均匀化，从而使中碳以上的钢软化以利于后续加工，且充分消除了内应力。

一般情况下，退火工件随炉冷却，即可满足所要求的冷却速度。实际操作时，可随炉缓冷至 500～600℃以下后再在空气中冷却，也可埋在干砂、石灰中冷却。

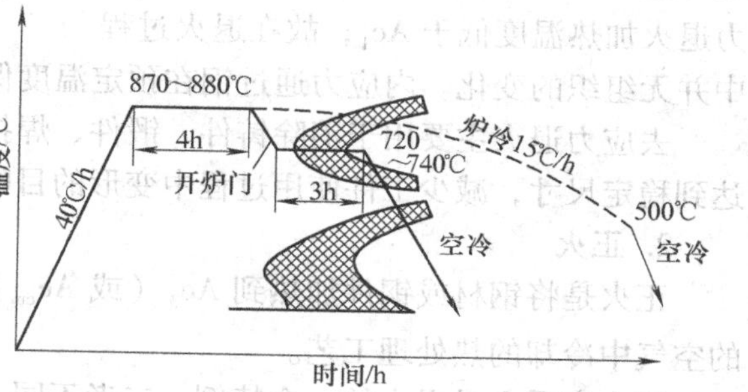

图 1-6 高速钢的等温退火（虚线表示）与完全退火的比较

完全退火主要用于亚共析成分钢的铸件、锻件及热轧型材，有时也用于焊接结构件。其目的是细化晶粒、消除内应力与组织缺陷、降低硬度、改善切削加工性能等。表 1-7 为碳的质量分数为 0.3% 的铸钢件进行完全退火后与原始铸态的性能比较。可见，铁素体晶粒尺寸在退火后大为减小，故强度、塑性均明显提高。

表 1-7 碳的质量分数为 0.3% 铸钢件铸态和完全退火后性能比较

状态	铁素体晶粒尺寸（1/mm³）	σ_b/MPa	σ_s/MPa	δ（%）	ψ（%）
铸态	7.5×10^{-5}	473	230	14.6	17
850℃退火后	1.4×10^{-5}	510	280	22.5	29

过共析钢不宜采用完全退火，因为加热到 Ac_{cm} 以上温度再缓慢冷却时，二次渗碳体会以网状沿奥氏体晶界析出，使钢的冲击韧度显著降低。

（2）等温退火 等温退火是把钢件或毛坯加热到高于 Ac_3（或 Ac_1）温度，保持适当时间后，较快地冷却到珠光体温度区间的某一温度并等温保持使奥氏体转变为珠光体型组织，然后在空气中冷却的退火工艺。与完全退火有着相似的目的，但等温退火可以有效地缩短退火时间，提高生产率；且因工件内外处于同一温度下发生组织转变，故可获得均匀的组织和性能。

图 1-6 所示为高速钢的完全退火与等温退火工艺比较。完全退火需要 15～20h 以上，而等温退火所需时间则大为缩短。

（3）球化退火 球化退火主要用于共析或过共析成分钢的刀具、量具、模具等。其目的在于球化渗碳体（或碳化物），以降低硬度，改善切削加工性，并为淬火作好组织准备。

一般球化退火的工艺是把钢加热到 Ac_1 以上 10～20℃，保温一定时间，然后缓慢冷却到600℃以下再出炉空冷。其工艺特点是低温短时加热和缓慢的冷却。

图1-7所示为碳的质量分数为1.0%钢的球化退火工艺曲线，其中a曲线为一般球化退火工艺，在生产中也常采用如图1-7中b曲线所示的等温球化退火工艺，以缩短生产周期，改善球化效果。

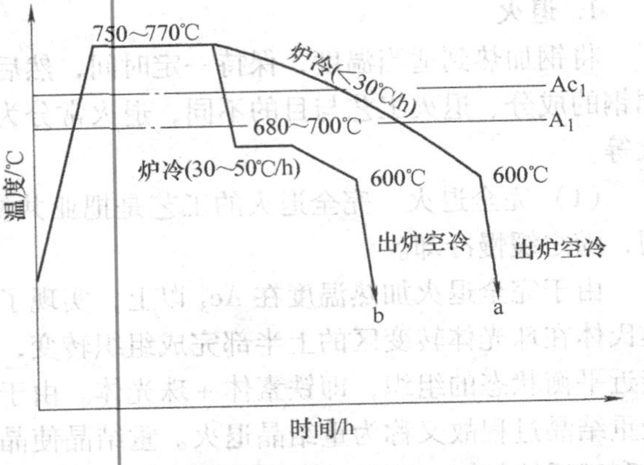

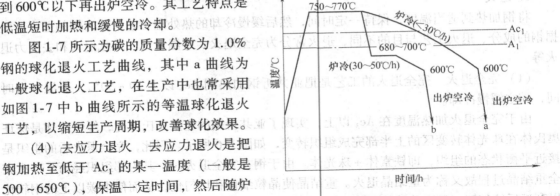

图1-7 碳的质量分数为1.0%钢的球化退火工艺曲线

(4) 去应力退火 去应力退火是把钢加热至低于Ac_1的某一温度（一般是500~650℃），保温一定时间，然后随炉缓冷至200℃出炉空冷的工艺。由于去应力退火加热温度低于Ac_1，故在退火过程中并无组织的变化。内应力通过钢在预定温度保温和随后的缓冷过程中被消除。

去应力退火主要用于消除铸件、锻件、焊接件、冷冲压件以及机加工件中的残余应力，达到稳定尺寸，减少工件使用过程中变形的目的。

2. 正火

正火是将钢材或钢件加热到Ac_3（或Ac_{cm}）以上30~50℃，保温适当时间后，在静止的空气中冷却的热处理工艺。

正火实质上是退火的一个特例。二者不同之处，主要在于正火的冷却速度较快，过冷度较大，故正火组织中珠光体量增多，且珠光体的层间距变小，通常获得索氏体组织。

由于正火和退火后钢的组织上存在上述差异，故反映在性能上也有所不同。表1-8为碳的质量分数为0.45%钢退火与正火状态力学性能比较。由表可见，钢经正火后的强度、硬度、冲击韧度都较退火后为高，且塑性也并不降低。

表1-8 碳的质量分数为0.45%钢退火与正火状态的力学性能比较

状态	σ_b/MPa	δ_5（%）	α_K/J·cm^{-2}	HBW
退火	650~700	15~20	40~60	~180
正火	700~800	15~20	50~80	~220

正火与退火相比，不仅力学性能高，而且操作简便，生产周期短，能量耗费少，故在可能条件下，应优先考虑采用正火处理。

目前正火主要应用于以下几个方面：

1）作为普通结构零件的最终热处理。因为正火可消除铸造或锻造中产生的过热缺陷，细化组织，提高性能，能满足普通结构零件的使用性能的要求。

2）改善低碳钢和低碳合金钢的可加工性。一般认为硬度在160~230HBW范围内的金属，其可加工性较好。硬度过高时不但难以加工，而且刀具容易磨损，能量耗费较多；但硬度过低时，切削加工中易“粘刀”，使刀具发热和磨损，且加工后零件表面粗糙度也较大。图1-8所示为各种碳钢退火和正火后的大致硬度值，其中阴影线部分为可加工性较好的硬度范围。

由图可见，低碳钢和低碳合金钢退火硬度一般都在160HBW以下，可加工性不良。但通过正火由于珠光体数量的增加和其层间距变细，使硬度提高，从而改善了可加工性。

3）作为中碳结构钢制作的较重要零件的预先热处理。由于中碳结构钢正火后，可使一些不正常组织转变为正常组织，消除了热加工所造成的某些组织缺陷，且其硬度一般仍在160～230HBW范围内，故不仅具有良好的可加工性，而且还能减少工件淬火时的变形与开裂，提高淬火质量。所以，正火常作为较重要零件的预先热处理。

4）消除过共析钢中网状二次渗碳体，为球化退火作好组织准备。这是因为正火冷却速度比较快，二次渗碳体来不及沿奥氏体晶界呈网状析出。

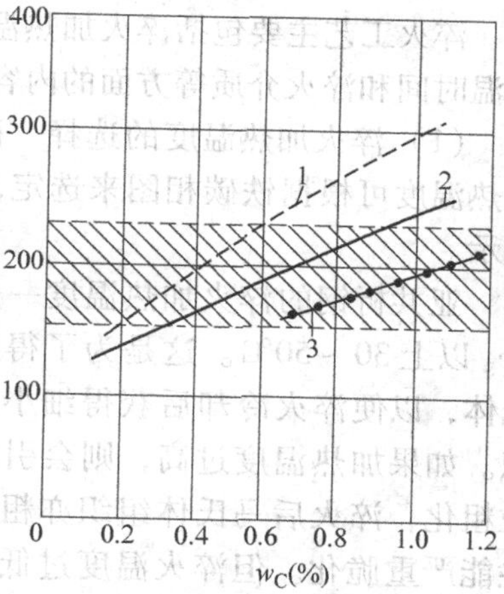

图1-8 碳钢退火和正火后的大致硬度
1—正火 2、3—球化退火

5）对一些大型的或形状较复杂的零件，淬火可能有开裂危险时，正火也往往代替淬火、回火处理，而作为这类零件的最终热处理。

现将上面讨论的各种退火和正火的加热温度与工艺曲线，示意地绘于图1-9中。钢的淬火与回火是紧密衔接的两个工艺过程，只有相互配合才能收到良好的热处理效果。

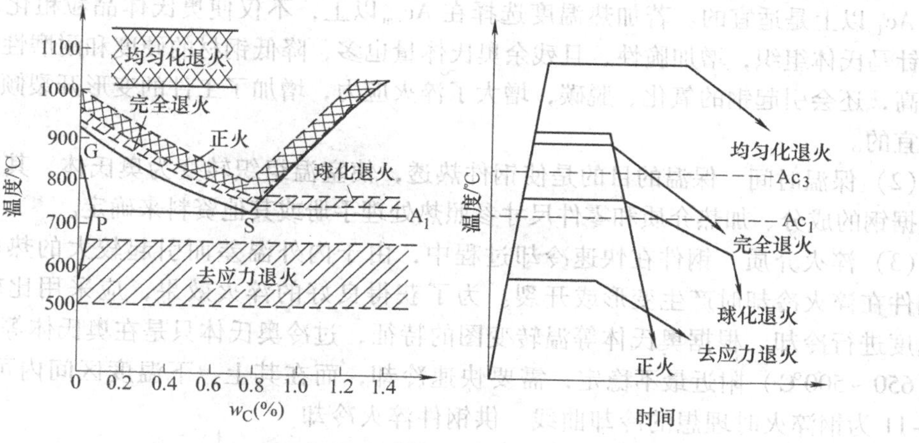

图1-9 各种退火和正火的加热温度与工艺曲线

3. 淬火

将钢件加热到 Ac_3 或 Ac_1 以上某一温度，保持一定时间使之奥氏体化，然后以大于马氏体临界冷却速度快速冷却的热处理方法，称为淬火。

淬火一般以获得马氏体组织为目的。但是，马氏体不是热处理所要求的最终组织。钢件淬火后必须配以适当的回火，淬火马氏体在不同回火温度下可获得不同的组织，从而使钢具有不同的力学性能，以满足各类工模具和零件的使用性能要求。例如，淬火后低温回火使工模具和耐磨零件达到高硬度和耐磨；中温回火使弹簧得到高的弹性；高温回火使某些在动载荷下工作的零件具备良好的综合力学性能等。就是说，回火决定了钢件热处理后的最终组织，淬火则是为回火时调整和改善钢的性能作好组织准备。通过正确的淬火和回火，钢件的力学性能大为提高，使用寿命显著延长，钢的性能潜力得以充分发挥。

淬火工艺主要包括淬火加热温度的选择、保温时间和淬火介质等方面的内容。

（1）淬火加热温度的选择　碳钢的淬火加热温度可根据铁碳相图来选定，如图 1-10 所示。

亚共析钢的淬火加热温度一般应选择在 Ac_3 以上 30～50℃。这是为了得到细晶粒奥氏体，以便淬火冷却后获得细小的马氏体组织。如果加热温度过高，则会引起奥氏体晶粒粗化，淬火后马氏体组织亦粗大，使钢的性能严重脆化。但淬火温度过低，则淬火组织中会出现铁素体，造成钢的硬度不足。

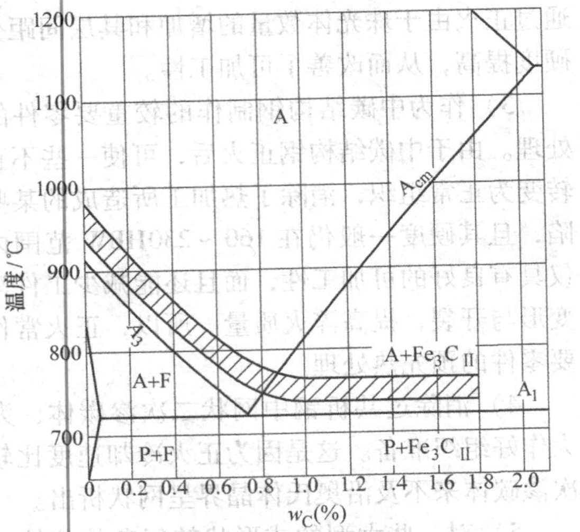

图 1-10　碳钢的淬火加热温度范围

共析钢和过共析钢的淬火加热温度选择在 Ac_1 以上 30～50℃，淬火后可得到均匀细小的马氏体和球状渗碳体组织。由于渗碳体的硬度比马氏体还高，它的存在不但不降低钢的硬度，而且能增加钢的耐磨性。所以加热温度在 Ac_1 以上是适宜的。若加热温度选择在 Ac_{cm} 以上，不仅使奥氏体晶粒粗化，淬火后得到粗针马氏体组织，增加脆性，且残余奥氏体量也多，降低钢材的硬度和耐磨性。由于加热温度高，还会引起钢的氧化、脱碳，增大了淬火应力，增加了工件的变形开裂倾向，因此是不适宜的。

（2）保温时间　保温的目的是使钢件热透，使室温组织转变为奥氏体。其时间长短主要根据钢的成分、加热介质和零件尺寸参照热处理手册或其他资料来确定。

（3）淬火介质　钢件在快速冷却过程中，由于内外温差而引起较大的热应力，往往使钢件在淬火冷却时产生变形或开裂。为了获得良好的淬火效果，应采用比较合理的冷却速度进行冷却。根据奥氏体等温转变图的特征，过冷奥氏体只是在奥氏体等温转变图鼻尖（650～500℃）附近最不稳定，需要快速冷却，而在其上、下温度区间内可稍慢冷却。图 1-11 为钢淬火时理想的冷却曲线。供钢件淬火冷却所使用的介质称为淬火介质。生产中，希望淬火介质在过冷奥氏体不稳定区（550℃钢淬火时的理想冷却曲线上下）有足够大的冷却能力，而在进入马氏体转变温度区（200～300℃）应有较小的冷却能力。在使用过程中要求其性能、成分稳定，不易变质，无公害，来源丰富，价格便宜等。

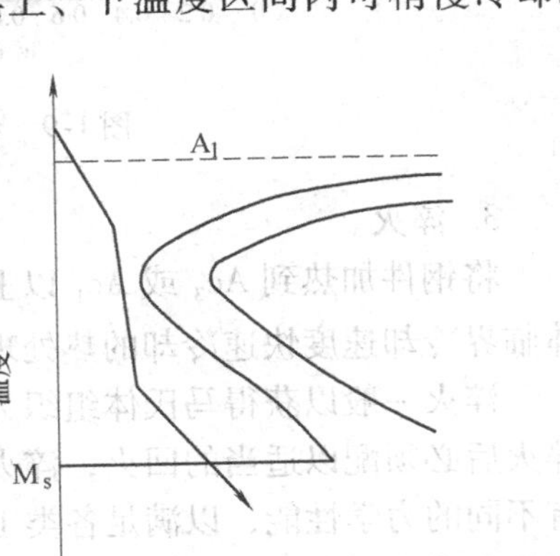

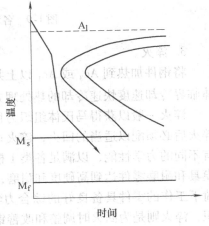

图 1-11　钢淬火时的理想冷却曲线

目前，常用的淬火介质有水和水溶性盐类、碱类或有机物的水溶液，以及油、熔盐、空气等。现有的冷却介质尚无一种能完全符合淬火理想冷却曲线的要求。

水价廉易得，使用安全，而且在 650～500℃范围内具有较强的冷却能力。因此，水是目前碳钢淬火常用的淬火介质。但水在 300～200℃间仍有较强的冷却能力，此温度范围正好是碳钢的马氏体转变温度，冷却速度快，容易引起淬火钢件的变形或开裂。这使选用水作淬火介质受到很大限制。若在水中加入适量的 NaCl（食盐）或 NaOH（苛性钠），可大大提高其在 650～500℃范围内的冷却能力，而在 300～200℃间的冷却能力变化不大。

各种矿物油、机器油也是较广泛应用的淬火介质，其优点是在 300～200℃范围内具有较弱的冷却能力，使钢件不易变形和开裂，但在 650～500℃范围内冷却能力也不够大，仅适用于过冷奥氏体较稳定的合金钢的淬火。

（4）淬火方法　由于目前还没有一种通用的理想淬火介质，所以必须对淬火方法加以研究，根据钢的化学成分、工件的形状尺寸和技术要求等，选择最适宜的淬火方法，来保证各种零件的淬火质量。生产中最常用的淬火方法如下：

单介质淬火法：将已加热奥氏体化的工件浸入某一种淬火介质中连续冷却的方法，一般碳钢在水或水溶液中淬火，合金钢在油中淬火均属单介质淬火法。

此法操作简便，易实现机械化和自动化，应用广泛。缺点是水淬变形开裂倾向大；油淬冷却速度小，容易产生硬度不足或不均匀现象。所以，它主要适用于截面尺寸无突变、形状简单的工件淬火。

双介质淬火法：将钢件奥氏体化后，先浸入一种冷却能力强的介质，在组织即将发生马氏体转变时立即转入另一种冷却能力弱的介质中冷却的淬火方法。碳钢可采用先水淬后油冷，合金钢采用先油淬后空冷即属此例。

双介质淬火法综合了两种不同淬火介质的长处，可以获得较为理想的冷却条件，既保证获得马氏体组织，又减小了马氏体转变的应力，防止工件的变形和开裂。此法的关键是要准确控制工件由第一种介质转入第二种介质时的温度。因为，如果工件在第一种介质中停留的时间过短，即工件温度可能尚处在奥氏体等温转变图鼻尖以上，取出缓冷时，奥氏体则可能向珠光体转变，从而达不到淬火的目的。

钢的淬火一般是为了获得马氏体组织，这就要求其冷却速度必须大于马氏体临界冷却速度。事实上工件淬火冷却时，其截面上各处的冷却速度已达到或超过该钢的临界冷却速度，则淬火处理后工件的整个截面上都会得到马氏体组织，说明该件已淬透。如果在距表面某一深度处的冷却速度开始小于该钢的临界冷却速度，则淬火后工件的表面一层是马氏体，冷却速度小于临界冷却速度的心部将有非马氏体组织出现，说明工件未被渗透，如图 1-12 所示。

钢的淬透性是指钢在淬火时能获得淬硬深度的能力，它是钢材本身的固有属性。显然，用不同钢材制成的相同形状和尺寸的工件，在同样条件下淬火，淬透性好的钢，其淬硬层就深；淬透性差的钢，淬硬层就浅。

从理论上讲，淬硬深度应该是全部淬成马氏体的深度。但实际上当马氏体中混入少量（如5%～10%）非马氏体组织时，无论通过显微观察还是硬度测量都难以分辨清楚，故一般多采用从钢的表面至半马氏体区（即50%马氏体和50%非马氏体）的垂直距离作为有效淬硬深度。而半马氏体区的硬度变化显著，较容易测量。

钢的淬透性与淬硬性是两个完全不同的概念，所谓淬硬性是钢在理想条件下进行淬火硬化所能达到的最高硬度的能力。它主要取决于马氏体中的碳的质量分数。淬透性好的钢，它的淬硬性不一定高。

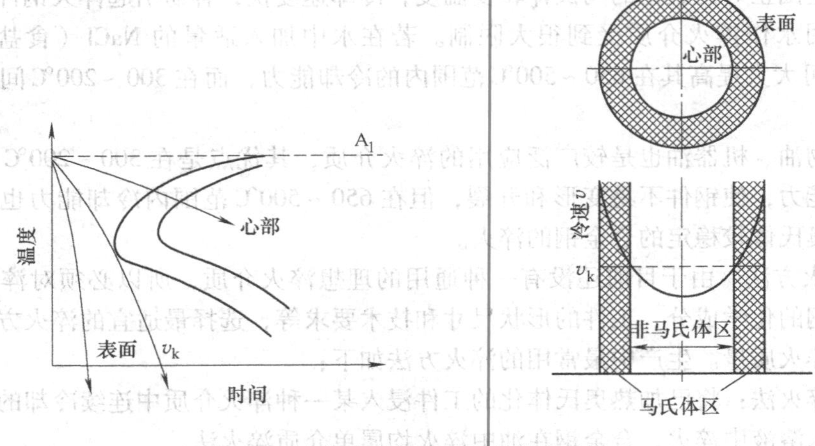

图 1-12　冷却速度与工件淬硬深度的关系

（5）淬透性的应用　钢的淬透性是一项重要的热处理工艺性能，完全淬透的工件，不论是淬火后还是淬火—回火后，整个截面上各处性能是均匀一致的。但是如果未淬透，则截面各处的组织和性能不均匀，未淬透部分的力学性能，尤其是屈服强度 σ_s 和冲击韧度 α_K 显著下降，钢的淬透性越小。零件的淬硬层越浅，未淬透部分比例就越大，这就使零件承受载荷的能力大为下降。

因此，在选择材料和制订热处理工艺时，必须慎重考虑所选钢材的淬透性的大小。一般情况下：

1）大截面和在动载荷下工作的重要工件，如锤杆、锻模、大电动机轴；承受交变载荷的重要零件，如连杆螺栓、拉杆等对截面性能要求一致，应选用淬透性好的钢材。

2）承受弯曲、扭转应力的零件（如轴类），工作时所受最大应力分布在最外层，心部不要求高硬度，只需选用淬透性一般的钢材。

3）形状复杂或对变形要求严格的零件，为减小变形，防止开裂，应选用淬透性较好的钢材，以便选用冷却能力较弱的淬火介质或采用双介质淬火。

4. 回火

回火是将淬火钢件淬硬后，再重新加热到 Ac_1 以下的某一温度，保温一定时间，然后冷却到室温的热处理工艺。

钢淬火后的组织主要是马氏体和少量残余奥氏体，它们都是不稳定的，有自发向稳定组织转变的倾向。通过回火时的加热、保温将促使淬火组织向稳定组织转变，其本质是淬火马氏体的分解及碳化物析出、聚集长大的过程。随着淬火钢的回火组织转变，钢的性能也发生相应的变化，其基本趋势是随着回火温度的升高，钢的强度、硬度下降，而塑性、韧性提高。在组织转变的同时，淬火钢的组织应力、马氏体的碳的质量分数、残余奥氏体量及渗碳体质点的尺寸等也都随回火温度的变化而发生相应变化。

因此，回火是淬火后的必经工序，有以下主要目的：

1）减少或消除工件淬火时产生的内应力，防止工件在使用中的变形和开裂。

2）提高钢的韧性，适当调整钢的强度和硬度，以满足各种工件的不同性能的要求。

3）稳定组织，使工件在使用过程中不发生组织转变，从而保证工件的形状和尺寸不变，保证工件的精度。

根据对工件性能要求的不同，按其回火温度范围，可将回火分为以下几种：

（1）低温回火　回火温度为250℃以下，此时，马氏体中过饱和的碳原子已部分地析出并形成了过渡碳化物。该碳化物在成分上与渗碳体有些差别，其形态非常细小，呈高度分散状分布在马氏体基体上。这种由过饱和程度较低的马氏体和极细的碳化物所组成的组织，称为回火马氏体。它仍保留着原马氏体的片状（或板条状）形态。

低温回火的目的是在保持淬火钢的高硬度和高耐磨性的前提下，降低其淬火内应力和脆性，以免在使用时崩裂或过早损坏。它主要用于各种高碳的切削刀具、量具、冷冲模具、滚动轴承以及渗碳件等。回火后硬度一般为58～64HRC。

（2）中温回火　回火温度为350～500℃，此阶段，马氏体中过饱和的碳完全析出，晶格由体心正方转变为体心立方，故马氏体转变为铁素体。所析出的碳化物转变为大致呈圆形颗粒的渗碳体。这时的组织称为回火托氏体。它实际上是在铁素体基体内分布着极其细小的球状渗碳体的颗粒。

中温回火后钢的弹性和屈强比高，内应力基本消除，有较高韧性。它常用于弹簧钢制造的弹性元件以及模具的处理。回火后硬度一般为35～50HRC。

（3）高温回火　回火温度为500℃以上，在此阶段，渗碳体发生聚集长大，形成较大的球状渗碳体；铁素体的形状也恢复为等轴多边形晶粒。所得组织即为回火索氏体。它实际是在铁素体基体内分布着渗碳体球粒的金相组织。

习惯上，将淬火及高温回火的复合热处理工艺称为调质。其目的是获得强度、硬度和塑性、韧性都较好的综合力学性能。因此广泛用于汽车、拖拉机、机床等重要结构零件，如连杆、螺栓、齿轮及轴类。回火后硬度为200～330HBW。

应当指出，回火托氏体和回火索氏体与过冷奥氏体的分解产物——托氏体、索氏体相比，前者的渗碳体是颗粒状或球状，后者的渗碳体呈片状。因其渗碳体的分布形态不同，往往在相同硬度条件下，前者具有较高的强度、塑性和韧性。回火索氏体中的渗碳体呈球状，使工件在最后热处理淬火时，可以减小变形和开裂倾向。因此，调质可作为某些要求高的工具、量具的预备热处理。

（二）钢的表面热处理

机械零件对性能的要求，主要取决于它的工作条件。例如，在冲击载荷及表面摩擦条件下工作的凸轮轴、活塞销、曲轴和齿轮等零件，表面要求高的硬度和耐磨性，而心部要有足够的塑性和韧性。这种表里性能要求不一致的零件，采用普通热处理的方法是难以实现的。解决的办法是进行表面热处理，即钢的表面淬火和钢的化学热处理。

1. 钢的表面淬火

表面淬火是仅对工件表层进行淬火的工艺。具体的做法是把钢的表面快速加热到淬火温度，在热量尚未及传至工件中心时立即予以淬火冷却，使表层获得硬而耐磨的马氏体组织，而心部仍保持着原来塑性、韧性较好的退火、正火或调质状态的组织。

根据快速加热方法的不同，常用的有感应淬火和火焰淬火。

（1）感应淬火　感应加热原理如图1-13所示。把工件放入由空心铜管绕成的加热感应器内，使感应器通过一定频率的交流电以产生交变磁场。于是工件内就会产生频率相同、方向相反的感应电流，感应电流在工件内自成回路，故称为“涡流”。涡流在工件截面上的分布是不均匀的，表面电流密度大，中心电流密度小，感应器中的电流频率越高，涡流越集中于零件的表面，这种现象称为“集肤效应”。

由于工件表面涡流产生的热量，使工件表层迅速被加热到淬火温度，而心部仍接近室温，随即快速冷却，从而达到了表面淬火的目的。

与普通淬火相比，感应淬火有以下特点：

1）加热速度极快，一般只需要几秒到几十秒的时间就可把工件加热到淬火温度。

2）由于加热迅速，奥氏体晶粒来不及长大，淬火组织为极细马氏体，硬度比普通淬火高出 2 ~ 3HRC，且脆性较低。

3）淬硬深度易于控制，变形小，能耗低，生产效率高，易实现机械化和自动化，适宜大批量生产；但感应加热设备费用较贵，维修调整比较困难，形状复杂的感应器不易制造，故不宜用于单件生产。

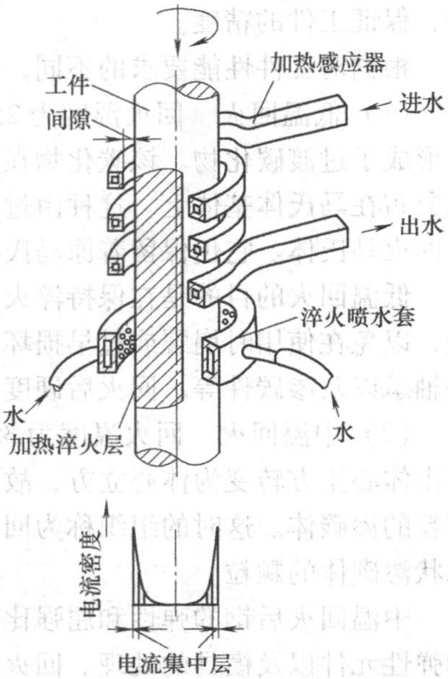

图 1-13 感应淬火原理图

（2）火焰淬火　火焰淬火是应用氧-乙炔或其他可燃气的火焰，对工件表面进行加热然后快冷的淬火工艺，如图 1-14 所示。

火焰淬火的操作简便，不需要特殊设备，成本低；有效淬硬层深度一般为 2 ~ 6mm。它适用于大型、小型、单件或小批量工件的表面淬火，如大模数齿轮，小孔、顶尖、凿子等。但因火焰温度高，若操作不当工件表面容易过热或加热不均，造成硬度不均匀，淬火质量难以控制。

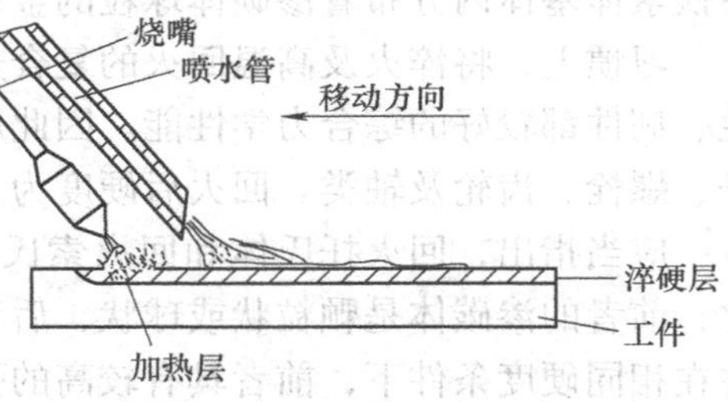

图 1-14 火焰淬火简图

2. 钢的化学热处理

化学热处理是将工件置于一定温度的活性介质中保温，使一种或几种元素渗入它的表层，以改变其化学成分、组织和性能的热处理工艺。其主要特点是：它不仅改变了钢的组织，而且表层的化学成分也发生了变化；它能使渗层轮廓与钢件形状相似，而不受钢件形状限制；它的性能不受原始成分的局限；节省贵重金属等。

根据渗入元素的不同，化学热处理有渗碳、渗氮、碳氮共渗、渗铬、渗铝等。但不论哪一种化学热处理，都是通过以下三个基本过程来完成的。

分解——介质在一定的温度下发生化学分解，形成渗入元素的活性原子。

吸收——活性原子被工件表面吸收，并进入晶格内形成固溶体或形成化合物。

扩散——渗入的活性原子在一定的温度下由表层向中心扩散，并形成一定厚度的扩散层—渗层。

目前，在机械制造业中，最常用的化学热处理有渗碳、渗氮和碳氮共渗等。

（1）渗碳　渗碳是向钢的表面渗入碳原子的过程，即把钢件置于渗碳介质中加热并保温，使活性碳原子渗入钢的表层，以增加钢件表层的含碳量。经淬火及低温回火后，获得表面高硬度、中心高韧性的零件。

为了达到上述要求，渗碳零件必须用低碳钢或低碳合金钢来制造。

渗碳方法可分为气体渗碳、固体渗碳和液体渗碳 3 种，其中前两种应用较广泛。

1）气体渗碳。国内应用较广的滴注式气体渗碳法如图 1-15 所示。它是把工件置于密封的加热炉中，通入渗碳剂，并加热到渗碳温度 900～950℃（常用 930℃），使工件在高温的渗碳气氛中进行渗碳。炉内的渗碳气氛主要由直接滴入炉内的苯、醇、煤油等液体渗碳剂在高温下裂解形成。当渗碳剂滴入炉内，会在 900～950℃的高温下分解形成如 CO 等。当 CO 与赤热的工件表面相接触时，便裂解出活性碳原子：

$$2CO \approx CO_2 + [C]$$

随后，活性碳原子被钢表面吸收而溶于高温奥氏体中，并向钢内部扩散而形成一定深度的渗碳层。其深度主要取决于保温时间，一般可按每小时渗入 0.20～0.25mm 的速度进行计算。

气体渗碳法适用于大批量生产。小件、单件或小批量生产时，目前常采用固体渗碳法。

2）固体渗碳。如图 1-16 所示，将工件置于四周填满固体渗碳剂的箱中，密封后送加热炉中加热至渗碳温度，经保温一定时间后出炉，取出即得渗碳工件。

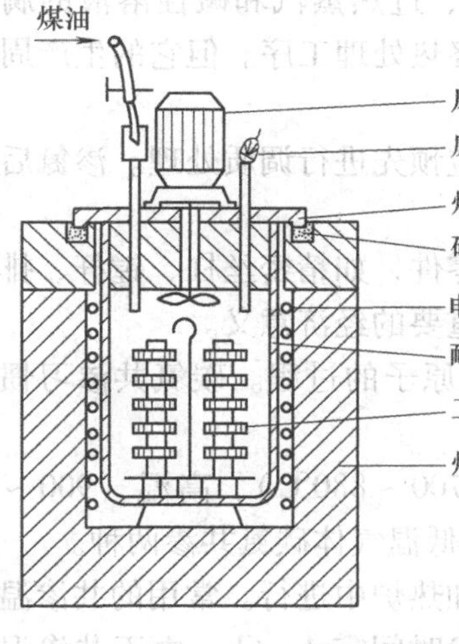

图 1-15　气体渗碳简图

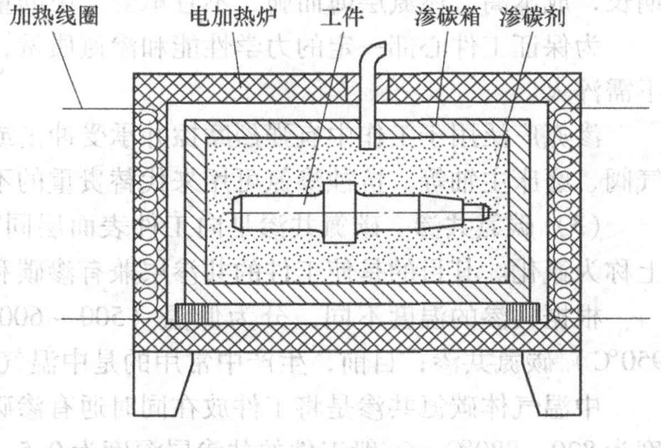

图 1-16　固体渗碳简图

固体渗碳剂一般由木炭粒与碳酸盐（Na_2CO_3 或 $BaCO_3$ 等）混合组成。其中木炭粒是基本的渗碳物质，加入碳酸盐可加速渗碳过程，故称其为“催渗剂”。其过程与气体渗碳相似。渗碳层深度，可按每保温一小时渗入 0.1～0.15mm 计算。

工件渗碳后，其表面碳的质量分数可达到 0.85%～1.05%，碳的质量分数由表及里逐渐减少，心部仍保持原来低碳钢的碳的质量分数。在缓慢冷却条件下，渗碳层的组织由表面向中心依次为过共析区、共析区、亚共析区；中心仍为原始组织。

由此可见，渗碳只是使工件表层的碳的质量分数提高。为了更有效地发挥渗碳层的作用，渗碳后必须进行热处理，常用的热处理方法是淬火后低温回火。渗碳零件经淬火及低温回火后，表层显微组织为回火马氏体和均匀分布的细粒状渗碳体，硬度高达 58～64HRC，心部因是低碳钢，其显微组织仍为铁素体和珠光体，硬度为10～15HRC；对于低碳合金钢，其心部组织一般为低碳马氏体及铁素体，硬度为30～45HRC。所以心部具有高的韧性和适当的强度。

（2）渗氮　在一定的温度下（一般在Ac_1温度以下）使活性氮原子渗入工件表面的过程称为渗氮（氮化）。其目的是提高工件表面的硬度、耐磨性、耐蚀性及疲劳强度。

目前，应用最广的是气体渗氮法。它是将钢件放入密封炉内加热，并不断地通入气体渗氮介质——氨气（NH_3），加热至500～560℃保温。在加热过程中，氨气裂解产生活性氮原子：

$$2NH_3 \rightarrow 3H_2 + 2[N]$$

活性氮原子被钢表面吸收，然后逐渐向里层扩散，从而形成渗氮层。渗氮层深度一般为0.1～0.6mm。

以提高钢件表层硬度和耐磨性为主要目的的渗氮用钢，大都是含铬、钼、铝等元素的中碳合金钢。因为铬、钼、铝等元素极易与氮结合形成非常稳定的氮化物如CrN、MoN、AlN等。这些氮化物硬度很高，颗料很细，均匀地分布在钢的基体中，使钢件在600～650℃下工作时仍保持高硬度。38CrMoAl即是一种典型的渗氮用钢。

以提高钢件表层耐蚀性为目的的渗氮用钢，选用碳钢、合金钢及铸铁即可。活性氮原子能与铁形成氮化物或溶于铁素体，形成薄的耐蚀层，但硬度不高。

渗氮层可以具有很高的硬度和耐磨、耐疲劳；可以抵抗水、过热蒸汽和碱性溶液的腐蚀；渗氮温度低，渗氮件变形小，尺寸稳定，常作为工件的最终热处理工序。但它的生产周期长，成本高，渗氮层薄而脆，不宜承受集中的重载荷。

为保证工件心部一定的力学性能和渗氮质量，渗氮件一般应预先进行调质处理。渗氮后不需淬火。

渗氮广泛用于工作中有强烈摩擦并承受冲击或交变载荷的零件，如精密丝杠、镗杆、排气阀、磨床主轴等。抗蚀渗氮可用来代替贵重的不锈钢，具有重要的经济意义。

（3）碳氮共渗　碳氮共渗是向工件表面层同时渗入碳和氮原子的过程。碳氮共渗习惯上称为氰化。其目的是使工件的共渗层兼有渗碳和渗氮的性能。

根据共渗的温度不同，分为低温（500～600℃）、中温（700～880℃）、高温（900～950℃）碳氮共渗；目前，生产中常用的是中温气体碳氮共渗和低温气体碳氮共渗两种。

中温气体碳氮共渗是将工件放在同时通有渗碳剂和氨气的加热炉中进行。常用的共渗温度为820～880℃，一般工件的共渗层深度为0.5～0.8mm，共渗时间需4～6h。由于共渗温度较低，晶粒不易长大，一般工件共渗后可预冷后直接淬火，然后进行低温回火。

实践证明：在渗层碳浓度相同的情况下，工件共渗的表面硬度、耐磨性、疲劳强度都比渗碳高，共渗温度较低，有利于减少变形。目前，工厂里常用来处理汽车和机床上的齿轮、蜗杆和轴类零件。

低温气体氮碳共渗又称气体软氮化，常用共渗温度为520～570℃。一般工件的共渗层深度不超过0.05mm，共渗时间为1～4h。低温共渗后，工件多采用快速冷却（碳钢用水冷，合金钢用油冷）。所得共渗层的硬度稍低，但脆性小。软氮化可使工件表层具有耐磨、耐疲劳、抗啮合的优良性能，与气体渗氮相比，大大缩短生产周期，可广泛用于各种钢材和铸铁。软氮化常用来处理模具、量具、刀具等。但此方法对环境有污染，应注意环保。

生产中当选定热处理工艺方案之后，常需要在图样上或有关技术文件上标注热处理代号。金属热处理工艺的分类及代号见国家标准（GB/T 12603—1990）。

（三）轴类零件的常用热处理方法

1. 一般轴类零件的热处理

前面已经讲过，一般轴类零件的材料常用45钢，根据前面已经学过的热处理知识，可以知道，其采用的热处理方式一般是通过正火、调质、淬火等不同的热处理工艺，获得一定的强度、韧性和耐磨性。

2. 中等精度而转速较高的轴类零件的热处理

这类零件材料一般选用40Cr等合金钢，主要通过调质和表面淬火处理获得较好的综合力学性能。

3. 精度较高的轴的热处理

这类零件的材料一般选用轴承钢GCr15和弹簧钢65Mn等，通过调质和表面淬火获得更好的耐磨性和耐疲劳性。

4. 高转速、重载等条件下工作的轴的热处理

这类零件的轴一般选用20CrMnTi、20Cr、38CrMoAl等，经过淬火或渗氮处理获得很高的表面硬度、耐磨性和心部强度。

（四）机械加工中热处理工序位置的安排

机械零件的材料及毛坯类别选定之后，欲使零件实现所要求的力学性能，则主要靠热处理工艺来保证。因此，必须根据热处理目的和工序作用的不同，合理安排热处理工序在加工工艺路线中的位置。

1. 预备热处理的工序位置

预备热处理包括退火、正火、调质等。其工序位置一般均紧接毛坯生产之后、切削之前，或粗加工之后、精加工之前。

（1）退火和正火的工序位置　退火和正火通常作为预备热处理工序，一般安排在毛坯生产之后、切削加工之前。对于精密零件，为了消除切削加工残余应力，在切削加工工序之间还应安排去应力退火。工艺路线安排为：

毛坯生产（铸、锻、焊、冲压等）→退火或正火→机械加工

（2）调质的工序位置　这种热处理既可作为最终处理，又可为以后表面淬火或易变形零件的整体淬火作好组织准备。调质工序一般安排在粗加工之后、精加工或半精加工之前，一般的工艺路线应为：

下料→锻造→正火（退火）→粗加工（留余量）→调质→精加工

2. 最终热处理的工序位置

最终热处理包括各种淬火、回火及化学热处理等。零件经这类热处理后硬度较高，除磨削外，不适宜其他切削加工。故其工序位置应尽量靠后，一般均安排在半精加工之后、磨削之前。

整体淬火与表面淬火的工序位置安排基本相同。淬火件的变形及氧化、脱碳应在磨削中予以去除，故需预留磨削余量（例如直径200mm以下、长度1000mm以下的淬火件，磨削余量一般为0.35~0.75mm）。对于表面淬火件，为了提高其心部力学性能及获得细晶马氏体的表层淬火组织，常需先进行正火或调质处理。因表面淬火件的变形较小，其磨削余量也应比整体淬火件为小。

整体淬火件的加工路线一般为：

下料→锻造→退火（正火）→粗（半精）加工→淬火、回火（低温、中温）→磨削

感应淬火件加工路线一般为：

下料→锻造→正火（退火）→粗加工→调质→半精加工（留磨量）→感应淬火、回火→磨削

不经调质的感应淬火件，锻造后的预先热处理须用正火。如正火后硬度偏高，可加工性不好，可在正火后再高温回火。适当地调整工序次序，可以减少零件变形与开裂。例如图1-17所示是45钢制成的锁紧螺母，要求槽口硬度35~40HRC。

若在槽口、内螺纹全部加工后再整体淬火、回火，槽口硬度虽可达到要求，但内螺纹变形大，不能保证精度；若热处理后再切削加工，则硬度较高，可加工性差。如将热处理方法及加工次序变为：

调质→加工槽口→槽口高频淬火→加工内螺纹

这样既可达到技术要求又可减少零件变形。

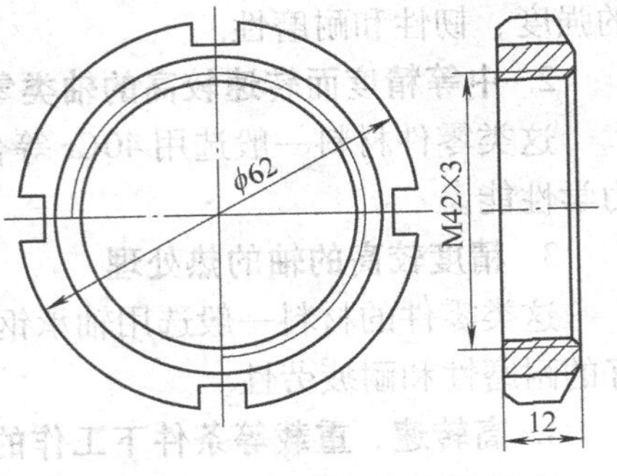

图1-17 45钢锁紧螺母

3. 渗碳的工序位置

渗碳分整体渗碳和局部渗碳两种。当渗碳零件局部不允许有高硬度时，应在设计图样上予以注明。该部位可镀铜以防止渗碳或采取多留余量的方法，待零件渗碳后淬火前再去掉该处渗碳层（去渗碳层切削加工）。渗碳件的工艺路线一般为：

下料→锻造→正火→粗、半精加工（留磨量，局部不渗碳者还需留防渗余量）→渗碳→淬火、低温回火→精加工（磨）

或下料→锻造→正火→粗、半精加工（留磨量，局部不渗碳者还需留防渗余量）→渗碳→去渗碳层切削加工→淬火、低温回火→精加工（磨）

4. 渗氮的工序位置

氮化的温度低，变形小，渗氮层硬而薄，因而其工序位置应尽量靠后。一般渗氮后只需研磨或精磨。为防止因切削加工产生的残余应力引起渗氮件变形，在渗氮前常进行去应力退火。又因渗氮层薄而脆，心部必须有较高的强度才能承受载荷，故一般应先进行调质。渗氮零件（38CrMoAl钢）的加工路线一般为：

下料→锻造→退火→粗加工→调质→精加工→去应力退火（通常称为高温回火）→粗磨→渗氮→精磨或研磨。

1-4 轴类零件的常见加工表面及加工方法

前面已经讲过，轴类零件是旋转体零件，其长度大于直径，加工表面通常有内外圆柱面、圆锥面，以及螺纹、花键、键槽、横向沟、沟槽等。

一、圆柱面、圆锥面的加工

金属切削加工，即用金属切削刀具从工件上切除多余的金属，从而获得在尺寸、形状及表面质量上都满足设计要求的加工。如果在车床上使用车刀进行切削加工，称为车削加工。为了实现切削加工，除了要有被加工零件外，还应有刀具和切削运动。用车刀车削外圆时，车削过程中有哪些切削运动？如何确定切削用量？刀具切削部分的组成要素有哪些？刀具几何角度如何定义？这些是我们首先应该了解的。

如果工件已经过淬火等热处理，工件表面已经淬硬，一般情况下不能再采用车削加工，通常可以采用磨削的方法加工。

如果工件表面质量要求表面粗糙度高，有时还可以采用抛光的方法加工。

（一）车削加工

车削加工是机械加工中应用最为广泛的方法之一，主要用于回转体零件的加工。如内外圆柱面、圆锥面、回转体成型面、环形槽、端面及螺纹，还可进行钻孔、扩孔、铰孔、滚花等加工。此外，借助于标准夹具（如四爪单动卡盘）或专用夹具，在车床上还可完成非回转体零件上的回转表面加工。在普通精度的卧式车床上，加工外圆表面的精度可达 IT7 ~ IT6，表面粗糙度值 R_a 可达 1.6 ~ 0.8μm。在精密及高精密车床上，利用合适的刀具和夹具，还可完成对高精度零件的超精加工。

1. 切削运动

图 1-18 所示是用车刀切削外圆的情况。为了实现从工件上切除多余的金属，刀具与工件之间必需有相对运动。

工件作回转运动，刀具作直线运动。直线运动和回转运动，它们是基本运动单元。由这两个基本运动单元，按不同的数目、不同大小的比值、不同的相对位置与方向就能够组成各种切削加工的切削运动。

在这个相对运动中包括主运动和进给运动。

（1）主运动　直接切除工件上的切削层，使之转变为切屑，以形成工件新表面的运动。判别主运动的方法：

凡有回转运动，一般以回转运动为主运动。

如有几个回转运动，或者切削运动中没有回转运动只有直线运动时，一般以速度最高、消耗功率最大的运动为主运动。

主运动只有一个，主运动的速度即用切削速度 v_c 表示。如图 1-18 中工件的回转运动，即为主运动。

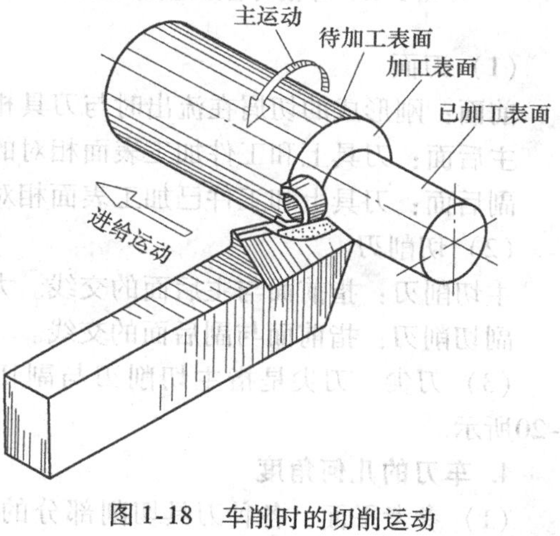

图 1-18　车削时的切削运动

（2）进给运动　使新的切削层不断投入切削，以便切完工件表面上加工余量的运动称为进给运动。进给运动可能是一个或数个，用进给量 f 或进给速度 v_f 来表示，如图 1-18 中车刀沿工件轴线方向的移动。

（3）主运动与进给运动的合成　主运动与进给运动可以由刀具单独完成，也可以由刀具与工件分别来完成。在切削过程中，主运动与进给运动既可以同时进行，也可以交替进行。如果是交替进行时，就不存在两者的合成问题。只有在主运动和进给运动同时进行时，刀具切削刃上某一点相对于工件的运动称为合成切削运动。可用合成速度矢量来表示。由图1-19可知，合成速度矢量 v_e 等于主运动速度 v_c 与进给速度 v_f 的矢量和，即 $v_e = v_c + v_f$

因为切削刃上工件各点的直径不同，切削刃上各点的合成速度矢量都不相等。

2. **工件上形成的表面**

在整个切削过程中、在工件上形成有三个不断变化着的表面，如图1-18所示。

（1）待加工表面：指工件上即将被切去金属层的表面。

（2）已加工表面：指工件上已经切去多余金属而形成的新表面。

（3）加工表面：指工件上切削刃正在切削着的表面，亦即上述两个表面间的过渡表面。

3. **车刀切削部分的组成及定义**

金属切削刀具种类繁多，结构各异，但它们之间具有共同的基本规律。就其切削部分而言，其他刀具的切削部分可以看成是由外圆车刀的切削部分演变而成。我们首先研究外圆车刀的切削部分的组成和基本定义。

刀具切削部分的几个表面，如图1-20所示。

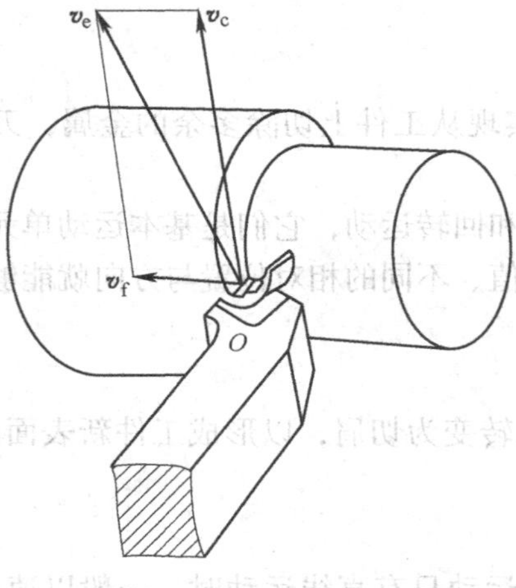

图1-19 车削时合成速度矢量图

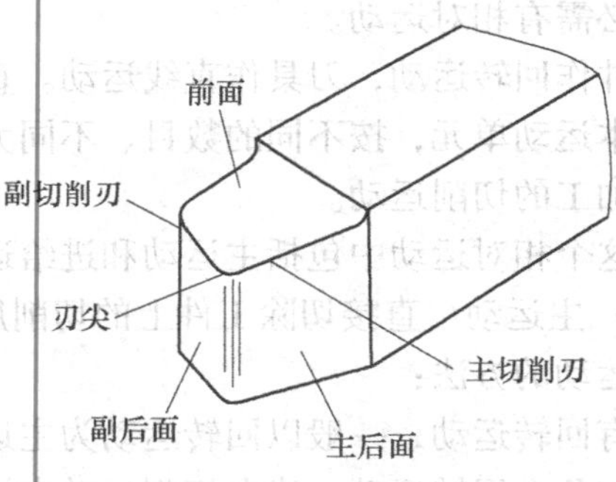

图1-20 刀具切削部分各个表面

（1）刀面

前面：刚形成的切屑在流出时与刀具相接触的表面。

主后面：刀具上和工件加工表面相对的表面。

副后面：刀具上和工件已加工表面相对的表面。

（2）切削刃

主切削刃：指前面与主后面的交线。大部分的切削工作是由主切削刃完成。

副切削刃：指前面与副后面的交线。

（3）刀尖 刀尖是指主切削刃与副切削刃的交点，多为一段短直线和圆弧线，如图1-20所示。

4. **车刀的几何角度**

（1）参考平面 各种刀具切削部分的几何角度只靠上述刀面与切削刃来表达还不够。

各刀面在空间位置的不同（角度不同），影响着刀具的切削性能，因此为了决定刀面的空间角度，必需建立参考平面。此外，刀具切削角度是在刀具与工件的相对运动中描述的，因此参考平面应相对合成切削速度矢量 $\boldsymbol{v}_e$ 来建立。再者，加工表面往往不是平面，而是空间曲面，不宜作为参考平面，故采用通过切削刃上某一点，来作为工件加工表面的切向平面和法向平面来组成刀具角度的参考平面。它们的定义如下：

切削平面 p_s：即通过切削刃某一选定点，切于加工表面的平面。

基面 p_r：即通过切削刃某一选定点，垂直于合成速度矢量 $\boldsymbol{v}_e$ 的平面。

正交平面 p_0：即与切削平面、基面都垂直相交的平面。

可见，切削平面与基面互相垂直，如图 1-21 所示。

（2）测量平面　以横向车削为例，如图 1-21 中的基面与切削平面，它们与前面、后面组成夹角，当所取的测量平面不同，其夹角亦不同。为了测量出惟一的夹角，就必需规定出测量平面，其中有正交平面 p_0。副切削刃的正交平面 p'_0，指垂直于副切削刃在基面上投影的平面。

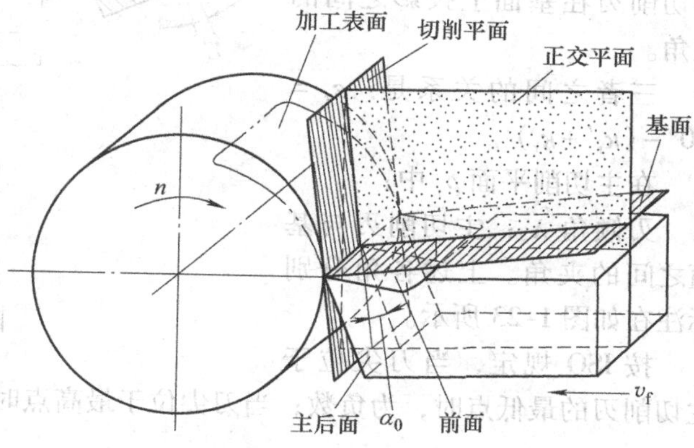

图 1-21　横向车削的基面、切削平面和主剖面

（3）刀具标注角度的坐标系

1）假设条件

① 装刀时，刀尖处于工件中心线上。

② 刀杆的轴线垂直工件的轴线。

③ 不考虑进给运动，即用主运动矢量 $\boldsymbol{v}$ 近似代替合成速度矢量 $\boldsymbol{v}_e$。

2）主剖面坐标系及其标注角度。根据上述假设条件，以外圆车刀为例，当主切削刃处于水平线上，则过主切削刃上任一点 M 的基面、切削平面及主剖面如图 1-22 所示。图中，切削平面（p_s）是切于主切削刃某一选定点并垂直刀杆底面的平面。基面（p_r）是过主切削刃某一选定点并平行刀杆底面的平面。正交平面（p_o）是垂直切削平面又垂直基面的平面。可见这三个坐标平面互相垂直，并且构成一个空间的直角坐标系。

坐标平面确定后，就可以确定刀具切削刃上某一选定点的角度。这些角度的定义如下：

在正交平面 p_o 中：

① 前角 γ_o：前面与基面之间的夹角。

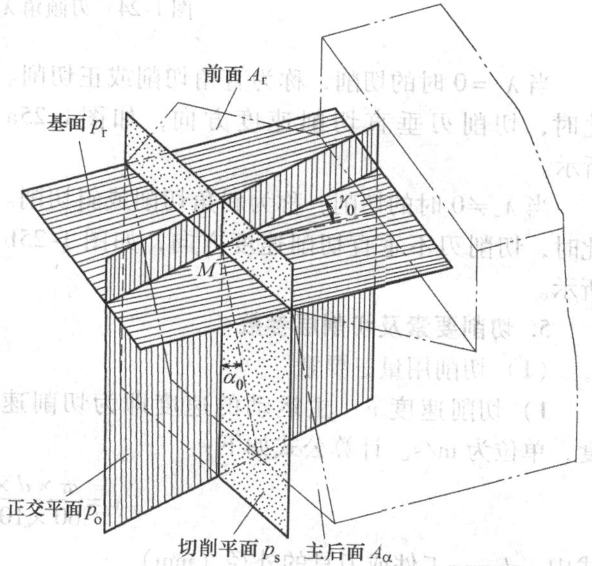

图 1-22　刀具标注角度坐标系

② 后角 α_o：主后面与主切削平面之间的夹角。

③ 楔角 β_o：前面与主后面之间的夹角。

三者的关系是：$\beta_o = 90° - (\alpha_o + \gamma_o)$

在基面 p_r 中：

① 主偏角 κ_r：进给方向与主切削刃在基面上投影之间的夹角。

② 副偏角 κ_r'：进给方向与副切削刃在基面上投影之间的夹角。

③ 刀尖角 ε_r：主切削刃与副切削刃在基面上投影之间的夹角。

三者之间的关系是：$\varepsilon_r = 180° - (\kappa_r' + \kappa_r)$

在主切削平面 p_s 中：

刃倾角 λ_s：主切削刃与基面之间的夹角。上述各角分别标注在如图 1-23 所示。

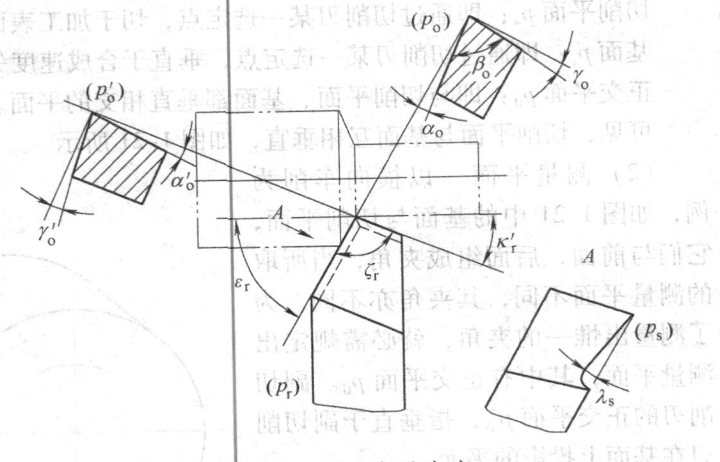

图 1-23 车刀标注角度

按 ISO 规定，当刀尖位于主切削刃的最低点时，为负数；当刀尖位于最高点时，为正值，如图 1-24 所示。

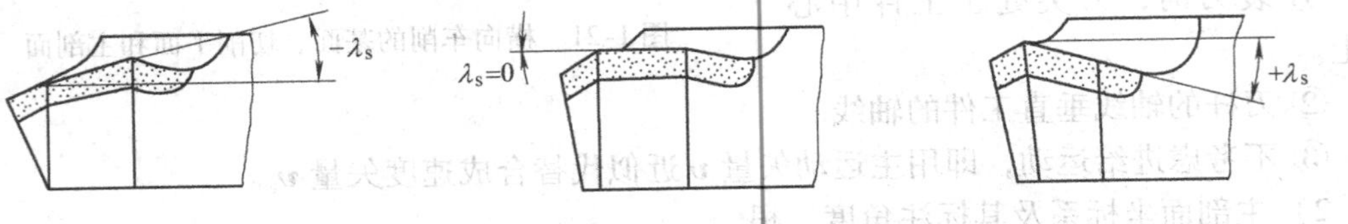

图 1-24 刃倾角 λ_s 的符号

当 $\lambda_s=0$ 时的切削，称为直角切削或正切削。此时，切削刃垂直切削速度方向，如图 1-25a 所示。

当 $\lambda_s \neq 0$ 时的切削，称为斜角切削或斜切削。此时，切削刃不垂直切削速度方向，如图 1-25b 所示。

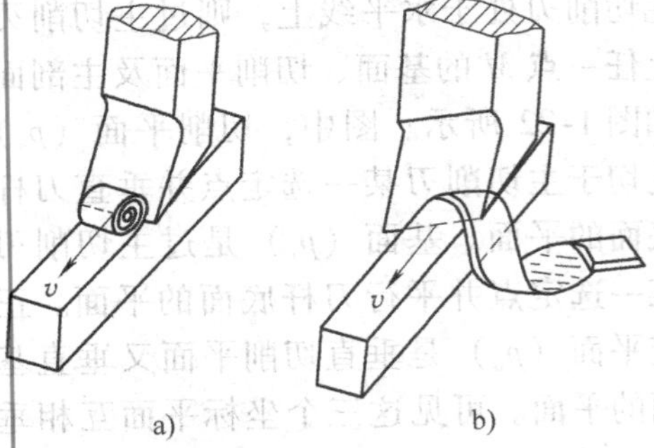

图 1-25 直角切削和斜角切削

5. 切削要素及切削层参数

（1）切削用量三要素

1）切削速度 v　主运动的速度即为切削速度，单位为 m/s。计算公式如下：

$$v = \frac{\pi \times d \times n}{60 \times 1000} \tag{1-2}$$

式中　d——工件或刀具的外径（mm）

n——工件或刀具的转速（r/min）

2）背吃刀量 a_p　工件上已加工表面与待加工表面之间的垂直距离称为背吃刀量，单位为 mm，如图 1-26 所示，对外圆车削而言：

$$a_p = \frac{d_w - d_m}{2}$$

式中　d_w——工件待加工表面的直径（mm）；

　　　d_m——工件已加工表面的直径（mm）。

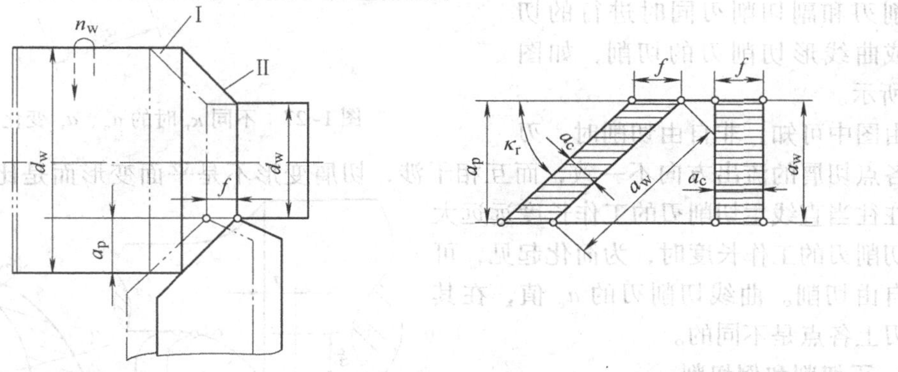

图 1-26　切削层参数

3）进给量 f　纵车时，进给量指工件每转一转、刀具沿工件轴向的移动距离，单位是（mm/r）。当主运动为往复直线运动时，则进给量的单位是（mm/s）。

对于多刃刀具，用每齿进给量 a_f 来表示，单位是（mm/z）。

往往用进给速度来表示进给运动，也称为每秒进给量，用 v_f 表示，单位是（mm/s）。

三者关系为

$$v_f = fn = a_f zn$$

（2）切削层参数

各种切削加工的切削层参数，一般都在基面内度量。现用典型的外圆纵车来说明。

1）切削层　对于单刃刀具指切削刃沿进给方向移动一个进给量 f（mm/r）后所切下的金属体积在基面上所截得的金属层；对于多刃刀具则是两个相邻刀齿沿进给方向移动一个齿进给量 a_f 后所切下的金属体积在基面上所截得的金属层。切削层的大小和形状，影响着切削刃切削部分所承受的负荷大小及切屑的形状及尺寸，如图 1-26 所示。

2）切削厚度 a_c　即切削层的厚度，指相邻两个加工表面之间在基面上测量的垂直距离（即是说，垂直于加工表面来度量的切削层尺寸）。

3）切削宽度 a_w　即切削层的宽度，指沿加工表面在基面上测量的切削层尺寸。

当 $\lambda_s = 0°$ 时，a_c、a_w 与 f、a_p 的关系为

$$a_c = f\sin\kappa_r$$

$$a_w = \frac{a_p}{\sin\kappa_r}$$

可见，当进给量 f，背吃刀量 a_p 一定时，主偏角 κ_r 越大，则切削厚度 a_c 增大，切削宽度 a_w 减小，如图 1-27 所示。

4）切削面积 A_c　指切削层在基面内度量的实际面积。

$A_c = a_w a_c = fa_p$

6. 自由切削和非自由切削

自由切削指只有一个直线切削刃进行的切削，如图 1-25 中所示直角切削和斜角切削。

非自由切削指切削刃为折线形，主切削刃和副切削刃同时进行的切削，或曲线形切削刃的切削，如图 1-28所示。

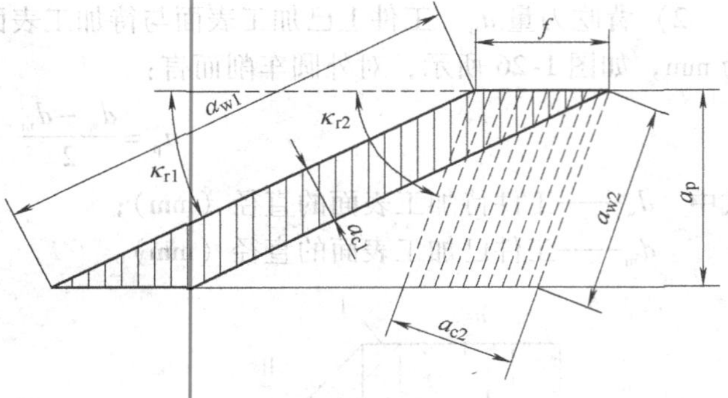

图 1-27　不同 κ_r 时的 a_c、a_w 变化

由图中可知，非自由切削时，刃口上各点切屑的流出方向不一致，而互相干涉，切屑变形不是平面变形而是比较复杂的变形。往往当直线主切削刃的工作长度远远大于副切削刃的工作长度时，为简化起见，可认为自由切削。曲线切削刃的 a_c 值，在其切削刃上各点是不同的。

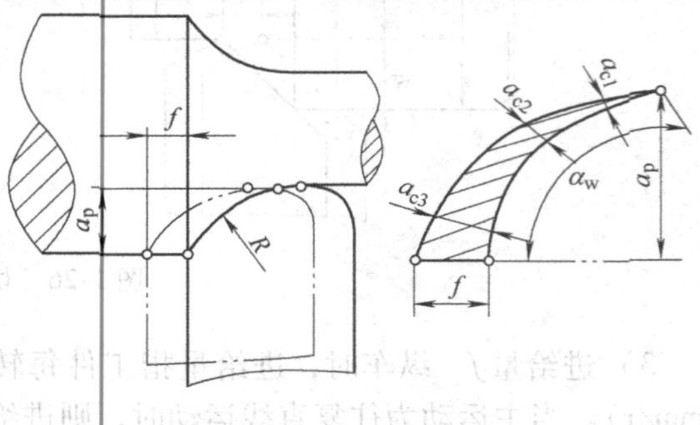

图 1-28　曲线切削刃

7. 正切削和倒切削

当前面所讲的 a_c、a_w 与 f、a_p 的关系是 $f\sin\kappa_r < a_p/\sin\kappa_r$ 的情况下，所切下来的切屑称为正切屑。这种情况是实际生产当中应用最普遍的一种切削形式，如图 1-29 所示。

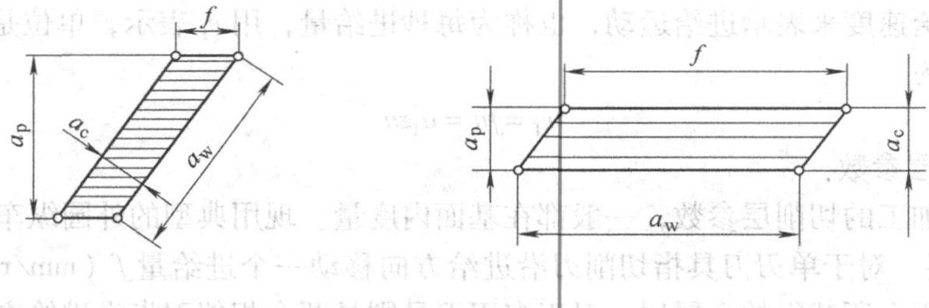

a)　　b)

图 1-29　正切削与倒切削
a）正切削　b）倒切削

如果是大进给时，则就会常常出现 $f\sin\kappa_r > a_p/\sin\kappa_r$ 的情况，这种情况下所切下来的切屑，称为倒切屑。这时的切削工作，已经是以主切削刃为主而转变为以副切削刃为主。也就是说，主要切削工作要由副切削刃来承担。为了得到较低的表面粗糙度，一般则取 $\kappa_r' = 0$，此时得到 $a_c = a_p$，$a_w = f$。注意此时刀具的副前角 γ_o'（副切削刃主剖面所测得的前角）就是设计、刃磨时的重点。而原来的主切削刃的前角 γ_o 就降为次要的角度。说明主切削刃、副切削刃的“主”与“副”，一定要具体分析每条切削刃在生产加工中的作用。

8. 金属切削过程的基本规律及其应用

（1）金属切削过程的变形

1）变形区的划分。金属在加工过程中会发生剪切和滑移，图 1-30 表示了金属的滑移线和流动轨迹，其中横向线是金属流动轨迹线，纵向线是金属的剪切滑移线。图 1-31 表示了金属的滑移过程。由图可知，金属切削过程的塑性变形通常可以划分三个变形区，各区特点如下：

第一变形区：切削层金属从开始塑性变形到剪切滑移基本完成，这一过程区域称为第一变形区。

切削层金属在刀具的挤压下首先将产生弹性变形，当最大切应力超过材料的屈服极限时，发生塑性变形，如图 1-31 所示。金属会沿 *OA* 线剪切滑移，*OA* 被称为始滑移线。随着刀具的移动，这种塑性变形将逐步增大，当进入 *OM* 线时，这种滑移变形停止，*OM* 被称为终滑移线。现以金属切削层中某一点的变化过程来说明。由图 1-31 所示，在金属切削过程中，切削层中金属一点 *P* 不断向刀具切削刃移动，当此点进入 *OA* 线时，发生剪切滑移，*P* 点向 2、3 等点流动的过程中继续滑移，当进入 *OM* 线上 4 点时，这种滑移停止。2′-2、3′-3、4′-4 为各点相对前一点的滑移量。此区域的变形过程可以通过图 1-31 形象表示，切削层在此区域如同一片片相叠的层片，在切削过程中层片之间发生了相对滑移。*OA* 与 *OM* 之间的区域就是第一变形区Ⅰ。

第一变形区是金属切削变形过程中最大的变形区，在这个区域内，金属将产生大量的切削热，并消耗大部分功率。此区域较窄，宽度仅 0.02～0.2mm。

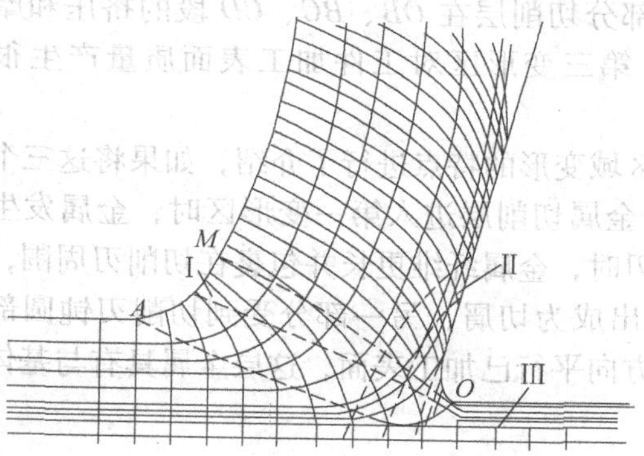

图 1-30　金属切削过程中滑移线与流线

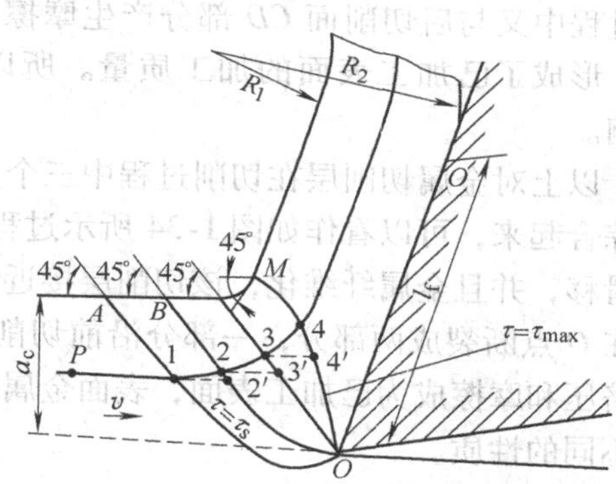

图 1-31　第一变形区金属滑移

第二变形区：产生塑性变形的金属切削层材料经过第一变形区后沿刀具前面流出，在靠近前面处形成第二变形区，如图 1-30 所示的Ⅱ变形区。

在这个变形区域，由于切削层材料受到刀具前面的挤压和摩擦，变形进一步加剧，材料在此处纤维化，流动速度减慢，甚至停滞在前面上。而且，切屑与前面的压力很大，高达 2～3GPa，由此摩擦产生的热量也使切屑与刀具面温度上升到几百度的高温，切屑底部与刀具前面发生粘结现象。发生粘结现象后，切屑与前面之间的摩擦就不是一般的外摩擦，而变成粘结层与其上层金属的内摩擦。这种内摩擦与外摩擦不同，它与材料的流动应力特性和粘结面积有关，粘结面积越大，内摩擦力也越大。图 1-32 显示了发生粘结现

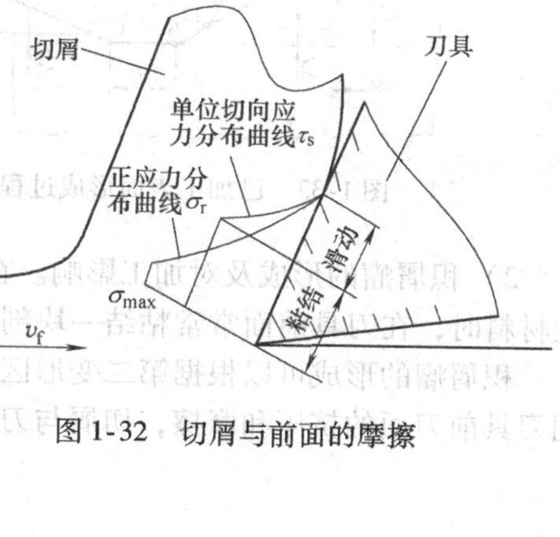

图 1-32　切屑与前面的摩擦

象时的摩擦状况。由图可知，根据摩擦状况，切屑接触面分为两个部分：粘结部分为内摩擦，这部分的单位切向应力等于材料的屈服强度 τ_s；粘结部分以外为外摩擦部分，也就是滑动摩擦部分，此部分的单位切向应力由 τ_s 减小到零。图中也显示了整个接触区域内正应力 σ_r 的分布情况，刀尖处，正应力最大，逐步减小到零。

第三变形区：金属切削层在已加工表面受刀具切削刃钝圆部分的挤压与摩擦而产生塑性变形部分的区域，如图 1-30Ⅲ部分所示。

第三变形区的形成与切削刃钝圆有关。因为切削刃不可能绝对锋利，不管采用何种方式刃磨，切削刃总会有一钝圆半径 r_n。一般高速钢刃磨后 r_n 为 3～10μm，硬质合金刀具磨后 r_n 约 18～32μm。如采用细粒金刚石砂轮磨削，r_n 最小可达到 3～6μm。另外，切削刃切削后就会产生磨损，增加切削刃钝圆。

图 1-33 表示了考虑切削刃钝圆情况下已加工表面的形成过程。当切削层以一定的速度接近切削刃时，会出现剪切与滑移，金属切削层绝大部分金属经过第二变形区的变形沿终滑移层 *OM* 方向流出，由于切削刃钝圆的存在，在钝圆 *O* 点以下有一少部分厚 Δa 的金属切削层不能沿 *OM* 方向流出，被切削刃钝圆挤压过去，该部分经过切削刃钝圆 *B* 点后，受到后切削面 *BC* 段的挤压和摩擦，经过 *BC* 段后，这部分金属开始弹性恢复，恢复高度为 Δh，在恢复过程中又与后切削面 *CD* 部分产生摩擦，这部分切削层在 *OB*、*BC*、*CD* 段的挤压和摩擦后，形成了已加工表面的加工质量。所以说，第三变形区对工件加工表面质量产生很大影响。

以上对金属切削层在切削过程中三个变形区域变形的特点进行了介绍，如果将这三个区域综合起来，可以看作如图 1-34 所示过程。当金属切削层进入第一变形区时，金属发生剪切滑移，并且金属纤维化，该切削层接近切削刃时，金属纤维更长并包裹在切削刃周围，最后在 *O* 点断裂成两部分，一部分沿前切削面流出成为切屑，另一部分受到切削刃钝圆部分的挤压和摩擦成为已加工表面，表面金属纤维方向平行已加工表面，这层金属具有与基体组织不同的性质。

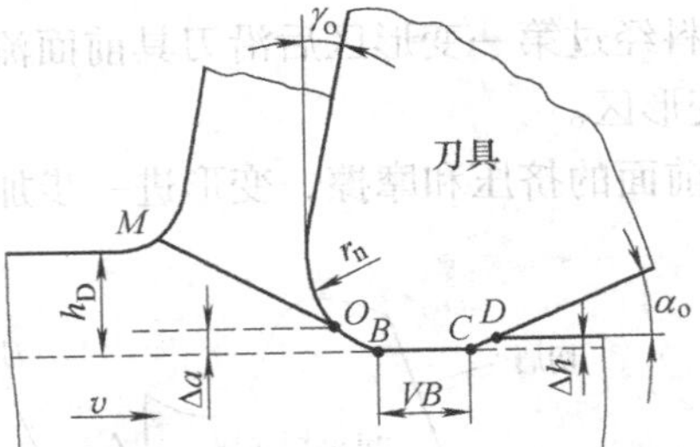

图 1-33　已加工表面形成过程

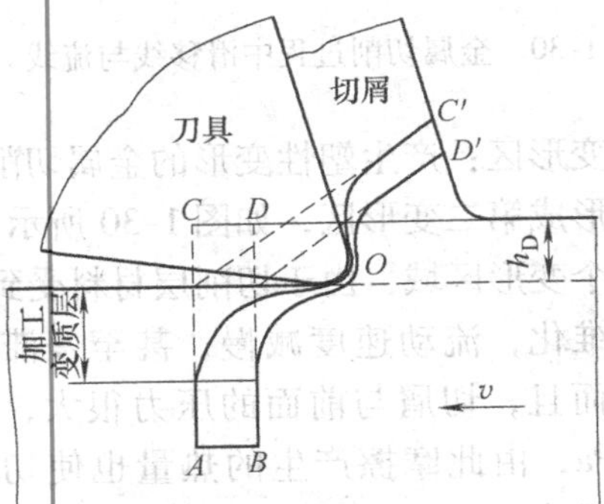

图 1-34　刀具的切削完成过程

2）积屑瘤的形成及对加工影响。在一定的切削速度和保持连续切削的情况下，加工塑性材料时，在刀具前面常常粘结一块剖面呈三角状的硬块，这块金属被称为积屑瘤。

积屑瘤的形成可以根据第二变形区的特点来解释。当金属切削层从终滑移面流出时，受到刀具前刀面的挤压和摩擦，切屑与刀具前面接触面温度升高，挤压力和温度达到一定的程度时，就产生粘结现象，也就是常说的“冷焊”。切屑流过与刀具粘附的底层时，产生内摩擦，这时底层上面金属出现加工硬化，并与底层粘附在一起，逐渐长大，成为积屑瘤，如图1-35所示。

积屑瘤的产生不但与材料的加工硬化有关，而且也与切削刃前区的温度和压力有关。一般材料的加工硬化性越强，越容易产生积屑瘤；温度与压力太低不会产生积屑瘤，温度太高也不会产生积屑瘤。与温度相对应，切削速度太低不会产生积屑瘤，切削速度太高，积屑瘤也不会发生，因为切削速度对切削温度有较大的影响。

积屑瘤硬度很高，是工件材料硬度的2~3倍，能同刀具一样对金属进行切削。它对金属切削过程会产生如下影响。

● 实际刀具前角增大。刀具前角γ_o指刀面与基面之间的夹角。

如图1-35所示，由于积屑瘤的粘附，刀具前角增大了一个γ_b角度，如把积屑瘤看成是刀具一部分的话，无疑实际刀具前角增大，变为$\gamma_o+\gamma_b$。

刀具前角增大可减小切削力，对切削过程有积极的作用。而且，积屑瘤的高度H_b越大，实际刀具前角也越大，切削更容易。

● 实际切削厚度增大。由图1-35可以看出，当积屑瘤存在时，实际的金属切削层厚度比无积屑瘤时增加了一个Δh_D，显然，这对工件切削尺寸的控制是不利的。值得注意的是，这个厚度Δh_D的增加并不是固定的，因为积屑瘤在不停变化，它是一个产生、长大、最后脱落的周期性变化过程，这样可能在加工中产生振动。

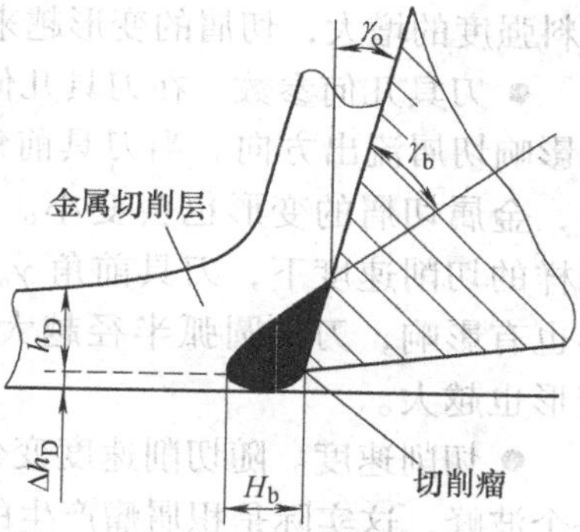

图1-35　积屑瘤对加工影响

● 加工后表面粗糙度增大。积屑瘤的变化不单是整体变化，而且积屑瘤本身也有一个变化过程。积屑瘤的底部一般比较稳定，而它的顶部极不稳定，经常会破裂，然后再形成。破裂的一部分随切屑排除，另一部分留在加工表面上，使加工表面变得非常粗糙。可以看出，如果想提高表面加工质量，必须控制积屑瘤的发生。

● 切削刀具的耐用度降低。从积屑瘤在刀具上的粘附来看，积屑瘤应该对刀具有保护作用，它代替刀具切削，减少了刀具磨损。但积屑瘤的粘附是不稳定的，它会周期性的从刀具上脱落，当它脱落时，可能使刀具表面金属剥落，从而使刀具磨损加大。对于硬质合金刀具这一点表现尤为明显。

【例1-1】 某工厂车工师傅在粗加工一件零件时，他采用了在刀具上产生积屑瘤的加工方法，而在精加工时，他又努力避免积屑瘤的产生，请问这是为什么？在防止积屑瘤方面，你认为能用哪些方法。

答：根据本节积屑瘤对加工的影响分析可知，积屑瘤能增大刀具实际前角，使切削更容易，所以这位师傅在粗加工时采用了利用积屑瘤的加工方法，但积屑瘤很不稳定，它会周期性地脱落，这就造成了刀具实际切削厚度在变化，影响零件的加工尺寸精度，另外，积屑瘤的剥落和形状的不规则又使零件加工表面变得非常粗糙，影响零件表面粗糙度。所以，在精加工阶段，这位师傅又努力避免积屑瘤的发生。

根据积屑瘤产生的原因可以知道，积屑瘤是切屑与刀具前面摩擦，摩擦温度达到一定程度，切屑与前面接触层金属发生加工硬化时产生的，因此可以采取以下几个方面的措施来避免积屑瘤的发生。

① 首先从加工前的热处理工艺阶段解决。通过热处理，提高零件材料的硬度，降低材料的加工硬化。

② 调整刀具角度，增大前角，从而减小切屑对刀具前面的压力。

③ 调低切削速度，使切削层与刀具前面接触面温度降低，避免粘结现象的发生。

④ 或采用较高的切削速度，增加切削温度，因为温度高到一定程度，积屑瘤也不会发生。

⑤ 更换切削液，采用润滑性能更好的切削液，减少切削摩擦。

3）影响切削变形的因素。上节对金属切削变形的特点作了介绍，这节将对影响金属切削变形的因素进行分析。主要从工件材料、刀具几何参数、切削厚度和切削速度四个方面进行介绍。

● 工件材料。通过试验，可以发现工件材料强度和切屑变形有密切的关系。随着工件材料强度的增大，切屑的变形越来越小。

● 刀具几何参数。在刀具几何参数中，刀具前角是影响切屑变形的重要参数，刀具前角影响切屑流出方向。当刀具前角 γ_o 增大时，沿刀面流出的金属切削层将比较平缓的流出，金属切屑的变形也会变小。通过对高速钢刀具所作的切削试验也证明了这一点。在同样的切削速度下，刀具前角 γ_o 愈大，材料变形系数愈小。此外刀尖圆弧半径对切削变形也有影响，刀尖圆弧半径越大，表明刀尖越钝，对加工表面挤压也越大，表面的切削变形也越大。

● 切削速度。随切削速度变化的材料变形系数曲线并不是一直递减，而是在某一段有一个波峰，这实际是积屑瘤产生的影响。所以，切削速度对材料变形的影响分为两段，一个是积屑瘤这一段，另一个是无积屑瘤段。

● 切削厚度。进给量（即切削厚度）对切屑变形的影响。在无积屑瘤段，进给量 f 越大，材料的变形系数 ξ 越小。

（2）切削力　了解切削力对于计算功率消耗，刀具、机床、夹具的设计，制定合理的切削用量，确定合理的刀具几何参数都有重要的意义。在数控加工过程中，许多数控设备就是通过监测切削力来监控数控加工过程以及加工刀具所处的状态。

1）切削力的产生。刀具在切削过程中克服加工阻力所需的力，称为切削力。从上节内容可以知道，刀具在切削过程中，需克服切屑的塑性变形、切屑和加工表面对刀具的摩擦以及切屑的弹性挤压力等，如图 1-36 所示。所以，切削力主要由以下几个方面产生：

① 克服被加工材料对弹性变形的抗力。

② 克服被加工材料对塑性变形的抗力。

③ 克服切屑对刀具前面的摩擦力和刀具后面对过渡表面和已加工表面间的摩擦力。

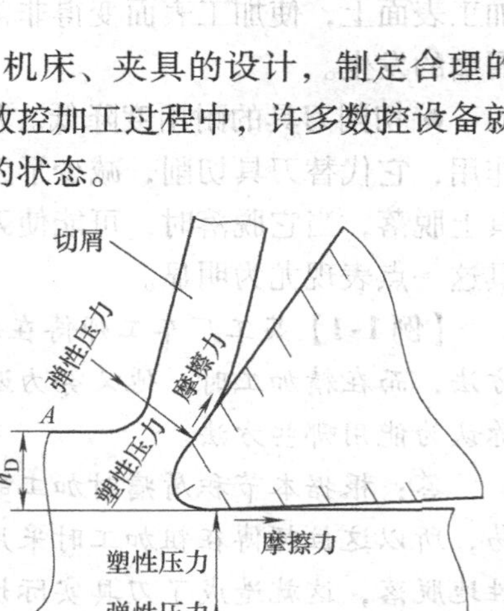

图 1-36　切削力的产生

2）切削合力及分力。作用在刀具上的各个力的总和形成对刀具的总的合力，如图 1-37 所示。

对这合力 F_r 又可以分解为三个垂直方向的分力 F_f、F_p、F_c。车削时的分力如下：

进给力 F_f——也称轴向力或走刀力。它是总合力在进给方向的分力。它是设计进给机构，计算车刀进给功率的依据。

背向力 F_p——也称径向力或吃刀力。它是总合力在垂直工作平面方向的分力。此力的反力使工件发生弯曲变形，影响工件的加工精度，并在切削过程中产生振动。它是机床零件和车刀强度的依据。

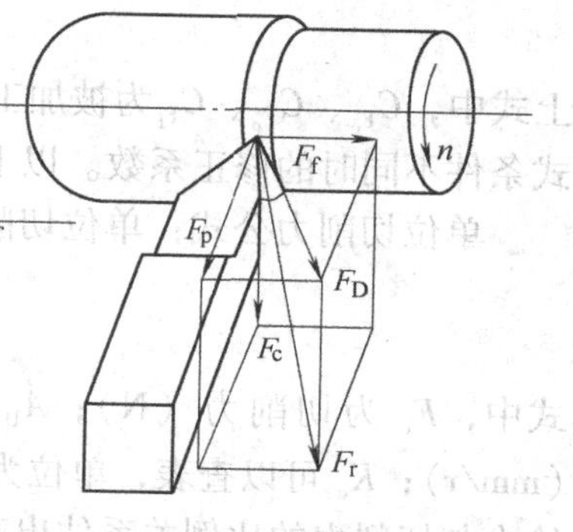

图 1-37 切削合力及分解

切削力 F_c——也称切向力。它是总合力在主运动方向上的分力，是计算车刀强度，设计机床零件，确定机床功率的依据。

由图 1-37 可知

$$F_r = \sqrt{F_c^2 + F_D^2} \tag{1-3}$$

F_D 为总合力在切削层尺寸平面上的投影，是进给力 F_f 与背向力 F_p 的合力。

$$F_D = \sqrt{F_p^2 + F_f^2} \tag{1-4}$$

因此总合力为

$$F_r = \sqrt{F_c^2 + F_p^2 + F_f^2} \tag{1-5}$$

在刀具主偏角 $\kappa_r = 45°$，刀具刃倾角 $\lambda_s = 0$，刀具前角 $\gamma_o = 15°$时（这些刀具参数在后节将进行具体介绍），根据试验 F_f、F_P、F_c 三力之间有如下关系：

$$F_P = (0.4 \sim 0.5)\ F_c \tag{1-6}$$

$$F_f = (0.3 \sim 0.4)\ F_c \tag{1-7}$$

$$F_r = (1.12 \sim 1.18)\ F_c \tag{1-8}$$

不过，根据车刀材料、车刀几何参数、切削用量、工件材料和车刀磨损等情况不同，F_f、F_P、F_c 三力之间比例有较大变化。

3）切削功率。切削过程中所消耗的功率称为切削功率 P_c（kW）。通过图 1-37 可以看到，背向力 F_P 在力的方向无位移，不做功，因此切削功率为进给力 F_f 与切削力 F_c 所做的功。根据功率公式：

切削功率

$$P_c = (F_c v_c + F_f nf/1000) \times 10^{-3}$$

式中，F_c 切削力（N）；v_c 切削速度（m/min）；F_f 进给力（N）；n 为工件转速（r/s），f 进给量（mm）。

由于 F_f 消耗功率一般小于 1% ~2%，可以忽略不计，因此功率公式可简化为

$$P_c = F_c v_c \times 10^{-3}$$

4）切削力的计算。在生产过程中，切削力的计算一般采用经验公式，主要有以下两种。

指数公式：指数公式应用较广，它的形式如下：

$$F_c = C_{F_c} a_p^{x_{F_c}} f^{y_{F_c}} v_c^{n_{F_c}} K_{F_c} \tag{1-9}$$

$$F_p = C_{F_p} a_p^{x_{F_p}} f^{y_{F_p}} v_c^{n_{F_p}} K_{F_p} \tag{1-10}$$

$$F_f = C_{F_f} a_p^{x_{F_f}} f^{y_{F_f}} v_c^{n_{F_f}} K_{F_f} \tag{1-11}$$

上式中，C_{F_c}、C_{F_p}、C_{F_f}为被加工金属的切削条件系数；K_{F_c}、K_{F_p}、K_{F_f}为当加工条件与经验公式条件不同时的修正系数。以上系数和指数都可以通过资料查表得到。

单位切削力公式：单位切削力指单位切削面积上的切削力。

$$K_c = \frac{F_c}{A_D} = \frac{F_c}{a_p f} \tag{1-12}$$

式中，F_c 为切削力（N）；A_D 为切削面积（mm^2）；a_p 为背吃刀量（mm）；f 为进给量（mm/r）；K_c 可以查表，单位为 N/mm^2。根据以上公式能求出切削力，然后根据背向力和进给力与切削力的比例关系估出其余两力。单位切削力可以通过资料查表得到。

5）影响切削力的因素。影响切削力的因素很多，主要有以下几个方面。

工件材料：工件材料的强度、硬度、加工硬化能力以及塑性变形的程度都对切削力产生影响。一般材料的强度愈高，硬度越大，加工硬化性越强，塑性变形越大，加工此材料所需的切削力也越大。有多种因素影响时，应综合考虑。如奥氏体不锈钢，虽然强度、硬度低，但加工硬化能力大，因此切削力也较大。铜、铝塑性变形大，但加工硬化小，切削力较低。热处理对切削力的影响是通过改变材料的硬度来施加的。

切削用量：背吃刀量 a_p 与进给量 f 影响。因为切削面积 $A_D = a_p f$，所以背吃刀量 a_p 与进给量 f 的增大都将增大切削面积。切削面积的增大将使变形力和摩擦力增大，切削力也将增大，但两者对切削力影响不同。虽然背吃刀量与进给量对切削力的影响都成正比关系，但由于进给量的增大会减小切削层的变形，所以背吃刀量 a_p 对切削力的影响比进给量 f 大。在生产中，如机床消耗功率相等，为提高生产效率，一般采用提高进给量而不是背吃刀量的措施。

切削速度对切削力的影响与对变形系数的影响一样，都有马鞍形变化。积屑瘤产生阶段，由于刀具实际前角增大，切削力减小；在积屑瘤消失阶段，切削力逐渐增大，积屑瘤消失时，切削力 F_c 达到最大，以后又开始减小，如图1-38所示。

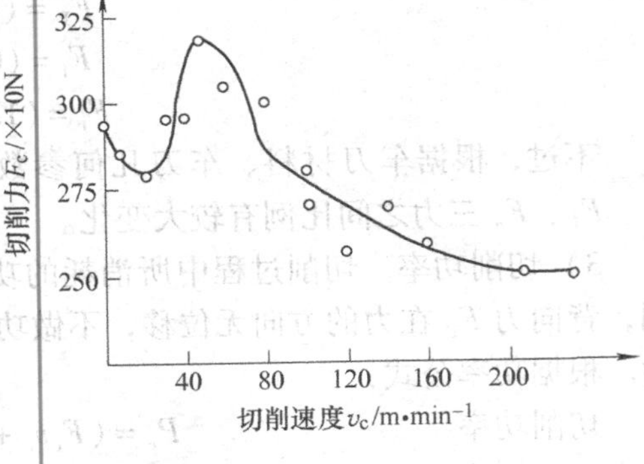

图1-38　切削速度对切削力影响

刀具几何参数：在刀具几何参数中，前角 γ_o 对切削力影响最大。切削力随着前角的增大而减小。这是因为前角的增大，切削变形与摩擦力减小，切削力相应减小。主偏角对切削力 F_c 的影响不大，$\kappa_r = 60° \sim 75°$时，F_c 最小，因此，主偏角 $\kappa_r = 75°$ 的车刀在生产中应用较多。主偏角 κ_r 的变化对背向力 F_p 与进给力 F_f 影响较大。背向力随主偏角的增大而减小，进给力随主偏角的增大而增大。

刀尖圆弧半径增大，切削变形增大，切削力也增大，相当于 κ_r 减小对切削力影响。

试验表明，刃倾角 λ_s 的变化对切削力 F_c 影响不大，但对背向力 F_p 影响较大。当刃倾角由正值向负值变化时，背向力 F_p 逐渐增大，因此工件弯曲变形增大，机床振动也增大。

刀具材料与切削液：刀具材料影响到它与被加工材料摩擦力的变化，因此影响切削力的变化。同样的切削条件，陶瓷刀切削力最小，硬质合金次之，高速钢刀具切削力最大。切削液的正确应用，可以降低摩擦力，减小切削力。

（3）切削热与切削温度　金属的切削加工中将会产生大量切削热，切削热又影响到刀具前面的摩擦因数、积屑瘤的形成与消退、加工精度与加工表面质量、刀具寿命等。

1）切削热的产生与传导。在金属切削过程中，切削层发生弹性与塑性变形，这是切削热产生的一个重要原因，另外，切屑、工件与刀具的摩擦也产生了大量的热量。因此，切削过程中切削热由以下三个区域产生，即剪切面、切屑与刀具前面的接触区、刀具后面与工件过渡表面接触区。

金属切削层的塑性变形产生的热量最大，即主要在剪切面区产生，可以通过下式近似计算出切削热量：

$$Q = F_c v_c \tag{1-13}$$

式中，Q 实际上是切削力所做的功；F_c 为切削力（N）；v_c 为切削主运动速度（m/s）。

切削产生的热量主要由切屑、刀具、工件和周围介质（空气或切削液）传出，如不考虑切削液，则各种介质的比例参考如下：

车削加工：切屑占 50% ~86%；刀具占 10% ~40%；工件占 3% ~9%；空气占 1%。切削速度越高，切削厚度越大，切屑传出的热量越多。

钻削加工：切屑占 28%；刀具占 14.5%；工件占 52.5%；空气占 5%。

2）切削温度的分布。图 1-39、图 1-40 显示了切削温度的分布情况，通过两图，可以了解切削温度有以下分布特点：

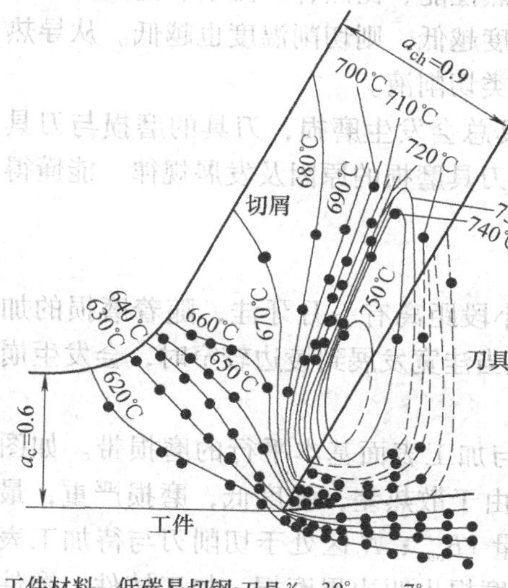

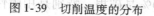

工件材料：低碳易切钢；刀具 γ_o=30°，α_o=7°
切削层厚度 h_D=0.6mm，切削速度 v_c=22.86m/min，干切削，预热611°

图 1-39　切削温度的分布

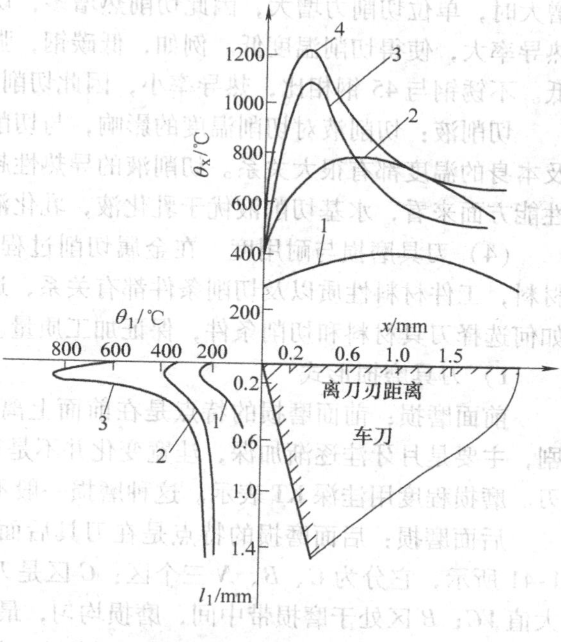

切削速度 v_c=30m/min，f=0.2m/r
1—45钢-YT15；2—GCr15-YT14；3—钛合金 BT2-YG8；4—BT2-YT15

图 1-40　切削不同材料温度分布

● 切削最高温度并不在切削刃，而是离切削刃有一定距离。对于45钢，约在离切削刃1mm处前面的温度最高。

● 后面温度的分布与前面类似，最高温度也在切削刃附近，不过比前面的温度低。

● 经剪切面后，沿切屑流出的垂直方向温度变化较大，越靠近刀面，温度越高，这说明切屑在刀面附近被摩擦升温，而且切屑在前面的摩擦热集中在切屑底层。

3）影响切削温度的因素

切削用量：根据试验得到车削时切削用量三要素 v_c、a_p、f 和切削温度 θ 之间关系的经验公式：

高速钢刀具（加工材料45钢）：$\theta = (140 \sim 170)\ a_p^{0.08-0.1} f^{0.2-0.3} v^{0.35-0.45}$ （1-14）

硬质合金刀具（加工材料45钢）：$\theta = 320 a_p^{0.05} f^{0.15} v^{0.26-0.41}$ （1-15）

上式表明，切削用量三要素 v_c、a_p、f 中，切削速度 v_c 对温度的影响最显著，因为指数最大，切削速度增加一倍，温度约增加32%；其次是进给量 f，进给量增加一倍，温度约升高18%，背吃刀量 a_p 影响最小。主要的原因是速度增加，使摩擦热增多；f 增加，切削变形减小，切屑带走的热量也增多，所以热量增加不多；背吃刀量的增加，使切削宽度增加，显著增加热量的散失面积。

刀具的几何参数：影响切削温度的主要几何参数为前角 γ_o 与主偏角 κ_r。前角 γ_o 增大，切削温度降低。因前角增大时，单位切削力下降，切削热减少。主偏角 κ_r 减小，切削宽度 b_D 增大，切削厚度减小，因此切削温度也下降。

工件材料：工件材料的强度、硬度和热导率对切削温度影响比较大。材料的强度与硬度增大时，单位切削力增大，因此切削热增多，切削温度升高。热导率影响材料的传热，因此热导率大，使得切削温度低。例如，低碳钢，强度与硬度较低，热导率大，产生的切削温度低。不锈钢与45钢相比，热导率小，因此切削温度比45钢高。

切削液：切削液对切削温度的影响，与切削液的导热性能、比热容、流量、浇注方式以及本身的温度都有很大关系。切削液的导热性越好，温度越低，则切削温度也越低。从导热性能方面来看，水基切削液优于乳化液，乳化液优于油类切削液。

（4）刀具磨损与耐用度　在金属切削过程中，刀具总会发生磨损，刀具的磨损与刀具材料，工件材料性质以及切削条件都有关系，通过掌握刀具磨损的原因及发展规律，能懂得如何选择刀具材料和切削条件，保证加工质量。

1）刀具磨损形式

前面磨损：前面磨损的特点是在前面上离切削刃小段距离有一月牙洼，随着磨损的加剧，主要是月牙洼逐渐加深，洼宽变化并不是很大。但当洼宽发展到棱边较窄时，会发生崩刃。磨损程度用洼深KT表示。这种磨损一般不多。

后面磨损：后面磨损的特点是在刀具后面上出现与加工表面基本平行的磨损带。如图1-41所示，它分为 C、B、N 三个区：C 区是刀尖区，由于散热差，强度低，磨损严重，最大值 VC；B 区处于磨损带中间，磨损均匀，最大磨损量 VB_{max}；N 区处于切削刃与待加工表面的相交处，磨损严重，磨损量以 VN 表示，此区域的磨损也叫边界磨损，加工铸件、锻件等外皮粗糙的工件时，这个区域容易磨损。

破损：刀具破损比例较高，硬质合金刀具有50%～60%是破损。特别是用脆性大的刀具连续切削或加工高硬度材料时，破损较严重。它又分为以下几种形式：

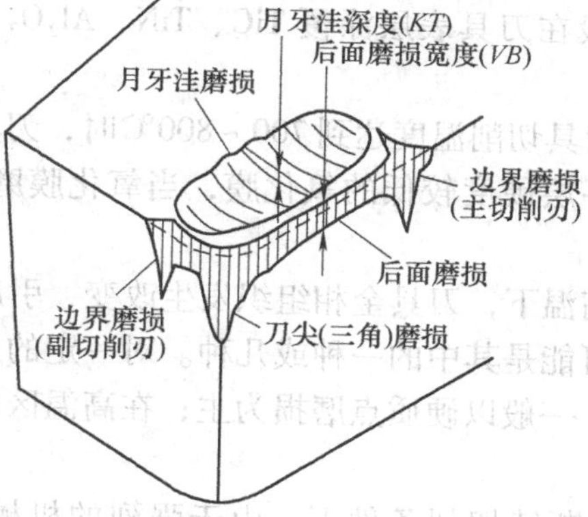

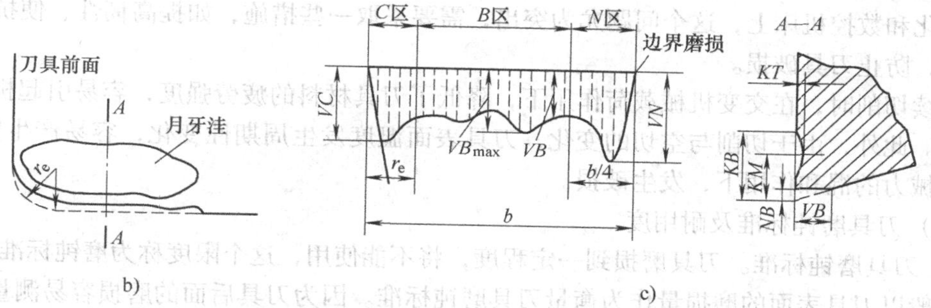

图 1-41　车刀的磨损

a）刀具的磨损形态　b）月牙洼的位置　c）磨损的测量位置

● 崩刃。特点是在切削刃产生小的缺口，尺寸与进给量相当。硬质合金刀具连续切削时容易产生。

● 剥落。特点是前后刀面上平行于切削刃剥落一层碎片，常与切削刃一起剥落。陶瓷刀具端铣常发生剥落，另外硬质合金刀具连续切削也会发生。

● 裂纹。特点是垂直或倾斜于切削刃有热裂纹。由于长时间连续切削，刀具疲劳而引起。

● 塑性破损。特点是切削刃发生塌陷。它是由于切削时高温高压作用引起的。

● 塑性破损。特点是切削刃发生塌陷。它是由于切削时高温高压作用引起的。

2）刀具磨损原因。刀具的磨损原因主要有以下几种：

硬质点磨损：因为工件材料中含有一些碳化物、氮化物、积屑瘤残留物等硬质点杂质，在金属加工过程中，会将刀具表面划伤，造成机械磨损。低速刀具磨损的主要原因是硬质点磨损。

粘结磨损：加工过程中，切屑与刀具接触面在一定的温度与压力下，产生塑性变形而发生冷焊现象后，刀具表面粘结点被切屑带走而发生的磨损。一般，具有较大的抗剪和抗拉强度的刀具抗粘结磨损能力强，如高速钢刀具具有较强的抗粘结磨损能力。

扩散磨损：由于切削时高温作用，刀具与工件材料中的合金元素相互扩散，而造成刀具磨损。硬质合金刀具和金刚石刀具切削钢件温度较高时，常发生扩散磨损。金刚石刀具不宜加工钢铁材料。一般在刀具表层涂覆 TiC、TiN、Al_2O_3 等，能有效提高抗扩散磨损能力。

氧化磨损：硬质合金刀具切削温度达到700~800℃时，刀具中一些 C、CO、TiC 等被空气氧化，在刀具表层形成一层硬度较低的氧化膜，当氧化膜磨损掉后在刀具表面形成氧化磨损。

相变磨损：在切削的高温下，刀具金相组织发生改变，引起硬度降低造成的磨损。

总的来说，刀具磨损可能是其中的一种或几种。对一定的刀具和工件材料，起主导作用的是切削温度。在低温区，一般以硬质点磨损为主；在高温区以粘结磨损、扩散磨损、氧化磨损等为主。

3）刀具破损原因。在断续切削条件下，由于强烈的机械与热冲击，超过刀具材料强度，引起刀具破损。一般，因为硬质合金刀具和陶瓷刀具由粉末烧结而成，容易产生破损。在自动化和数控机床上，这个问题尤为突出，需要采取一些措施，如提高韧性、使抗弯强度提高等，防止刀具破损。

断续切削时，在交变机械载荷作用下，降低了刀具材料的疲劳强度，容易引起机械裂纹而破损。此外，由于切削与空切的变化，刀具表面温度发生周期性变化，容易产生热裂纹，又在机械力的混和作用下，发生破损。

（5）刀具磨钝标准及耐用度

1）刀具磨钝标准。刀具磨损到一定程度，将不能使用，这个限度称为磨钝标准。

一般以刀具表面的磨损量作为衡量刀具磨钝标准。因为刀具后面的磨损容易测量，所以国际标准中规定以 1/2 背吃刀量处后面上测量的磨损带宽 *VB* 作为刀具磨钝标准。具体标准可参考相关手册。

实际生产中，考虑到不影响生产，一般根据切削中发生的一些现象来判断刀具是否磨钝。例如是否出现振动与异常噪声等。

2）刀具耐用度。从刀具刃磨后开始切削，一直到磨损量达到刀具磨钝标准所用的总切削时间被称为刀具耐用度，单位为分钟。

影响刀具耐用度的主要因素如下：

● 切削用量

切削速度对切削温度的影响最大，因而对刀具磨损的影响也最大。通过耐用度试验，可以作出图 1-42 所示的 v_c—T 对数曲线，由图看出，速度与刀具寿命的对数成正比关系，进一步通过直线方程求出切削速度与刀具耐用度之间有如下数学关系

$$v_c T^m = C_0 \tag{1-16}$$

式中，v_c 为切削速度（m/min）；T 为刀具寿命（min）；m 为指数，表示 v_c—T 之间影响指数；C_0 与刀具、工件材料和切削条件有关的系数。

指数 m 表示图 1-42 中直线斜率，从中可看出，m 越大，速度对刀具寿命影响也越大。高速钢刀具，一般 $m=0.1\sim0.125$；硬质合金刀具 $m=0.2\sim0.3$；陶瓷刀具 $m=0.4$。

增加进给量 f 与背吃刀量 a_p，刀具寿命都将下降。由前节已知，进给量增大对温升的影响比背吃刀量大，因而进给量的增加对刀具寿命影响相对大些。

● 刀具几何参数

增大前角 γ_o，切削力减小，切削温度降低，刀具寿命提高。不过前角太大，刀具强度变低，散热变差，刀具寿命反而下降。

减小主偏角 κ_r 与增大刀尖圆弧半径 r_ε，能增加刀具强度，降低切削温度，从而提高刀具寿命。

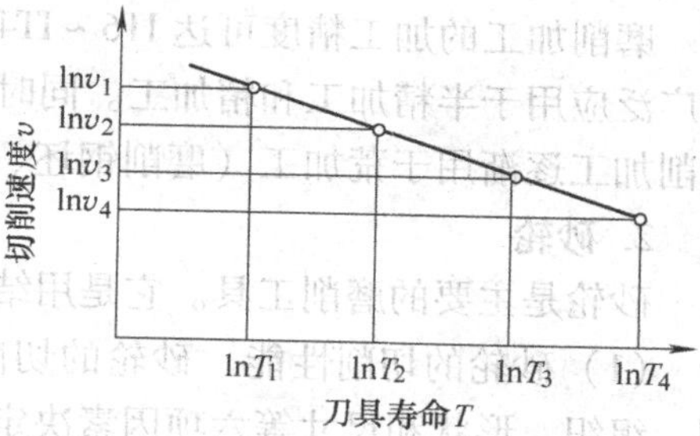

图 1-42　v_c—T 曲线

● 工件材料

工件材料的硬度、强度和韧性越高，刀具在切削过程中的产生的温度也越高，刀具寿命也越低。

● 刀具材料

一般情况下，刀具材料红硬性越高，则刀具寿命就越高。刀具寿命的高低在很大程度上取决于刀具材料的合理选择。如加工合金钢，在切削条件相同时，陶瓷刀具寿命比硬质合金刀具高。采用涂层刀具材料和使用新型刀具材料，能有效提高刀具寿命。

（二）磨削加工

1. 概述

以磨料为主制造而成的切削工具称为磨具。磨削就是用磨具以较高的线速度对工件表面进行加工的方法。磨削是机械制造中最常用的加工方法之一。它的应用范围广泛，可以加工外圆、内孔、平面、螺纹、齿轮、花键、导轨、成形面以及刃磨各种刀具等（见图 1-43）。磨削加工不仅能加工一般的金属材料和非金属材料，而且还能加工各种高硬、超硬材料（如淬火钢、硬质合金等）。

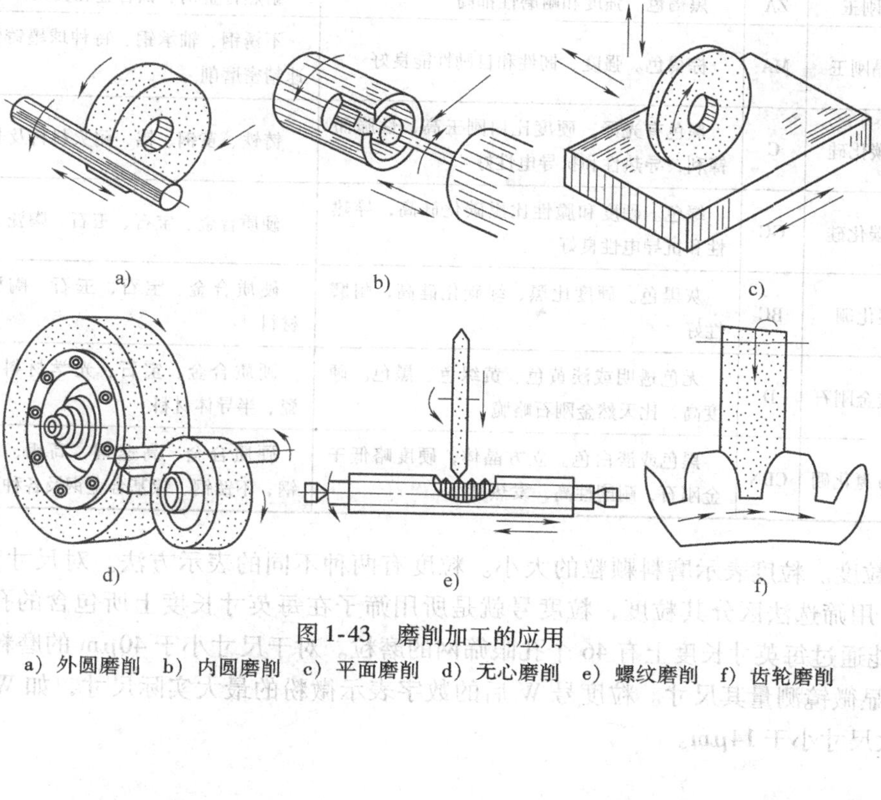

图 1-43　磨削加工的应用

a）外圆磨削　b）内圆磨削　c）平面磨削　d）无心磨削　e）螺纹磨削　f）齿轮磨削

磨削加工的加工精度可达 IT6 ~ IT4，表面粗糙度值可达 $R_a0.8 \sim R_a0.025\mu m$，因此它也被广泛应用于半精加工和精加工。同时，随着毛坯制造技术的发展和高速强力磨削的应用，磨削加工逐渐用于荒加工（磨削钢坯、割浇冒口等）和粗加工中。

2. 砂轮

砂轮是主要的磨削工具。它是用结合剂将磨粒粘结而成的多孔体。

（1）砂轮的切削性能　砂轮的切削性能由磨粒材料（简称磨料）、粒度、硬度、结合剂、组织、形状和尺寸等六项因素决定。

1）磨料。砂轮切削速度很高，在磨削中，磨粒受到剧烈的挤压和摩擦，工作温度高。所以磨粒必须具有很高的硬度及良好的耐热性和一定的韧性，同时要求磨粒棱角必须锋利。

常用磨料的特性及使用范围见表 1-9。

表 1-9　常用磨料的特性及使用范围

系别	磨料名称	代号	特　性	使 用 范 围
氧化物系	棕刚玉	A	棕褐色。硬度大、韧性大、价廉	碳钢、合金钢、可锻铸铁、硬青铜
	白刚玉	WA	白色。硬度高于棕刚玉。韧性低于棕刚玉	淬火钢、高速钢、高碳钢、合金钢、非金属及薄壁零件
	铬刚玉	PA	玫瑰红或紫红色。韧性高于白刚玉，磨削粗糙度小	淬火钢、高速钢、轴承钢及薄壁零件
	单晶刚玉	SA	浅黄或白色。硬度和韧性高于白刚玉	不锈钢、高钒高速钢等高强度、韧性大的材料
	锆刚玉	ZA	黑褐色。强度和耐磨性都高	耐热合金钢、钛合金和奥氏体不锈钢
	微晶刚玉	MA	棕褐色。强度、韧性和自励性能良好	不锈钢、轴承钢、特种球墨铸铁，适于高速精密磨削
碳化硅系	黑碳化硅	C	黑色有光泽。硬度比白刚玉高，性脆而锋利，导热性和抗导电性好	铸铁、黄铜、铝、耐火材料及非金属材料
	绿碳化硅	GC	绿色。硬度和脆性比黑碳化硅高，导热性和抗导电性良好	硬质合金、宝石、玉石、陶瓷、玻璃
	碳化硼	BC	灰黑色。硬度比黑、绿碳化硅高，耐磨性好	硬质合金、宝石、玉石、陶瓷、半导体材料
高硬磨料系	人造金刚石	D	无色透明或淡黄色、黄绿色、黑色。硬度高，比天然金刚石略脆	硬质合金、宝石、光学材料、石材、陶瓷、半导体材料
	立方氮化硼	CBN	黑色或淡白色。立方晶体，硬度略低于金刚石，耐磨性高，发热量小	硬质合金、高速钢、高钼、高钒、高钴钢、不锈钢、镍基合金钢及各种高温合金

2）粒度。粒度表示磨料颗粒的大小。粒度有两种不同的表示方法。对尺寸大于 40μm 的磨料，用筛选法区分其粒度，粒度号就是所用筛子在每英寸长度上所包含的孔眼数。如 46# 表示能通过每英寸长度上有 46 个孔眼筛网的磨粒。对于尺寸小于 40μm 的磨粒（称为微粉），用显微镜测量其尺寸。粒度号 W 后的数字表示微粉的最大实际尺寸，如 W14 表示微粉的最大尺寸小于 14μm。

通常情况下，荒磨钢锭、铸锻件、木材、皮革、及切断钢坯粗磨时，选用8#～24#粒度的磨粒；粗磨时，磨削厚度较大，选用粗磨粒，常选用36#～60#粒度的磨粒；磨软的、韧性大的材料，或磨削面积较大时，也宜选用粗磨粒；精磨及磨削硬和脆的材料时选用细磨粒。一般外圆、内圆和平面磨削选用36#～80#；刃磨刀具选用46#～100#；螺纹磨削、成形磨削和超精磨削选用100#～280#；W40以下主要用于研磨。

3）结合剂。结合剂把磨粒粘结在一起形成具有一定形状和足够强度的砂轮。结合剂的性能决定砂轮的强度、耐冲击性、耐腐蚀性和耐热性。另外，它对磨削温度和磨削表面质量也有影响。

常用的结合剂的类型及使用范围见表1-10。

表1-10　常用的结合剂的类型及使用范围

名　称	代号	特　性	使用范围
陶瓷结合剂	V	耐热、耐油和耐酸碱的侵蚀，强度较高，但性较脆	适用范围最广，除切断砂轮外的大多数砂轮
树脂结合剂	B	强度高并富有弹性，但坚固性和耐热性差，不耐酸、碱。不宜长期存放	高速磨削、切断和开槽砂轮；镜面磨削的石墨砂轮；对磨削烧伤和磨削裂纹特别敏感的工序；荒磨砂轮
橡胶结合剂	R	具有弹性、密度大，但磨粒易脱落，耐热性差，不耐油，不耐酸，有臭味	无心磨床的导轮，切断、开槽和抛光砂轮
金属结合剂	M	型面的成型性好，强度高，有一定的韧性，但自励性差	金刚石砂轮，珩磨、半精磨硬质合金，切断光学玻璃、陶瓷及半导体材料

4）硬度。砂轮的硬度是指结合剂粘结磨粒的牢固程度，也就是指磨粒在磨削力作用下，从砂轮表面上脱落的难易程度。砂轮硬，就是磨粒粘得牢，不易脱落；砂轮软，就是磨粒粘得不牢，容易脱落。砂轮的硬度主要决定于结合剂的性能、数量和砂轮的制造工艺。砂轮的硬度等级名称及代号见表1-11。

表1-11　砂轮的硬度等级名称及代号

名称	超软	软1	软2	软3	中软1	中软2	中1	中2	中硬1	中硬2	中硬3	硬1	硬2	超硬
代号	D、E、F	G	H	J	K	L	M	N	P	Q	R	S	T	Y

砂轮的硬度对磨削质量与生产率有很大的影响。如砂轮选得太硬，磨粒磨钝后仍不能脱落，磨削效率降低，而磨削力、磨削热显著增加，工件表面粗糙并容易被烧伤，甚至产生加工振动。如砂轮选得太软，磨粒还未磨钝就已从砂轮上脱落，砂轮损耗大，形状也不易保持，工件精度也难于控制，脱落的磨粒也容易把工件表面划伤，使工件表面粗糙度值较大。砂轮的硬度选择合适，磨粒磨钝后因磨削力增大而从砂轮上脱落，使新的、锋利的磨粒露出来继续磨削，这样砂轮具有自锐性，从而使磨削效率高，工件表面质量好，砂轮损耗小。

一般情况下，磨硬材料应选择软砂轮，磨软材料应选择硬砂轮。磨毛坯和成形磨削应选择硬砂轮，磨薄壁件应选择软砂轮。

5）组织。组织是指砂轮中磨粒排列的松紧程度，也就是磨粒在砂轮中所占的容积比率（磨粒率）。根据磨粒率，砂轮可分为0～14组织号（表1-12）。组织号大，砂轮中空隙大，不易堵塞，磨削效率高，工件表面也不易烧伤。组织号小，砂轮表面单位面积上磨刃多，砂轮形状容易保持。所以，磨削韧性材料、软金属以及大面积磨削时，应选取组织号大、疏松的砂轮；而精磨、成形磨削时，应选取组织号小、紧密的砂轮。

表1-12 砂轮的组织号

组织	0	1	2	3	4	5	6	7	8	9	10	11	12	13	14
磨粒率	62	60	58	56	54	52	50	48	46	44	42	40	38	36	34

6）形状和尺寸 为了适应在不同类型的磨床上磨削各种形状和尺寸的工件。砂轮有很多形状和尺寸规格，见表1-13。

表1-13 形状和尺寸规格

砂轮名称	代 号	断面形状	主要用途
平形砂轮	1	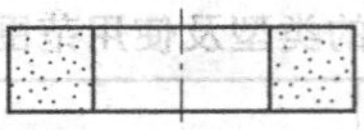	外圆磨、平面磨、无心磨、工具磨
薄片砂轮	41	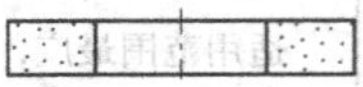	切断及切槽
筒形砂轮	2	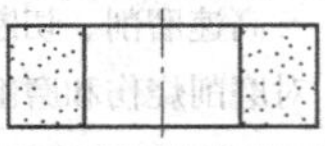	端磨平面
碗形砂轮	11	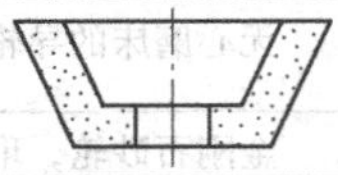	刃磨刀具、磨导轨
碟形一号砂轮	12a	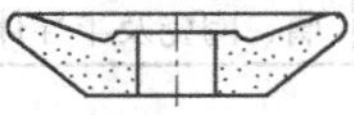	磨铣刀、铰刀、拉刀、磨齿轮
双斜边砂轮	4	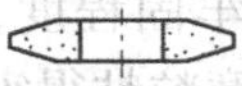	磨齿轮及螺纹
杯形	6	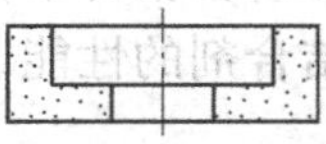	磨平面、内圆、刃磨刀具

砂轮的标志印在砂轮的端面上。其代号次序是：形状、尺寸、磨料、粒度好、硬度、组织号、结合剂、线速度。例如：

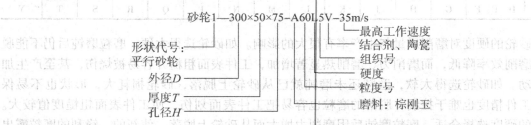

砂轮1—300×50×75–A60L5V–35m/s

最高工作速度
结合剂、陶瓷
组织号
硬度
粒度号
磨料：棕刚玉
形状代号：平行砂轮
外径D
厚度T
孔径H

（2）砂轮的修整 当砂轮使用一段时间后，砂轮表面上的磨粒被磨钝或者砂轮表面被堵塞时，砂轮的磨削效率下降，甚至丧失切削能力，因此砂轮必须进行修整。另外，新砂轮各表面的形状以及各表面的相互位置有误差，安装新砂轮时也需要把它修整正确。砂轮修整的原理是除去砂轮表面上的一层磨料，使其表面重新露出锋利的磨粒，以恢复砂轮的切削性能与外形精度。

砂轮的修整方法主要取决于砂轮的特性，例如：碳化硅和氧化铝陶瓷结合剂砂轮一般采用金刚石修整笔修整，金刚石修整笔由大颗粒金刚石镶焊在刀杆尖端制成。修整后的砂轮磨削工件时，如发出清脆的“嚓、嚓”声并伴随着均匀的火花，则说明磨粒已经锋利，砂轮已经恢复了切削能力。超硬磨料金属或树脂结合剂砂轮，一般采用磨削油石法（见图1-44）或采用碳化硅砂轮对滚法（见图1-45）等方法进行修整。

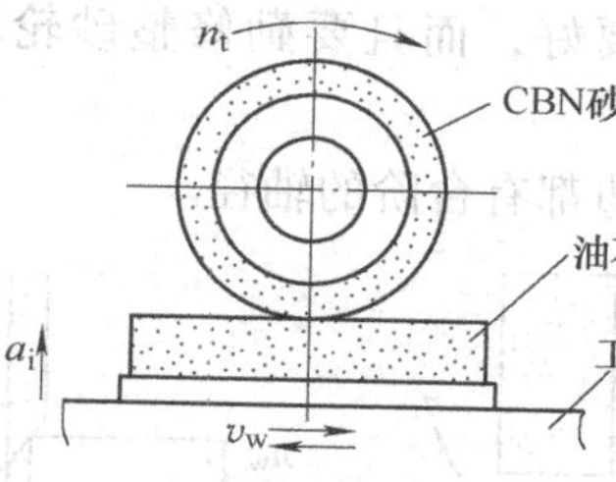

图1-44　磨削油石法

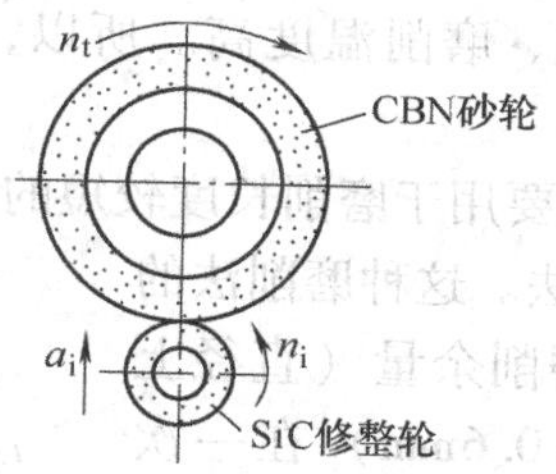

图1-45　碳化硅砂轮对滚法

3. 磨削方法

磨削过程就是砂轮表面上的磨粒对工件表面的切削、划沟和滑擦的综合作用过程。砂轮表面上的磨粒在高速、高温与高压下，逐渐磨损而钝化。钝化磨粒的切削能力急剧下降，如果继续磨削，作用在磨粒上的切削力将不断增大。当此力超过磨粒的极限强度时，磨粒就会破碎，形成新的锋利棱角进行磨削。当此力超过砂轮结合剂的黏结强度时，钝化磨粒就会自行脱落，使砂轮表面露出一层新鲜锋利的磨粒，从而使磨削加工能够继续进行。

（1）外圆磨削　外圆磨削可以在普通外圆磨床或万能外圆磨床上进行，也可在无心磨床上进行，通常作为半精车后的精加工。外圆磨削的方法一般有四种：纵磨法、横磨法、深磨法和无心外圆磨法。

1）纵磨法。磨削时，工件作圆周进给运动，同时随工作台作纵向进给运动，使砂轮能磨出全部表面。每一纵向行程或往复行程结束后，砂轮作一次横向进给，把磨削余量逐渐磨去（见图1-46）。

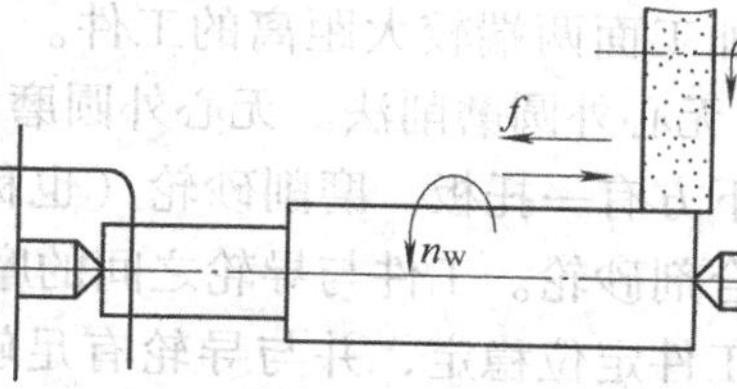

图1-46　纵磨法

采用纵磨法，砂轮全宽上各处磨粒的工作情况是不同的。处于纵向进给方向前部的磨粒，担负主要的切削工作；而后部的磨粒，主要起磨光作用。由于没有充分发挥后面部分磨粒的切削能力，所以磨削效率较低。但由于后面部分磨粒的磨光作用，工件上残留面积大大减少，表面粗糙度较小。为了保证工件两端的加工精度，砂轮应越出工件磨削面1/3～1/2的砂轮宽度。另外，纵磨时磨削深度小，磨削力小，散热条件好，磨削温度低，而且精磨到最后可作几次无横向进绘的光磨，能逐步消除由于机床、工件、夹具弹性变形而产生的误差，所以磨削精度较高。

纵磨法是常见用的一种磨削方法，可以磨削很长的表面，磨削质量好。特别在单件、小批生产以及精磨时，一般都采用这种方法。

2）横磨法（切入磨法）。采用横磨法，工件无纵向进给运动。采用一个比需要磨削的表面还要宽一些（或与磨削表面一样宽）的砂轮以很慢的送给速度向工件横向进给，直到磨掉全部加工余量（见图1-47）。

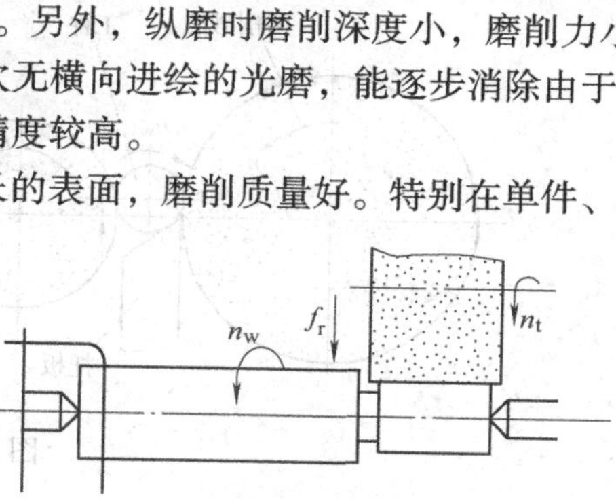

图1-47　横磨法

采用横磨法，砂轮全宽上各处磨粒的切削能力都能充分发挥，磨削效率较高。但因工件相对砂轮无纵向运动，相当于成形磨削。当砂轮因修整不好、磨损不均、外形不正确时，砂轮的形状误差直接影响到工件的形状精度。另外，因砂轮与工件的接触宽度大，因而磨削力大、磨削温度高。所以，工件刚性一定要好，而且要勤修整砂轮和供给充分的切削液。

横磨法主要用于磨削长度较短的外圆表面以及两边都有台阶的轴径。

3）深磨法。这种磨削法的特点是全部磨削余量（直径上一般为 0.2 ~ 0.6mm）在一次纵进给中磨去。磨削时工件圆周进给速度和纵向送给速度都很慢，砂轮前端修整成阶梯形（见图 1-48a）或锥形（见图 1-48b）。修整砂轮时，最大直径的外圆要修整得很精细，因为它起精磨作用；其他阶梯修整得粗糙些，第一台阶深度应大于第二台阶。这样，相当于把整个余量分配给粗磨、半精磨与精磨。深磨法的生产率约比纵磨法高一倍，能达到 IT6 级公差等级，表面粗糙度的 R_a 值在 0.4 ~ 0.8μm 之间。它修整砂轮较复杂，只适于大批、大量生产，磨削允许砂轮越出被加工面两端较大距离的工件。

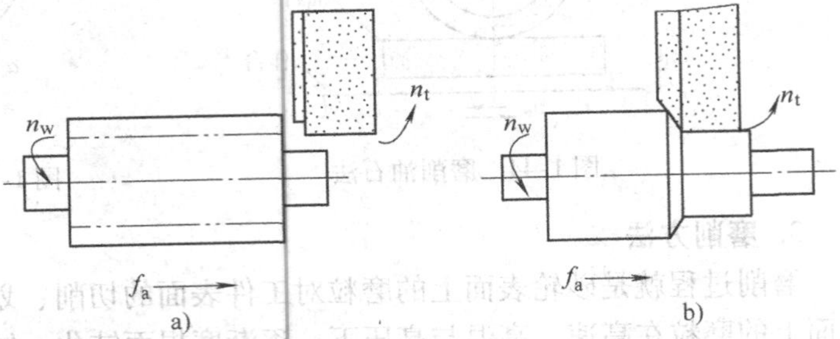

图 1-48 深磨法

a）阶梯砂轮 b）锥形砂轮

4）无心外圆磨削法。无心外圆磨的加工原理如图 1-49 所示。工件放在磨削砂轮和导轮之间，下方有一托板。磨削砂轮（也称为工作砂轮）旋转起切削作用，导轮是磨粒极细的橡胶结合剂砂轮。工件与导轮之间的摩擦力较大，从而使工件以接近于导轮的线速度回转。为了使工件定位稳定，并与导轮有足够的摩擦力矩，必须把导轮与工件接触部位修整成直线。因此，导轮圆周表面为双曲线回转面。无心外圆磨削在无心外圆磨床上进行。无心外圆磨床生产率很高，但调整复杂；不能校正套类零件孔与外圆的同轴度误差；不能磨削具有较长轴向沟槽的零件，以防外圆产生较大的圆度误差。因此，无心外圆磨削多用于细长光轴、轴销和小套等零件的大批、大量生产。

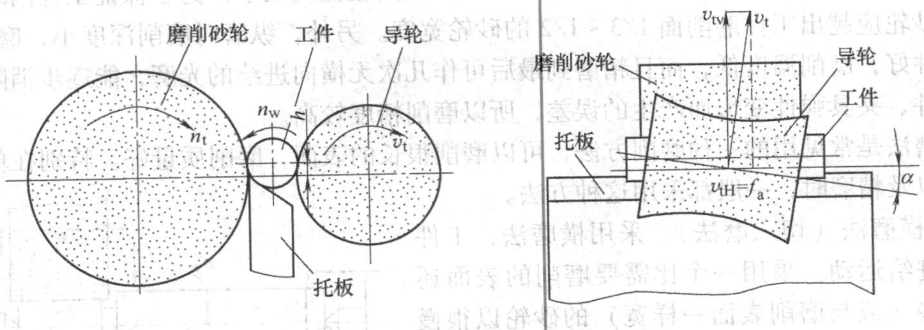

图 1-49 无心外圆磨

（2）内圆磨削 内圆磨削除了在普通内圆磨床（见图1-50）或万能外圆磨床上进行外，对大型薄壁零件，还可采用无心内圆磨削（见图1-51）；对重量大、形状不对称的零件，可采用行星式内圆磨削（见图1-52），此时工件外圆应先经过精加工。

内圆磨削由于砂轮轴刚性差，一般都采用纵磨法。只有孔径较大、磨削长度较短的特殊情况下，内圆磨削才采用横磨法。

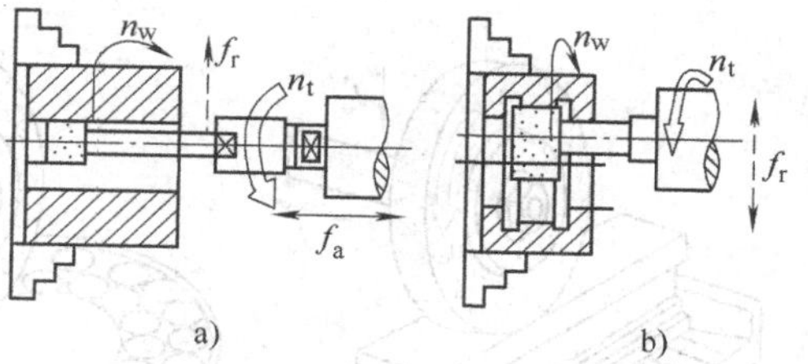

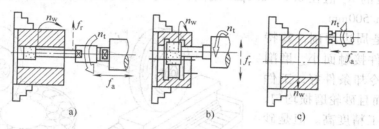

图1-50 普通内圆磨床磨削

a）纵磨法磨内孔 b）切入法磨内孔 c）磨端面

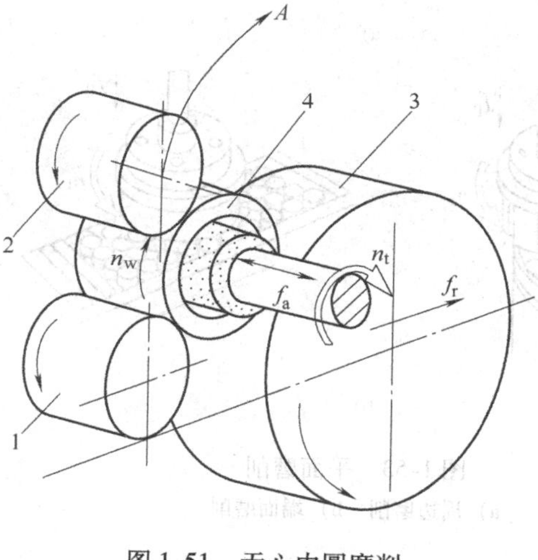

图1-51 无心内圆磨削

1—滚轮 2—压紧轮 3—导轮 4—工件

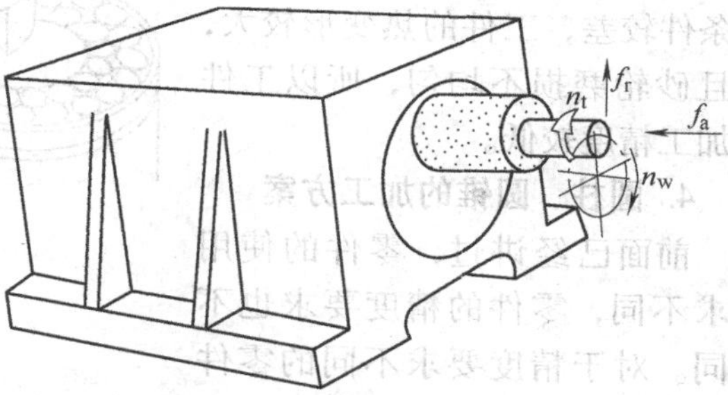

图1-52 行星式内圆磨削

与磨外圆磨削相比，内圆磨削有以下一些特点：

1）磨内圆时，受工件孔径的限制，只能采用较小直径的砂轮。如砂轮线速度一样的话，内圆磨的砂轮转速要比外圆磨的提高10~20倍，即砂轮上每一磨粒在单位时间内参加切削的次数要多10~20倍，所以砂轮很容易变钝。另外，由于磨屑排除比较困难，磨屑常聚积在孔中容易堵塞砂轮。所以，内圆磨削砂轮需要经常修整和更换，同时也降低了生产率。

2）砂轮线速度低，工件表面就磨不光，而且限制了进给量，使磨削生产率降低。

3）内圆磨削时砂轮轴细而长，刚性很差，容易振动。因此只能采用很小的切入量，既降低了生产率，也使磨出孔的质量不高。

4）内圆磨削砂轮与工件接触面积大，发热多，而切削液又很难直接浇注到磨削区域，故磨削温度高。

综上所述，内圆磨削的条件比外圆磨削差，所以磨削用量要选得小些，另外应该选用较软的、粒度号小的、组织较疏松的砂轮，并注意改进操作方法。

（3）平面磨削 零件上各种位置的平面，如互相平行的平面、互相垂直的平面和倾斜成一定角度的平面（机床导轨面、V形面等），都可用磨削进行工（见图1-53）。磨削后平面的表面粗糙度的 R_a 值在0.2～0.8μm之间，尺寸可达IT5～IT6，对基面的平行度可达0.005～0.01mm/500mm。

图1-53a是周边磨削，其特点是砂轮与工件接触面小，磨削力小，排屑和冷却条件好，工件的热变形小，而且砂轮磨损均匀，所以工件的加工精度高。但是砂轮主轴悬臂工作，限制了磨削用量的选择，生产率较低。图1-53b是端面磨削，其特点是砂轮与工件接触面大，主轴轴向受力，刚性较好，所以允许采用较大的磨削用量，生产率较高。但是端面磨削力大，发热量大，排屑和冷却条件较差，工件的热变形较大，而且砂轮磨损不均匀，所以工件的加工精度较低。

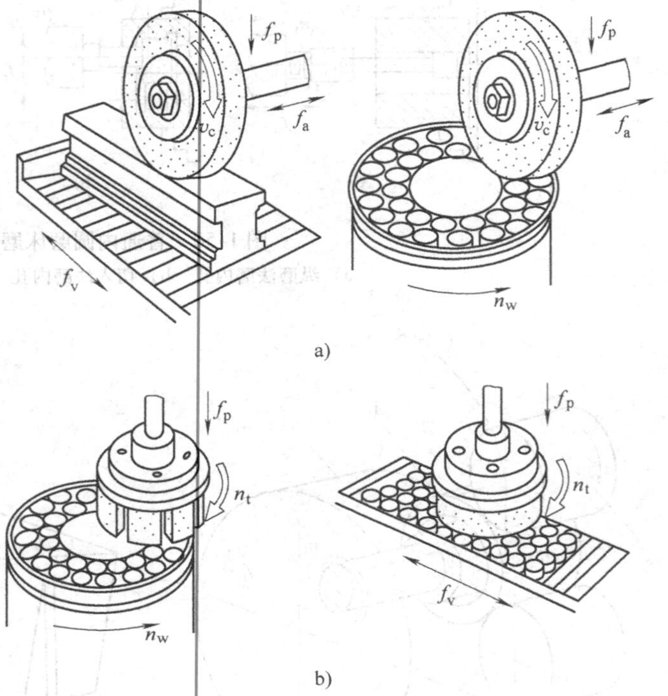

图1-53 平面磨削
a）周边磨削 b）端面磨削

4. 圆柱、圆锥的加工方案

前面已经讲过，零件的使用要求不同，零件的精度要求也不相同。对于精度要求不同的零件表面，其加工方案也不相同。其不同的加工方案如下：

粗车→半精车→淬火+低温回火→粗磨→精磨→研磨（用于淬硬零件）；

粗车→半精车→粗磨→精磨→研磨（用于未淬硬及铸铁零件）；

粗车→半精车→精车→精细车（用于有色金属）。

二、其他表面的加工

轴类零件的主要加工表面是圆柱、圆锥面，除此之外还有螺纹、沟槽、键槽等。

1. 螺纹的加工

轴类零件上常常伴随着螺纹加工，一般情况下，轴类零件上的外螺纹，采用螺纹车刀车削加工；对于较大的内螺纹，也可以采用车削的方式。对于一般的小尺寸内螺纹，可以采用丝锥攻螺纹。

2. 花键加工

轴类零件上经常伴有花键加工，一般情况下，花键的加工可以采用铣削加工，也可以采用花键滚刀加工。

3. **键槽加工**

轴类零件上的键槽加工，一般情况下，利用键槽铣刀进行加工，在要求不高的情况下，也可以先钻孔，然后用立铣刀沿键槽方向进行铣削加工。

4. **沟槽加工**

沟槽的加工，一般采用切槽刀到切削沟槽。

1-5 轴类零件加工车刀的选择

一、刀具材料

在切削时，刀具切削部分直接完成切削工作。切削刃和刀面承受很大的切削抗力和剧烈的摩擦，断续切削时，还要受到强烈的冲击和振动。另外，在切削过程中，很硬的工件材料要发生剧烈的塑性变形。剧烈的变形和摩擦使切削区产生很高的温度。刀具能否在上述恶劣条件下顺利进行切削工作，不仅取决于刀具切削部分合理的几何形状和刀具合理的结构，而且取决于刀具切削部分的材料切削性能的优劣。实践证明，刀具材料的切削性能关系着刀具的寿命、生产率以及工件的加工精度、表面质量。目前，随着性能优良的难加工材料不断出现和日益广泛地得到应用，加工效率要求不断地提高，促使研究和发展性能更为优异的新型刀具材料，以适应不断发展的切削加工的需要。

（一）刀具材料的基本要求

刀具在切削中要承受很大的切削抗力和强烈的冲击、振动、剧烈的摩擦和很高的切削温度，因此必须对刀具材料的性能提出下列基本要求。

1. 物理和力学性能

（1）硬度和耐磨性　刀具本身的硬度必须高于工件材料的硬度。刀具材料常温硬度应在60HRC以上，常用高速钢的硬度为62～66HRC，硬质合金的硬度为89～95HRA，金钢石的硬度为10000HV。刀具材料的耐磨性不仅与硬度有关，而且与组织中硬质点的性质、数量、颗粒大小和分布形状有关。硬度越高、碳化物越多、越细化、分布越均匀，耐磨性越高。刀具材料对工件材料的抗粘结能力越强，切削区允许的温度就越高，可允许采用较高的切削速度，意味着耐磨性越好。

（2）强度和韧性　刀具必须具有足够的强度，以承受较大的切削力，一般用抗弯强度σ_b来表示。刀具还必须具有足够的韧性，以承受冲击载荷和振动。韧性表示刀具在断裂前吸收能量和进行塑性变形的能力，一般用冲击韧度α_K来表示。

（3）热硬性　热硬性是刀具在高温下保持高硬度的性能。由于切削区的温度很高，刀具材料在高温下，强度、硬度和耐磨性均会显著地下降而丧失切削能力。如高速钢在600～700℃，硬质合金在800～1000℃的高温以上将失去切削能力。刀具材料高温硬度高则热硬性好，抗塑性变形的能力亦越强。

（4）导热性　刀具材料应具有良好的导热性，热量传出容易，能降低切削区的温度。良好的导热性能使刀具具有良好的耐热冲击性能和耐热龟裂性能。

2. 工艺性能

良好的工艺性能使刀具制造容易，成本低，热处理变形小，不易脱碳，刃磨时砂轮不易堵塞，砂轮的磨损量小。

（二）工具钢

工具钢包括碳素工具钢、合金工具钢、高速钢。

1. 碳素工具钢

碳素工具钢碳的质量分数在0.65%～1.35%之间。钢号用平均碳的质量分数的千分数表示，如T12表示碳的质量分数千分之十二。碳素工具钢可用来制造各种手用和切削速度较低的刀具，使用前均要进行热处理。T7、T8硬度高、韧性好，用来制造铲子、凿子等。T9、T10、T11硬度更高，韧性适中，用来制造钻头、刨子、丝锥、手锯条等。T12、T13硬度很高，韧性低、用来制造锉刀、刮刀等。

2. 合金工具钢

合金工具钢是在高碳钢中（碳的质量分数在0.9%～1.1%之间）加入少量合金元素（Cr、Si、Mn、W、V等），总的质量分数不超过3%～5%，高的碳的质量分数是保证高硬度和高耐磨性。加入合金元素Cr、Si、Mn是提高钢的淬透性及回火稳定性、提高钢的强度。W、V是形成高硬碳化物，可提高钢的硬度、耐磨性和热硬性。常用合金钢有9Mn2V、9SiCr、CrW5、CrMn、CrWMn。合金工具钢的化学成分和用途见表1-14。

表1-14　常用合金工具钢化学成分及用途

牌号	化学成分%						硬度 HRC	应用举例
	C	Mn	Si	Cr	W	V		
9Mn2V	0.85～0.95	1.7～2.0	0.035	—	—	0.1～0.25	≥62	丝锥、板牙、绞刀等
9SiCr	0.85～0.95	0.3～0.6	1.2～1.6	0.95～1.25	—	—	≥62	丝锥、板牙、钻头、绞刀等
CrW5	1.26～1.5	≤0.3	≤0.3	0.4～0.7	4.5～5.5	—	≥65	铣刀、车刀、刨刀等
CrMn	1.3～1.5	0.45～0.75	≤0.35	1.3～1.6	—	—	≥62	量规、块规
CrWMn	0.9～1.05	0.8～1.1	0.15～0.35	0.9～1.2	1.2～1.6	—	≥62	板牙、拉刀、量规等

3. 高速钢

按化学成分，高速钢分为钨系钢和钼系钢，按切削性能分为普通高速钢和高性能高速钢。高速钢碳的质量分数为0.7%～1.5%，铬的质量分数为4%，钨和钼的质量分数为10%～20%，钒的质量分数为1%。在热处理状态下，铁、铬和一部分钨与碳形成极硬的碳化物，可提高钢的耐磨性。另一部分钨溶于基体中，造成钢的二次硬化，增加钢的热硬性。钼的作用和钨基本相同，并能减少碳化物的不均匀性，细化碳化物颗粒，增加钢对机械能的吸收能力。钒能提高钢的耐磨性，但降低了钢的可磨削性，因此钒的质量分数不宜超过5%。高速钢的热硬性可达600℃，强度和韧性均较好，刃磨后切削刃锋利，质量稳定，一般用来制造小型、形状复杂的刀具。

高速钢的钢号、力学性能及使用范围见表1-15。

表1-15 常用高速钢的钢号、力学性能及使用范围

高速钢种类	钢号	硬度/HRC	抗弯强度/GPa	冲击韧度/MJ·m^{-2}	600℃时的硬度/HRC	适用范围
普通高速钢	W18Cr4V（W18）	63~66	3.0~3.4	0.18~0.32	48.5	适用于对轻合金及钢铁的精加工并能用于螺纹车刀及成形车刀
	W6Mo5Cr4V2（M2）	63~66	3.5~4.0	0.30~0.40	47~48	热塑性好，适于加工轻合金、碳钢、合金钢的热成形刀具
高碳高速钢	9W18Cr4（9W18）	66~68	3.0~3.4	0.17~0.22	51	适用于加工普通钢铁和铸铁或加工较硬材料。承受冲击能力稍差
	9W6Mo5Cr4V2（CM2）	67~68	3.5	0.13~0.26	52.1	
高钒高速钢	W12Cr4V4（M2）	66~67	0~3.2	0~0.1	52	耐磨性好，适合切削对刀具磨损很大的材料，如纤维、硬橡胶和塑料等，也用于加工不锈钢、高强度钢和高温合金等
	W6Mo5Cr4V3（M3）	65~67	0~3.2	0~0.25	51.7	

（1）普通高速钢　普通高速钢有两大类：钨系高速钢和钼系高速钢。

1）钨系高速钢W18Cr4V。W18Cr4V是我国最常用的一种高速钢，具有较好的综合性能，通用性强，一般用来制造复杂的刀具。另一种钨系钢W14Cr4V MnRe，含有少量的锰和稀土元素，有较大的塑性，一般用作热轧刀具的材料。

2）钼系高速钢W6Mo5Cr4V2。此钢具有良好的综合性能，抗弯强度和冲击韧度比W18Cr4V高，热塑性非常好，是热轧刀具（麻花钻）的主要材料。其缺点是热处理时易脱碳和易氧化，淬火温度范围比较窄。

（2）高性能高速钢　高性能高速钢是在普通高速钢的基础上调整基本成分和添加其他元素（V、Co、Al等），以提高钢的硬度、耐热性、耐磨性，改善刀具的切削性能和提高刀具的耐用度。这类高速钢用来加工耐热合金、不锈钢、钛合金，超高强度钢等难切削的材料。

1）高碳高速钢　在普通高速钢中增加含碳量，提高钢中碳化物的含量，可以提高钢的硬度、耐磨性、耐热性和切削性能。如9W18Cr4V碳的质量分数增至0.9~1.05%，硬度可达66~68HRC，600℃时高温硬度达51~52HRC，用来加工钛合金、不锈钢效果较好。

2）高钒高速钢　钒的质量分数在3%以上的叫高钒高速钢，如W 6Mo5Cr4V3，硬度可达66~68HRC，抗弯强度高，冲击韧度好，但可磨削性差。

3）钴高速钢　在高速钢中加钴，可以提高常温和高温硬度，提高抗氧化性能，改善导热性，降低摩擦系数。如美国的M40系列中的M42（W2Mo9Cr4Co8）综合性能好，硬度达67~70HRC，600℃高温硬度达54~55HRC。我国研制W12Mo3Cr4V3Co5Si，亦有较好的综合性能，此类钢用来加工超级合金和超高强度钢均取得较好效果。

4）铝高速钢　在钢中加铝可以获得较好的综合性能，如我国研制的W6Mo5Cr4V2Al性能与M42相当，缺点是可磨削性低于M42。

（3）粉末冶金高速钢　粉末冶金高速钢是将高频感应电炉熔炼的钢液用高压惰性气体

雾化成粉末，经过冷压和热压烧结制成致密的钢坯，再轧制和锻造成材。

粉末冶金高速钢完全消除了钢中碳化物的偏析，细化的颗粒分布均匀，提高了钢的硬度、强度和冲击韧性，热处理变形小，改善了可磨性和工艺性，质量稳定可靠，提高了其切削性能和耐用度。

（三）硬质合金

硬质合金是微米数量级的难熔高硬度金属碳化物（WC、TiC 等）的粉末，用 Co、Mo、Ni 等作粘结剂，在 1500℃ 高温高压下烧结而成。钢中高温碳化物超过高速钢，因此硬度很高（75～80HRC），耐磨性好，热硬性可达 800～1000℃，切削速度比高速钢高 4～7 倍，因此切削效率高。其缺点是抗弯强度低，冲击韧性差，脆性大，承受冲击和抗振能力低。硬质合金已成为切削加工的主要刀具材料，车刀类和端铣刀类一般都采用硬质合金。

硬质合金的性能主要取决于碳化物的种类、性能、数量、粒度和粘结剂的含量。表 1-16 中列出了几种金属碳化物的性能，由表可知，碳化物的硬度和熔点比 Mo、Co、Ni 等粘结剂高得多，与铁族元素的亲和力比高速钢低。硬质合金中碳化物愈多硬度越高，粘结剂越多硬度越低，抗弯强度越高。碳化物粒度越小，硬度越高，抗弯强度越低。

表 1-16 几种金属碳化物的性能

种类 \ 性质	结晶构造	熔点/℃	硬度 HV	弹性模量/GPa	热导率/W·m℃	密度/g·cm^{-3}	亲和力
WC	六方晶格	2730	2000～2400	710	29.3	15.6	较低
TiC	面心立方晶格	3140	2980～3800	460	17.16～33.49	4.93	较高
TaC	面心立方晶格	3800	1800	291	22.19	14.3	—
NbC	面心立方晶格	3480	2400	345	14.23	7.56	—
TiN	—	2930～2050	1800～2400	604	16.8～29.3	5.44	—

1. 硬质合金的种类和牌号

目前使用最多的硬质合金是以 WC 为基体，分为三类。

（1）钨钴（WC-Co）类　常用牌号有 YG3、YG6、YG8，Y 表示硬质合金，G 表示钴，G 后面的数字表示含钴量的百分数。

（2）钨钴钛（WC-TiC-Co）类　常用牌号有 YT5、YT14、YT15、YT30。T 表示碳化钛，T 后面的数字表示含 TiC 量的百分数。

（3）钨钛钽（铌）[WC-TiC-TaC（NbC）-Co] 钴类　牌号是 YW_1、YW_2，W 表示通用合金。

2. 硬质合金的成分和性能

（1）钨钴（WC-Co）类硬质合金　此类合金由 WC 和 Co 组成，常温硬度为 89～91HRA，热硬性为 800～900℃，在合金中含 Co 越多含 WC 越少，则硬度越低，抗弯强度越高。反之则强度低，硬度、耐磨性、耐热性高。

（2）钨钴钛（WC-TiC-Co）类硬质合金　此合金中除 WC 和 Co 外。还含有 5%～30% 的 TiC，因 TiC 的硬度比 WC 高，故此类合金的硬度和耐磨性均比钨钴类合金高。在合金中含 TiC 越多，硬度和耐磨性越高，强度和韧性则越低。钛有阻止合金元素向被加工钢料扩散的作用。因此，热硬性比钨钴类合金高，达 900～1000℃。

（3）钨钛钽（铌）钴［WC-TiC-TaC（Nbe）-Co］类硬质合金　这类合金由钨钴类合金添加适当的 TaC（NbC）派生出来的，是一种通用型合金，比钨钛钴类合金显著提高了硬度。而且提高了抗弯强度、疲劳强度、冲击韧性、高温硬度及抗氧化能力。

3. 硬质合金的选用

要充分发挥硬质合金的切削效能，必须正确选用硬质合金的牌号。

钨钴类合金具有较高的强度和冲击韧性，硬度较低，主要用来加工铸铁、青铜等脆性材料。此合金中含 Co 愈多 WC 愈少时，抗弯强度就越高，硬度越低。如 YG8 比 YG3 抗弯强度高，承受冲击能力大，YG8 用于粗加工，YG3 用于精加工。因高温合金、不锈钢等难加工材料的韧性大，粘结性强，热导率低，切削抗力大，时耗能较多，切削温度较高，因而对刀具材料的抗弯强度和韧性要求比耐磨性更为重要。这类工件材料应选用钨钴类合金加工。钨钴类合金钢的粘附温度较低，只能用较低的切削速度加工。

钨钴钛类合金硬度高，耐磨性好，主要用来工钢料等塑性材料。此类合金中含 TiC 越多，硬度就越高，强度就越低，因此 YT5 用于粗加工，YT30 用于精加工。

钨钛钽（铌）钴类合金是一种通用性很强的合金，可用来加工脆性材料铸铁、有色金属，亦可用来加工韧性材料——钢料，可进行粗加工和精加工。

切削加工用硬质合金按其切屑排出形式和加工对象的范围可分为三个主要类别，分别以字母 P、M、K 表示。

P——适用于加工长切屑的钢铁材料，以蓝色作标志。

M——适用于加工长切屑或短切屑的钢铁材料以及有色金属，以黄色作标志。

K——适用于加工短切屑的钢铁材料、有色金属及非金属材料，以红色作标志。

根据被加工材质及适应的加工条件的不同，进一步将各类硬质合金按用途进行分组，其代号由在主要类别后面加一组阿拉伯数字组成，如 P01、M10、K20、……。每一类别中，数字越大，耐磨性越低（切削速度要低），而韧度越高（进给量可大）。

根据实际需要，在相邻的两个用途分组代号之间，可以插入一个中间代号，以中间数字表示。P10 和 P20 之间插入 P15，K20 和 K30 之间插入 K25 等，但不得多于一个。

在特殊情况下，P01 类的分组代号可以再细分，其代号是在分组代号后面加一位阿拉伯数字，并以一小数点隔开，如 P01.1、P01.2、……，以便在这一用途小组作精加工时，能区别出不同程度的耐磨性或韧度。硬质合金的用途如表 1-17。表 1-18 为硬质合金牌号对照表。

表 1-17　常用硬质合金牌号、性能及用途

类型	牌号	力学性能		适用范围	相当 ISO
		抗弯强度不低于/MPa	硬度不低于/HRC		
钨钴类	YG3	1180	91	适用于切削断面均匀和无冲击的外圆精加工及半精加工	K01
	YG3X	1180	91.5	适用于铸铁、有色金属及其合金的精镗、精车等，也可用于对淬火钢、合金钢的精加工	K01
	YG6	1520	89.5	适用于铸铁、有色金属及其合金及非金属材料连续切削时的粗车，间断切削时的半精车、精车，小断面精车，粗车螺纹，旋风车螺纹	K10

（续）

类型	牌号	力学性能		适用范围	相当ISO
		抗弯强度不低于/MPa	硬度不低于/HRC		
钨钴类	YG6X	1420	91	适用于加工冷硬合金铸铁与耐热合金钢及普通铸铁的精加工	K10
	YG8	1670	89	适用于对铸铁、有色金属及其合金及非金属材料的不平整断面和间断切削的粗车	K30
	YG8N	1576	89.5	适用于硬铸铁、球墨铸铁、白口铁及有色金属的粗加工，亦可用于对不锈钢进行粗加工和半精加工	K20 K30
钨钛钴类	YT5	1430	89.5	适用于碳素钢与合金钢（包括钢锻件、冲击件及铸件的表面）不平整断面与间断切削的粗车	P30
	YT14	1270	90.5	适用于在碳素钢及合金钢加工中，不平整断面和连续切削的粗车，间断切削的半精车与精车	P20
	YT15	1180	91	适用于在碳素钢及合金钢加工中，连续切削时的粗车、半精车、旋风车螺纹	P15
	YT30	880	92.5	适用于碳素钢及合金钢工件的精加工	P01
钨钛钽（铌）钴类	YW1	1180	91.5	适用于耐热钢、高锰钢、不锈钢等难加工钢材及普通钢和铸铁的加工	M10
	YW2	1350	90.5	适用于耐热钢、高锰钢、不锈钢及高级合金钢等材料的粗加工、半精加工，以及普通钢和铸铁的加工	M20
	YW3	1300	92	适用于合金钢、高强度钢、低合金、超强度钢的精加工和半精加工，亦可在冲击力小的情况下粗加工	M10 M20
	YW10 （YW4）	1230	91.5	适用于碳素钢，除镍基以外的大多数合金钢、调质钢，特别适于不锈钢的精加工	M10 P10

表 1-18　一些国家的硬质合金牌号对照表

牌　号	硬度/HRC	抗弯强度/MPa	性能及用途	相当ISO
YD03	90	900	除对冲击和振动较为敏感外，其他各方面性能均优于YT30适用于碳钢及合金钢的精加工	P01
YD15 （YGRM）	91.5	1800	属细颗粒合金，耐磨性优良，抗冲击性能好，抗粘结性强，适用于精车、半精车钛合金、高温合金，以及各类铸铁及高强度钢的加工	M10 K10
YG610	93	1200	属超细精粒合金，具有高的耐磨性和热稳定性、较好的强度和韧性。适用于冷硬铸铁、合金铸铁、渗碳层、喷焊、堆焊及65HRC以下的淬硬钢的连续车削	K01-K05
YG640 （4）	90.5	1800	韧性高，抗冲击能力强，抗氧化性能好。适用于对耐热合金钢、高强度钢的断续车削及对大型铸件的连续或间断切削	M40 K30-K40
YM10 （YW4）	92	1250	具有极好的耐高温性能和抗粘结能力，通用性好。适用于碳素钢，除镍基以外的大多数合金钢、调质钢，特别是不锈钢的精加工	P10 M10

（续）

牌　号	硬度 /HRC	抗弯强度 /MPa	性能及用途	相当 ISO
YM12	92.5	1800	具有较高的强度和韧性。主要用于粗、精加工铁基、铁镍基耐热合金的加工	
YM051 （YH1）	92.5	1600	属超细精粒合金，耐磨性高，热稳定性、韧性好，通用性强。适用于铁基、镍基耐热合金、高强度钢、淬硬钢、耐热不锈钢、高锰钢的粗、精加工，冷硬铸铁及陶瓷、花岗岩的加工；镍铬硼硅喷涂层、硅钢片、铝合金和高硅铝粉冶合金的加工；钨、钼等难熔金属的加工	K10
YM050 （YH1）	92.5	1600	属超细精粒合金，耐磨性高，热稳定性、韧性好，通用性强。适用于特种耐热不锈钢、高强度钢、高锰钢的粗、精加工；淬硬钢的精加工与半精加工；冷硬铸铁粗、精加工；铁基耐热合金的精加工和半精加工；也可用于玻璃制品的加工	K05～K10
YS25 （YTS25）	91	2000	耐热性及韧性均较好，有较高的抗冲击和抗热震性能。适用于粗车碳素钢、铸钢、高锰钢、高强度钢和合金钢	P20～P40 M20～M30
YS2T （Yg10H） （YG10HT）	91.5	2200	属超细精粒合金，耐磨性较好，抗冲击和抗振性能较强。适用于低速粗车钻基、镍基高温合金、钛合金、耐热不锈钢及耐热合金堆焊层	M30 K30
YT535	90.5	1800	具有较高的热稳定性和耐磨性，能承受较大的冲击。适用于碳素钢、合金钢、铸件、锻件、冒口及外皮的粗车	P25～P35
YT707	92	1450	热稳定性和耐磨性好，有较好的综合性能。适用于高强度合金钢、高速钢、弹簧钢的精加工和半精加工及螺纹加工	P10 M10
YT726	92	1400	有较高的热稳定性和耐磨性。适用于耐热合金、高强度钢、淬硬钢以及62HRC以下喷焊材料的半精加工和精加工；加工冷硬铸铁、喷焊材料、堆焊材料	M10 K05～K10
YT758	91.5	1450	热稳定性、抗氧化性能好、高温硬度高、耐磨性好。适用于调质结构钢、铸钢、超高强度钢、高锰钢、淬硬钢、轧辊及硬度高于60HRC喷焊件的间断车削	P10～P20 M20
YTN	92.5	1250	热稳定性好，能承受一定的冲击载荷。适用于精加工淬硬钢、半精加工不锈钢，以及车削高强度螺纹钢等	M05-M10
1#	91	1600	属细精粒YG类合金，有较高的耐磨性。适用于耐热合金、不锈钢、铝合金、纯钨、纯铁的加工，可以采用大前角	M10-M20 K10＝K20
T20	92	1100	为加入TaC的YT类合金，耐磨性好，高温硬度与强度大于YT30	P10 M10
Y105	92.5	1200	耐磨性好，有较高的热稳定性、抗氧化性和抗月洼磨损能力强。适用于对淬硬钢、高强度钢的车削	P05～P10
Y220	92	1600	属亚细精粒合金，耐磨性好，抗氧化磨损能力强。适用于高温合金、钛合金和强度钢的精加工和半精加工	M20
Y310	90.5	2000	属亚细精粒合金，韧性好，耐磨性较好，通用性好。适用于高温合金、钛合金和不锈钢的精加工和半精加工	K30

4. 新型硬质合金

为了提高切削速度和生产效率，满足切削难加工材料的需要，近年来发展了许多新型硬质合金，在生产中推广应用的有下列几种类型。

（1）表面涂层硬质合金　在硬质合金表面上涂覆一层约 5 ~ 12μm 厚的高硬度耐磨的涂料（TiC，TiN 等），使得既有高硬度和耐磨性的表面，又有强韧性的基体。按涂料的不同可分为：

1）TiC 涂层刀片。TiC 涂层硬度高，有牢固的粘着性。但涂层与基体间产生的脱碳层（脆性相）会使刀片的抗弯强度下降，脆性增加，切削时易崩刃，因此，涂层厚度应限制在 5 ~ 7μm 之间。

2）TiN 涂层刀片。TiN 涂层硬度较低，粘着性差，但不产生脆性相，可以有较厚的涂层（8 ~ 12μm），涂层导热性好，与铁基材料的摩擦系数比小，抗月牙洼磨损性好。

3）TiC-TiN 复合涂层刀片。在基体上先涂一层约 1μm 厚的 TiC，再涂一层互相渗透的碳、氮化合物复合涂料层，最外一层涂 TiN，它既与基体粘着性好，又有抗粘结磨损性能高的特点。

4）陶瓷涂层和双涂层刀片。前者是将 Al_2O_3 直接涂覆在基体上，后者是在基体上先涂一层 TiC，再涂一层 Al_2O_3。双涂层刀片可用 120 ~ 350m/min 的速度切削钢料和铸铁。

切削钢料时一般用 YT 类合金作基体，切削铸铁时用 YG 类合金作基体。涂层刀片不能用来粗切有砂眼、夹杂和不规则的铸铁，也不能用来加工奥氏体不锈钢、镍基合金、钛合金。

（2）细晶粒和超细晶粒硬质合金　WC 颗粒粒度 $<1\mu m$ 为细晶粒，粒度 $<0.5\mu m$ 为超细晶粒。细化碳化物的颗粒可以提高合金的硬度，其抗弯强度有所下降，如增加粘结剂的含量，使粘结层保持一定的厚度，其抗弯强度能够提高。这种合金用来代替高速钢制造刀具，如自动车床车刀、切断刀、铣刀、齿轮滚刀，可以提高生产率。亦可以用较低的切削速度加工各种难加工材料，如不锈钢、钛合金、耐热钢、球墨铸铁、冷硬铸铁等。

（3）TiC 基硬质合金　以 TiC 为主体，Ni、Mo 为粘结剂，添加少量其他碳化物的合金叫 TiC 基合金。TiC 基硬质合金比 WC 基合金硬度高、摩擦系数小、抗粘结磨损性能好、高温硬度下降少，耐磨性好。但强度低、韧度差，性能介于陶瓷和 WC 基合金之间。目前，这类合金只限于钢的连续切削精加工。

（4）高速钢基硬质合金　这种合金以 TiC 或 WC 作硬质相，以高速钢作粘结相，通过粉末冶金法制成，性能介于硬质合金和高速钢之间，具有良好的耐热性、热硬性和一定的韧性，而且具有良好的工艺性，可以进行锻造、热处理和切削加工。这种合金可用来制造钻头、铣刀等复杂刀具。

（四）其他刀具材料

除上述几种材料外，还有几种硬度更高的刀具材料，如陶瓷合金、金刚石、聚晶立方碳化硼等。

1. 陶瓷合金

陶瓷刀具材料是以人造化合物为原料，在高压下成形，在高温下烧结而形成的，其主要特点为：

1）硬度高，耐磨性好。陶瓷刀具材料的硬度和耐磨性均比硬质合金更为优越，其硬度达到 91 ~ 95HRA，使用寿命比硬质合金高几倍到几十倍。

2）良好的高温性能。陶瓷材料的耐热性高达1200℃，在此温度下的硬度与硬质合金在200～600℃时的硬度相当。

3）化学稳定性好。即使在接近熔化的温度下也不会与钢起化学作用，抗氧化能力也相当好。

4）良好的抗粘接性能。陶瓷材料与金属亲和力小，不易与被切削金属发生粘结。

5）摩擦系数低。其摩擦系数低于硬质合金，对减小切削力有利。

常用的陶瓷材料有 Al_2O_3、Al_2O_3-碳化物-金属、Si_3N_4、Al_2O_3-TiC 等。

2. 超硬刀具材料

（1）金刚石　它是自然界中至今为止所发现的最硬的材料。金刚石分为天然金刚石（代号 JT）和人造金刚石（代号 JR）两种。由于天然金刚石价格昂贵，在工业上主要使用人造金刚石。人造金刚石是由石墨作原料，在高温、高压条件下烧结转化而成，硬度可达10000HV。

金刚石刀的最大特点是具有极高的硬度和耐磨性，加工对象越硬，这种特性越突出。由金刚石制作的刀具，切削刃十分锋利，刀面表面粗糙度值很小，能进行精密加工。另外，这种刀具材料的导热性好，热胀系数小。

金刚石刀具材料的最大缺点是耐热性差，切削温度不宜超过700～800℃。另外，金刚石刀具强度低，韧性差，对振动敏感，只宜进行微量切削。

金刚石刀具主要用于对有色金属及其合金、陶瓷等高硬度、高耐磨材料的切削，而不适合于加工铁族材料，因为在高温下（达到800℃），金刚石中的碳原子会迅速扩散到铁中，使刀具急剧磨损。

（2）立方氮化硼。立方氮化硼是由六方氮化硼在高温、高压下加入催化剂转变而成的。这种材料的硬度可达8000～9000HV，耐热温度可达1400℃。它主要用于对高温合金、淬硬钢、冷硬铸铁等材料进行精加工和半精加工。以前立方氮化硼主要用以制作磨具，但近年来，这种材料也开始用于车刀中。

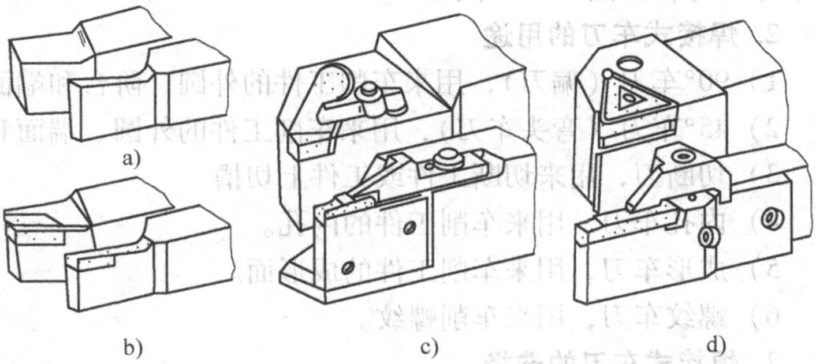

图1-54　车刀的结构类型

a）整体式　b）焊接式　c）机夹式　d）可转位式

二、车刀种类

由于工件材料、生产批量、加工精度以及机床类型、工艺方案的不同，车刀的种类也异常繁多。根据与刀体的联接固定方式的不同，车刀主要可分为整体式、焊接式、机夹式、可转位式和成形车刀几种类型，如图1-54所示。其特点与用途见表1-19。

表1-19　车刀结构类型、特点及用途

名　称	特　点	适用场合
整体式	用整体高速钢制造，刃口可磨得较锋利	小型车床或加工有色金属
焊接式	焊接硬质合金或高速钢刀片，结构紧凑，使用灵活	各类车刀特别是小刀具

（续）

名　称	特　点	适 用 场 合
机夹式	避免了焊接产生的应力、裂纹等缺陷，刀杆利用率高，刀片可集中刃磨获得所需参数。使用灵活方便	外圆、端面、镗孔、切断螺纹车刀等
可转位式	避免了焊接刀的缺点，刀片可快换转位。生产率高，断屑稳定。可使用涂层刀片	大中型车床加工外圆、端面、镗孔。特别适于自动线、数控机床

（一）焊接式车刀

1. 焊接式车刀的特点和种类

将硬质合金刀片用焊接的方法固定在刀体上称为焊接式车刀。这种车刀的优点是结构简单，制造方便，刚性较好。缺点是由于存在焊接应力，使刀具材料的使用性能受到影响，甚至出现裂纹。另外，刀杆不能重复使用，硬质合金刀片不能充分回收利用，造成刀具材料的浪费。根据不同的车削加工内容，常用的焊接式车刀可分为切断刀、外圆车刀、端面车刀、内孔车刀、螺纹车刀以及成形车刀等，如图1-55所示。

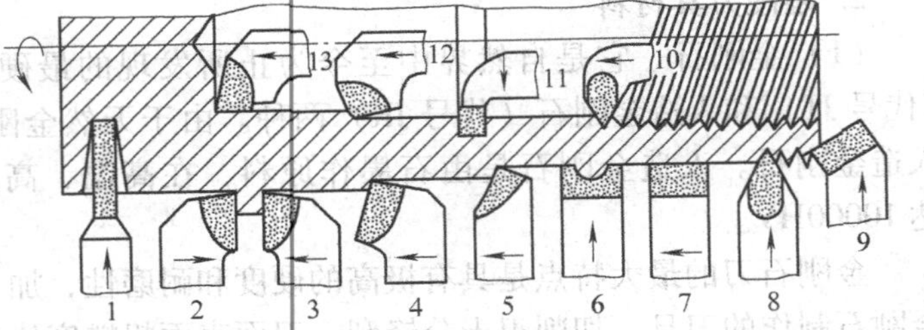

图1-55　各种焊接式车刀

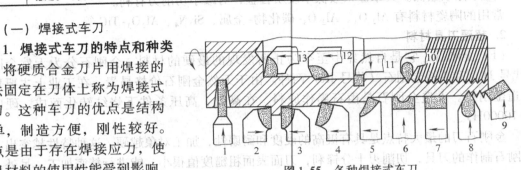

1—切断刀　2—90°左偏刀　3—90°右偏刀　4—弯头车刀　5—直头车刀　6—成形车刀　7—宽刃精车刀　8—外螺纹车刀　9—端面车刀　10—内螺纹车刀　11—内槽车刀　12—通孔车刀　13—不通孔车刀

2. 焊接式车刀的用途

1）90°车刀（偏刀），用来车削工件的外圆、阶台和端面。

2）45°车刀（弯头车刀），用来车削工件的外圆、端面和倒角。

3）切断刀，用来切断工件或工件上切槽。

4）内孔车刀，用来车削工件的内孔。

5）成形车刀，用来车削工件的成形面。

6）螺纹车刀，用来车削螺纹。

3. 焊接式车刀的选择

选用焊接车刀时应具备的原始资料是被加工零件的材料、工序图、使用机床的型号、规格。选焊接车刀时，应考虑车刀型式、刀片材料与型号、刀柄材料、外形尺寸及刀具参数等。

（1）硬质合金焊接刀片的选择　选择硬质合金焊接刀片除材料牌号外还应合理选择型号，刀片型式和尺寸由一个字母和三位数字组成，字母和第一位数字代表刀片的型式。后两位数字表示刀片的主要尺寸。例如：

A1—08
└─ 表示刀片长度8mm
└─ 表示刀片为长方形

刀片形状相同有不同尺寸规格时，数字后加字母A，用于左切刀的型式，再加标字母L。

国家标准 GB/T 5244—1985、GB/T 5245—1985 中规定了常用的刀片形状。选择刀片形状主要根据是车刀的用途及主、副偏角的大小。图1-56所示为常用型号的刀片形状，其适用场合如下。

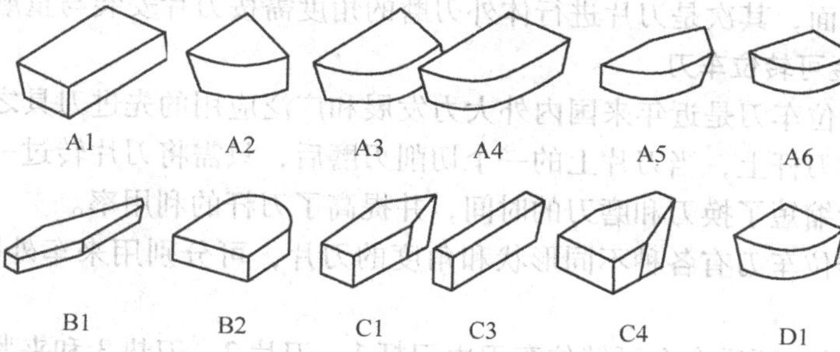

图1-56 常用刀焊接刀片型式

A1 型——直头、弯头外圆、内7孔、宽刃车刀。

A2 型——端面车刀、内孔（盲孔）车刀。

A3 型——90°偏刀、端面车刀。

A4 型——直头外圆、端面车刀、内孔车刀。

A5 型——直头外圆车刀、内孔车刀（通孔）。

A6 型——内孔车刀（通孔）。

B1 型——燕尾槽刨刀。

B2 型——圆弧成形车刀。

C1 型——螺纹车刀。

C3 型——切断、车槽车刀。

C4 型——带轮车槽刀。

D1 型——直头外圆车刀、内孔车刀。

选择刀片尺寸时，主要考虑的是刀片长度。一般为切断宽度的1.6～2倍，车槽车刀的刃宽不应大于工件槽宽。切断车刀的宽度B可按如下经验公式估算。

$$B=0.6\sqrt{d} \tag{1-17}$$

式中，d 为被切工件直径（mm）。

（2）刀杆的选择 车刀型式分直头与弯头两大类。直头车刀简单，便于制造。弯头车刀通用性强，既能车外圆又能车端面，最典型的是45°弯头车刀。

普通车刀外形尺寸主要是高度、宽度和长度。刀柄截面形状为矩形或方形。刀杆截面尺寸按机床中心高选择。刀柄的长度一般为其高度的6倍。切断车刀工作部分的长度需大于工件的半径。

（二）机夹式车刀

机夹车刀指用机械方法定位、夹紧刀片，通过刀片体外刃磨与安装倾斜后，综合形成刀具角度的车刀。使用中刃口磨损后需进行重磨（见图1-54c）。机夹车刀可用于加工外圆、端面、内孔，特别车槽车刀、螺纹车刀、刨刀方面应用较为广泛。

机夹车刀的优点在于能避免焊接引起的缺陷，且刀柄能多次使用。如采用集中刃磨，可提高刀具质量，方便管理。刨刀要求大刃倾角，小后角，选用机夹式效果较好。机夹车刀刀柄能多次使用，能降低刀具费用，同时可以方便刀具几何参数的设计、选用。

目前，可供选购的机夹车刀、刨刀的种类较多。它们的选用特点首先是要根据刀具结构来合理选择重磨刀面，其次是刀片进行体外刃磨的角度需按刀片安装与重磨结构进行计算。

（三）硬质合金可转位车刀

硬质合金可转位车刀是近年来国内外大力发展和广泛应用的先进刀具之一，刀片用机械夹固的方式装夹在刀杆上，当刀片上的一个切削刃磨后，只需将刀片转过一个角度切削刃继续切削，从而大大缩短了换刀和磨刀的时间，并提高了刀杆的利用率。

硬质合金可转位车刀有各种不同形状和角度的刀片，可分别用来车外圆、车面、切断、车孔和车螺纹等。

如图 1-57 所示，硬质合金可转位车刀由刀杆 1、刀片 2、刀垫 3 和夹紧元件 4 组成。

1. 刀片

刀片每边都有切削刃，当某切削刃磨损钝化后，只需松开夹紧元件，将刀片转一个位置便可继续使用。按 GB/T 2076—1987 规定，硬质合金可转位刀片形状有等边等角（如正方形、正五边形、正三角形等）、等边不等角（如菱形）、等角不等边（如矩形）、不等边不等角（如平行四边形）及圆形等五种。刀片上压制有各种形状及规格的断屑槽。国家标难规定了可转位刀片的型号表示规则。

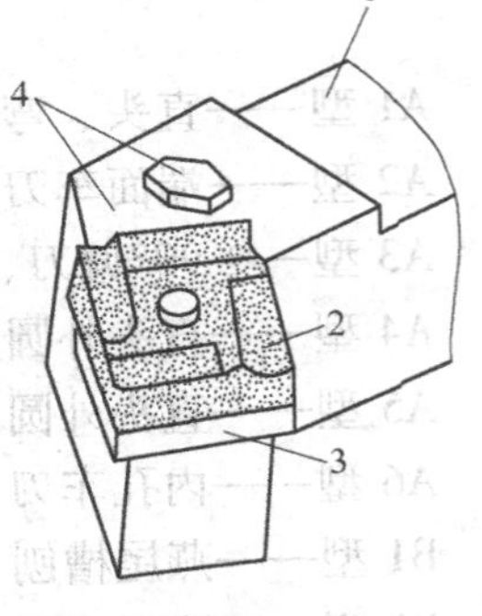

图 1-57 硬质合金可转位车刀
1—刀杆 2—刀片 3—刀垫 4—夹紧元件

2. 刀杆

硬质合金可转位车刀的各个主要角度，是由刀片角度和刀片夹装在具有一定角度刀槽的刀杆上综合形成的。刀槽的角度根据所选刀片参数来设计和制造。

3. 刀垫

采用刀垫可保护刀杆，延长刀杆的使用寿命（防止打刀时损坏刀杆。正常切削时，可防止切屑擦伤刀杆）。刀垫的主要尺寸按相应的刀片尺寸设计。

（四）成形车刀

成形车是根据工件外形加工其型面轮廓而设计的专用车刀，它用于车床上加工工件内、外表面的回转型面。

用普通车刀加工同样可车削工件的复杂型面，但操作费力，生产率低，而且很难保证所加工的各零件有准确一致的加工精度，特别是大批生产，困难更大。所以，常采用仿形加工或用成形车刀加工；前者适用于长度较大的型面，后者主要用于长度较小的型面。

成形车刀按车刀形状可分为杆形、棱形和圆形三种。

1. 杆形成形车刀

如图 1-58a 所示，相当于切削刃磨成特定形状的普通车刀，常见的螺纹车刀也在此列。成形车刀构造简单，但用钝后，为保持切削刃形状不变，只能沿车刀前面刃磨。由于可磨次数不多，故不常用。

2. **棱形成形车刀**

如图 1-58b 所示，外形为棱柱体，刀头厚，可磨次数增多，切削刃强度和加工精度较高，但制造复杂，且不能加工内表面。通常用的棱形成形车刀进给方向在工件的径向，它与车刀进给的方向是相同的。

3. **圆形成形车刀**

如图 1-58c 所示，外形为回转体，沿圆周开缺口磨出切削刃，可重磨次数更多，固其制造较为简单，且可加工成形孔，故应用最多。

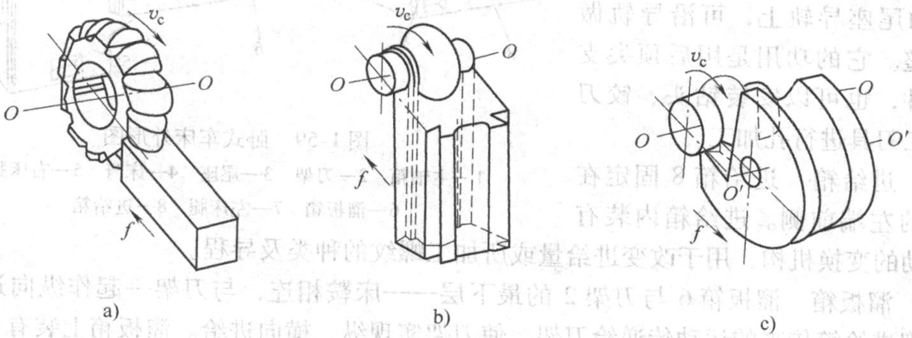

图 1-58　成形车刀

a）杆形成形车刀　b）棱形成形车刀　c）圆形成形车刀

1-6 轴类零件加工机床的选择及工件的装夹

前面已经讲过，轴类零件的主要加工表面是圆柱等，因此，采用最广的机床是车床。

一、加工机床的选择

（一）车床的分类

车床的种类很多，按其结构和用途的不同，主要可分为卧式车床及落地车床；立式车床；转塔车床；单轴自动车床；多轴自动和半自动车床；仿形车床及多刀车床；专门化车床，例如凸轮轴车床、曲轴车床、铲齿车床等。此外，在大批量生产的工厂中，还有各种各样专用车床。在所有的车床类机床中，以卧式车床应用最为广泛。

（二）卧式车床的工艺范围及其布局

1. 机床的布局

卧式车床的加工对象，主要是轴类零件和直径不太大的盘类零件，故采用卧式布局。图 1-59 是卧式车床的外形图，其主要组成部件及功用如下：

（1）主轴箱　主轴箱 1 固定在床身 4 的左端，内部装有主轴和变速及传动机构。工件通过卡盘等夹具装夹在主轴前端。主轴箱的功用是支承主轴并把动力经变速传动机构传给主轴，使主轴带动工件按规定的转速旋转，以实现主运动。

(2) 刀架　刀架 2 可沿床身 4 上的刀架导轨作纵向移动。它的功用是装夹车刀，实现纵向、横向或斜向运动。

(3) 尾座　尾座 3 安装在床身 4 右端的尾座导轨上，可沿导轨做纵向调整。它的功用是用后顶尖支承长工件，也可以安装钻头、铰刀等孔加工刀具进行孔加工。

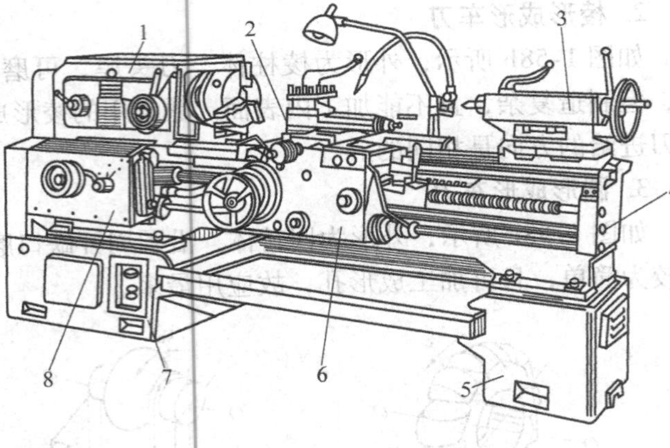

图 1-59　卧式车床外形图

1—主轴箱　2—刀架　3—尾座　4—床身　5—右床腿　6—溜板箱　7—左床腿　8—进给箱

(4) 进给箱　进给箱 8 固定在床身 4 的左端前侧。进给箱内装有进给运动的变换机构，用于改变进给量或所加工螺纹的种类及导程。

(5) 溜板箱　溜板箱 6 与刀架 2 的最下层——床鞍相连，与刀架一起作纵向运动，其功用是把进给箱传来的运动传递给刀架，使刀架实现纵、横向进给。溜板箱上装有各种操纵手柄和按钮。

(6) 床身　床身 4 固定在左右床腿 7 和 5 上。在床身上安装着车床的各个主要部件，使它们在工作时保持准确的相对位置或运动轨迹。

2. **工艺范围**

卧式车床的工艺范围很广，能进行多种表面的加工面的加工，如各种轴类、套类和盘类零件的回转表面的加工。卧式车床能加工的典型表面见表 1-20。

表 1-20　卧式车床能加工的典型表面

钻中心孔	钻孔	铰孔	攻螺纹
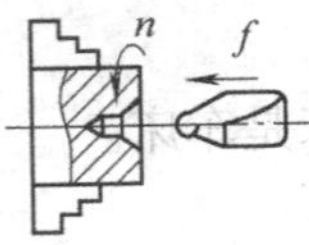	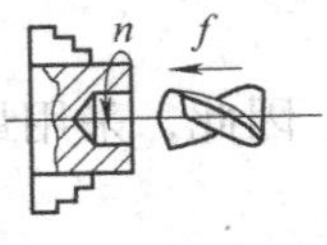	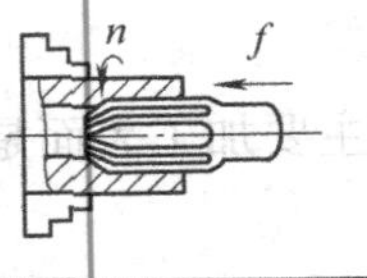	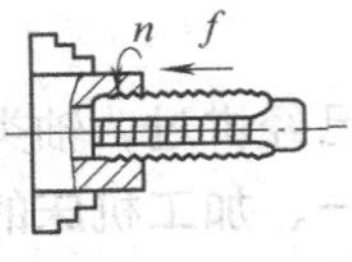
车外圆	镗孔	车端面	切断
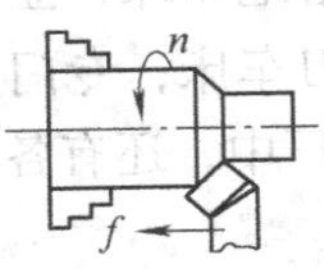	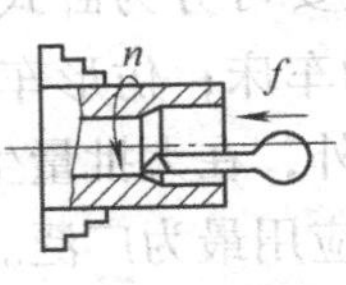	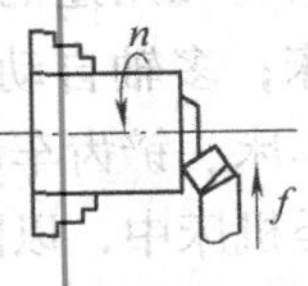	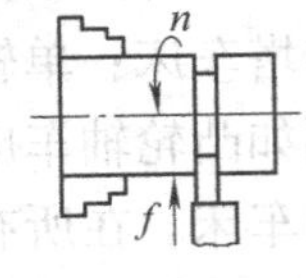
车成形面	车锥面	滚花	车螺反
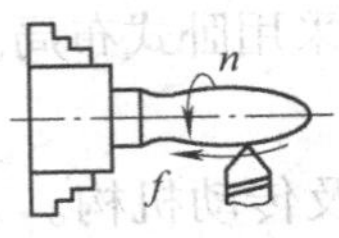	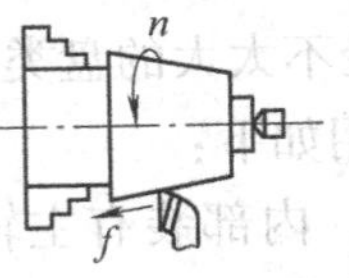	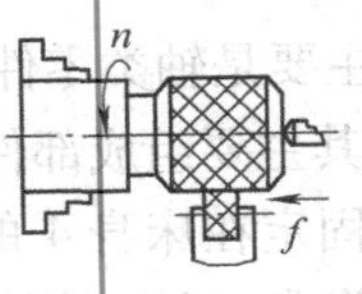	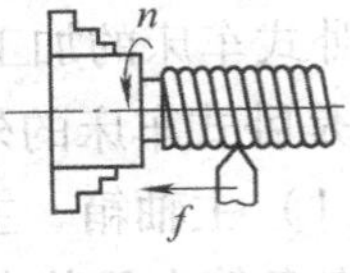

二、加工工件的装夹方式

将工件夹在车床卡盘上作旋转运动，车刀夹在刀架上作纵向进刀，就可以车出外圆柱面来。它是车工基本操作之一。

（一）工件在卡盘上的定位装夹

短的工件通常是装在卡盘上的，卡盘可分为普通的和自动定心的两种。

1. 在三爪自定心卡盘上装夹工件

如图1-60所示，当把扳手插入小圆锥齿轮3的方孔4内转动时，大圆锥齿轮2就转动，三个卡爪就在卡盘体6中的三等分径向槽内同时作向心或离心运动。因此，三爪自定心卡盘的三个卡是联动的，装夹方便，并能自动定心。因此，最适宜装夹中小型形状较规则的圆柱形工件，但工件尺寸不宜过长。

三爪自定心卡盘使用方便，用三爪自定心卡盘夹持工件，车削表面与夹持表面的同轴度一般在0.05mm之内。

为提高定心精度，在成批生产时可采用如图1-61所示的软爪。此种软爪用黄铜或软钢焊在三个卡爪上，按工件形状相直径车出软爪上的夹持部分。图1-61a用于夹紧轴类零件；图1-61b用于夹紧盘类零件；图1-61c用于夹紧螺纹表面。由于软爪的夹持表面在该车床上车出，故它的定心精度能达到0.01～0.02mm。此外，软爪与工件接触面积大，工件表面也不会被夹坏。

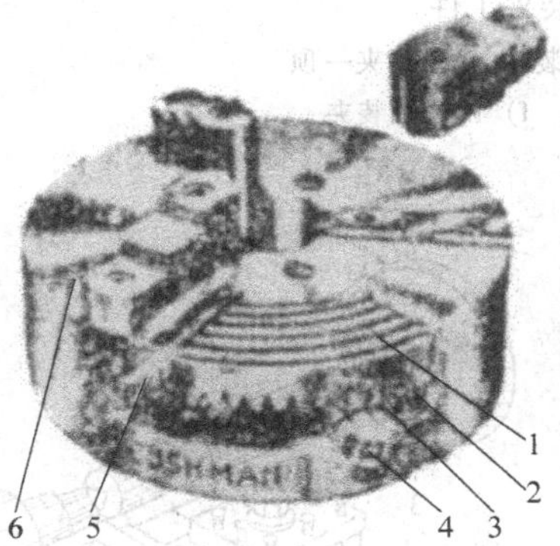

图1-60　三爪自定心卡盘

1—方形螺纹（槽）　2—大圆锥齿轮　3—小圆锥齿轮　4—方孔　5—方形齿（方形螺纹）　6—卡盘体

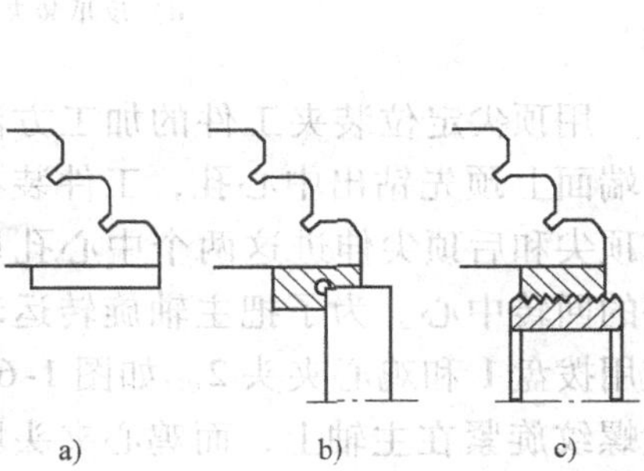

图1-61　三爪自定心卡盘上的软爪

a）夹紧轴类零件　b）夹紧盘类零件　c）夹紧螺纹类零件

2. 在四爪单动卡盘上装夹工件

如图1-62所示，这种卡盘的四个爪都可各自用一根转动螺杆，使各爪可各自沿径向槽移动。由于四个卡爪的位置可任意调整，而且四爪单动卡盘的夹紧力较大。所以，四爪单动卡盘适宜于装夹毛坯和形状不规则的工件。可以用划针盘来检验工件在四爪单动卡盘上安装得是否正确，只要移动划针盘使针端贴近工件的待车表面，两者间保持有0.3～0.5mm的间隙。低速转动工件，用目测法观察间隙大小的变化情况，不断调整卡爪，直到待加工表面与划针端点间的间隙变成相等时为止。四爪单动卡盘适宜于装夹形状不规则的工件或较大的工件。

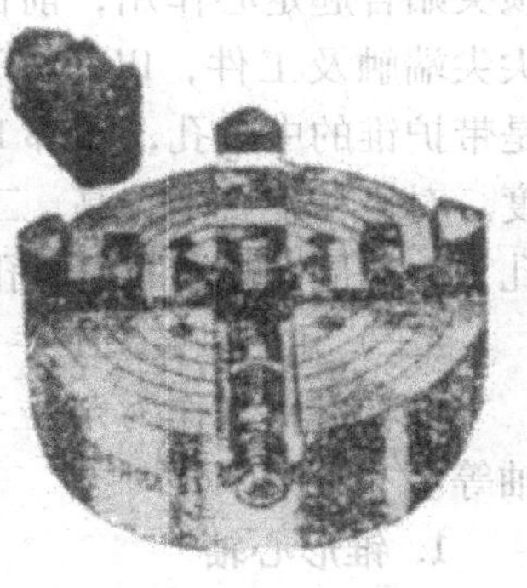

图1-62　四爪单动卡盘

(二)用顶尖装夹工件

工件较长、工序较多、各段轴颈的同轴度要求较高的场合，一般采用图1-63所示的两顶尖定位装夹法加工。

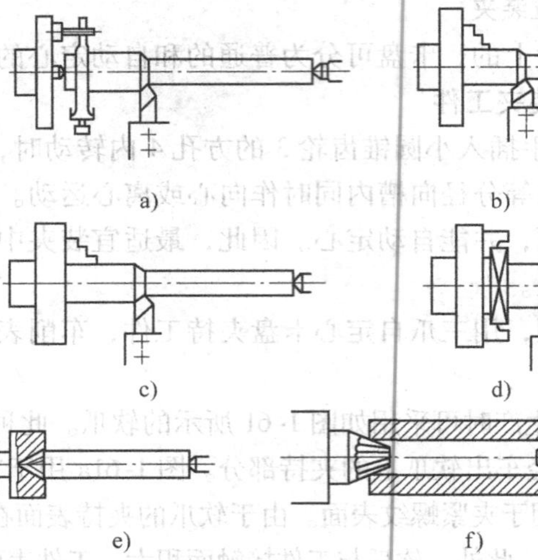

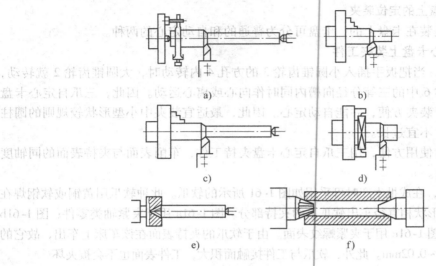

图1-63 用两顶尖定位装夹工件

a）两顶尖装夹 b）三爪自定心卡盘装夹 c）一夹一顶 d）反爪装夹 e）锥套和顶尖装夹 f）两锥轴装夹

用顶尖定位装夹工件的加工方法，在工件的两个端面上预先钻出中心孔，工件装在车床上时，使前顶尖和后顶尖伸进这两个中心孔里，可以定出工件的回转中心。为了把主轴旋转运动传给工件，常使用拨盘1和鸡心夹头2。如图1-64所示，拨盘通过螺纹旋紧在主轴上，而鸡心夹头则用螺钉3夹紧在工件上。

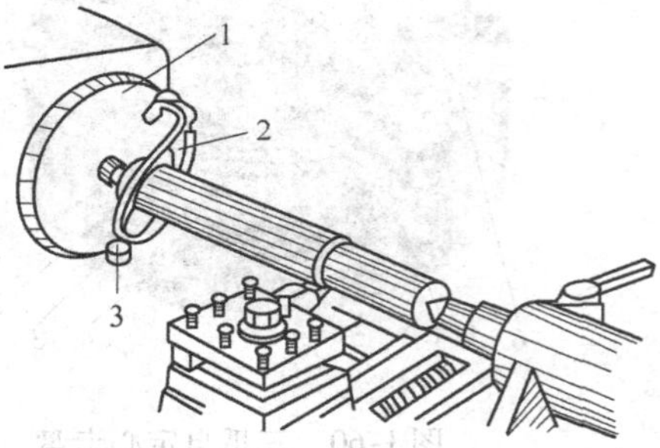

图1-64 工件装在顶尖上加工

1—拨盘 2—鸡心夹头 3—螺钉

在工件上钻出的中心孔，常见的有如图1-65所示的三种形式：A型是普通中心孔，60°锥孔部分与顶尖贴合起定心作用，前面圆柱孔的作用是不使顶尖尖端触及工件，以保证顶尖与圆锥孔贴合。B型是带护锥的中心孔，端部120°的护锥保护了60°的锥面，使它不被碰伤，可长期保持定心精度。对于精度要求较高、工序较多、需多次使用中心孔的工件，一般都采用带护锥的中心孔。C型是带螺纹的中心孔，用于工件需要安装吊环或其他零件的情况。

(三)用心轴装夹工件

心轴常用来作为定位基准，加工圆柱面。常见的有圆柱心轴、弹簧心轴、顶尖式心轴等。

1. 锥形心轴

同学们请利用课外时间，到图书馆查阅手册（可见机械加工工艺手册）。

2. 夹顶式心轴

同学们请利用课外时间，到图书馆查阅手册（参见机械加工工艺手册）。

3. 弹簧夹头和心轴筒夹式夹紧结构

弹簧筒夹定心夹紧机构的结构简单，体积小，操作方便迅速，因而应用十分广泛。其定心精度可稳定在 $\phi0.01 \sim 0.02$mm 之间。为保证弹性筒夹正常工作，工件定位基面的尺寸公差应控制在 0.1 ~ 0.5mm 范围内，故一般适用于精加工或半精加工。

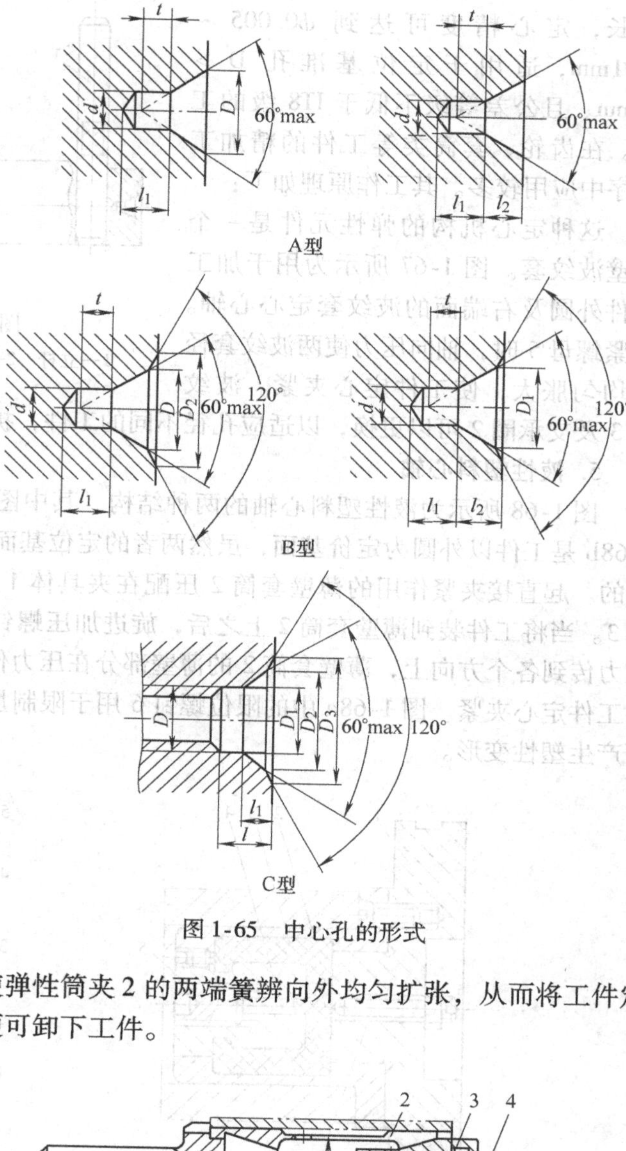

图 1-65　中心孔的形式

这种定心夹紧机构常用于安装轴套类工件。图 1-66a 所示为用于装夹工件以外圆柱面为定位基面的弹簧夹头。旋转螺母 4 时，锥套 3 内锥面迫使弹性筒夹 2 上的簧辨向心收缩，从而将工件定心夹紧。图 1-66b 所示为用于工作以内孔为定位基准的弹簧心轴。因工件的长径比 L/D >> 1，故弹簧筒夹 2 的两端各有簧辨。旋转螺母 4 时，锥套 3 的外锥面向心轴 5 的外锥面靠拢，迫使弹性筒夹 2 的两端簧辨向外均匀扩张，从而将工件定心夹紧。反向转动螺母，带退锥套，便可卸下工件。

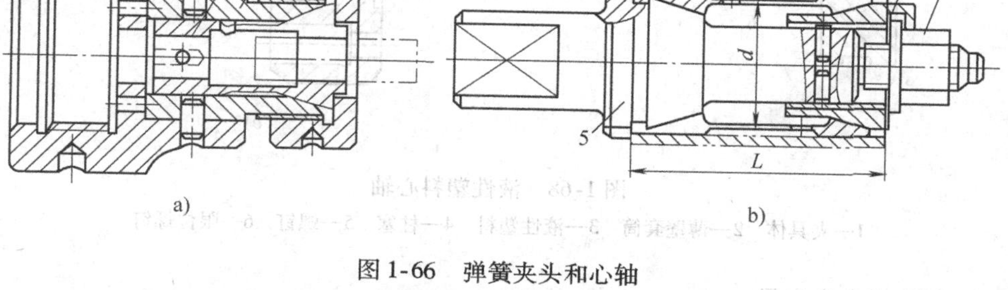

图 1-66　弹簧夹头和心轴

1—夹具体　2—弹性筒夹　3—锥套　4—螺母　5—心轴

4. 波纹套定心心轴

图 1-67 为波纹套定心夹紧机构。波纹套定心夹紧机构的结构简单，安装方便，使用寿

命长，定心精度可达到 $\phi0.005 \sim 0.01\text{mm}$，适用于定位基准孔 D > 20mm、且公差等级不低于 IT8 级的工件。在齿轮、套筒类等工件的精加工工序中应用较多。其工作原理如下：

这种定心机构的弹性元件是一个薄壁波纹套。图 1-67 所示为用于加工工件外圆及右端面的波纹套定心心轴。旋紧螺母 5 时，轴向压力使两波纹套径向均匀胀大，使工件定心夹紧。波纹套 3 及支承圈 2 可以更换，以适应孔径不同的工件，扩大心轴的通用性。

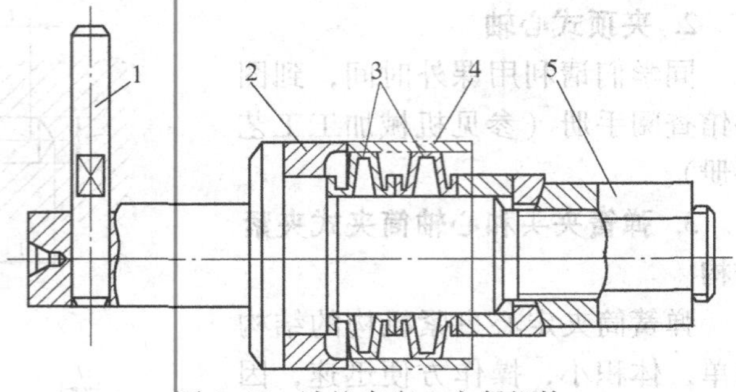

图 1-67　波纹套定心夹紧机构

1—立杆　2—支承圈　3—波纹套　4—外套　5—螺母

5. 液性塑料心轴

图 1-68 所示为液性塑料心轴的两种结构。其中图 1-68a 是工件以内孔为定位基面，图 1-68b 是工件以外圆为定价基面，虽然两者的定位基面不同，但其基本结构与工作原理是相同的。起直接夹紧作用的薄壁套筒 2 压配在夹具体 1 上，在所构成的容腔中注满了液性塑料 3。当将工件装到薄壁套筒 2 上之后，旋进加压螺钉 5，通过柱塞 4 使液性塑料流动并将压力传到各个方向上，薄壁套筒 2 的薄壁部分在压力作用下产生径向均匀的弹性变形，从而将工件定心夹紧。图 1-68a 中的限位螺钉 6 用于限制加压螺钉的行程，防止薄壁套筒超负荷而产生塑性变形。

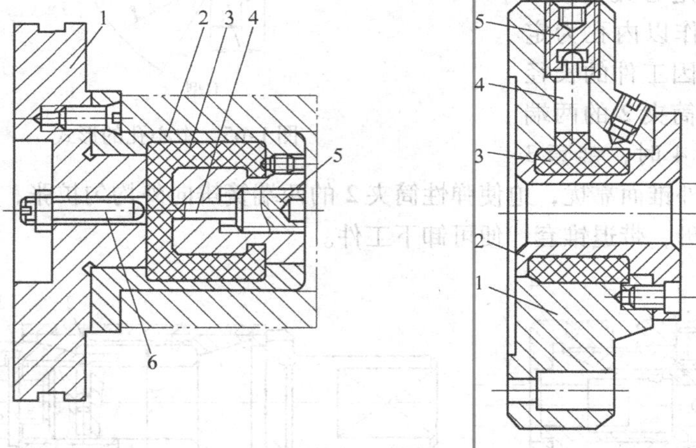

图 1-68　液性塑料心轴

1—夹具体　2—薄壁套筒　3—液性塑料　4—柱塞　5—螺钉　6—限位螺钉

（四）角铁式车床夹具

角铁式车床夹具的结构特点是具有类似角铁的夹具体。在角铁式车床夹具上加工的工件形状较复杂。它常用于加工壳体、支座、接头等类零件上的圆柱面及端面。

图 1-69 所示为开合螺母车削工序图，工件的燕尾面和 $2\times\phi12^{+0.019}_{\ 0}\text{mm}$ 已经加工好，两

孔的距离为（38 ±0.1）mm。$\phi40^{+0.027}_{0}$mm 孔已粗加工。本道工序为精镗$\phi40^{+0.027}_{0}$mm 孔及车端面。加工要求是：$\phi40^{+0.027}_{0}$mm 孔的轴线与燕尾面的距离是（40 ± 0.05）mm，$\phi40^{+0.027}_{0}$mm 孔的轴线与 C 面的平行度为 0.05mm，$\phi40^{+0.027}_{0}$mm 孔的轴线与$\phi12^{+0.019}_{0}$mm 孔的距离是（8 ± 0.05）mm。

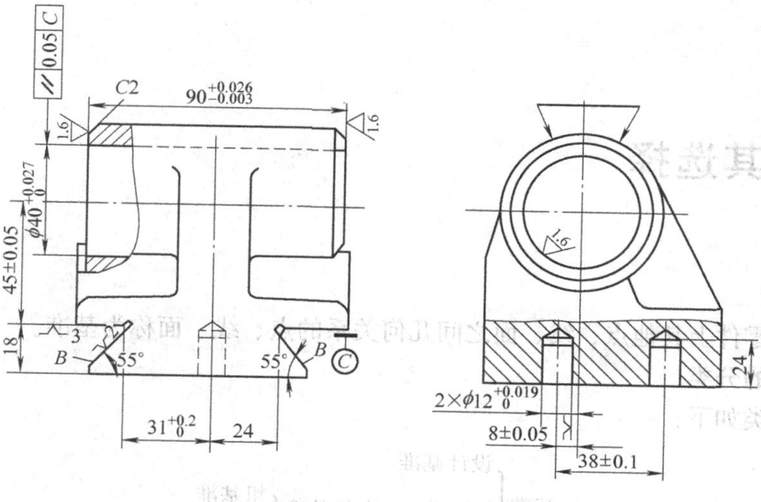

图 1-69　开合螺母车削工序图

图 1-70 所示为精镗开合螺母上$\phi40^{+0.027}_{0}$mm 孔的专用车床夹具。为使准重合，工件用燕尾面 B 在活动支承板 8 和固定支承板 10 上定位。限制五个自由度；用$\phi12^{+0.019}_{0}$mm 孔与

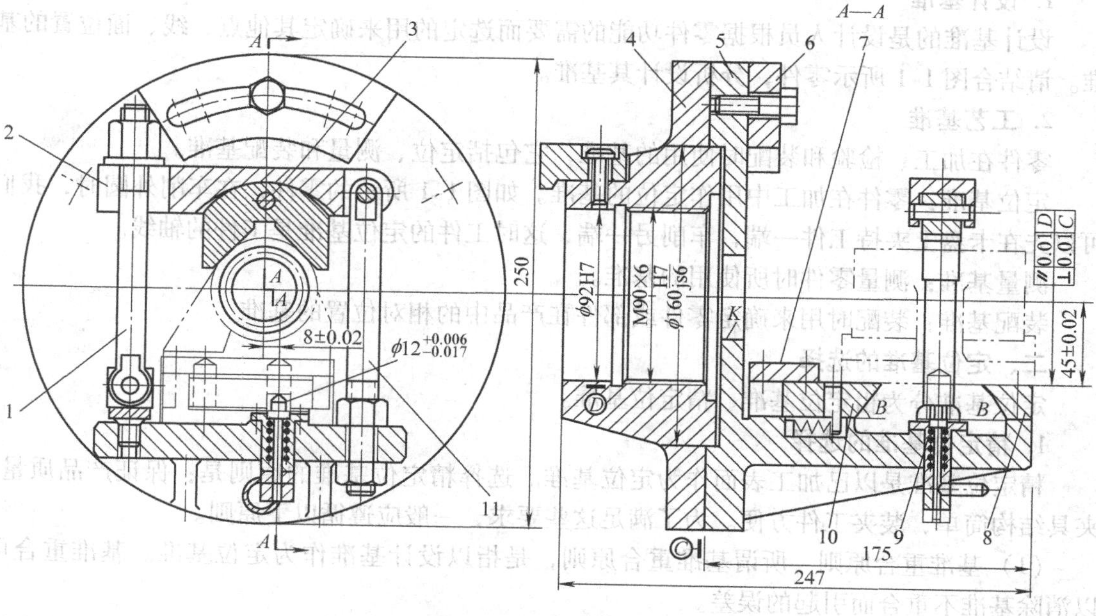

图 1-70　角铁式车床夹具

1、11—螺栓　2—压板　3—活动 V 形块　4—过渡盘　5—夹具体　6—平衡块　7—盖板　8—固定支承板　9—活动菱形销　10—活动支承板

活动菱形销9配合，限制一个自由度，菱形销制成可伸缩的，便于工件的装卸，采用带摆动V形块的回转式螺旋压板机构夹紧工件使夹紧力均匀。角铁式车夹具一般应用在被加工表面回转轴线与基准面相互平行且外形复杂的工件上。在角铁式车夹具中装夹工件，有时需要布置一些配重，以保持回转平衡。

1-7 基准及其选择

用来确定零件上其他点、线、面之间几何关系的点、线、面称为基准。

一、基准的分类

基准的分类如下：

- 基准
  - 设计基准
  - 工艺基准
    - 定位基准
      - 粗基准
      - 精基准
    - 测量基准
    - 装配基准

1. 设计基准

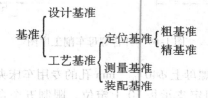

设计基准的是设计人员根据零件功能的需要而选定的用来确定其他点、线、面位置的基准。请结合图1-1所示零件，分析设计其基准。

2. 工艺基准

零件在加工、检验和装配时使用的基准，它包括定位、测量和装配基准。

定位基准：零件在加工中用作定位的基准。如图1-1所示的零件，在车削外圆时，我们可以先在卡盘上夹持工件一端，车削另一端，这时工件的定位基准是工件的轴线。

测量基准：测量零件时所使用的基准。

装配基准：装配时用来确定零件或部件在产品中的相对位置的基准。

二、定位基准的选择

定位基准分为粗定位基准、精定位基准。

1. 精定位基准的选择

精定位基准是以已加工表面作为定位基准。选择精定位基准的原则是：保证产品质量，夹具结构简单，装夹工件方便。为了满足这些要求，一般应遵循以下原则。

（1）基准重合原则　所谓基准重合原则，是指以设计基准作为定位基准。基准重合可以消除基准不重合而引起的误差。

（2）基准统一原则　所谓基准统一原则，是指用同一基准加工尽量多的表面。基准统一保证了加工表面外的相互位置，简化了夹具结构。

（3）互为基准原则　所谓互为基准原则，是指加工时，前后工序之间相互作为基准。

互为基准可以保证加工面之间的位置精度和尺寸精度。

(4) 自为基准原则　所谓自为基准，是指加工某表面时，以该表面作为基准，通过找正的方式来达到定位要求。

2. 粗基准的选择

选择粗基准，一般应遵循以下原则。

1) 选择加工余量小而重要的表面作粗基准。

2) 选择不加工表面作粗基准。

3) 选择平整、定位可靠的面作为基准。

4) 粗基准只能使用一次。因为毛坯表面粗糙，精度低，重复使用定位误差大。

1-8
加工阶段划分与工序顺序安排

一、加工阶段的划分

1. 划分加工阶段的目的

(1) 保证加工质量　在粗加工时，由于夹紧力大，切削力大，切削热大，容易引起变形。划分加工阶段可以消除粗加工引起的变形。

(2) 合理使用设备　粗加工设备要求功率大，刚性好，适合大切削用量，但精度低，不适合加工精度高的零件；精加工设备功率小，刚性较好，但精度高，适合加工精度高的零件。

(3) 及时发现毛坯缺陷　在粗加工时发现毛坯的缺陷，可以及时修补或报废，以免后续加工浪费工时和加工费。

(4) 便于安排热处理工序。

2. 划分方法

加工阶段一般分为三个：粗加工阶段、半精加工阶段、精加工阶段；但是零件精度在IT6以上以及表面粗糙度小于 $R_a0.4$ 时还需精整加工。试结合图1-1所示零件，分析外圆加工可以划分为几个阶段。

(1) 粗加工阶段　其主要目的是尽快去除大部分加工余量，同时为后面的加工提供较精确的基准和保证后续加工余量的均匀，所以这个阶段的特点是背吃刀量大，进给量大，转速慢。

(2) 半精加工阶段　为精加工阶段作准备，保证精加工时的加工余量，完成次要表面的加工，如钻孔、攻螺纹、铣方、铣扁方及平面等。这一阶段要达到一定的精度及表面粗糙度值，所以切削用量较小，转速较高。

(3) 精加工阶段　其主要目的是保证加工精度及表面粗糙度，所以切削用量更小，转速更高。

二、工序的划分与衔接

1. 工序划分的原则

根据工序数目（或工序内容）多少，工序的划分有下列两种不同的原则。

（1）工序集中的原则　工序集中就是将工件的加工集中在少数几道工序内完成，每道工序的加工内容较多。工序集中有利于采用数控机床、高效专用设备及工装进行加工。用数控机床加工，一次装夹可加工较多表面，易于保证各表面间的相互位置精度；工件装夹次数少，还可以减少工序间的运输量、机床数量、操作工人数和生产面积。但数控机床、专用设备及工装投资大，调整和维修复杂，因此对于精度要求不高的工件，还是应在普通机床上进行工序集中。

（2）工序分散的原则　工序分散就是将工件的加工分散在较多的工序内进行，每道工序的加工内容很少。工序分散使用的设备及工艺装备比较简单，调整和维修方便，操作简单，转产容易；可采用合理的切削用量，减少基本时间。工序分散的缺点是设备及操作工人多，占地面积大。

2. 工序间的衔接

当加工工序中穿插有数控机床加工时，首先要弄清数控加工工序与普通加工工序各自的技术要求、加工目的、加工特点，注意解决好数控加工工序与其他工序衔接的问题。较好的解决办法是建立工序间的相互状态要求。例如，留不留加工余量，留多少？定位面与孔的精度及形位公差是否满足要求？对校形工序的技术要求，对毛坯的热处理状态等，都需要前后兼顾，统筹衔接。这样才能使各工序的质量目标、技术要求明确，交接验收有依据。

三、工序顺序的安排

1. 机加工顺序的安排应遵循的原则

（1）基准先行　先加工精基准，再以精基准定位粗、精加工其他表面，轴类零件要先加工中心孔。

（2）先粗后精　先粗加工后精加工。各表面都应按照粗加工→半精加工→精加工→光整加工的顺序依次进行，以便循序渐进地提高加工精度和降低表面粗糙度。

（3）先主后次　先加工主要表面后加工次要表面。对于轴类零件来说，外圆表面是主要加工表面，而其他表面，如螺孔、销孔等，是次要表面，应以主要表面作基准进行加工，所以一般安排在半精加工之后；而键槽应放在精加工之后进行。因放在半精加工之后，在精加工时会车断续表面，这样会加速刀具磨损及产生振动，同时也不能保证键槽的对称度。这是因为如放在半精加工之后，键槽是可以与半精加工后的轴线保持对称度，但精加工以后，精加工后的轴线不可能与半精加工后的轴线完全同轴，因而键槽的对称度发生了改变，从而保证不了对称度的要求。

（4）先面后孔　对于箱体、支架、连杆和机体类零件，一般应先加工平面、后加工孔。这是因为先加工好平面后，就能以平面定位加工孔，定位稳定、可靠，保证平面和孔的位置精度。此外，在加工的平面上加工孔，既方便又容易，能提高控的加工精度，钻孔时孔的轴线也不易偏斜。

2. 热处理工序的安排

（1）正火、退火、调质热处理工序安排。一般预备热处理的目的是改善工件的加工性能，消除内应力，改善金相组织，为最终热处理做好准备，如正火、退火、调质等。正火、退火安排在粗加工前；调质安排在粗加工之后。

（2）时效处理工序的安排。一般情况下，对于箱体来说，安排在粗加工之前，要求高的在粗加工之后还要安排一次；精密丝杠在粗、半、精加工之后再安排一次。

（3）淬火热处理工序的安排。淬火热处理工序一般安排在磨削之前、半精加工之后。

（4）渗碳、淬火热处理工序的安排。渗碳、淬火安排在半精加工之后，渗碳之后要安排次要表面的加工以及不渗透部位的渗透层切去后再淬火。

（5）氮化热处理工序的安排。渗氮的工件一定经过调质，渗氮应安排在粗磨之后精磨之前，渗氮前应去除应力；渗氮后不需要淬火，因渗氮层的硬度在65HRC以上，渗氮层深度在0.45~0.60mm之间，渗氮后的磨削余量在0.10~0.15mm之间。

3. 辅助工序的安排

辅助工序包括检验、去毛刺、倒棱、清洗、防锈、去磁和平衡等。

（1）检验　在粗加工之后、精加工之前，重要工序和工时长的工序前后，加工结束后，车间间的转移等过程中，要安排检验工序。

（2）去毛刺　在淬火工序之前，全部加工工序结束之后，要安排去毛刺工序。

（3）表面强化　表面强化的主要方式是采用滚压、喷丸，一般安排在最后。

（4）表面处理　表面处理一般有发蓝、电镀等，安排在最后。

（5）探伤　射线、超声波在工艺开始之前，磁力探伤、荧光检验在工序之后。

1-9 加工余量和工序尺寸的确定

一、加工余量及其确定

1. 加工余量

在机械加工过程中，为改变工件的尺寸和形状而切除的金属层的厚度称为加工余量。为完成某一道工序所须切除金属层的厚度称为工序余量。

由毛坯变为成品的过程中，在某加工表面上所切除的金属层总厚度，称为总余量。

某一工序完成后工件的尺寸称为工序尺寸。由于存在加工误差，各工序加工后尺寸也有一定的公差称为工序公差，工序公差的布置是单向、入体的。

由于加工余量是相邻两工序基本尺寸之差，则本工序的加工余量 $Z_b = a - b$；

因而最小加工余量是前工序最小工序尺寸和本工序最大工序尺寸之差，即 $Z_{bmin} = a_{min} - b_{max}$；

最大加工余量是前工序最大工序尺寸和本工序最小工序尺寸之差，即 $Z_{bmax} = a_{max} - b_{min}$；

工序余量公差等于前工序与本工序尺寸公差之和，即 $T_{Zb} = T_b + T_a$。

2. 确定加工余量的方法

在保证加工质量的前提下，加工余量越小越好。确定加工余量有以下三种方法。

（1）查表法　根据各工厂的生产实践和试验研究积累的数据，先制成各种表格，再汇集成手册。确定加工余量时，查阅这些手册，再结合工厂的实际情况进行适当修改。目前，我国各工厂都广泛采用查表法。

查表应先拟出工艺路线，将每道工序的余量查出后有最后一道工序向前推算出各道工序尺寸。粗加工工序余量不能用查表法得到，而由总余量减去其他各工序余量得到。

（2）经验估计法　本法是根据实际经验确定加工余量的。一般情况下，为防止因余量过小而产生废品，经验估计的数值总是偏大。经验估计法常用于单件小批生产。

单件小批生产中，加工中、小零件，其单边加工余量参考数据如下。

1）总加工余量

（手工造型）铸件	3.5 ~7mm
自由锻件	2.5 ~7mm
模锻件	1.5 ~3mm
圆钢料	1.5 ~2.5mm

2）工序余量

粗车	1 ~1.5mm
半精车	0.8 ~1mm
高速精车	0.4 ~0.5mm
低速精车	0.1 ~0.15mm
磨削	0.15 ~0.25mm
研磨	0.002 ~0.005mm
粗铰	0.15 ~0.35mm
精铰	0.05 ~0.15mm
珩磨	0.02 ~0.15mm

（3）分析计算法　分析计算法根据上述加工余量计算公式和一定的试验资料，对影响加工余量的各项因素进行分析，并计算确定加工余量。这种方法比较合理，但必须有比较全面和可靠的试验资料，目前，只在材料十分贵重以及军工生产或少数大量生产的工厂中采用。

二、工序尺寸及其公差的确定

每道工序完成后应保证的尺寸称为该工序的工序尺寸。工件上的设计尺寸及其公差是经过各加工工序后得到的。每道工序的工序尺寸都不相同，它们逐步向设计尺寸接近。为了最终保证工件的设计要求，各中间工序的工序尺寸及其公差需要计算确定。

工序余量确定后，就可以计算工序尺寸。工序尺寸及其公差的确定要根据工序基准或定位基准与设计基准是否重合，采用不同的计算方法。

1. 基准重合时工序尺寸及其公差的计算

这是指加工的表面在各工序中均采用设计基准作为工艺基准，其工序尺寸及其公差的确定比较简单。例如，对外圆和内孔的多工序加工均属于这种情况。计算顺序是：先确定各工序的基本尺寸，再由后往前逐个工序推算，即由工件的设计尺寸开始，由最后一道工序向前工序推算，直到毛坯尺寸；工序尺寸的公差则都按各工序的经济精度确定，并按“入体原则”确定上、下偏差。

2. 基准不重合时工序尺寸及其公差的计算

工序尺寸或定位基准与设计基准不重合时，工序尺寸及其公差计算比较复杂，需要用工艺尺寸链来分析计算。

在机器装配或零件加工过程中，互相联系且按一定顺序排列的封闭尺寸组合，称为尺寸链。其中，由单个零件在加工过程中的各有关工艺尺寸所组成的尺寸链，称为工艺尺寸链。

（1）工艺尺寸链的特征 。工艺尺寸链具备关联性和封闭性。工艺尺寸链的每一个尺寸称为环（见图1-71）。

1）封闭环。工艺尺寸链中间接得到、最后保证的尺寸，称为封闭环。一个工艺尺寸链中只能有一个封闭环。

2）组成环。工艺尺寸链中除封闭环以外的其他环，称为组成环。组成环又可分为增环和减环。增环是当其他组成环不变，该环增大（或减小）使封闭环随之增大（或减小）的组成环。减环是当其他组成环不变，该环增大（或减小），使封闭环随之减小（或增大）的组成环。

3）组成环的判别。在工艺尺寸链图上，先给封闭环任定一方向并画出箭头，然后沿此方向环绕尺寸链回路，依次给每一组成环画出箭头，凡箭头方向和封闭环相反的则为增环，相同的则为减环。工艺尺寸链的每一个尺寸称为环。

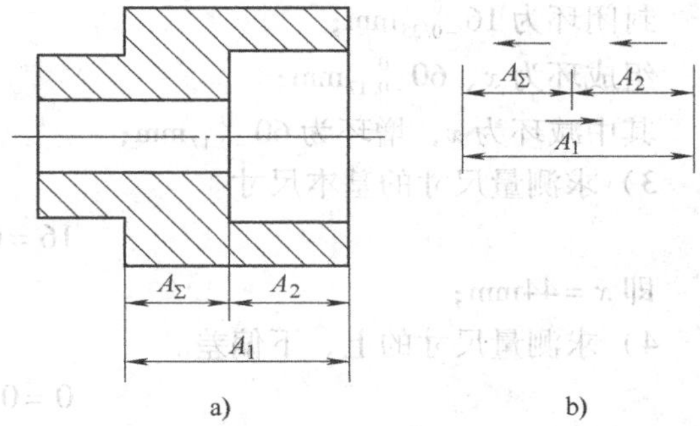

图1-71 工艺尺寸链的形式

图1-71b所示的就是工艺尺寸链。

（2）工艺尺寸链的求解方法

1）封闭环的基本尺寸。封闭环的基本尺寸等于所有增环的基本尺寸 A_i 之和减去所有减环的基本尺寸 A_j 之和，即

$$A_\Sigma = \sum_{i=1}^{m} A_i - \sum_{j=m+1}^{n-1} A_j \tag{1-18}$$

2）封闭环的极限尺寸。封闭环的最大极限尺寸等于所有增环的最大极限尺寸之和减去所有减环的最小极限尺寸之和，即

$$A_{\Sigma\max} = \sum_{i=1}^{m} A_{i\max} - \sum_{j=m+1}^{n-1} A_{j\min} \tag{1-19}$$

封闭环的最小极限尺寸等于所有增环的最小极限尺寸之和减去所有减环的最大极限尺寸之和，即

$$A_{\Sigma\min} = \sum_{i=1}^{m} A_{i\min} - \sum_{j=m+1}^{n-1} A_{j\max} \tag{1-20}$$

3）封闭环的上、下偏差。封闭环的上偏差 ESA_Σ 等于所有增环的上偏差 ESA_i 之和减去所有减环的下偏差 EIA_j 之和，即

$$ESA_\Sigma = \sum_{i=1}^{m} ESA_i - \sum_{j=m+1}^{n-1} EIA_j \tag{1-21}$$

封闭环的下偏差 EIA_Σ 等于所有增环的下偏差 EIA_i 之和减去所有减环的上偏差 ESA_j 之

和，即

$$EIA_{\Sigma} = \sum_{i=1}^{m} EIA_i - \sum_{j=m+1}^{n-1} ESA_j \tag{1-22}$$

3. 工艺尺寸计算

（1）测量基准与设计基准不重合时的工序尺寸计算

【实例一】 如图1-72a所示套筒零件，两端面已加工完毕，加工孔底面C时，要保证尺寸$16_{-0.35}^{0}$mm，因该尺寸不便测量，试标出测量尺寸。

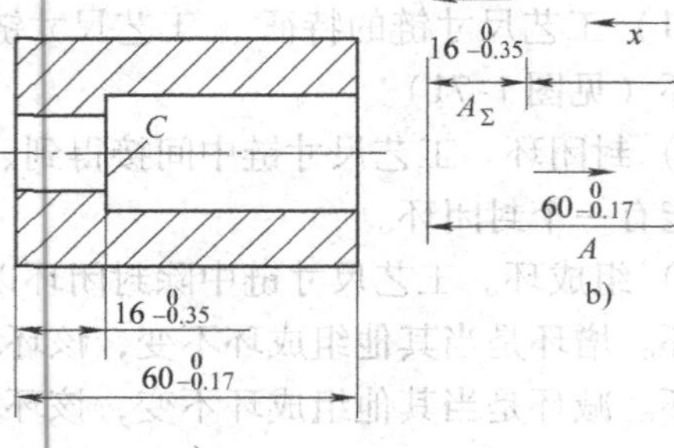

图1-72 零件图及尺寸链图

a）零件图 b）尺寸链图

解： 1）画尺寸链图，如图1-72b所示，图中x为测量尺寸，$16_{-0.35}^{0}$mm为间接获得尺寸。

2）确定封闭环和组成环。

封闭环为$16_{-0.35}^{0}$mm；

组成环为x、$60_{-0.17}^{0}$mm；

其中减环为x，增环为$60_{-0.17}^{0}$mm；

3）求测量尺寸的基本尺寸。

$$16 = 60 - x$$

即$x = 44$mm；

4）求测量尺寸的上、下偏差。

$$0 = 0 - EI_x$$

即$EI_x = 0$mm；

$$-0.35 = (-0.17) - ES_x$$

即$ES_x = +0.18$mm；

5）测量尺寸x及其公差。

$$x = 44_{0}^{+0.18}\text{mm}$$

（2）定位基准与设计基准不重合时的工序尺寸计算

【实例二】 如图1-73a所示零件，镗削零件上的孔。孔的设计基准是C面，设计尺寸为（100±0.15）mm。为装夹方便，以A面定位，按工序尺寸L调整机床。试求出工序尺寸。

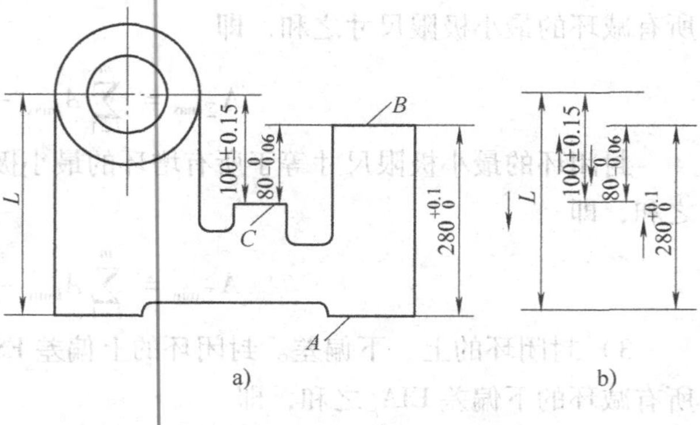

图1-73 零件图及其尺寸链图

a）零件图 b）尺寸链图

解： 1）画尺寸链图，如图1-73b所示，图中L为工序尺寸，（100±0.15）mm为间接获得尺寸。

2）确定封闭环和组成环。

封闭环为（100±0.15）mm；

组成环为L、$80_{-0.06}^{0}$mm、$280_{0}^{+0.1}$mm；

其中减环为 $280^{+0.1}_{0}$mm，增环为 L、$80^{0}_{-0.06}$mm；

3）求 L 的基本尺寸。

$$100 = L + 80 - 280$$

即 $L = 300$mm；

4）求 L 的上、下偏差。

$$+0.15 = ES_L + 0 - 0$$

即 $ES_L = +0.15$mm；

$$-0.15 = EI_L + (-0.06) - (+0.1)$$

即 $EI_L = +0.01$mm；

5）尺寸 L 及其公差。

$$L = 300^{+0.15}_{+0.01}\text{mm}$$

1-10 机械加工工时定额的制定

机械加工工时定额的制定，这里是指定额标准法（或称分析计算法）。下面概括地介绍使用基础标准和综合时间标准以及时间定额标准数学模型来制定工时定额的步骤和方法。

一、使用基础标准制定工时定额的步骤与方法

采用基础标准制定工时定额，必须首先确定准备结束时间、装卸时间、工步辅助时间、布置工作地以及休息与生理需要时间等4种时间标准。同时，还要制定机械加工切用用量标准用来计算基本时间。有了这些基础标准，制定劳动定额的数据就完整了。

根据时间定额构成的原理，把工时定额分解为机动时间、辅助作业时间、布置工作地以及休息与生理需要时间。然后，根据切削加工的具体条件，分别确定出上述各类时间的消耗。其具体步骤如下：

1. 计算行程和工步机动时间

全部行程长度包括工件加工长度、空刀量、切入量和超出量。行程长度可按以下公式计算：

$$L = l + l_\Delta + l_1 + l_2 \tag{1-23}$$

式中 L——行程长度；

l——加工长度；

l_Δ——空刀量；

l_1——切入量；

l_2——超出量。

不同金属切削机床行程长度的确定将在以下各章节中具体介绍。工步机动时间按工艺文件给出的切削用量通过公式计算出。如果工艺文件无规定，可根据切削用量标准选用合理的切削用量。

2. **确定工步辅助作业时间**

确定工步辅助作业时间，主要要考虑辅助作业所发生的项目和次数，分析各项目所用的时间。一般情况下，在工艺分析的基础上，再查阅有关标准，确定工步辅助作业时间。

$$T_{zh}/n \tag{1-24}$$

式中 T_{zh}——准备与终结时间总和；

n——每批工件数。

定额标准中获得相应数据后，再将所有操作时间加以汇总，得到全部工序的时间定额。用公式表示如下：

$$T_d = T_z(1 + K_{bx}) + \frac{T_{zh}}{n} \tag{1-25}$$

式中 T_d——工序的时间定额；

T_z——基本时间；

K_{bx}——修正系数；

T_{zh}/n——分摊到每一个工作的准备和终结时间。

$$T_p = nT_d + T_{zh} \tag{1-26}$$

式中 T_p——工件的时间定额；

T_{zh}——准备和终结时间总和。

二、使用综合时间定额标准制定工时定额

综合时间定额标准是在进行大量写实、测时和广泛收集有关技术资料的基础上，运用数理统计，图表分析和现场验证等方法编制而成的。通常，综合时间定额标准分为正本和副本两册，正本是使用标准（即综合时间定额标准），副本是基础标准。

综合时间定额标准是在基础标准的基础上建立起来的各种综合标准。按其综合程度不同，又可划分为：工步时间定额标准、工序时间定额标准及典型零件时间定额标准。综合时间定额标准的特点是，标准中反映的作业内容是综合的，即基本作业和辅助作业综合在一起。其次是构成标准的时间是综合的，即基本时间、工步辅助时间以及布置工作地和休息与生理需要时间综合在一起。如原机械工业部颁发的农机行业劳动定额时间标准的机械加工部分，采用的就是工步综合时间标准。

这类标准综合程度大，在编制综合时间定额标准表时，已根据基础标准的数据，事先对工步和加工过程进行了计算和综合，并编制成表格形式，大大减少了定额员的计算工作。使用综合时间定额标准制定工时定额的准确程度虽然不如使用基础标准制定工时定额的准确程度高，但它完全能够满足批量生产企业对工时定额精确度的要求。

在现有的行业劳动定额时间标准中，根据行业的具体情况不同各类综合程度不同的时间定额标准并存是正常的。如农机行业中，机械加工部分采用的是工步时间定额标准，而模型锻造部分则采用的是典型零件时间定额标准。在使用综合时间定额标准制定工时定额之前，先将综合时间定额标准编制原理做一简要介绍。

1. **工步时间定额标准编制原理**

（1）工步时间定额标准编制的依据 编制工步综合时间定额标准，关键是如何把工步的机动时间、辅助作业时间、布置工作地和休息与生理需要时间（即宽放时间）综合于一项标准中，达到最大限度地简化时间定额标准，以减少在使用标准过程中的计算工作量。

工步时间定额标准是以工步为对象制定的时间定额标准，它综合了与工步有关的全部时间消耗。编制工步时间定额标准的基础标准有：

1）切削用量标准（计算机动时间的依据）。

2）装卸时间标准。

3）与工步有关的辅助时间标准。

4）测量时间标准。

5）布置工作地和休息与生理需要时间标准。

6）准备与结束时间标准。

利用以上几种基础标准，把加工工步的工作内容综合成工步时间定额标准，做到细做粗用。

凡随工步而重复出现的各类时间，如工步机动时间和与工步有关的辅助作业时间、测量工件时间、布置工作地和休息与生理需要时间等都综合在工步时间定额标准中。

装卸时间不随工步重复出现，而是随工序重复出现，因而装卸时间也可理解为工序辅助时间（单工步、工序除外）。由于装卸方法和装卡要求不同，这类时间差别较大；准备与结束时间是随一批工件而出现的，因此这两种时间不能综合到工步时间定额标准中去，而需要单独制定时间标准。

（2）工步单行时间定额标准的编制原理

1）时间定额标准的两种形式。综合时间定额标准的表格形式分为多行式和单行式两种。多行式是时间定额标准表格的普遍形式，两个影响因素的标准表中，一组影响因素对应一个时间值。在编制标准时，每个时间值都要进行一次计算，其需要编制的表格数量多，但其时间值的精确程度比单行式标准要高。

单行式与多行式的主要区别在于，单行式的横向和纵向几个尺寸步（即一组尺寸）只对应一个时间，从而就形成了在标准表中只有一行时间排列，故称单行时间标准。

2）单行时间定额标准的编制

以车床加工工件外圆为例说明单行时间定额标准编制的原理。

$$T_j = \frac{L}{ns}i$$

由于
$$n = \frac{1000v}{\pi D} \quad i = \frac{h}{t}$$

则
$$T_j = \frac{\pi DLh}{1000vst}$$

经整理后得
$$T_j = \frac{\pi h}{1000vst}DL$$

当切削条件不变的情况下，$\frac{\pi h}{1000vst}$为一常数，若设：$a = \frac{\pi h}{1000vst}$，则机动时间可用下式表达：

$$T_j = aDL \tag{1-27}$$

上式表明，机动时间是加工工件直径和长度的函数，而且当切削截面相等时，机动时间也相等。表1-21为单行时间定额标准编制原理。

表 1-21 单行时间定额标准编制原理

DL/mm^2	400	600	900	1350	2025
D/mm		L/mm		公比 1.5	
(20) D_1	(20) L_1	(30) L_2	(45) L_3	(67.5) L_4	(101.25) L_5
(30) D_2		(20) L_1	(30) L_2	(45) L_3	(67.5) L_4
(45) D_3			(20) L_1	(30) L_2	(45) L_3
(67.5) D_4				(20) L_1	(30) L_2
T	T_1	T_2	T_3	T_4	T_5

从表中数值可以看出，工件直径 D 和加工长度 L 的尺寸都是按同一公比 1.5 排列的，因而表中不同加工直径和同一栏内不同加工长度的乘积都是相等的（即切削截面积相同）。以加工 $900mm^2$ 一栏为例，$D_1L_3=D_2L_2=D_3L_1$。再根据切削截面积相等机动时间也相等的原理，这一栏各个尺寸组的机动时间必然相等，即为 T_3。

在单行时间定额标准的实际编制中，机床每分钟进给量的数列公比（q_m）、横向尺寸的数列公比（q_t）及时间的公比（q_i）要相等或接近相等。在确定公比时，必须考虑机床主轴转数所固有的公比。如成批生产时间定额标准的允许误差 10%，单件小批生产允许误差 15%，而大量生产误差为 5%。成批生产时间公比 q_r 可选 1.1。如果用插值法编制可选 1.2，这时与机床主轴转速的公比 $q_n=1.2$ 相一致，这正是成批生产可编制综合时间定额标准的外部条件。在编制好切削用量标准的基础上，利用机动时间计算公式，就很容易计算出机动时间来。

3）工步辅助时间标准的编制。工步辅助时间的确定比较复杂，在综合前要解决两个问题，一是确定各加工工步典型的操作内容；二是工步辅助时间与行程的关系。

在确定操作内容时，操作项目要齐全，每项操作消耗的时间要准确。为了合理地将工步辅助时间综合到基本时间中去，将工步辅助时间分为两部分：一部分是与工步行程无关的常量，如开、停车，转方刀架，变换主轴转数和进给量等；另一部分是与行程有关的变量，如移动床鞍和大小刀架等。为了不破坏基本时间的公比，必须将变量部分的时间随工件的长度而有规律地增加，采取近似摊入法将它们综合到时间数列中去。与工步无关的辅助时间，不受纵向及横向尺寸的影响，是常量。所以综合的方法只要在各项机动时间上加入这个常量即可。这样，经过机动时间和工步辅助时间的综合，便得到工步作业时间。在此基础上，再按一定的宽放率摊入布置工作地和休息与生理需要时间，单行时间定额标准的主要工作量就完成了。

4）单行时间定额标准的使用方法。根据单行时间定额标准的构成原理，使用时间标准时采用序号相加的方法，即加工直径 D 所对应的序号与加工长度 L 所对应的序号相加，为延续时间 y 所对应的序号。当零件图样加工尺寸与标准中的尺寸不符合时，就按以下方法处理：若加工尺寸小于两档中间值时，查前档的序号；反之则查后档的序号。

工序时间定额标准的编制方法与工步时间定额标准编制方法原理相同，确定标准时间是通过现场的技术测定和理论计算来获得工序时间消耗数据，通过回归分析方法控制时间标准的数学模型，然后编制出表格式的时间定额标准。也可以用基础标准为依据，通过分解与综合的方法制定。

这种标准的综合程度大，实用性强，使用方法简便。凡能编制成工序时间定额标准的，并且也能满足准确性要求的，要尽可能采用工序时间定额标准，简化劳动定额的制定。

2. 典型零件时间定额标准

以典型零件为对象制定时间定额标准，在标准表中，集中了零件全部加工工序的单件定额。同一工件所有工序集中在一张标准表中。

这类标准综合程度最大，制定定额方便，缺点是编制的粗略，通用性差。但在实际生产中仍有一定的实用价值。例如，汽车行业劳动定额时间标准和农机行业劳动定额时间标准，其中的模锻部分均采用典型零件时间定额标准。单件小批生产也常采用典型零件时间定额标准。

制定和使用典型零件时间定额标准的关键是正确地进行零件的归类，并使同类零件工艺路线和加工方法典型化。

典型零件时间定额标准是以形状类似、加工工艺方法相同而且影响工时消耗的因素大体相同、尺寸大小不同的零件为基础，采用现场写实测时等方法，并结合现生产实际情况，通过分析对比而编制的综合时间定额标准。

3. 采用时间定额标准数学模型制定劳动定额的原理

时间定额标准数学模型按其综合程度不同可分为：

1）基础标准时间定额数学模型。这类标准按照时间定额的构成，分别建立基本时间定额标准、辅助时间定额标准及装卸时间定额标准的数学模型。

2）综合时间定额标准数学模型。它是以基础标准为依据建立起来的。综合时间定额标准通常将基本时间、辅助时间、布置工作地和休息与生理需要时间综合在一起，建立时间定额标准的数学模型。

具体的工时定额计算可以查阅有关工艺标准手册。

1-11 填写工艺文件

经过前面各节内容的学习，现在可以完成本课题1给定的任务，完成图1-1零件的工艺编制，填写工艺文件。

一、工艺分析及说明

该工艺路线是结合本零件实际生产企业的实际状况而编写的。

1. 毛坯选择

齿轮轴起传动作用，要承受变应力。毛坯应选用锻件，材质42CrMo。

2. 工艺路线

01 工序：划线

因为零件毛坯是锻件，要均匀余量。划出十字中心线及在工件一端划圆线。

02 工序：镗

采用T68卧式镗床，工件放在回转工作台上，下垫V型铁，按划线找正，找正误差在

0.5mm 以内。在工件两端铣平见光，两端打中心孔 60° A4（工件轻、小、短时，可在车床上自打中心孔）。

03 工序：粗车

采用 C620 机床，一顶一夹工件，按线找正夹紧，粗车后符合粗加工图。

04 工序：热处理

调质处理。

05 工序：划线

调质处理之后，工件会发生变形，需要重新检查工件变形情况，重划全线（全线：中心十字线、外形轮廓线）。

06 工序：镗

采用 T612 机床，重复 03 工序，重修中心孔。

07 工序：半精车

采用 C620 机床，一顶一夹工件，按线找正夹紧。见光各外圆、端面，表面粗糙度值 $R_a3.2\mu m$。目的是为了探伤，切出的余量尽量少。

08 工序：探伤

按 EZB/N40—2002 标准进行超声波探伤，目的是检查零件内部有无裂纹，探伤深度5～10mm 的裂纹均可查出。若出现较大的裂纹，应进行补焊处理，合格后进行以下工序。

09 工序：精车

采用 C61100 机床，一顶一夹工件，按已加工面打表找正、夹紧，按下面工步完成：

1）车架子口，目的是便于安装中心架。

2）安装中心架。

3）车工件一端符合图样，并修该端中心孔。

4）工件调头，车另一端，并控制工件总长，修该端中心孔。

5）上鸡心架、拨盘、顶尖顶工件。

6）车齿顶圆，$\phi85K6$、$\phi75h11$、$\phi70P6$ 外圆符合图样。

7）车其余各外圆、环槽、端面、倒角及 R5 符合图样。

10 工序：磨

采用 M131W 机床，磨齿顶圆，$\phi85K6$、$\phi75h11$、$\phi70P6$ 外圆符合图样。

11 工序：滚齿

采用 YW3180 滚齿机床，按齿顶圆及端面找正夹紧，粗、精滚齿后使其符合图样。

12 工序：划线

划各键槽加工线，划 C 向 2×M20 螺孔加工线。

13 工序：铣

采用 XK718 机床，找正夹紧，铣各键槽，使其符合图样。

14 工序：镗

采用 T68 机床，钻攻 C 向 2×M20 螺孔，使其符合图样。

15 工序：钳

去毛刺、尖角倒钝。

16 工序：检验

二、填写工艺文件

在这里只填写机械加工工艺过程卡。工艺卡和工序卡请同学们利用课外时间完成。

机械加工工艺过程卡片

机械加工工艺过程卡片	产品型号	×××	零件图号	120602	共2页	第1页
	产品名称	×××	零件名称	齿轮轴		

材料牌号	42CrMo	毛坯种类	锻件	毛坯外形尺寸	最大直径 ϕ180mm、长度为625mm	每毛坯可制件数	1	每台件数	1	备注

	工序号	工序名称	工序内容	车间	工段	设备	工艺装备	工时 准终	工时 单件
	01	划	检查毛坯，均匀余量，划十字中心线及圆线	04	0490	划线台	划工具等	0.15	0.3
	02	镗	找正夹紧，铣平端面，打两端顶尖孔60°A4	04	0402	T68	V形铁等	0.25	1
	03	车	一顶一夹工件，按线找正夹紧，全车符合粗加工图样	04	0401	C620	顶尖	0.5	6
	04	热处理	调质处理	02	0204				
	05	划	检查工件变形，重划全线	04	0490	划线台	划工具等	0.1	0.3
描图	06	镗	按线找正夹紧，铣平端面，重修中心孔	04	0402	T612	V形铁等	0.25	1
张山	07	车	按划线找正夹紧，车光各外圆、端面，表面粗糙度值达 R_a3.2μm	04	0401	C620	顶尖	0.5	2.3
审校	08	探伤	按EZB/N40—2002标准进行超探，合格后进行以下工序	04	0403				
李瑞 底图号 120601 装订号	09	车	顶卡工件，按线找正夹紧，车架口，架中心架，车长度尺寸，使其符合图样。修两端中心孔；顶卡工件，找正夹紧，车齿顶圆、ϕ85K6、ϕ75h11、ϕ70P6外圆，使其符合图样，各直径留余量0.3mm；车其余各外圆、环槽、倒角及 R，使其符合图样	04	0401	C620	顶尖	1.5	6.3

（续）

机械加工工艺过程卡片	产品型号	×××	零件图号	120602	共2页	第2页
	产品名称	×××	零件名称	齿轮轴		

材料牌号	42CrMo	毛坯种类	锻件	毛坯外形尺寸	最大直径 ϕ180mm、长度为625mm	每毛坯可制件数	1	每台件数	1	备注	

	工序号	工序名称	工序内容	车间	工段	设备	工艺装备	工时 准终	工时 单件
	10	磨	磨各外圆，使其符合图样，留余量	04	0405	M131W	顶尖等	0.15	3
	11	滚齿	按齿顶圆及端面找正夹紧，粗、精滚齿，使其符合图样	04	0406	YW3180		0.25	7
	12	划	划各键槽加工线，划 *C* 向 2×M20 螺孔加工线	04	0490	划线台	划工具等	0.1	0.3
	13	铣	找正夹紧，铣各键槽，使其符合图样	04	0407	XK718	V形铁等	0.3	1.45
	14	镗	钻攻 *C* 向 2×M20 螺孔，使其符合图样	04	0402	T68	V形铁等	0.1	1.3
描图	15	钳	去毛刺、尖角倒钝	04	0449	T612		0.1	1.3
张山	16	检验							
审校									
李瑞									
底图号									
120601									
装订号									

16						设计（日期）	审核（日期）	标准化（日期）	会签（日期）
	标记	处数	更改文件号	签字	日期	唐瑞 08.04.05	刘高 08.04.10	张立 08.05.15	武杰 08.05.18

课题二

盘套类零件加工工艺编制

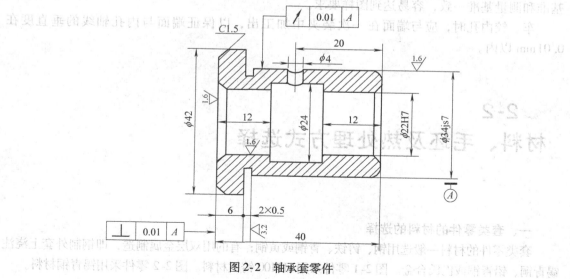

给定任务:

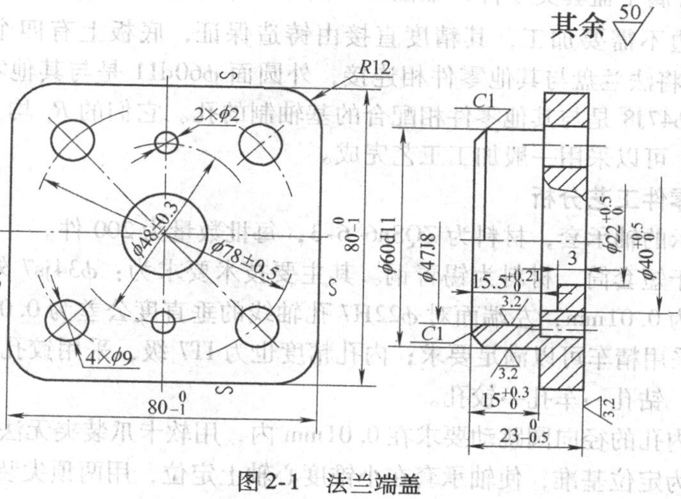

图 2-1　法兰端盖

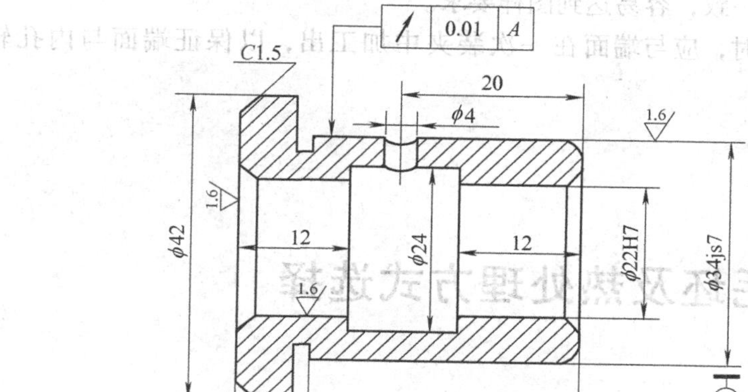

图 2-2　轴承套零件

2-1 零件分析

盘套类零件的加工工艺根据其功用、结构形状、材料和热处理以及尺寸大小的不同而异。就其结构形状来划分，大体可以分为短套筒和长套筒两大类。它们在加工中，其装夹方法和加工方法都有很大的差别。

一、法兰端盖零件工艺分析

法兰端盖零件属于盘套类零件，如图 2-1 所示。本零件的底板为 $80_{-1}^{\ 0}$mm × $80_{-1}^{\ 0}$mm 的正方形，它的周边不需要加工，其精度直接由铸造保证，底板上有四个均匀分布的通孔 ϕ9mm，其作用是将法兰盘与其他零件相连接，外圆面 ϕ60d11 是与其他零件相配合的基孔制的轴，内圆面 ϕ47J8 是与其他零件相配合的基轴制的孔。它们的 R_a 均为 3.2μm。本零件的精度要求较低，可以采用一般加工工艺完成。

二、轴承套零件工艺分析

如图 2-2 所示的轴承套，材料为 ZQSn6-6-3，每批数量为 200 件。

该轴承套属于短套筒，材料为锡青铜。其主要技术要求为：ϕ34js7 外圆对 ϕ22H7 孔的径向圆跳动公差为 0.01mm；左端面对 ϕ22H7 孔轴线的垂直度公差为 0.01mm。轴承套外圆为 IT7 级精度，采用精车可以满足要求；内孔精度也为 IT7 级，采用铰孔可以满足要求。内孔的加工顺序为：钻孔→车孔→铰孔。

由于外圆对内孔的径向圆跳动要求在 0.01mm 内，用软卡爪装夹无法保证。因此，精车外圆时应以内孔为定位基准，使轴承套在小锥度心轴上定位，用两顶尖装夹。这样可使加工基准和测量基准一致，容易达到图样要求。

车、铰内孔时，应与端面在一次装夹中加工出，以保证端面与内孔轴线的垂直度在 0.01mm 以内。

2-2 材料、毛坯及热处理方式选择

一、套类零件的材料的选择

套类零件的材料一般选用钢、铸铁、青铜或黄铜；有的用双层金属制造，即钢制外套上浇注锡青铜、铅青铜或巴氏合金。图 2-1 零件采用 HT100 铸铁材料。图 2-2 零件采用锡青铜材料。

二、毛坯的选择

分析图 2-1 法兰端盖零件的结构，按照课题 1 所学的相关内容，毛坯应通过铸造获得；分析图 2-2 轴承套零件的结构，内孔小于 20mm 时，一般采用冷拔、热轧棒料或实心铸件；当孔径较大时，采用带孔的铸、锻件或无缝钢管。

三、热处理方式选择

热处理方式可以参照课题 1 的相关内容，分析选择。

2-3 套类零件的常见加工表面及加工方法

套类零件是旋转体零件，加工表面通常有内外圆柱面、圆锥面，以及螺纹、花键、键槽、横向沟、沟槽等。对于内孔的加工，如果毛坯上已带有孔，可以选择车（镗）削、磨削、扩孔、铰孔等加工方法，如果毛坯上没有孔，可以采用钻、扩、铰、磨等加工方法。在实际中究竟采用哪种方法，应结合工厂实际来灵活处理。

关于车削和一般磨削的内容我们在课题一已经讲过，在此不再讲述。

一、钻削加工

钻削加工是在钻床上加工孔的工艺方法，主要用来加工外形复杂、没有对称回转轴线的孔及直径不大、精度不太高的孔，如连杆、盖板、箱体、机架等零件上的单孔和孔系，也可以通过钻孔→扩孔→铰孔的工艺手段加工精度要求较高的孔，利用夹具还可加工要求一定相互位置精度的孔系。另外，钻床还可进行攻螺纹、锪孔和锪端面等工作。

钻床在加工时，工件一般不动，刀具一边作旋转主运动，一边作轴向进给运动。钻床的加工方法及其所需运动见表 2-1。

表 2-1 钻床的加工方法

钻　孔	扩　孔	铰　孔	攻　螺　纹
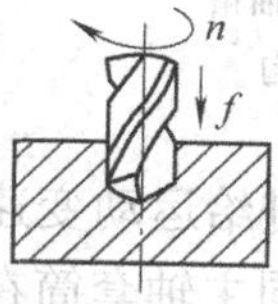	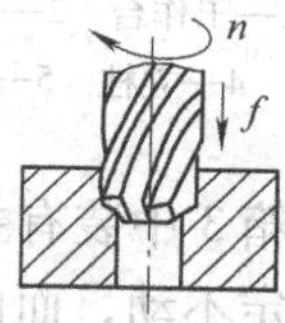	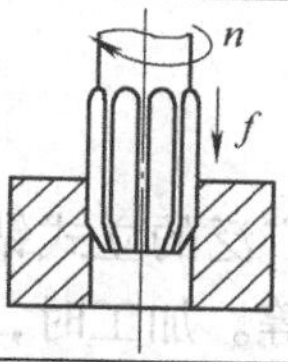	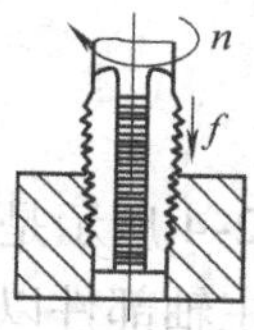
锪　锥　孔	锪　柱　孔	反锪鱼眼坑	锪　凸　台
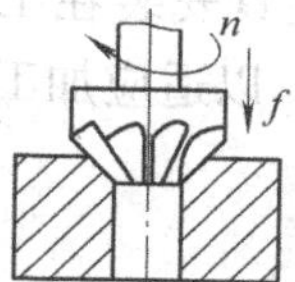	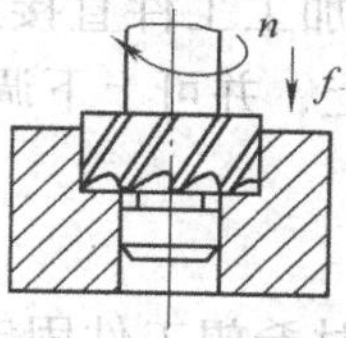	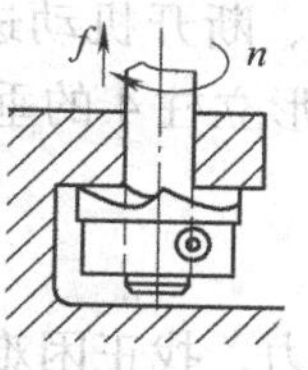	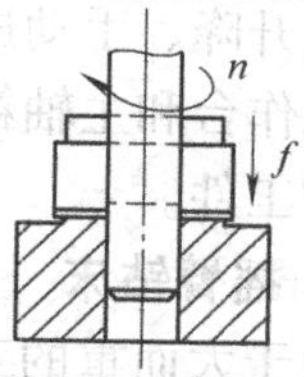

（一）钻床

钻床的主要类型有：台式钻床、立式钻床、摇臂钻床、铣钻床和中心孔钻床等。钻床的主参数一般为最大钻孔直径。

1. **台式钻床**

台式钻床如图2-3所示，是一种小型钻床，一般用来钻直径13mm以下的孔，但由于它的最低转速较高（一般不低于400r/min），不适于锪孔、铰孔、攻螺纹。其规格指所钻孔的最大直径。常用6mm和12mm等几种规格。

2. **立式钻床**

如图2-4所示，立式钻床是钻床中应用较广的一种，其特点为主轴轴线垂直布置，而且其位置是固定的。加工时，为使刀具旋转中心线与被加工孔的中心线重合，必须调整工作位置。立式钻床适于加工中小型工件的孔。其规格有25mm、35mm、40mm、50mm等几种。它的结构较完善，功率较大，又可实现机动进给，因此可获得较高的生产效率和加工精度。另外，它的主轴转速和机动进给量都有较大变动范围，因而可以适用于不同材料的加工和进行钻孔、扩孔、锪孔、铰孔及攻螺纹等多种工作。

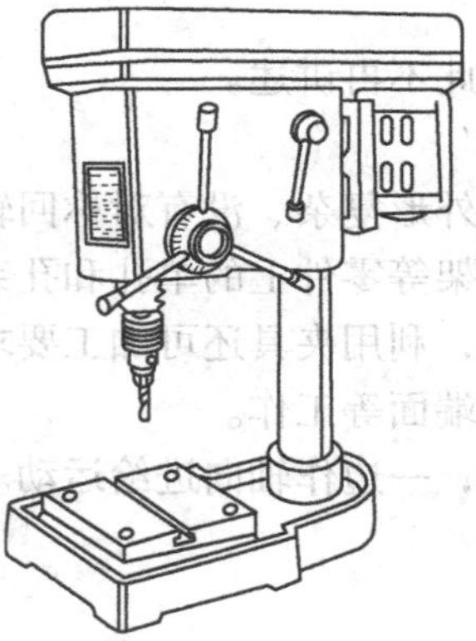

图2-3　台式钻床

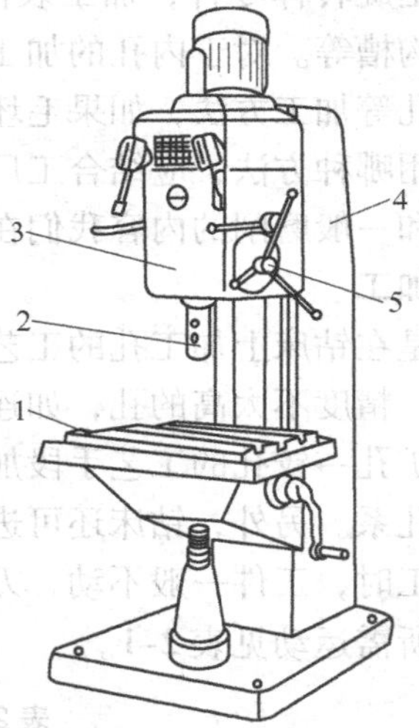

图2-4　立式钻床

1—工作台　2—主轴　3—主轴箱

4—立柱　5—进给操纵机构

图2-4所示是一种应用较广泛的立式钻床。主轴箱3中装有主运动和进给运动变速传动机构、主轴部件以及操纵机构等。加工时，主轴箱固定不动，而由主轴随同主轴套筒在主轴箱中作直线移动来实现进给运动。利用装在主轴箱上的进给操纵机构5，可以使主轴实现手动快速升降、手动进给和接通、断开机动进给。被加工工件直接或通过夹具安装在工作台上，工作台和主轴箱都装在方形立柱4的垂直导轨上，并可上下调整位置，以适应加工不同高度的工件。

3. **摇臂钻床**

由于大而重的工件移动费力，找正困难，加工时希望工件固定，主轴可调整坐标位置，因而产生了摇臂钻床，如图 2-5 所示。

摇臂钻床主轴变速箱能沿摇臂左右移动，摇臂又能回转 360°。因此，摇臂钻床的工作范围很大，摇臂的位置由电动涨闸锁紧在立柱上，主轴变速箱可用电动锁紧装置固定在摇臂上。工件不太大时，可将工件放在工作台上加工。如工件很大，则可直接将工件放在底座上加工。摇臂钻床除了用于钻孔外，还能扩孔、锪平面、锪孔、铰孔、镗孔、套切大圆孔和攻螺纹等。

（二）钻孔及刀具

用钻床在实心工件上加工孔叫钻孔，钻孔时，工件固定不动，钻头装在钻床主轴上做旋转运动，称为主运动。同时，钻头沿对着工件所作的直线移动，称为进给运动。钻孔就是依靠钻头与工件之间的相对运动来完成的，如图 2-6 所示。

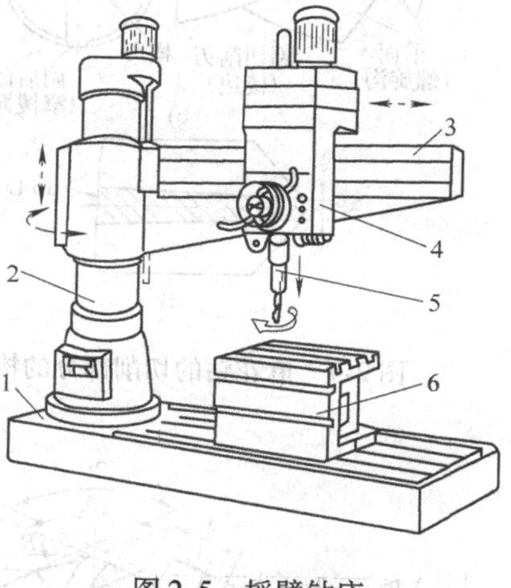

图 2-5 摇臂钻床

1—底座 2—立柱 3—摇臂 4—主轴箱 5—主轴 6—工作台

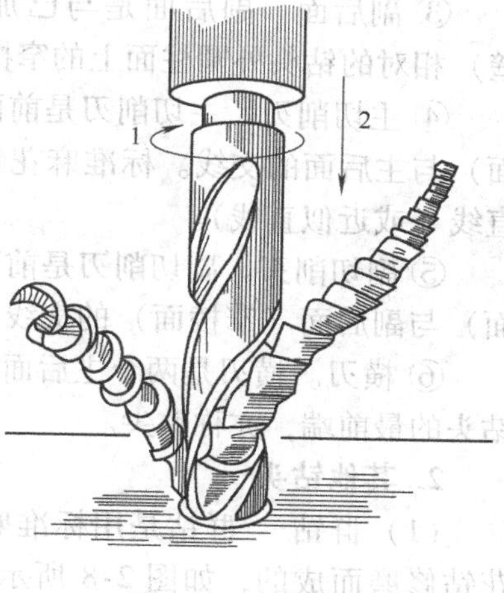

图 2-6 钻孔加工

1—主运动 2—进给运动

1. 麻花钻

麻花钻是钻削加工最常用的刀具，不仅可以在一般结构材料上钻孔，经过修磨还可在一些难加工材料上钻孔，是孔加工的主要刀具。

麻花钻一般用高速钢（W18Cr4V 或 W9Cr4V2）制成，淬火后 62 ~ 68HRC。麻花钻由柄部、颈部及工作部分组成，如图 2-7 所示。

（1）柄部 柄部是钻头的夹持部分，用以定心和传递动力，有锥柄和柱柄两种：一般直径小于 13mm 的钻头做成柱柄；直径大于 13mm 的做成锥柄。

（2）颈部 颈部是为磨制钻头时供砂轮退刀用的，钻头的规格、材料和商标一般也刻印在颈部。麻花钻的工作部分又分切削部分和导向部分。

（3）工作部分 工作部分包括切削部分和导向部分。

1）导向部分。导向部分用来保持麻花钻工作时的正确方向，在钻头重磨时，导向部分逐渐变为切削部分投入切削工作。导向部分有两条螺旋槽，作用是形成切削刃及容纳和排除切屑，并便于切削液沿着螺旋槽输入。导向部分的外缘有两条棱带，它的直径略有倒锥（每 100mm 长度内，直径向柄部减少 0.05 ~ 0.1mm）。这样既可以引导钻头切削时的方向，使它不致偏斜，又可以减少钻头与孔壁的摩擦。

2）切削部分。麻花钻的切削部分如图 2-7 所示。切削部分由两个前面、两个主后面、两个副后面、两条主切削刃、两条副切削刃和一条横刃组成。

① 前面。前面即螺旋沟表面，是切屑流经表面，起容屑、排屑作用，需抛光以使排屑流畅。

② 主后面。主后面与加工表面相对，位于钻头前端，形状由刃磨方法决定，可为螺旋面、圆锥面和平面、手工刃磨的任意曲面。

③ 副后面。副后面是与已加工表面（孔壁）相对的钻头外圆柱面上的窄棱面。

④ 主切削刃。主切削刃是前面（螺旋沟表面）与主后面的交线。标准麻花钻主切削刃为直线（或近似直线）。

⑤ 副切削刃。副切削刃是前面（螺旋沟表面）与副后面（窄棱面）的交线，即棱边。

⑥ 横刃。横刃是两个主后面的交线，位于钻头的最前端，亦称钻尖。

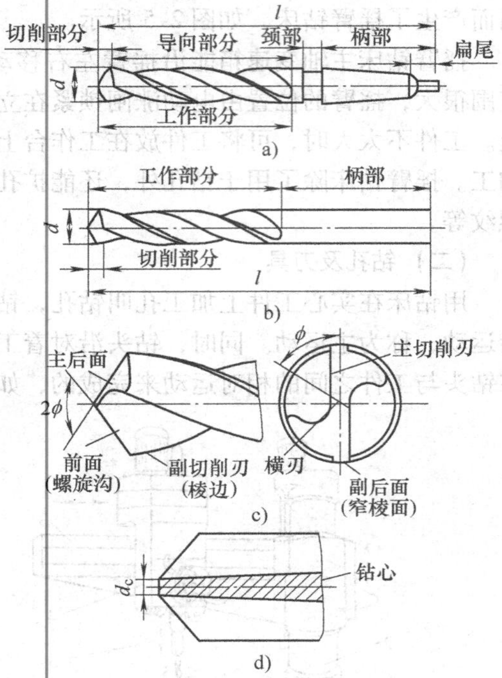

图 2-7 麻花钻的切削部分的构成

2. 其他钻头

（1）群钻 群钻是用标准麻花钻修磨而成的，如图 2-8 所示。群钻与普通钻头比较有许多优点：

1）群钻的横刃长度只有普通钻头的 1/5，主刃上前角平均值增大，使进给抗力下降 35%～50%，扭矩下降 10%～30%。因此，可用大进刀钻孔，进给量比普通钻头约提高 3 倍，钻孔效率大大提高。

2）群钻的寿命约可提高 2～3 倍。

3）由于钻头的定心作用好，钻孔精度提高，形位公差与加工表面粗糙度值也均较小。

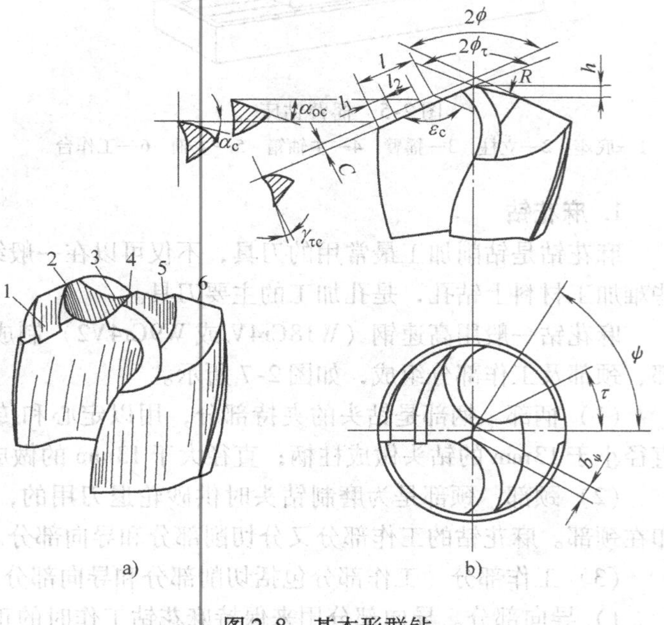

图 2-8 基本形群钻

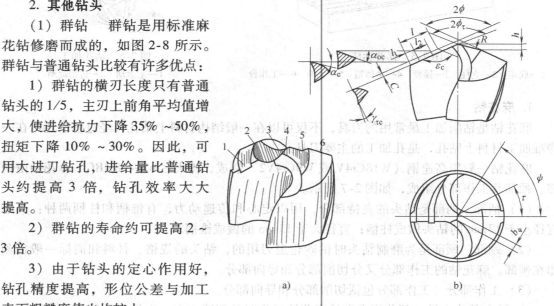

1—分屑槽 2—月牙槽 3—横刃 4—内直刃 5—圆弧刃 6—外直刃

4）选用不同的钻形加工铜、铝、有机玻璃，或加上薄板、斜面、扩孔等均可改善钻孔质量，取得满意的效果。

各类群钻中以加工钢材的基本形应用最广，其刃形与几何参数见表 2-2。

表 2-2　基本形群钻的几何参数

角度		尺寸	
外刃顶角	$2\phi=125°$	外刃长	$l=0.2d$ $(d>15)$
内刃顶角	$2\phi_\tau=135°$		$l=0.3d$ $(d\leqslant15)$
圆弧刃尖角	$\varepsilon_c=135°$	尖高	$h=0.04d$
横刃斜角	$\psi=115°$	圆弧半径	$R=0.1d$
内刃斜角	$\tau=25°$	横刃长	$b_\psi=0.03d$
内刃前角	$\gamma_{\tau c}=-15°$	屑槽宽	$l_2=\left(\frac{1}{2}\sim\frac{1}{3}\right)l$
外刃后角	$\alpha_c=8°$（相当于外刃圆周后角 $\alpha_{fc}=12°$）	屑槽距	$l_1=\left(\frac{1}{3}\sim\frac{1}{4}\right)l$
圆弧刃后角	$\alpha_{oc}=15°$	屑槽深	$C=(1\sim1.5)f$

群钻共有七条主切削刃，外形上呈现三个尖。外缘处磨出较大顶角形成外直刃，中段磨出内凹圆弧刃，钻心修磨横刃形成内直刃。直径较大的钻头在一侧外刃上再开出一或两条分屑槽。

（2）硬质合金钻　小直径的硬质合金钻做成整体的；大直径硬质合金钻都做成镶片结构。刀片用 YG8，刀体用 9CrSi，也可重磨几次。

加工硬脆材料如合金铸铁、玻璃、淬硬钢及印制线路板等复合压层材料均宜选有硬质合金钻头。

镶片硬质合金钻如图 2-9 所示。其结构特点是：钻心较粗，$d_0=(0.25\sim0.3)$ d；导向部分短；容屑槽较宽；倒锥量大；制成双螺旋角，以加强钻体强度与刚性，减少振动，便于排屑，防止刀片崩裂。

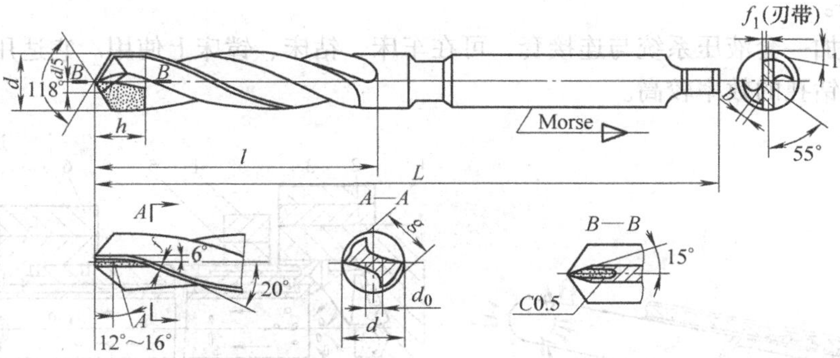

图 2-9　镶片硬质合金钻

（3）深孔钻　深孔是指孔的深度与直径比 L/D 大于 5 的孔，一般深孔 $L/D=5\sim10$，还可用深孔麻花钻加工，但 L/D 大于 20 的深孔则必须用深孔刀具才能加工，包括深孔钻、镗、铰、套料、滚压工具等。

深孔加工有许多不利的条件。如不能观测到切削情况，只能以听声音、看切屑、测油压来判断排屑与刀具磨损的情况；切削热不易传散，需有效地冷却；孔易钻偏斜；刀柄细长，刚性差易振动，影响孔的加工精度，排屑不良，易损坏刀具等。因此深孔刀具的主要特点是需有较好的冷却、排屑措施以及合理的导向装置。下面介绍两种典型的深孔刀具。

1）枪钻。枪钻属于小直径深孔钻，如图 2-10 所示。它的切削部分用高速钢或硬质合金，工作部分无缝钢管压制成形。工作时工件旋转，钻头进给，一定压力的切削液从钻杆尾端注入，经冷却切削区后沿钻杆凹槽将切屑冲出，也称外排屑。排出的切削液经过过滤、冷却后再流回液箱，可循环使用。

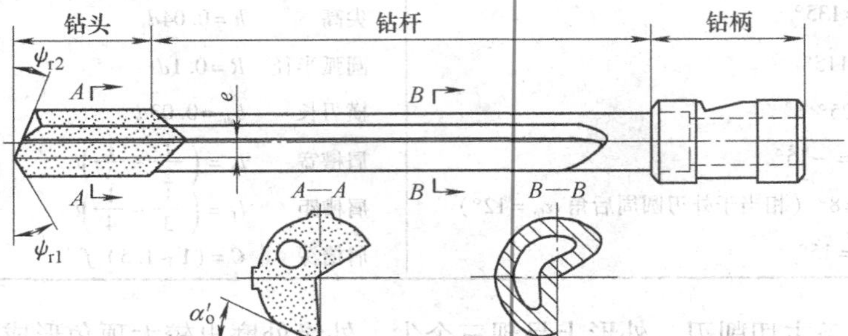

图 2-10　单刃外排屑小深孔枪钻

枪钻加工直径为 2 ~20mm、长径比达到 100 的中等精度的小深孔甚为有效。常选用$v_c=40m/min$，$f=0.01\sim0.02mm/r$，浇注乳化切削液以压力为 6.3MPa、流量为 20L/min 为宜。

2）喷吸钻。喷吸钻是 20 世纪 60 年代出现的新型深孔钻。喷吸排屑的原理是将压力切削液从刀体外压入切削区并用喷吸法进行内排屑，如图 2-11 所示，刀齿交错排列有利于分屑。切削液从进液口流入连接套，其中三分之一从内管四周月牙形喷嘴喷入内管。由于牙槽缝隙很窄，切削液喷出时产生的喷射效应能使内管里形成负压区。另三分之二切削液经内管与外管之间流入切削区，汇同切屑被负压吸入内管中，迅速向后排出，增强了排屑效果。

喷吸钻附加一套液压系统与连接套，可在车床、钻床、镗床上使用。它适用于中等直径的深孔加工，钻孔的效率较高。

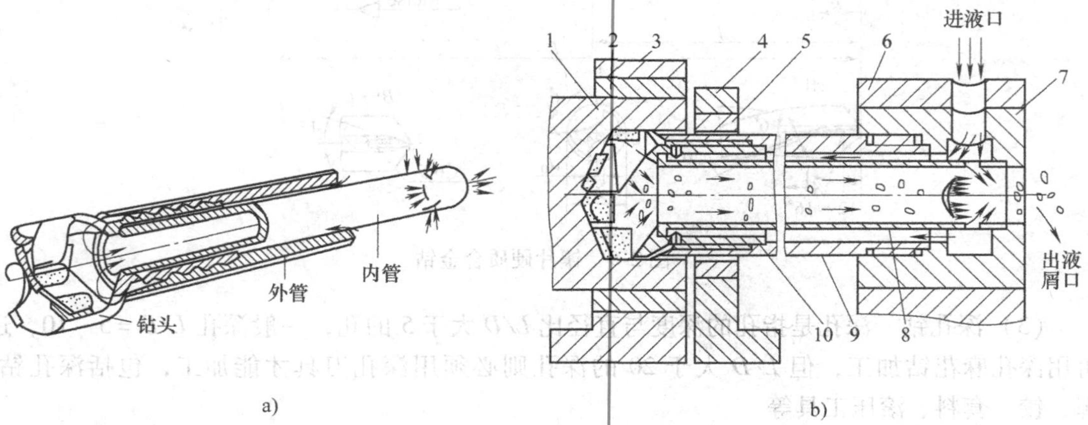

图 2-11　喷吸钻

a）喷吸钻体　b）喷吸钻装置

1—工件　2—夹爪　3—中心架　4—引导架　5—导向管　6—支持座　7—连接套　8—内管　9—外管　10—钻头

（三）钻削用量及其选择

1. 钻削用量

钻削用量包括切削速度、进给量和背吃刀量三要素（见图2-12）。

1）背吃刀量（a_p）。指已加工表面与待加工表面之间的垂直距离，也可以理解为是一次进给所能切下的金属层厚度。$a_p = d/2$。

2）钻削时的进给量（f）。指主轴每转一转钻头对工件沿主轴轴线相对移动量，单位是mm/r。

3）钻削时的切削速度（v_c）。指钻孔时钻头直径上一点的线速度。可由下式计算：

$$v_c = \pi dn/1000 \tag{2-1}$$

式中　d——钻头直径（mm）；

n——钻床主轴转速（r/min）；

v_c——切削速度（m/min）。

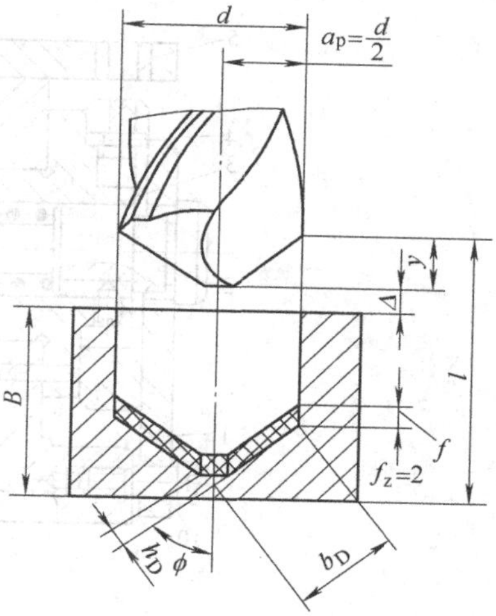

图2-12　钻削用量

2. 钻削用量的选择

（1）选择钻削用量的原则　钻孔时，由于切削深度已由钻头直径所定，所以只需选择切削速度和进给量。对钻孔生产率的影响，切削速度v_c和进给量f是相同的；对钻头寿命的影响，切削速度v_c比进给量f大；对孔的粗糙度的影响，进给量f比切削速度v_c大。

综合以上的影响因素，钻孔时选择切削用量的基本原则是：在允许范围内，尽量先选较大的进给量f，当f受到表面粗糙度和钻头刚度的限制时，再考虑较大的切削速度v_c。

（2）钻削用量的选择方法

1）背吃刀量的选择。直径小于30mm的孔一次钻出；直径为30～80mm的孔可分为两次钻削，先用（0.5～0.7）d（d为要求的孔径）的钻头钻底孔，然后用直径为d的钻头将孔扩大。这样可以减小切削深度及轴向力，保护机床，同时提高钻孔质量。

2）进给量的选择。高速钢标准麻花钻的进给量可参考有关手册选取。孔的精度要求较高和表面粗糙度值要求较小时，应取较小的进给量；钻孔较深、钻头较长、刚度和强度较差时，也应取较小的进给量。

3）钻削速度的选择。当钻头的直径和进给量确定后，钻削速度应按钻头的寿命选取合理的数值，一般根据经验选取，也可查阅有关手册。孔深较大时，应取较小的切削速度。

（四）钻床夹具

钻床夹具，一般习惯上称为钻模。它是在钻床上进行孔的钻、扩、铰、锪、攻螺纹的机床夹具。使用钻模加工时，借助于钻套确定刀具的位置和引导刀具的进给方向。被加工孔的尺寸精度主要是由刀具本身的精度来保证。而孔的坐标位置精度，则由钻套在夹具上的位置精度来确定，并能防止刀具在加工过程中发生倾斜。

1. 钻模的结构类型

钻模的结构类型很多，常用的有固定式、回转式、移动式、翻转式、盖板式、翻转式等常用类型。

（1）固定式钻模　工件在钻床上进行加工的整个过程中位置都不移动的钻床夹具称为

固定式钻模，如图 2-13 所示。

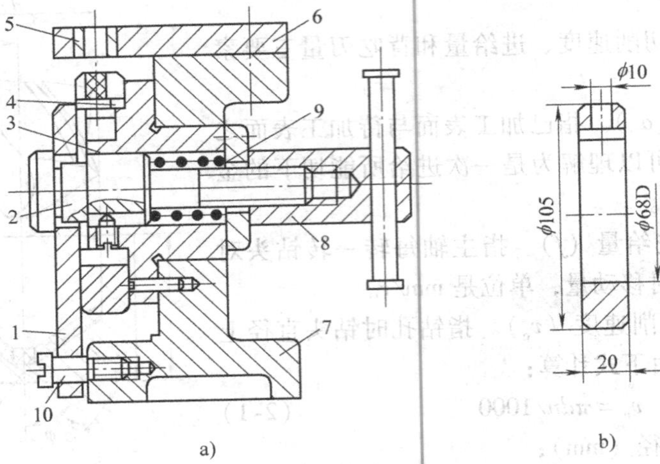

图 2-13　固定式钻模

a）钻模结构　b）工件工序图

1—钩形开口垫圈　2—螺杆　3—定位法兰　4—定位块　5—钻套
6—钻模板　7—夹具体　8—夹紧螺母　9—弹簧　10—螺钉

这类钻模在加工孔系工件时一般用在摇臂钻床及多轴钻床上。若要用在立式钻床上时，则只能进行单个孔的加工。此类夹具钻孔位置精度较高，但装卸麻烦，效率较低。

（2）回转式钻模　在钻削加工中，回转式钻模使用较多，它用于加工同一圆周上的平行孔系，或分布在圆周上的径向孔。图 2-14 所示为一套专用回转式钻模，用其加工工件上均布的径向孔。

（3）移动式钻模　这类钻模用于钻削中、小型工件同一表面上的多个孔。图 2-15 所示的移动式钻模，用于加工连杆大、小头上的孔。工件以端面及大、小头圆弧面作为定位基面，在定位套 12、13，固定 V 形块 2 及活动 V 形块 7 上定位。先通过手轮 8 推动活动 V 形块 7 压紧工件，然后转动手轮 8 带动螺钉 11 转动，压迫钢球 10，使两片半月键 9 向外胀开而锁紧。V 形块带有斜面，使工件在夹紧分力作用下与定位套贴紧；通过移动钻模，使钻头分别在两个钻套 4、5 中导入，从而加工工件上的两个孔。

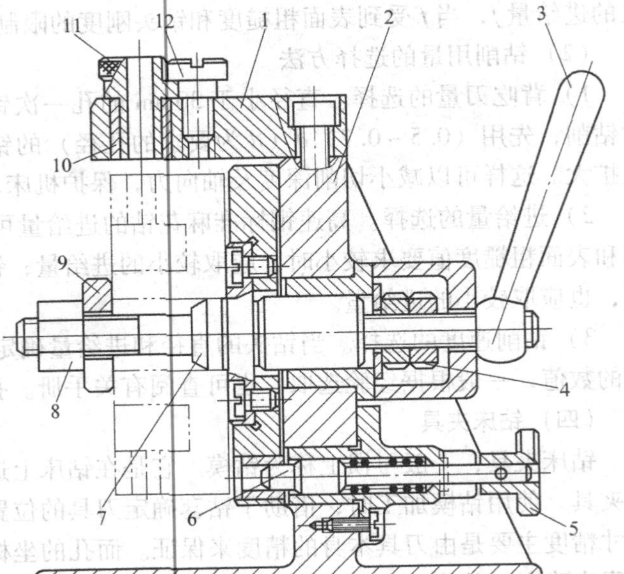

图 2-14　回转式钻模

1—钻模板　2—夹具体　3—手柄　4、8—螺母　5—把手　6—对定销
7—圆柱销　9—快换垫圈　10—衬套　11—钻套　12—螺钉

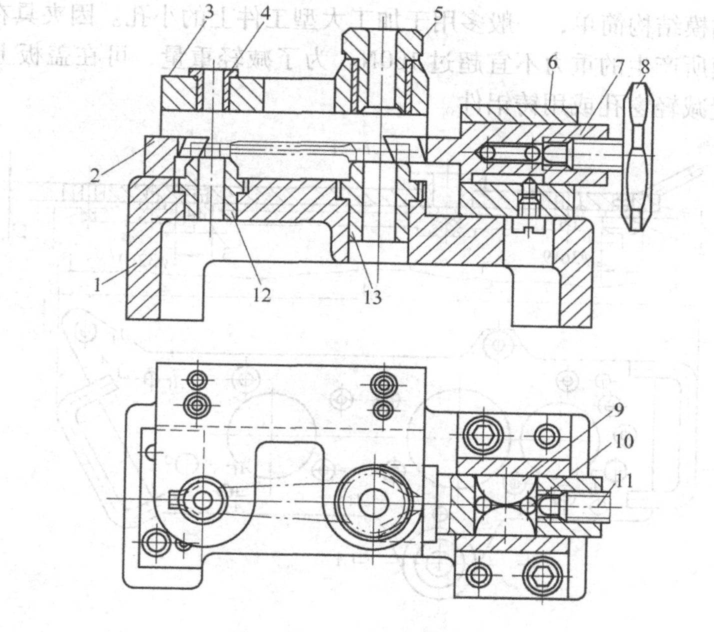

图 2-15　移动式钻模

1—夹具体　2—固定 V 形块　3—钻模板　4、5—钻套螺母　6—支架　7—活动 V 形块

8—手轮　9—半月键　10—钢球　11—螺钉　12、13—定位套

（4）翻转式钻模　这类钻模主要用于加工中、小型工件分布在不同表面上的孔，如图 2-16 所示。因翻转费力，所以夹具连同工件的总重量不能太重，其加工批量也不宜过大。

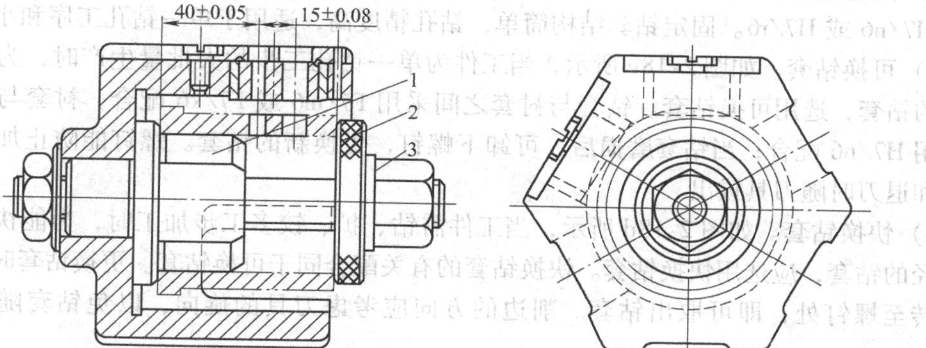

图 2-16　翻转式钻模

1—定位销　2—快换垫圈　3—螺母

（5）盖板式钻模　这类钻模没有夹具体，钻模板上除钻套外，一般还装有定位元件和夹紧装置，只要将它覆盖在工件上即可进行加工。

图 2-17 所示为加工车床溜板箱上多个小孔的盖板式钻模。在钻模盖板 1 上不仅装有钻套，还装有定位用的定位销 2、菱形销 3 和支承钉 4。因钻小孔，钻削力矩小，故未设置夹

紧装置。盖板式钻模结构简单，一般多用于加工大型工件上的小孔。因夹具在使用时经常搬动，故盖板式钻模所产生的重力不宜超过100N。为了减轻重量，可在盖板上设置加强肋而减小其厚度、设置减轻窗孔或用铸铝件。

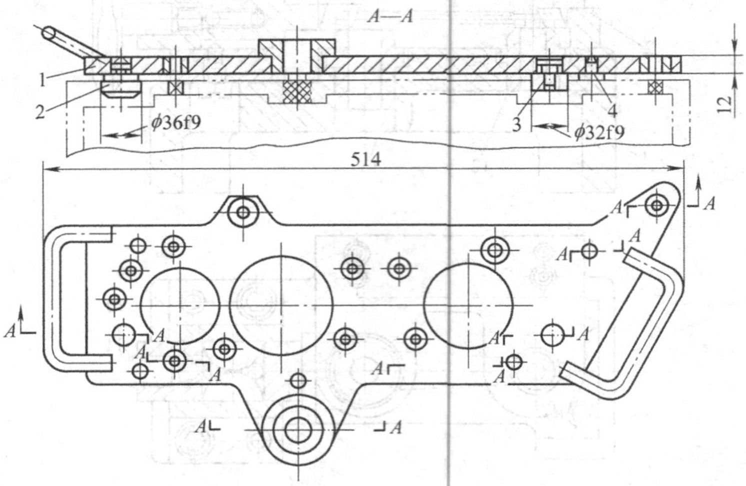

图2-17 盖板式钻模

1—钻模盖板 2—定位销 3—菱形销 4—支承钉

2. 钻套

钻套的主要作用是确定被加工孔的位置和引导刀具进行加工。

（1）钻套类型 按钻套的结构和使用情况，可分为以下四种类型：

1）固定钻套。如图2-18a、b所示，它分为A、B型两种。钻套安装在钻模板中，其配合为H7/n6或H7/r6。固定钻套结构简单，钻孔精度高，适用于单一钻孔工序和小批生产。

2）可换钻套。如图2-18c所示，当工件为单一钻孔工步的大批量生产时，为便于更换磨损的钻套，选用可换钻套。钻套与衬套之间采用F7/m6或F7/k6配合，衬套与钻模板之间采用H7/n6配合；当钻套磨损后，可卸下螺钉，更换新的钻套。螺钉能防止加工时钻套转动和退刀时随刀具拔出。

3）快换钻套。如图2-18d所示，当工件需钻、扩、铰多工步加工时，为能快速更换不同孔径的钻套，应选用快换钻套。快换钻套的有关配合同于可换钻套。更换钻套时，将钻套削边转至螺钉处，即可取出钻套。削边的方向应考虑刀具的旋向，以免钻套随刀具自行拔出。

以上三类钻套已标准化，其结构参数、材料、热处理方法等，可查阅有关手册。

4）特殊钻套。由于工件形状或被加工孔位置的特殊性，需要设计特殊结构的钻套。图2-19所示是几种特殊钻套的结构。

图2-19a为加长钻套，在加工凹面上的孔时使用。为减少刀具与钻套的摩擦，可将钻套引导高度H以上的孔径放大。图2-19b为斜面钻套，用于在斜面或圆弧面上钻孔，排屑空间的高度$h<0.5$mm，可增加钻头刚度，避免钻头引偏或折断。图2-19c为小孔距钻套。图2-19d为兼有定位与夹紧功能的钻套。

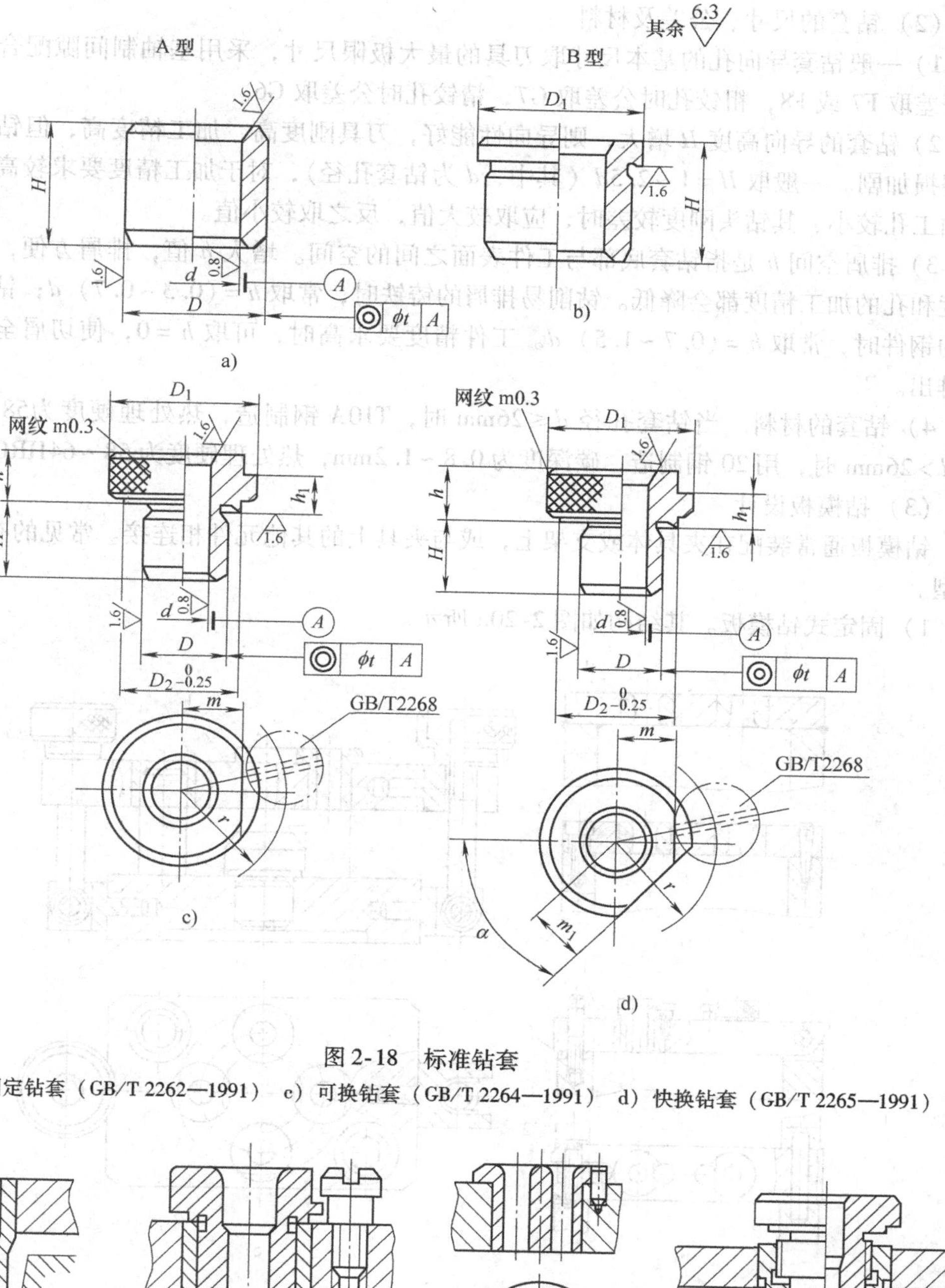

图 2-18　标准钻套

a)、b) 固定钻套（GB/T 2262—1991）　c) 可换钻套（GB/T 2264—1991）　d) 快换钻套（GB/T 2265—1991）

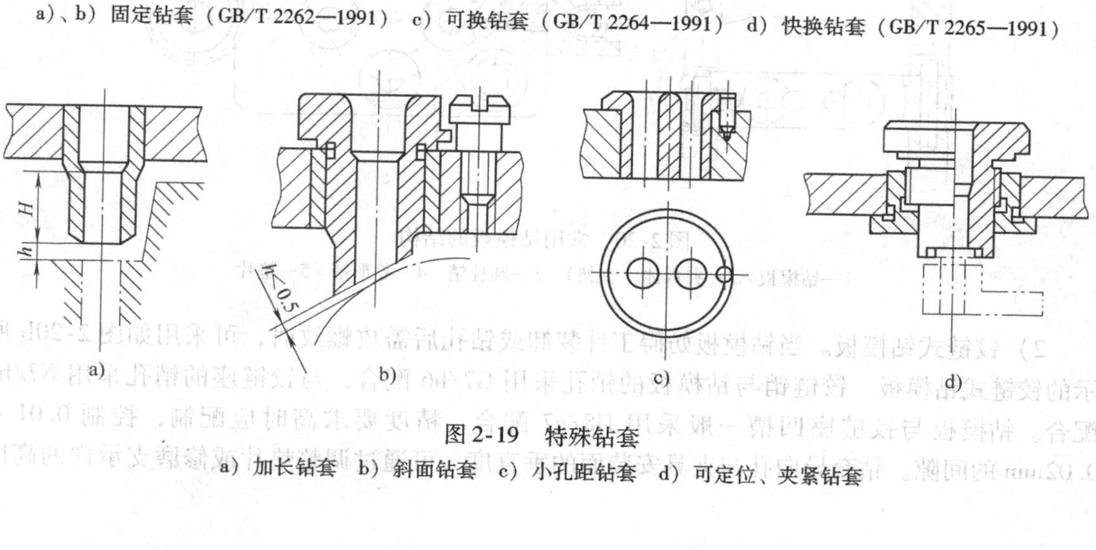

图 2-19　特殊钻套

a) 加长钻套　b) 斜面钻套　c) 小孔距钻套　d) 可定位、夹紧钻套

（2）钻套的尺寸、公差及材料

1）一般钻套导向孔的基本尺寸取刀具的最大极限尺寸，采用基轴制间隙配合。钻孔时其公差取 F7 或 F8，粗铰孔时公差取 G7，精铰孔时公差取 G6。

2）钻套的导向高度 H 增大，则导向性能好，刀具刚度高，加工精度高，但钻套与刀具的磨损加剧。一般取 $H=1\sim2.5d$（其中，d 为钻套孔径），对于加工精度要求较高的孔，或被加工孔较小、其钻头刚度较差时，应取较大值，反之取较小值。

3）排屑空间 h 是指钻套底部与工件表面之间的空间。增大 h 值，排屑方便，但刀具的刚度和孔的加工精度都会降低。钻削易排屑的铸铁时，常取 $h=(0.3\sim0.7)\ d$；钻削较难排屑的钢件时，常取 $h=(0.7\sim1.5)\ d$。工件精度要求高时，可取 $h=0$，使切屑全部从钻套中排出。

4）钻套的材料。当钻套孔径 $d\leqslant26$mm 时，T10A 钢制造，热处理硬度为58～64HRC；当 $d>26$mm 时，用 20 钢制造，碳深度为 0.8～1.2mm，热处理硬度为 58～64HRC。

（3）钻模板设计

钻模板通常装配在夹具体或支架上，或与夹具上的其他元件相连接。常见的有如下几种类型。

1）固定式钻模板。其结构如图 2-20a 所示。

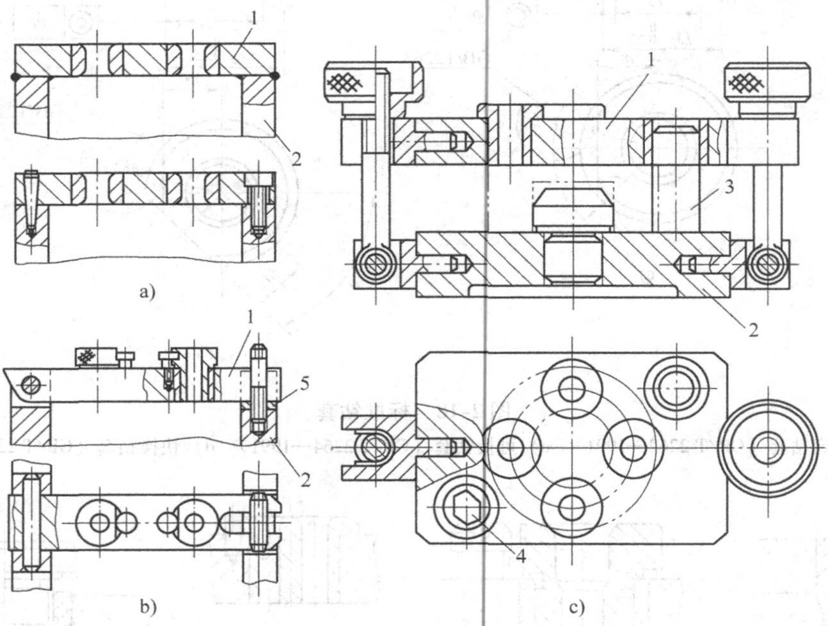

图 2-20　常用钻模板的结构

1—钻模板　2—夹具体（支架）　3—圆柱销　4—菱形销　5—垫片

2）铰链式钻模板。当钻模板妨碍工件装卸或钻孔后需攻螺纹时，可采用如图 2-20b 所示的铰链式钻模板。铰链销与钻模板的销孔采用 G7/h6 配合，与铰链座的销孔采用 N7/h6 配合。钻模板与铰链座凹槽一般采用 H8/g7 配合，精度要求高时应配制，控制 0.01～0.02mm 的间隙。钻套导向孔与夹具安装面的垂直度，可通过调整垫片或修磨支承件的高度予以保证。加工时，钻模板需用菱形螺母或其他方法予以锁紧。由于铰链销孔之间存在配合间隙，其加工精度比采用固定式钻模板低。

3）可卸式钻模板。其结构如图 2-20c 所示。

二、扩孔加工

1. 扩孔

扩孔是用扩孔钻对工件上已有孔进行扩大加工，如图 2-21 所示。

扩孔时背吃刀量 a_p 按下式计算：

$$a_p = (D - d)/2 \tag{2-2}$$

式中　D——扩孔后直径（mm）；

　　d——预加工孔直径（mm）。

由此可见，扩孔加工有以下特点：

1）背吃刀量 a_p 较钻孔时大大减小，切削阻力小，切削条件大大改善。

2）避免了横刃切削所引起的不良影响。

3）产生切屑体积小，排屑容易。

2. 扩孔钻

由于扩孔条件大大改善，所以扩孔钻的结构与麻花钻相比较有较大不同。图 2-22 为扩孔钻工作部分结构简图，其结构特点是：

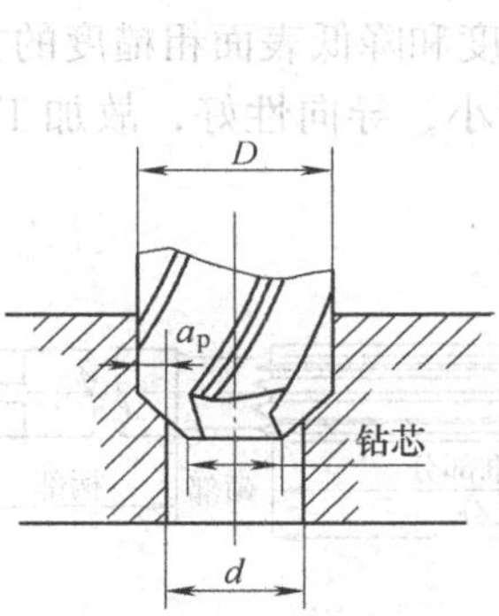

图 2-21　扩孔

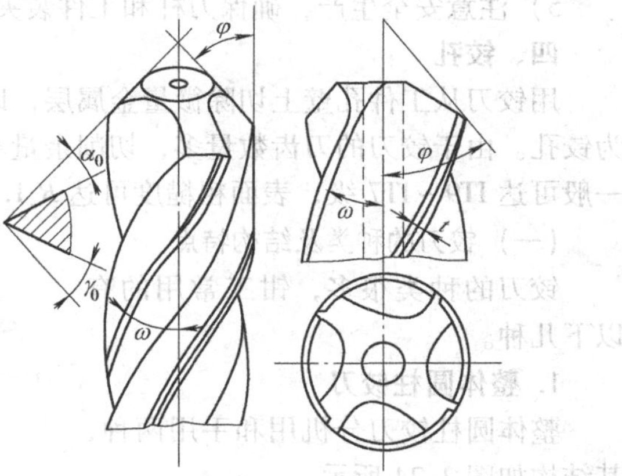

图 2-22　扩孔钻的工作部分

1）因中心不切削，没有横刃，切削刃只做成靠边缘的一段。

2）因扩孔产生切屑体积小，不需大容屑槽，从而扩孔钻可以加粗钻芯，提高刚度，使切削平稳。

3）由于容屑槽较小，扩孔钻可做出较多刀齿，增强导向作用。一般整体式扩孔钻有 3 ~4 齿。

4）因背吃刀量较小，切削角度可取较大值，使切削省力。扩孔钻的切削角度如图 2-22 所示。

由于以上原因，扩孔的加工质量比钻孔高。一般尺寸精度可达 IT10 ~ IT9，表面粗糙度值可达 R_a25 ~6.3μm，常作为孔的半精加工及铰孔前的预加工。

扩孔时的进给量为钻孔的1.5～2倍。

在实际生产中，一般用麻花钻代替扩孔钻使用。扩孔钻多用于成批大量生产。

三、锪孔

1. 锪孔和锪钻

锪钻分柱形锪钻、锥形锪钻和端面锪钻三种，它们分别用于锪圆柱埋头孔、锪锥形埋头孔、锪孔口和凸台平面，如图2-23所示。

标准锪钻虽有多种规格，但一般适用于成批量生产，不少场合使用麻花钻改制的锪钻。

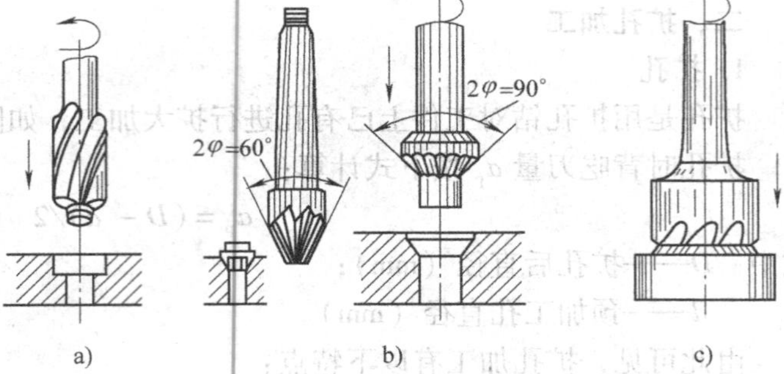

图2-23 锪孔的应用

a）锪圆柱埋头孔 b）锪锥形埋头孔 c）锪孔口和凸台平面

2. 锪孔工作时的注意事项

1）避免刀具振动，保证锪钻具有一定的刚度，即当用麻花钻改制成锪钻时，要使刀杆尽量地短。

2）防止产生扎刀现象，适当减小锪钻的后角和外缘处的前角。

3）切削速度要低于钻孔时的速度。精锪时甚至可利用停车后的钻轴惯性来进行。

4）锪钻钢件时，要对导柱和切削表面进行润滑。

5）注意安全生产，确保刀杆和工件装夹可靠。

四、铰孔

用铰刀从工件孔壁上切除微量金属层，以提高其尺寸精度和降低表面粗糙度的方法，称为铰孔。由于铰刀的刀齿数量多，切削余量小，故切削阻力小，导向性好，故加工精度高，一般可达IT9～IT7级，表面粗糙度可达$R_a1.6\mu m$。

（一）铰刀的种类及结构特点

铰刀的种类很多，钳工常用的有以下几种。

1. 整体圆柱铰刀

整体圆柱铰刀分机用和手用两种，其结构如图2-24所示。

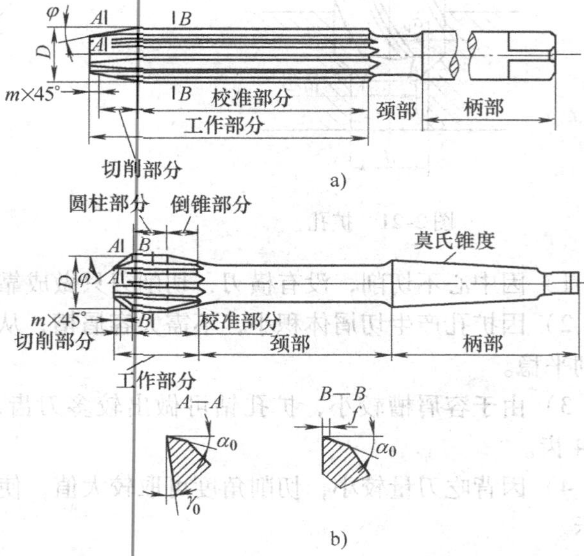

图2-24 整体式圆柱铰刀

a）手用 b）机用

（1）铰刀结构 铰刀由工作部分、颈部和柄部三个部分组成。其中工作部分又有切削部分与校准部分。主要结构参数有：直径（D），切削锥角（2φ），切削部分和校准部分的前角（γ_0）、后角（α_0），校准部分的刃带宽（f），齿数（z）等。

（2）铰刀直径 铰刀直径是铰刀最基本的结构参数，其精确程度直接影响铰孔的精度。

标准铰刀按直径公差分一、二、

三号，直径尺寸一般留有0.005~0.02mm的研磨量，待使用者按需要尺寸研磨。未经研磨的铰刀，其公差大小和适用的铰孔精度，以及研磨后能达到的铰孔精度可查阅相关手册。

铰孔后孔径有时可能收缩。如使用硬质合金铰刀、无刃铰刀或铰削硬材料时，挤压比较严重，铰孔后由于弹性复原而使孔径缩小。铰铸铁孔时加煤油润滑，由于煤油的渗透性强，铰刀与工件之间油膜产生挤压作用，也会产生铰孔后孔径缩小现象。目前，收缩量的大小尚无统一规定，一般应根据实际情况来决定铰刀直径。

铰孔后的孔径有时也可能扩张。影响扩张量的因素很多，情况也较复杂。如确定铰刀直径无把握时，最好通过试铰，按实际情况修正铰刀直径。

机铰刀一般用高速钢制作，手用铰刀用高速钢或高碳钢制作。

2. 可调节的手用铰刀

整体圆柱铰刀主要用来铰削标准直径系列的孔。在单件生产和修配工作中需要铰削少量的非标准孔，则应使用可调节的手用铰刀。图2-25所示为可调节手用铰刀。

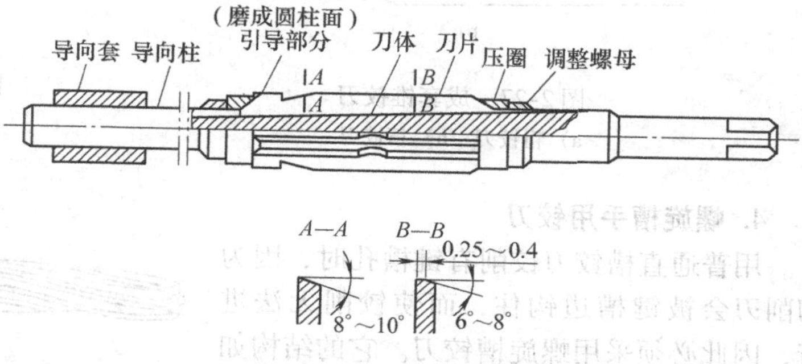

图2-25　可调节手用铰刀

可调节铰刀的刀体上开有斜底槽，具有同样斜度的刀片可放置在槽内，用调整螺母和压圈压紧刀片的两端。调节调整螺母，可使刀片沿斜底槽移动，即能改变铰刀的直径，以适应加工不同孔径的需要。加工孔径的范围为6.25~44mm，直径的调节范围为0.75~10mm。

可调节的手用铰刀，刀体用45钢制作，直径小于或等于12.75mm的刀片用合金工具钢制作，直径大于12.75mm的刀片用高速钢制作。

3. 锥铰刀

锥铰刀用于铰削圆锥孔，常用的有以下几种：

（1）1∶50锥铰刀　用来铰削圆锥定位销孔的铰刀，其结构如图2-26所示。

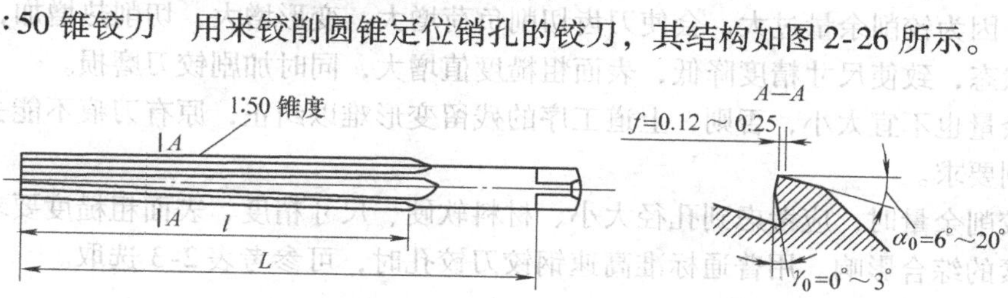

图2-26　1∶50锥铰刀

（2）1∶10锥铰刀　用来铰削联轴器上锥孔的铰刀。

（3）莫氏锥铰刀　用来铰削0~6号莫氏锥孔的铰刀，其锥度近似于1∶20。

（4）1∶30锥铰刀　用来铰削套式刀具上锥孔的铰刀。

用锥铰刀铰孔，加工余量大，整个刀齿都作为切削刃进入切削，负荷重，因此每进刀2~3mm应将铰刀取出一次，以清除切屑。1∶10锥孔和莫氏锥孔的锥度大，加工余量就更大。为使铰孔省力，这类铰刀一般制成二至三把一套，其中一把是精铰刀，其余是粗铰刀。粗铰刀的切削刃上开有螺旋形分布的分屑槽，以减轻切削负荷。图 2-27 所示是两把一套的锥铰刀。

锥度较大的锥孔，铰孔前的底孔应钻成阶梯孔，如图 2-28 所示。阶梯孔的最小直径按锥度铰刀小端直径确定，并留有铰削余量，其余各段直径可根据锥度推算。

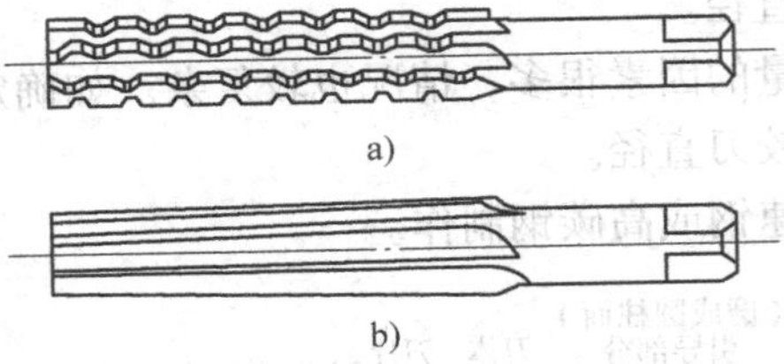

图 2-27　成套锥铰刀

a）粗铰刀　b）精铰刀

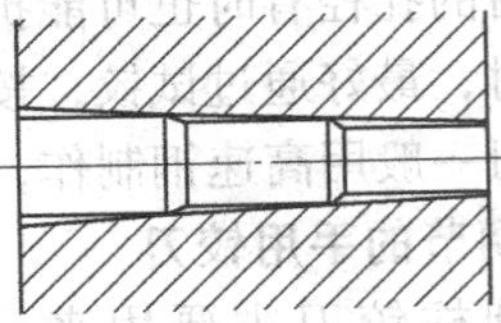

图 2-28　铰前钻成阶梯孔

4. **螺旋槽手用铰刀**

用普通直槽铰刀铰削有键槽孔时，因为切削刃会被键槽边钩住，而使铰削无法进行，因此必须采用螺旋槽铰刀。它的结构如图 2-29 所示。用这种铰刀铰孔时，铰削阻力沿圆周均匀分布，铰削平稳，铰出的孔光滑。一般螺旋槽的方向应是左旋，以避免铰削时因铰刀的正向转动而产生自动旋进的现象，同时，左旋切削刃容易使切屑向下，易推出孔外。

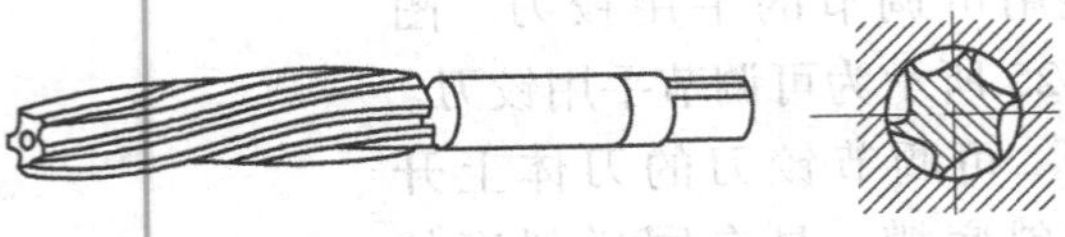

图 2-29　螺旋槽手用铰刀

（二）铰削用量

铰削用量包括铰削余量（$2a_p$）、切削速度（v_c）和进给量（f）。

1. **铰削余量**　（$2a_p$）

铰削余量是指上道工序（钻孔或扩孔）完成后留下的直径方向的加工余量。铰削余量不宜过大，因为铰削余量过大，会使刀齿切削负荷增大，变形增大，切削热增加，被加工表面呈撕裂状态，致使尺寸精度降低，表面粗糙度值增大，同时加剧铰刀磨损。

铰削余量也不宜太小，否则，上道工序的残留变形难以纠正，原有刀痕不能去除，铰削质量达不到要求。

选择铰削余量时，应考虑到孔径大小、材料软硬、尺寸精度、表面粗糙度要求及铰刀类型等诸因素的综合影响。用普通标准高速钢铰刀铰孔时，可参考表 2-3 选取。

表 2-3　铰削余量　（单位：mm）

铰孔直径	<5	5 ~ 20	21 ~ 32	33 ~ 50	51 ~ 70
铰削余量	0.1 ~ 0.2	0.2 ~ 0.3	0.3	0.5	0.8

此外，铰削余量的确定，与上道工序的加工质量有直接关系。对铰削前预加工孔出现的弯曲、锥度、椭圆和不光洁等缺陷，应有一定限制。铰削精度较高的孔，必须经过扩孔或粗铰，才能保证最后的铰孔质量。所以确定铰削余量时，还要考虑铰孔的工艺过程。如用标准

铰刀铰削 $D<40$mm、IT8 级精度、表面粗糙度 $R_a1.25\mu m$ 的孔，其工艺过程是：钻孔→扩孔→粗铰→精铰。

精铰时的铰削余量一般为 0.1～0.2mm。

用标准铰刀铰削 IT9 级精度（H9）、表面粗糙度值 $R_a2.5\mu m$ 的孔，工艺过程是：钻孔→扩孔→铰孔。

2. 机铰切削速度（v_c）

为了得到较小的表面粗糙度值，必须避免产生刀瘤，减少切削热及变形，因而应采取较小的切削速度。用高速钢铰刀铰钢件时，$v_c=4\sim8$m/min；铰铸铁件时，$v_c=6\sim8$m/min；铰铜件时，$v_c=8\sim12$m/min。

3. 机铰进给量（f）

进给量要适当，过大会造成铰刀易磨损，也影响加工质量；过小则很难切下金属材料，形成对材料挤压，使其产生塑性变形和表面硬化，最后形成切削刃撕去大片切屑，使表面粗糙度值增大，并加快铰刀磨损。

机铰钢件及铸铁件时，$f=0.5\sim1$mm/r；机铰铜和铝件时，$f=1\sim1.2$mm/r。

（三）铰孔时的冷却润滑

铰削的切屑细碎且易粘附在刀刃上，甚至挤在孔壁与铰刀之间，而刮伤表面，扩大孔径。铰削时必须用适当的切削液冲掉切屑，减少摩擦，并降低工件和铰刀温度，防止产生刀瘤。切削液选用时参考表 2-4。

表 2-4　铰孔时的切削液

加工材料	切削液
钢	1. 10%～20%乳化液 2. 铰孔要求高时，采用30%煤油加70%肥皂水 3. 铰孔要求高时，可采用苯油、柴油、猪油等
铸铁	1. 煤油（但会引起孔径缩小，最大收缩量为0.02～0.04mm） 2. 低浓度乳化液 3. 也可不用
铝	煤油
铜	乳化液

（四）铰孔时的工作要点

1）装夹要可靠。将工件夹正、夹紧。对薄壁零件，要防止夹紧力过大而将孔夹扁。

2）手铰时，两手用力要平衡、均匀、稳定，以免在孔的进口处出现喇叭孔或孔径扩大；进给时，不要猛力推压铰刀，而应一边旋转，一边轻轻加压，否则，孔表面会很粗糙。

3）铰刀只能顺转，否则切屑扎在孔壁和刀齿后面之间，既会将孔壁拉毛，又易使铰刀磨损，甚至崩刃。

4）当手铰刀被卡住时，不要猛力扳转铰手，而应及时取出铰刀，清除切屑，检查铰刀后再继续缓慢进给。

5）机铰退刀时，应先退出刀后再停车。铰通孔时，铰刀的标准部分不要全出头，以防孔的下端被刮坏。

6）机铰时要注意机床主轴、铰刀及待铰孔三者间的同轴度是否符合要求。对高精度孔，必要时应采用浮动铰刀夹头装夹铰刀。

五、镗削加工

镗孔是利用镗刀对已钻出、铸出或锻出的孔进行加工的过程。对于直径较大的孔（一般 $D>80\sim100\text{mm}$）内成形面或孔内环形槽等，镗孔是主要的加工方法。

（一）镗床及镗削运动

图 2-30 为常用的卧式镗床，其主要组成部分及各部分的运动关系（图中箭头）如图 2-30所示。卧式镗床主要由床身、前立柱、主轴箱、主轴、平旋盘、工作台、后立柱和尾座等组成。

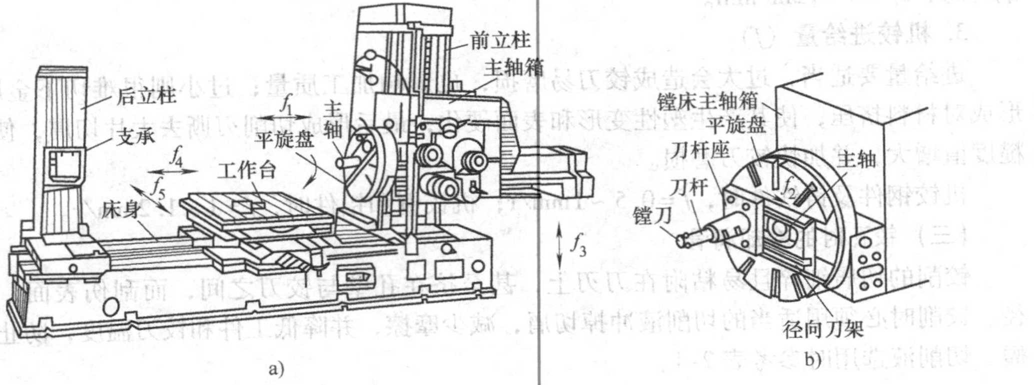

图 2-30 卧式镗床

1. 主轴与平旋盘

主轴与平旋盘（见图 2-30b）可根据加工需要，分别由各自的传动链带动，独立地作旋转主运动。主轴可沿本身轴线移动，作轴向进给运动（f_1）。其前端的锥孔可安装镗杆或其他刀具。平旋盘装在主轴外层，其上装有径向刀架，刀具可沿导轨作径向进给运动（f_2）。

2. 前立柱和主轴箱

前立柱固定在床身的右端，主轴箱可沿前立柱上的垂直导轨升降，实现其位置调整或使刀架作垂直进给运动（f_3）。

3. 工作台

它装在床身的中部，由下滑座、上滑座和回转工作台 3 层组成。下滑座可沿床身导轨平行于主轴方向作纵向进给运动（f_4）；上滑座可沿下滑座上的横向导轨垂直于主轴方向作横向进给运动（f_5）；回转工作台还可绕上滑座的环形导轨在水平平面内回转任意角度。

4. 后立柱和尾座

后立柱上安装尾座，其作用是支承长镗刀杆，增加镗刀杆刚度。后立柱可沿床身导轨作水平移动，以适应不同镗杆长度。尾座可在后立柱的垂直导轨上与主轴箱同时升降，以便与主轴杆同轴，并镗削不同高度的孔。

此外，为了加工精度要求较高的各孔，卧式镗床的主轴箱和工作台的移动部分都有精密刻度尺和准确的读数装置。

（二）镗刀

在镗床上常用的镗刀有单刃镗刀和多刃镗刀两种。

1. **单刃镗刀**

它是把镗刀头垂直或倾斜安装在镗刀杆上，如图2-31所示。镗刀头垂直安装的可镗通孔，倾斜安装可镗不通孔。单刃镗刀适应性强，灵活性较大，可以矫正原有孔的轴线歪斜或位置偏差，但其生产率较低，这种镗刀多用于单件小批生产。

2. **多刃镗刀**

它在刀体上安装两个以上的镗刀片（常用4个），以提高生产率，如图2-32所示。这种刀片插在镗杆的方孔中，可沿径向自由浮动，依靠两个切削刃上径向切削力的平衡自动定心。因此，可消除镗刀片在镗刀杆上安装误差所引起的不良影响。调节刀片尺寸时，先拆螺钉1，再旋螺钉2，将刀齿的径向尺寸调节好后，拧紧螺钉1，将刀齿固定即可。浮动镗削实质上是一种铰削，它不能矫正原有孔的轴线歪斜或位置偏差，主要用于大批量生产，精加工箱体类零件上直径较大的孔。

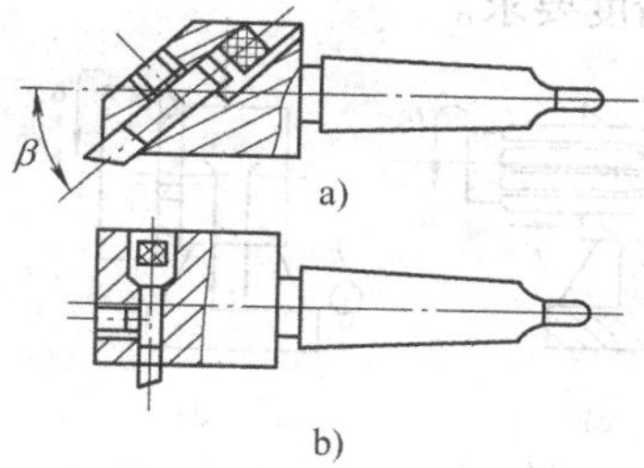

图2-31 单刃镗刀

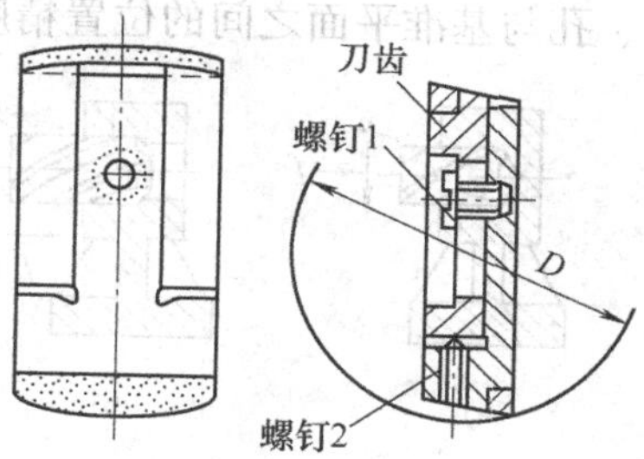

图2-32 多刃镗刀

（三）卧式镗床的主要工作

1. **镗孔**

镗床镗孔的方式如图2-33所示。按其进给形式可分为主轴进给和工作台进给两种方式。

主轴进给方式如图2-33a所示。在工作过程中，随着主轴的进给，主轴的悬伸长度是变化的，刚度也是变化的，易使孔产生锥度误差；另外，随着主轴悬伸长度的增加，其自重所引起的弯曲变形也随之增大，使镗出孔的轴线弯曲。因此，这种方式只适宜镗削长度较短的孔。

工作台进给方式如图2-33b～图2-33d所示。图2-33b所示是悬臂式的，用来镗削较短的孔；图2-33c是多支承式的，用来镗削箱体两壁相距较远的同轴孔系；图2-33d是用平旋盘镗大孔。

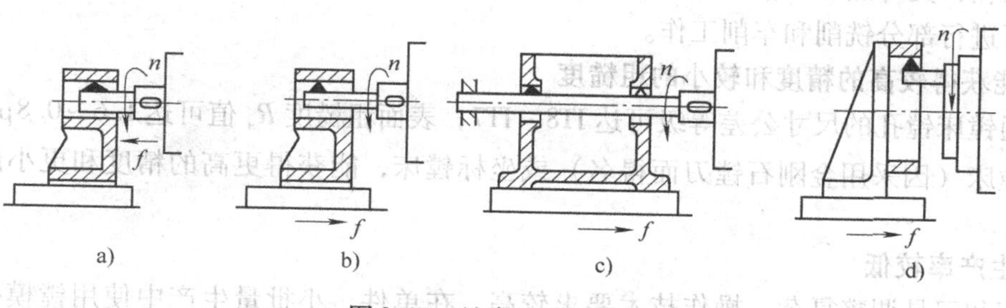

图2-33 镗床镗孔的方式

镗床上镗削箱体上同轴孔系、平行孔系和垂直孔系的方法通常有坐标法和镗模法两种。

图 2-34 是用镗模法镗削箱体孔系的情况。

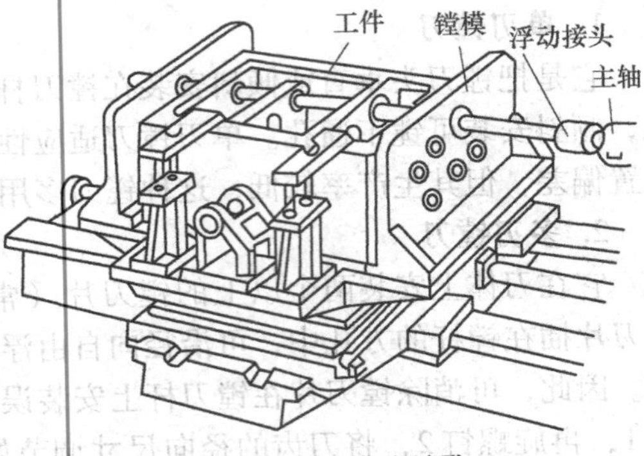

图 2-34 镗模法镗孔

2. **镗床其他工作**

在镗床上不仅可以镗孔，还可以进行钻孔、扩孔、铰孔、铣平面、车外圆、车端面、切槽及车螺纹等工作。其加工方式如图 2-35 所示。

（四）镗削的工艺特点及应用

1. **镗床是加工机座、箱体、支架等外形复杂的大型零件的主要设备**

在一些箱体上往往有一系列孔径较大、精度较高的孔，这些孔在一般机床上加工很困难，但在镗床上加工却很容易，并可方便地保证孔与孔之间、孔与基准平面之间的位置精度和尺寸精度要求。

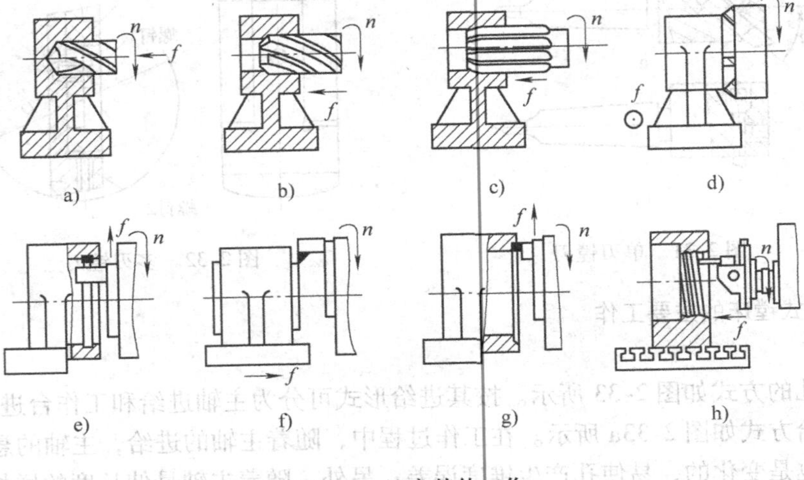

图 2-35 镗床其他工作
a）钻孔 b）扩孔 c）铰孔 d）铣平面 e）镗内槽 f）车外圆 g）车端面 h）加工螺纹

2. **加工范围广泛**

镗床是一种万能性强、功能多的通用机床，既可加工单个孔，又可加工孔系；既可加工小直径的孔，又可加工大直径的孔；既可加工通孔，又可加工台阶孔及内环形槽。除此之外，还可进行部分铣削和车削工作。

3. **能获得较高的精度和较小的粗糙度**

普通镗床镗孔的尺寸公差等级可达 IT8 ~ IT7，表面粗糙度 R_a 值可达 1.6 ~ 0.8μm。若采用金刚镗床（因采用金刚石镗刀而得名）或坐标镗床，能获得更高的精度和更小的表面粗糙度值。

4. **生产率较低**

机床和刀具调整复杂，操作技术要求较高，在单件、小批量生产中使用镗模生产率较低。在大批、大量生产中则须使用镗模以提高生产率。

六、套类零件内孔及外圆的精密加工方法

（一）套内外圆表面的磨削加工

1. 以外圆表面作为基准磨孔

1）用四爪单动卡盘装夹，用百分表找正套的外圆表面。采用此种方法得到的同轴度与找正精度密切相关，且适用于短套。

2）用中心架支承。可以一端采用四爪单动卡盘（夹持短），一端采用中心架；或者两端都用中心架。采用上述方法必须通过找正，保证被加工孔的位置精度，那么如何找正呢？请同学们讨论。采用这种方法的优点是精度高，但费时。

3）用顶尖和中心架装夹工件。此方法要用百分表找正，同时要利用拨盘与鸡心夹头配合以传递动力给零件。同学们可以自己画示意图表示。采用此种装夹方法，对零件有特殊的要求，即一端应有中心孔，支承端的圆表面已经经过磨削加工。

4）用V形夹具装夹工件。工件放在V形块上，用带羊毛毡的压块压住，同时羊毛毡加上润滑油，防止划伤工件，压块的力不能太大，否则转不动。动力仍然可由拨盘和鸡心夹头传递给工件，要注意防止工件轴向移动，传动夹头要与磨床头架相连。此种装夹方法加工时能达到的同轴度为0.005～0.002mm。

2. 以内孔表面作为基准磨外圆

1）用台阶式心轴装夹工件。该类方法对心轴的制造公差有严格要求，具体要求可以查阅工艺手册。其定位精度与工件内孔和心轴之间的间隙以及定位心轴的轴肩与轴线的垂直度密切有关。

2）用微锥心轴装夹工件。使用微锥心轴定位，可以起到装夹和传递动力的作用，心轴的锥度一般可查阅有关标准选取。采用此种方法装卸不便、轴向定位不准；此种方法一般适用于IT7以上精度的零件，如果孔的精度太低，那么孔的尺寸变化大，在心轴上的定位不准，沿轴向移动的范围大，同时工件不能太长（不好装夹）、也不能太短（工件会倾斜）。

3）用专用心轴装夹工件。一般可以采用顶尖式心轴、磨钻床主轴套的心轴等。

（二）孔的珩磨

1. 珩磨的加工原理

珩磨加工的工具主要采用珩磨头。珩磨加工时有三种运动，即油石的径向进给、珩磨头的旋转和上下往复运动。珩磨头的旋转和上下运动是主运动，完成微量磨削和抛光加工；珩磨头的旋转和上下往复运动，使油石的磨粒走过的轨迹交叉成网状，因而容易获得较小的表面粗糙度值；珩磨加工是以工件孔导向；珩磨头与珩磨机应浮动连接。珩磨加工的过程是孔表面凸出的、不圆的地方先与油石接触，压力较大，很快被磨去，直到工件表面与油石全部接触，接触面积增大，压力减小，磨削减弱，抛光增强。

2. 珩磨加工的特点

1）加工精度高。精度可达IT6，圆度、圆柱度可达0.003～0.005mm，但不能纠正上道工序的位置公差。

2）表面质量好。表面粗糙度可达R_a0.2～0.04μm，甚至0.02μm；且不烧伤表面。

3）效率高。

4）应用范围广。可加工ϕ5～ϕ500mm的工件，长径比L/D可达10，可加工铸铁、钢（淬硬、未淬硬）。但不适合加工断续表面及韧性高的金属材料。

3. 珩磨主要参数的选择

（1）油石的选择

1）材料的选择。钢件选刚玉，铸铁选碳化硅。

2）粒度的选择。根据表面粗糙度要求不同选取。表面粗糙度值 R_a 要求为 0.4～0.2μm 时，选粒度为 120#～W40；表面粗糙度值 R_a 要求为 0.2～0.04μm 时，选粒度为 W40～W20；表面粗糙度值 R_a 要求为 0.02～0.01μm，选粒度为 W20～W14。

3）硬度的选择。一般选 R3～ZY1。

4）油石长度的选择。一般为

$$L_x = L_k + 2a - L_s$$

式中 L_x——油石行程；

L_k——孔长度；

a——油石在运动时超出孔的长度，$a=(1/5 \sim 1/3)\ L_s$；

L_s——油石长度；当 $D<L$ 时，$L_s \approx 1/2L_k$；当 $D>L$ 时，$L_s \approx (2/3 \sim 3/4)\ L_k$。

5）油石数量的确定。在不影响珩磨头刚度及切削液的流入情况下尽量多。

（2）切削用量的选择

粗珩：$\theta = 40° \sim 60°$；精珩：$\theta = 20° \sim 40°$。

圆周速度：未淬硬 36～49m/min；淬硬 23～36m/min；铸铁 61～70m/min。

油石压力：粗加工铸铁 0.5～1N/mm²；粗加工钢 0.8～2N/mm²；精加工铸铁 0.2～0.5N/mm²；精加工钢 0.4～0.8N/mm²；超精加工 0.05～0.1N/mm²。

（3）加工余量的选择 一般 0.1mm 以下。

（4）切削液的选择 一般选 60%～90% 的煤油加 40%～10% 的硫化油或动物油。加工青铜时，用水作切削液或干珩。

（三）零件的研磨

研磨是一种古老、简便可靠的表面光整加工方法，属自由磨粒加工。在加工过程中那些直接参与切除工件材料的磨粒不像砂轮、油石和沙带、砂纸那样总是固结或涂附在磨具上，而是处于自由游离状态。经研磨表面，尺寸和几何形状精度可达 1～3μm，表面粗糙度 R_a 值为 0.16～0.01μm。若研具精度足够高，其尺寸和几何形状精度可达 0.3～0.1μm，表面粗糙度值 R_a 值小于 0.04～0.01μm。

1. 研磨原理

研磨是通过研具在一定压力下与加工面作复杂的相对运动而完成的。研具和工件之间的磨粒与研磨剂在相对运动中，分别起机械切削作用和物理、化学作用，使磨粒能从工件表面上切去极薄的一层材料，从而得到极高的尺寸精度和极小的表面粗糙度值。

研磨时，有大量磨粒在工件表面浮动着，它们在一定的压力下滚动、刮擦和挤压，起着切除细微材料层的作用。如图 2-36 所示，磨粒在研磨塑性材料时，受到压力的作用，首先使工件加工面产生裂纹，随着磨粒的运动，裂纹的扩大、交错，以致形成了碎片（即切削）最后脱离工件。研具与工件相对运动复杂，磨粒在工件表面上的运动不重复，可以除去“高点”。这就是机械切削的作用。

研磨时磨粒与工件接触点局部压力非常大，因而瞬时产生高温，产生挤压作用，以致使工件表面平滑，表面粗糙度 R_a 值减小，这是研磨时产生的物理作用。

由于研磨时研磨液中加入硬脂酸或油酸，与覆盖在工件表面的氧化物薄膜间还会产生化学作用，使被研表面软化，加速研磨效果。

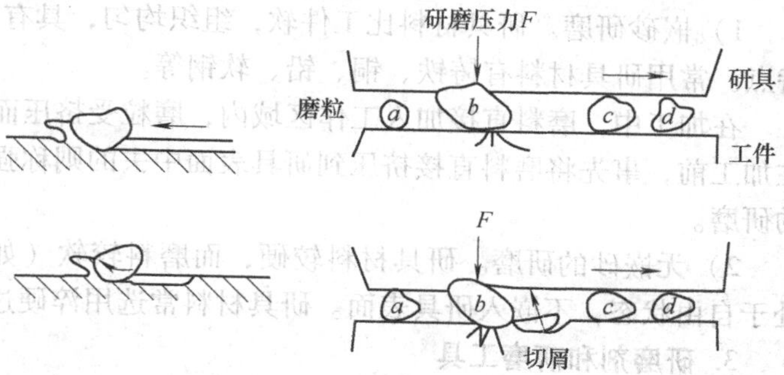

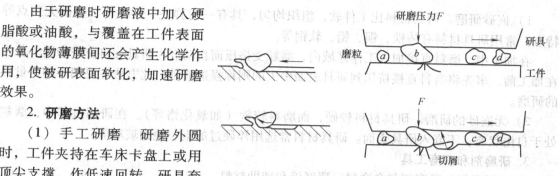

图2-36　研磨时磨粒的切削作用

2. **研磨方法**

（1）手工研磨　研磨外圆时，工件夹持在车床卡盘上或用顶尖支撑，作低速回转，研具套在工件上，在研具与工件之间加入研磨剂，然后用手推动研具作往复运动。往复运动速度常选用20～70m/min为宜。常用的研具见图2-37。图2-37a为粗研套，孔内有油槽，可储存研磨剂；图2-37b为精研套，无油槽。

（2）机器研磨　机器研磨效率高，可以单面研磨，也可以双面研磨。图2-38所示为一种行星传动式的双面研磨机。

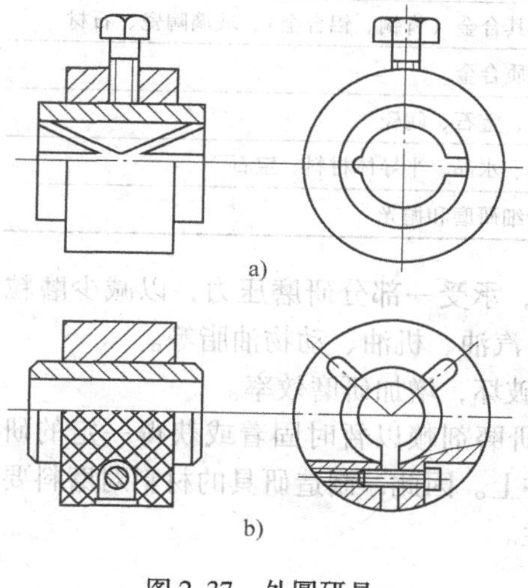

图2-37　外圆研具

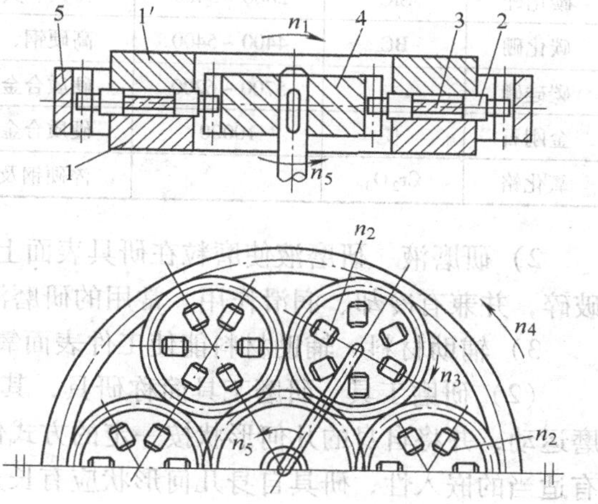

图2-38　行星齿轮研磨机

1′—上研磨盘　1—下研磨盘　2—工件　3—工件夹盘　4—内齿圈　5—中心传动齿轮　n_1—研磨盘转速　n_2—工件转速　n_3—工件夹盘转速　n_4—内齿圈转速　n_5—中心传动齿轮转速

图中的中心传动齿轮5带动6个工件2、工件夹盘3。该装夹盘本身在传动中就是一个行星齿轮。这6个行星齿轮的外圆又同时与一个中心内齿圈4啮合。行星齿轮除了以n_3的转速作自转外，还作公转。研磨盘以n_1转速旋转，工件则置于行星齿轮（即工件夹盘）的槽中，并随行星齿轮与研磨盘作相对运动。

此外，机器研磨不仅可以研磨外圆柱面、内圆柱面，还适用于平面、球面、半球面的表面研磨。

（3）嵌砂与无嵌砂研磨　根据磨料是否嵌入研具，研磨又可分为嵌砂和无嵌砂两种。

1）嵌砂研磨。研具材料比工件软，组织均匀，具有一定弹性、变形小、表面无斑点等特点。常用研具材料有铸铁、铜、铅、软钢等。

在加工中，磨料直接加入工作区域内，磨粒受挤压而自动嵌入研具称自由嵌砂法。若是在加工前，事先将磨料直接挤压到研具表面中去的则称强迫嵌砂。此方法主要用于精密量具的研磨。

2）无嵌砂的研磨。研具材料较硬，而磨料较软（如氧化铬等）。在研磨过程中，磨粒处于自由状态，不嵌入研具表面。研具材料常选用淬硬过的钢、镜面玻璃等。

3. 研磨剂和研磨工具

（1）研磨剂　研磨剂包含磨料、研磨液和辅助材料。

1）磨料　应具有高硬度，高耐磨性；磨粒几何形状要适当锐利，在加工中破碎后仍能保持一定的锋刃；磨粒的尺寸要大致相近，使加工中尽可能有均一的工作磨粒。常见的研磨磨料见表2-5。

表2-5　研磨常用磨料

种　类	主要成分	显微硬度/HV	适用材料
刚玉	Al_2O_3	2000～2300	各种碳钢、合金钢、不锈钢
碳化硅	SiC	2800～3400	铸铁、其他非铁金属及其合金（青铜、铝合金）、玻璃陶瓷、石材
碳化硼	BC	4400～5400	高硬钢、镀铬表面、硬质合金
碳硅硼		5700～6200	硬质合金、半导体材料、宝石、陶瓷
金刚石	C	10000	硬质合金、陶瓷、玻璃、水晶、半导体材料、宝石
氧化铬	Cr_2O_3		淬硬钢及一般金属的精细研磨和抛光

2）研磨液　研磨液使磨粒在研具表面上均匀散布，承受一部分研磨压力，以减少磨粒破碎，并兼有冷却、润滑作用。常用的研磨液是煤油、汽油、机油、动物油脂等。

3）辅助材料　辅助材料能使工件表面氧化物薄膜破坏，增加研磨效率。

（2）研磨工具　研磨工具简称研具，其作用是使研磨剂赖以暂时固着或获得一定的研磨运动，并将自身的几何形状按一定的方式传递到工件上。因此，制造研具的材料对磨料要有适当的嵌入性，研具自身几何形状应有长久的保持性。

4. 研磨特点

研磨能获得其他机械加工较难达到的稳定的高精度表面，研磨过的表面其表面粗糙度值小；耐磨性、耐蚀性能良好；操作技术、使用设备、工具简单；被加工材料适应范围广，无论钢、铸铁，还是有色金属均可用研磨方法精加工，尤其对脆性材料更显特色。它适用于多品种小批量的产品零件加工，因为只要改变研具形状就能方便地加工出各种形状的表面。但必须注意的是，研磨质量很大程度取决于前道工序的加工质量。

（四）超精加工

超精加工实际上是摩擦抛光过程，是减小表面粗糙度值的一种有效的光整加工方法。它具有设备简单、操作方便、效果显著、经济性好等优点。

1. 超精加工的工作原理

超精加工使用细粒度磨条（油石）以较低的压力和切削速度对工件表面进行精密加工的方法，如图2-39所示。

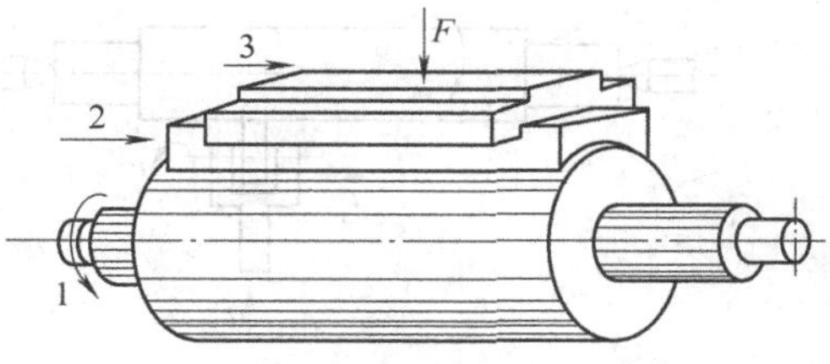

图 2-39　超精加工运动

加工中有三种运动，即工件的回转运动 1；磨头轴向进给运动 2；磨条高速往复振动 3。这三种运动使磨粒在工件表面形成的轨迹是正弦曲线。

超精加工的切削过程与磨削、研磨不同，只能切去工件表面的凸峰。当工件表面磨平后，切削作用能自动停止。超精加工大致可分为 4 个阶段：

（1）强力切削阶段　油石磨粒细，压力小，工件与磨条之间的油膜易形成，单位面积上的压力大，故切削作用强烈。

（2）正常切削阶段　当少数凸峰磨平后，接触面积上的压力降低，切削磨条自锐性作用减弱，进入正常切削阶段。

（3）微弱切削阶段　随着切削面积的增大，单位面积上的压力更低，切削作用微弱，且细小的切屑形成氧化物而嵌入油石空隙中，使油石产生光滑表面，具有摩擦抛光作用而减小工件表面的粗糙度。

（4）自动停止阶段　工件磨平，单位面积上压力极低，工件与磨条之间又形成了油膜，不再切削。切削作用自动停止。

2. 超精加工的特点

1）超精加工磨粒运动轨迹复杂，能由切削过程过渡到抛光过程，表面粗糙度 R_a 值达 0.01～0.04μm。

2）超精加工磨条的粒度极细，只能切削工件凸峰，所以加工余量很小，一般为0.005～0.00025mm。

3）磨条高速往复振动，磨条的微刃两面切削，磨屑易于清除。不会在工件表面形成划痕。

4）切削速度低，磨条压力小，工件表面不易发热，不会烧伤表面，也不易使工件表面变形。

5）超精加工的表面耐磨性好。

（五）滚压加工

1. 滚压加工原理

滚压是冷压加工方法之一，属无屑加工。滚压加工是利用金属产生塑性变形从而达到改变工件的表面性能、获得工件尺寸形状的目的。

外圆表面的滚压加工一般可用各种相应的滚压工具，例如滚压轮（见图 2-40a）、滚珠（见图 2-40b）等。它是在常温下在卧式车床上对加工表面进行强行滚压，使工件金属表面产生塑性变形，修正金属表面的微观几何形状，减小加工表面粗糙度值，提高工件的耐磨性、耐蚀性和疲劳强度。例如，经滚压后的外圆表面粗糙度值 R_a 可达 0.4～0.25μm，硬化层深度达到 0.2～0.05μm，硬度提高 5%～20%。

2. 滚压加工特点

1）前道工序的表面粗糙度值 R_a 不大于 5μm，压前表面要洁净，直径方向的余量为 0.02～0.03mm。

2）滚压后工件的形状精度及相互位置精度主要取决于前道工序的形状位置精度。前工序表面圆柱度、圆度较差则还会出现表面粗糙度不均匀的现象。

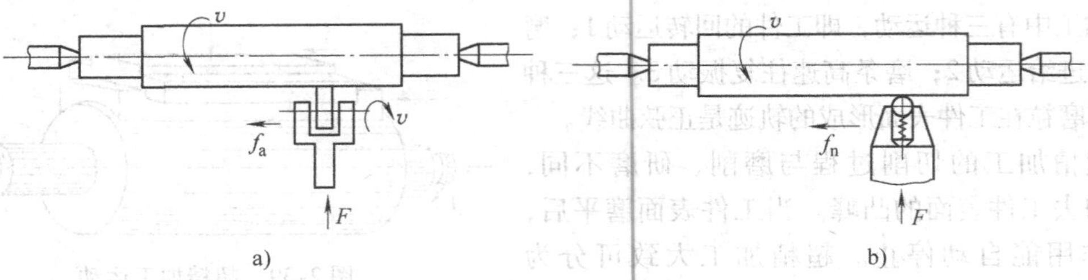

图 2-40 滚压加工示意图
a）滚轮式 b）滚珠式

3）滚压的对象一般只适宜塑性材料，并要求材料组织均匀。经滚压后的工件表面耐磨性、耐蚀性提高明显。

4）滚压加工生产率高，工艺范围广，不仅可以用来加工外圆表面，对于内孔、端面的加工均可采用。

孔的研磨主要用研磨芯棒，用手工研磨。孔的研磨主要有以下特点：

1）精度高。精度可达 IT6，表面粗糙度值 R_a 可达 0.2～0.05μm。

2）因研磨时是以工件孔导向的，所以不能纠正上道工序的位置公差。

3）研磨前需经过精磨、精镗、精铰，要求研磨余量约 0.025mm。

2-4 盘套类零件的加工方案

一、套类零件加工中的主要工艺问题及解决措施

1. 主要工艺问题

1）如何保证内孔精度及表面粗糙度？

2）如何保证内外孔之间的同轴度？

3）如何防止加工时变形？

2. 保证同轴度的方法

（1）在一次安装中加工出内外圆柱面　此法适用于零件尺寸较短的情况。如果零件太长，一方面在加工右端时，由于中间要加工，无法顶，如采用中心架，外圆又无法加工，在这种既没有顶，又没有中心架的情况下加工右端就会产生弯曲变形；另一方面，如果零件太长，再加工内孔时，刀杆会很长，从而导致刀杆刚性下降，使加工出的孔同轴度下降。

（2）内外圆柱面反复互为基准　所谓互为基准，就是加工外圆时，以内孔定位，而加工内孔时，以外圆定位。套类零件的主要加工部位就是外圆和内孔，采用此种方法后，可以有效地保证同轴度要求。互为基准适用于零件尺寸较长、且内孔尺寸较小的情况。如果零件尺寸较短，孔径尺寸较大，在心轴上定位不好。因为零件太大的话，心轴必然也会很大，顶

尖可能会支撑不起。

3. 防止变形的措施

套类零件由于壁较薄，在受力和受热情况下，容易产生变形。所以在加工套类零件时，要充分考虑到夹紧力的部位、作用点、大小和方向，以防止受力变形。同时，还要防止受热变形，因此在加工时，还得粗精加工分开。

二、加工顺序安排

1. 外圆终加工方案

一般情况下，加工套类零件时，首先应分析内外圆加工精度的高低。对于外圆精度要求较高时，通常采用外圆最终加工方案。一般顺序为：粗加工外圆→粗、精加工内孔→精加工外圆。

这种方案适用于内孔尺寸较小、长度较长的情况；由于最终工序的夹具一般采用心轴定位，夹具简单，所以此加工路线是常用的。

2. 内孔终加工方案

一般情况下，加工套类零件时，首先应分析内外圆加工精度的高低，对于内圆精度要求较高时，通常采用内圆最终加工方案。一般顺序为：粗加工内孔→粗、精加工外圆→精加工内孔。

此法适用于内孔尺寸较大、长度较短的零件；但此法存在如下缺点：①如果用三爪自定心卡盘装夹，同轴度较低；②如果用专用夹具装夹，夹具结构较为复杂。

三、加工方案的选择

1. 外圆表面的加工方案

一般精度外圆表面采用车削，精度高的外圆表面采用磨削。

2. 内孔表面的加工方案

加工内孔主要采用钻、扩、铰、拉、镗、磨、珩等方法，但各种加工方法适用的具体场合不同。

钻孔：加工范围0.1～80mm，主要用于30mm以下的粗加工，表面粗糙度值 R_a 一般为50～12.5μm，精度达IT12。

扩孔：主要用于30～100mm范围的孔，表面粗糙度值 R_a 一般为6.3μm，精度达IT11～IT10，孔的尺寸必须与钻头相符。

铰孔：加工范围3～150mm，一般分为机铰和手铰。表面粗糙度值 R_a 一般为3.2～0.4μm，精度一般达IT7～IT8，精度最高可达IT4。主要用于30mm以下的孔，且孔径必须与铰刀相符，同时不适合加工短孔、深孔、断续孔。它是20mm以下孔精加工的主要方法。

拉削：主要适用于大批生产，精度可达IT8～IT7，表面粗糙度值 R_a 可达1.6～0.4μm，孔径必须与拉刀相符。

镗削：主要用于30mm以上的孔，精度可达IT8～IT7，表面粗糙度值 R_a 达1.6～0.4μm。

一般孔的加工路线：

未淬硬的 ϕ50mm以下的孔：钻→扩→铰。

有色金属和未淬硬的孔：钻→粗镗→精镗。

较大的淬硬及未淬硬的孔：钻→粗镗→粗磨→精磨。

对于某些精度较高的孔，在精镗及精磨后，可以根据需要还可以进行研磨及珩磨。

2-5 盘套类零件的加工工艺编制

一、轴承套加工工艺编制

如图2-2所示的轴承套，材料为ZQSn6-6-3，每批数量为200件。

1. 轴承套的技术条件和工艺分析

该轴承套属于短套筒，材料为锡青铜。其主要技术要求为：ϕ34js7外圆对ϕ22H7孔的径向圆跳动公差为0.01mm；左端面对ϕ22H7孔轴线的垂直度公差为0.01mm。轴承套外圆为IT7级精度，采用精车可以满足要求；内孔精度也为IT7级，采用铰孔可以满足要求。内孔的加工顺序为：钻孔→车孔→铰孔。

由于外圆对内孔的径向圆跳动要求在0.01mm内，用软卡爪装夹无法保证。因此，精车外圆时应以内孔为定位基准，使轴承套在小锥度心轴上定位，用两顶尖装夹。这样可使加工基准和测量基准一致，容易达到图样要求。

车铰内孔时，应与端面在一次装夹中加工出，以保证端面与内孔轴线的垂直度在0.01mm以内。

2. 轴承套的加工工艺编制

表2-6为轴承套的加工工艺过程。粗车外圆时，可采取一次装夹同时加工其他外圆的方法来提高生产率。

表2-6 轴承套的加工工艺过程

序号	工序名称	工序内容	定位与夹紧
1	备料	棒料，按5件合一加工下料	
2	钻中心孔	车端面，钻中心孔；调头车另一端面，钻中心孔	三爪自定心卡盘夹外圆
3	粗车	车外圆ϕ42mm长度为6.5mm，车外圆ϕ34js7为ϕ35mm，车退刀槽2×0.5mm，取总长40.5mm，车分割槽ϕ20mm×3mm，两端倒角C1.5。5件同加工，尺寸均相同	中心孔
4	钻	钻孔ϕ22H7至ϕ22mm成单件	软爪夹ϕ42mm外圆
5	车、铰	车端面，取总长40mm至尺寸；车内孔ϕ22H7为$\phi 22_{\ 0}^{-0.05}$mm；车内槽ϕ24mm×16mm至尺寸；铰孔ϕ22H7至尺寸；孔两端倒角	软爪夹ϕ42mm外圆
6	精车	车ϕ34js7（±0.012）mm至尺寸	ϕ22H7孔心轴
7	钻	钻径向油孔ϕ4mm	ϕ34mm外圆及端面
8	检查		

请同学们结合相关工艺手册和切削用量手册，根据上表内容完成工艺过程卡、工艺卡、工序卡等工艺文件。

二、法兰端盖的加工工艺编制

如图 2-1 所示零件，为单件小批量生产，其机械加工工艺过程详见表 2-7。

表 2-7　单件小批生产法兰端盖的工艺过程

工 序 号	工 序 名 称	工 序 内 容	设　备
1	铸造	铸造毛坯；清理铸件	
2	车削	车 80mm×80mm 底平面，保证总长尺寸 26mm	
		1. 车 $\phi60$mm 端面，保证尺寸 $23_{-0.5}^{\ 0}$mm 2. 车 $\phi60$d11 及 80mm×80mm 底板的上端面，保证尺寸 $15_{\ 0}^{+0.3}$mm 3. 钻 $\phi20$mm 通孔	
		镗 $\phi20$mm 孔，至 $\phi22_{\ 0}^{+0.3}$mm	
		1. 镗 $\phi22_{\ 0}^{+0.3}$mm 至 $\phi40_{\ 0}^{+0.5}$mm，保证尺寸 3mm 2. 镗 $\phi40_{\ 0}^{+0.5}$mm 至 $\phi47$J8，保证 $15.5_{\ 0}^{+0.24}$mm； 3. 倒角 C1	
3	钳工	按图样要求划 4×$\phi9$mm 及 2×$\phi2$mm 孔的加工线	平台
4	钻孔	根据划线找正安装，钻 4×$\phi9$mm 及 2×$\phi2$mm 孔	立式钻床
5	检验	按图样要求，检测零件	

请同学们结合相关工艺手册和切削用量手册，根据上表内容完成工艺过程卡、工艺卡、工序卡等工艺文件。

课题三

螺纹加工方法及丝杠的加工工艺编制

给定任务：

图 3-1 所示为某企业实际生产的 C868 丝杠，请编制该零件的工艺。

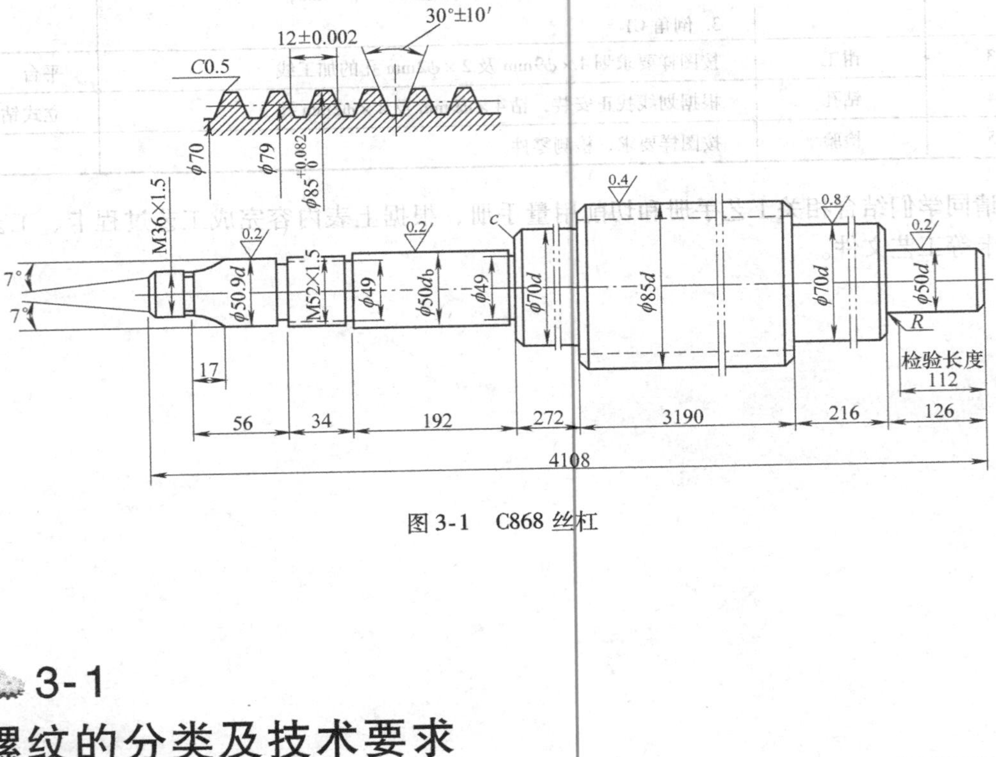

图 3-1 C868 丝杠

3-1 螺纹的分类及技术要求

1. 螺纹的分类

在机械中，螺纹传动应用很广，根据用途的不同，螺纹可分为两大类：

(1) 紧固螺纹 用于零件的固定联接。属于紧固螺纹的有米制普通粗牙螺纹、英制普通细牙螺纹、55°非密封管螺纹及55°密封管螺纹等。图3-1中，d为基孔制配合的轴的第1种动配合；d_b为基孔制配合的轴的第2种动配合；g_b为基孔制配合的轴的第4种过渡配合。

（2）传动螺纹　用于传递运动或位移，有梯形螺纹、矩形螺纹等。

2. 螺纹的技术要求

螺纹精度分为三级（1，2，3三级）。根据螺纹的工作条件和用途不同，对螺纹的技术要求也有所不同。对紧固螺纹的主要应保证螺距、中径及牙型角误差在一定的范围内。加工时，一般只对中径进行综合检验。对传动螺纹的要求除可旋入性和联接的可靠性外，还要求保证传递动力的可靠性。因而对螺距及牙型精度要求亦很高，除对小径进行检验外，还要对螺距及牙型角进行单项检验。此外为了长期保持传动精度，对于螺纹件的材料、耐磨性的要求也较高，同时，也要求有较小的表面粗糙度值。

3-2 螺纹的加工方法

一般的内螺纹可以用丝锥攻螺纹，具体可以根据零件的加工要求，选择标准的丝锥；一般的外螺纹加工可以选择不同规格的板牙加工。下面介绍螺纹的其他加工方法。

一、在车床上用车刀加工螺纹

车削螺纹的方法应用最广。其优点是设备通用性强，能获得精度度高的螺纹。其缺点是生产率低，对工人的技术水平要求较高。非标准的螺纹、大螺距的螺纹、锁紧螺纹等都可以在车床上加工。螺纹车削精度与很多因素有关，即机床精度、刀具轮廓及安装的精度、工人技术水平等，都会影响螺纹精度。车削螺纹的方法如图3-2所示。

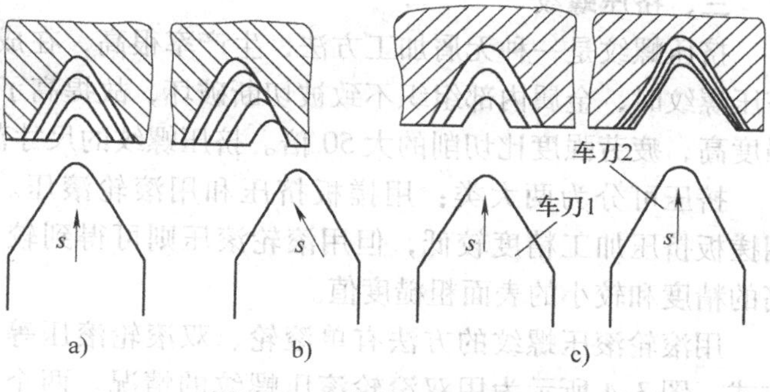

图3-2　车螺纹的各种方法

二、螺纹的铣削加工

在成批及大量生产中，广泛采用铣削法加工螺纹。铣削螺纹比车削螺纹的生产本高，精度一般为2～3级。铣削时因断续切削，表面粗糙度值比车削时大。依所用铣刀的不同，铣削螺纹分为以下三种：用圆盘铣刀加工、用梳状铣刀加工及旋风铣削。

用圆盘铣刀加工大尺寸的梯形螺纹及矩形螺纹时，精度不高，在铣削螺纹时会产生螺牙形状的改变。因此，一般是先用圆盘铣刀预铣，然后再用螺纹车刀进行精加工。

梳形螺纹铣刀用于加工普通螺纹，其外形呈外环形，用高速钢制成铲齿结构。加工精度可达 8～6 级，表面粗糙度可达 R_a6.3～1.6μm。切削时，铣刀轴线与工件轴线平行，铣刀与工件沿全长接触，工件旋转一周并相对铣刀在轴向移动一个螺距，即可加工出所需螺纹，故生产率较高。

加工大直径的细牙螺纹时，常用组合铣刀。它可以用于内、外螺纹的加工，能够加工紧邻轴肩的螺纹，不需要退刀槽；加工精度则比用圆盘铣刀加工低。

旋风铣螺纹是一种高速的切削方法，如图 3-3 所示。

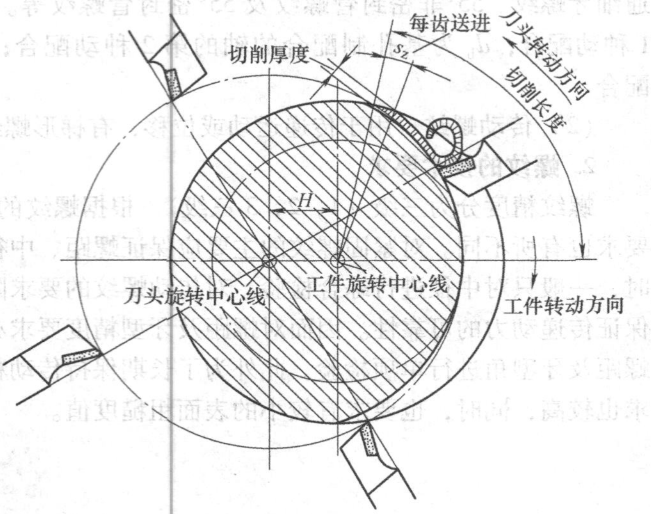

图 3-3　旋风铣螺纹简图

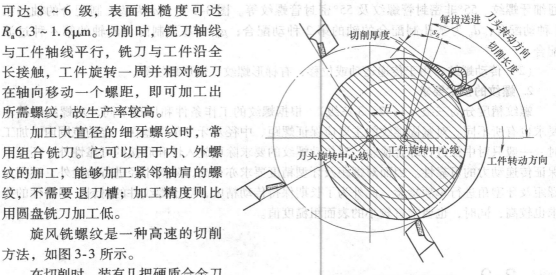

在切削时，装有几把硬质合金刀具的刀盘作高速旋转运动（1000～3000r/min），工件安装在卡盘中或顶尖上作缓慢的转动（3～30r/min）。刀尖运动轨迹是一个圆，其中心与工件旋转中心有一偏心值 H，高速旋转的刀盘与带动它的电动机固定在车床的刀架溜板上，随刀架溜板平行于工件轴心线作纵向进给，工件每转一转，前进一个螺距。由于刀盘中心与工件中心不重合，切削刃只在其圆弧轨迹上与工件接触，因此是间断切削，刀具可在空气中冷却。工件与刀盘的旋转方向一般是相反的。刀盘的旋转平面与垂直平面形成一角度并等于被切螺纹的升角。

旋风铣螺纹时，生产率高。应该指出，旋风铣出的螺纹精度与工件的受热程度和刀具的磨损有关。

三、挤压螺纹

挤压螺纹是一种无屑加工方法，生产率很高，在成批及大最生产中得到了广泛的应用。挤压螺纹时，金属内部组织不致被切断破坏，故提高了螺纹强度。挤压后螺纹能承受的拉伸强度高，疲劳强度比切削的大 50 倍。挤压螺纹的尺寸范围较宽（0.2～120mm）。

挤压可分为两大类：用搓板挤压和用滚轮滚压。用搓板挤压加工精度较低，但用滚轮滚压则可得到较高的精度和较小的表面粗糙度值。

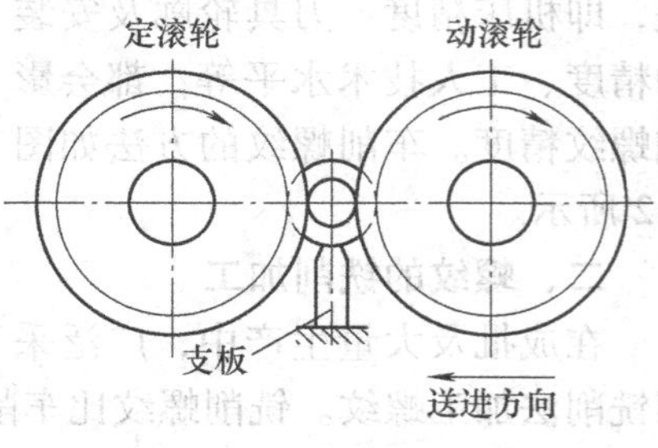

图 3-4　用双滚轮滚压螺纹

用滚轮滚压螺纹的方法有单滚轮、双滚轮滚压等方式。图 3-4 所示为用双滚轮滚压螺纹的情况。两个滚轮中，一个是定滚轮，另一个是动滚轮。动滚轮可作径向送进运动，两个滚子均主动旋转而工件被带动作自由旋转。由于滚子在热处理后可以磨削，加工精度明显提高。

四、磨削螺纹

磨削螺纹主要用于热处理后具有较高硬度的螺纹。当工件淬火后的硬度高，虽然还可以切削，但会使切削螺纹的刀具寿命大大降低。另外，螺纹在热处理后将引起螺纹轮廓的变形，因此，精密螺纹必须经过磨削加工，来保证精度和表面粗糙度。

磨削螺纹的方法主要有：用单线砂轮磨螺纹、用多线砂轮磨螺纹、无心磨削螺纹等，在此不再讲述。

3-3 丝杠的加工工艺编制

一、丝杠的技术要求及工艺特点

1. 技术要求和精度等级

根据用途，丝杠所必须保证的传动精度有：

0 级——用于测量仪器，如高精度的坐标机床。

1 级——用于坐标机床，如刻线机和高精度的螺纹加工机床。

2 级——用于较高精度的普通螺纹加工机床或分度机构。

3 级——用于卧式车床及铣床。

4 级——用于移动部件或手动机构。

各种精度等级中对螺距、小径、外径、螺牙，丝杠螺纹与支承轴颈的同轴度、支承轴颈精度、表面粗糙度以及耐磨性等项目分别提出不同的要求。具体要求可以查阅相关手册。

2. 丝杠的工艺特点

丝杠是较长的柔性工件，长度与外径之比一般较大。因为细长，刚度不好，容易产生弯曲，所以产生弯曲和内应力成为丝杠加工的重要问题。根据以上工艺特点，精密丝杠在加工和装配过程中不允许用冷校直的方法，而是用各种时效工序，使丝杠在制造过程中的内应力减小。由零件变形所引起的空间偏差，则借增大加工余量的方法，在随后的工序中切除。这样就能获得内应力极小而符合要求的丝杠，即使在长期停放和使用过程中也不再发生变形。

二、毛坯材料的选择

丝杠的材料应具有良好的加工性、耐磨性及稳定性（稳定的金相组织）。具有粒状珠光体组织的优质碳素工具钢，基本上能满足上面三个方面的要求。精密机床的丝杠可用 T10A、T12A 制造，其他丝杠常用含硫量较高的冷拉易切钢 Y40Mn、Y40 以及含铅 0.15%～0.5% 的 45 钢制造。要经最后热处理而获得高硬度的丝杠可用铬锰钢及铝钨锰钢制造，淬火后硬度可达 50～56HRC。

三、高精度丝杠加工工艺过程及其特点

现以图 3-1 所示 C868 丝杠为例，介绍在小批生产中丝杠的工艺路线。

该丝杠共有 30 个工序，材料为 T12A。其主要的工序如下：

1）下料并校直。

2）球状化退火（周期循环退火法），加热至 730～740℃，缓冷到 650～690℃，又重新加热到 730～740℃，如此来回 5～6 次，保证在退火后形成粒状珠光体组织，改善力学

性能。

3）粗车外圆（车前打项尖孔）。

4）高温时效（t = 500 ~ 550℃）。消除内应力，径向跳动不超过 1.5mm。

5）精车外圆及粗挑扣（每边留余量 1.5 ~ 2mm，车前重打中心孔），如图 3-5a 所示。

6）高温时效（t = 500 ~ 550℃）。径向跳动公差不超过 1mm。

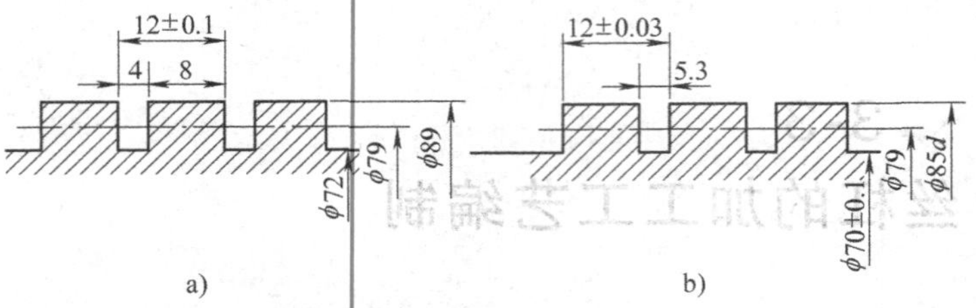

图 3-5　粗挑扣时将螺纹切成矩形

7）二次粗挑扣，加工成图 3-5b 所示槽宽达 5mm 的矩形螺纹，车前重打中心孔。

8）低温时效（t = (160 ± 10)℃），保温 36h。继续消除内应力，径向跳动不允许超过 0.5mm，不允许校直。

9）重新打中心孔。

10）粗磨外圆及轴颈。

11）半精挑扣，开始车成 15°梯形螺纹。

12）低温时效（t = (160 ± 10)℃），保温 36h。继续消除内应力，径向跳动不允许超过 0.25mm，不允许校直。

13）重打中心孔。

14）半精磨外圆及轴颈。

15）精磨外因及端面“c”。

16）采用有校正尺装置的车床精车螺纹。

17）研磨螺纹。

下面讨论精密丝杠加工的特点和应注意的问题：

1. 基面选择

丝杠的主要基面为轴颈和顶尖孔，但经常是用顶尖孔为基面，对长度较小的丝杠（小于 3 ~ 4m），用顶尖最为合适。加工长丝杠（4m 以上）时，通常将丝杠一端固紧在机床卡盘内，而另一端装在特殊支座的精密导套中，如图 3-6 所示。

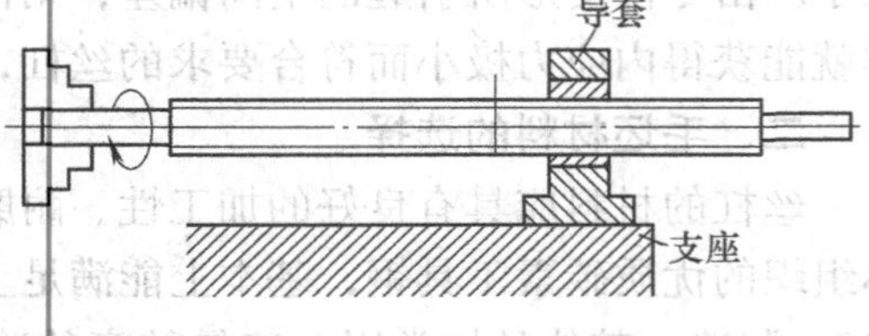

图 3-6　使用导套加工丝杠

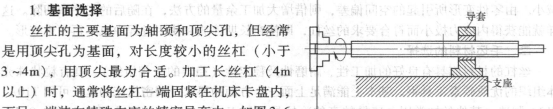

在加工过程中，由于室温、切削热以及摩擦热等作用的结果，不可避免地要使工件产生相对（对于机床导轨）伸长或缩短，由于工件丝杠长度的变化不受导套的限制，可以自由收缩，这样就减少弯曲变形。作为基面的外圆表面，应经精磨，其锥度及椭圆度在导套位置和支承长度内应不超过 0.004mm，表面粗糙度值 R_a 不高于 0.4μm，与导套的配合间隙不超过 0.008 ~ 0.012mm。对于 4m 以下的丝杠都采用顶尖孔作基面，但即使长度较大的丝杠，在加工过程中（如磨外径）仍要用到顶尖孔。因此，顶尖孔应进行淬火和磨削，使其几何形状正确，表面光洁。应该指出，一般用铸铁项尖研磨中心孔的办法，不易获得准确的几何

形状，因而与顶尖的接触情况不良，工作过程中常发生“咬死”现象；特别是对未淬硬的顶尖孔，如用铸铁的顶尖和金刚砂研磨，会发生金刚砂嵌入顶尖孔表面的不良后果。有时可采用硬质合金顶尖挤压顶尖孔表面的方法代替顶尖孔的研磨。

2. 严格控制各工序的加工余量和切削用量

为了减少余量，节约金属和工时，往往采用移动中心的方法，使工序间变形的影响减到最低限度。对于长度较大的丝杠，每当高温和低温实效以后，必须检查丝杠的径向跳动，找出跳动最大之处，以该处作为基面，用中心架支持工件，如图 3-7 所示。

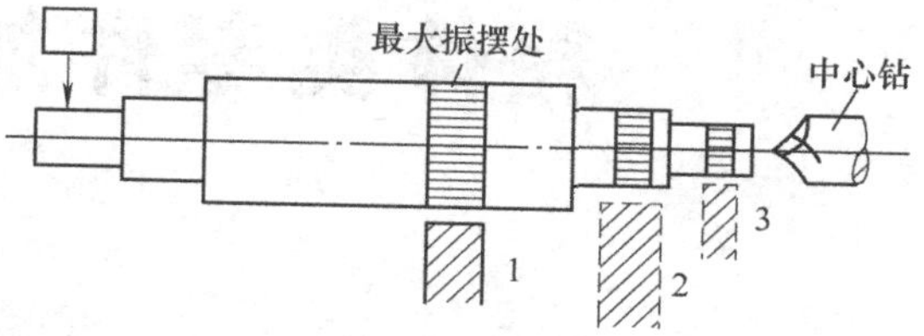

图 3-7 以最大径向跳动处作为基面重新打顶尖孔

切去上道工序所留下的顶尖孔后，按沿全长各处跳动接近最大跳动量的一半为原则，重新打顶尖孔。由于精密丝杠不允许采用冷校直，不得不增大工序间的加工余量，因此，粗加工和半精加工的劳动量也相应增大。为了保证加工质量，同时不致降低生产率，必须正确选择切削用量。根据国内某工厂加工 C868 丝杠的经验，采用下列的加工用量较合适：预加工螺纹时，切削速度为 2～3.5m/min，径向进给量为 0.06mm/r；精车螺纹时，切削速度为 1～1.5m/min，径向进给量为 0.02～0.04mm/r。上述数值还须视具体情况而定，如刀具的耐磨性、材料的加工性、冷却润滑等等。

3. 加工过程中的变形问题

为了减少变形，在工艺过程中，要合理的安排时效工序，以去除内应力，在 C868 丝杠的加工工艺过程中，就安排了多次的时效工序，同时丝杠在安装、放置及热处理时，要注意不能用支承支住或平放，以免引起丝杠的“自重变形”，一定要将丝杠直立吊起。当工件在机床上夹持时，应避免不合理的夹持方式。例如，用前后顶尖支承工件，并用四爪单动卡盘或三爪自定心卡盘夹紧工件，当卡爪所确定的中心对于二顶尖联心线有偏差时，会引起弹性弯曲，即在加工结束之后，没有振摆，但松开卡盘后，就会出现振摆。解决的办法是去掉前顶尖。

对于要求淬硬的精密丝杠，由于淬火后不可避免产生变形，故难以掌握磨削工序中余量的大小，为此可以在淬火后用磨削的方法将螺纹磨去（而不预先车出），以达到要求。但此法很不经济，在小批及试制情况下可以考虑采用。如丝杠长度较大，热处理设备和加工设备都难以满足要求，此时，通常是将毛坯分成若干段，分别加工，在最后精加工之前，再装配成一个整体，然后进入最后的精加工工序，或者在分别加工完毕以后，再进行装配。

4. 普通精度丝杠的加工特点

在成批生产中，加工普通精度丝杠的工艺过程如下：

下料→校直→车端面打中心孔→车外圆及轴颈→校直→粗铣或粗车螺纹→时效处理→校直→修正端面及中心孔→精磨外圆、轴颈→半精车螺纹、精车螺纹→校直→检验。

若是采用热轧钢，则在下料后还需有退火和无心荒车等工序。普通精度的丝杠在粗加工时可用精度较差但生产率高的方法进行，如在螺纹铣床上用圆盘铣刀铣出螺纹。在工序间允许进行多次校直。当产量大时，多在立式炉内进行时效处理，产量小时就用人工敲打和自然时效并用的方法以消除内应力，减少弯曲变形。

课题四

箱体类零件加工工艺编制

给定任务：

加工如图 4-1 所示的车床主轴箱，试编写该零件的加工工艺。

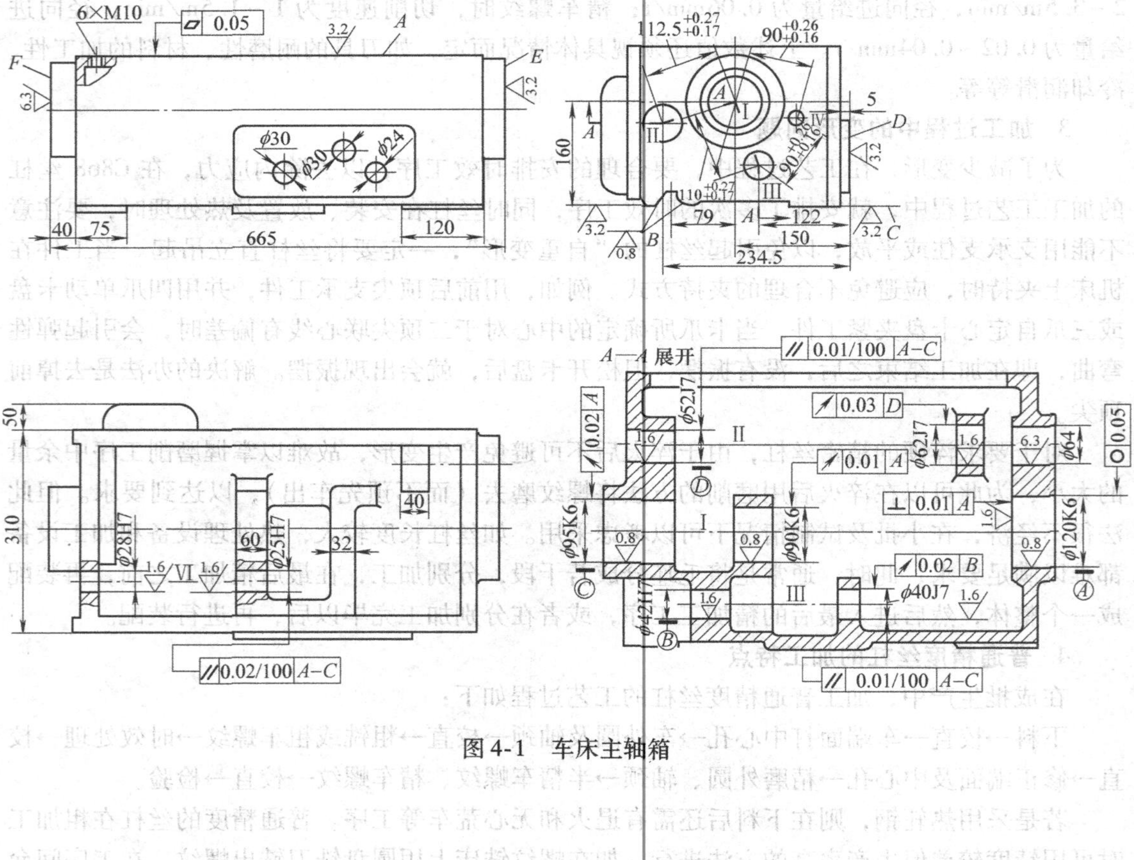

图 4-1　车床主轴箱

4-1 零件分析

一、箱体类零件的功用和结构特点

箱体类零件是机器或箱体部件的基础件。它将机器或箱体部件中的轴、轴承、套和齿轮等零件按一定的相互位置关系装联在一起，按一定的传动关系协调地运动。因此，箱体类零件的加工质量，不但直接影响箱体的装配精度和运动精度，而且还会影响机器的工作精度、使用性能和寿命。

箱体类零件尽管形状各异、尺寸不一，但其结构均有以下的主要特点：

（1）形状复杂 箱体通常作为装配的基础件，在它上面安装的零件或部件愈多，箱体的形状愈复杂，因为安装时要有定位面、定位孔，还要有固定用的螺钉孔等；为了支撑零部件，需要有足够的刚度，采用较复杂的截面形状和加强肋等；为了储存润滑油，需要具有一定形状的空腔，还要有观察孔、放油孔等；考虑吊装搬运，还必需做出吊钩、凸耳等。

（2）体积较大 箱体内要安装和容纳有关的零部件，因此必然要求箱体有足够大的体积。例如，大型减速器箱体长达4～6m、宽约3～4m。

（3）壁薄容易变形 箱体体积大，形状复杂，又要求减少质量，所以大都设计成腔形薄壁结构。但是在铸造、焊接和切削加工过程中往往会产生较大内应力，引起箱体变形。即使在搬运过程中，由于方法不当也容易引起箱体变形。

（4）有精度要求较高的孔和平面 这些孔大都是轴承的支承孔，平面大都是装配的基准面，它们在尺寸精度、表面粗糙度、形状和位置精度等方面都有较高要求。其加工精度将直接影响箱体的装配精度及使用性能。

因此，一般说来，箱体不仅需要加工部位较多，而且加工难度也较大。据统计资料表明，一般中型机床厂用在箱体类零件的机械加工工时约占整个产品的15%～20%。

二、箱体类零件的技术要求

图4-1为某车床主轴箱简图，现以它为例，可归纳为以下5项精度要求：

（1）孔径精度 孔径的尺寸误差和几何形状误差会造成轴承与孔的配合不良。孔径过大，配合过松，使主轴回转轴线不稳定，并降低了支承刚度，易产生振动和噪声；孔径过小，会使配合过紧，轴承将因外圈变形而不能正常运转，缩短寿命。装轴承的孔不圆，也使轴承外圈变形而引起主轴径向跳动。因此，对孔的精度要求是较高的。主轴孔的尺寸公差等级为IT6，其余孔为IT6～IT7。孔的几何形状精度未作规定，一般控制在尺寸公差范围内。

（2）孔与孔的位置精度 同一轴线上各孔的同轴度误差和孔端面对轴线垂直度误差，会使轴和轴承装配到箱体内出现歪斜，从而造成主轴径向跳动和轴向窜动，也加剧了轴承磨损。孔系之间的平行度误差，会影响齿轮的啮合质量。一般同轴上各孔的同轴度约为最小孔尺寸公差之半。

（3）孔和平面的位置精度　一般都要规定主要孔和主轴箱安装基面的平行度要求，它们决定了主轴和床身导轨的相互位置关系。这项精度是在总装通过刮研来达到的。为了减少刮研工作量，一般都要规定主轴轴线对安装基面的平行度公差。在垂直和水平2个方向上，只允许主轴前端向上和向前偏。

（4）主要平面的精度　装配基面的平面度影响主轴箱与床身联接时的接触刚度，加工过程中作为定位基面则会影响主要孔的加工精度。因此，规定底面和导向面必须平直，用涂色法检查接触面积或单位面积上的接触点数来衡量平面度的大小。顶面的平面度要求是为了保证箱盖的密封性，防止工作时润滑油泄出。当大批大量生产将其顶面用作定位基面加工孔时，对它的平面度的要求还要提高。

（5）表面粗糙度　重要孔和主要平面的表面粗糙度会影响联接面的配合性质或接触刚度，其具体要求一般用 R_a 值来评价。一般主轴孔 R_a 值为0.4μm，其他各纵向孔 R_a 值为1.6μm，孔的内端面 R_a 值为3.2μm，装配基准面和定位基准面 R_a 值为0.63～2.5μm，其他平面的 R_a 值为2.5～10μm。

4-2 材料、毛坯及热处理方式选择

箱体零件有复杂的内腔，应选用易于成型的材料和制造方法。铸铁容易成型，切削性能好，价格低廉，并且具有良好的耐磨性和减振性。因此，箱体零件的材料大都选用HT200～400的各种牌号的灰铸铁。最常用的材料是HT200，而对于较精密的箱体零件（如坐标镗床主轴箱）则选用耐磨铸铁。

某些简易机床的箱体零件或小批量、单件生产的箱体零件，为了缩短毛坯制造周期和降低成本，可采用钢板焊接结构。某些大负荷的箱体零件有时也根据设计需要，采用铸钢件毛坯。在特定条件下，为了减轻质量，可采用铝镁合金或其他铝合金制做箱体毛坯，如航空发动机箱体等。

铸件毛坯的精度和加工余量是根据生产批量而定的。对于单件小批量生产，一般采用木模手工造型。这种毛坯的精度低，加工余量大，其平面余量一般为7～12mm，孔在半径上的余量为8～14mm。在大批大量生产时，通常采用金属模机器造型。此时毛坯的精度较高，加工余量可适当减低，则平面余量为5～10mm，孔（半径上）的余量为7～12mm。为了减少加工余量，对于单件小批生产直径大于50mm的孔和成批生产大于30mm的孔，一般都要在毛坯上铸出预孔。另外，在毛坯铸造时，应防止砂眼和气孔的产生；应使箱体零件的壁厚尽量均匀，以减少毛坯制造时产生的残余应力。

热处理是箱体零件加工过程中的一个十分重要的工序，需要合理安排。由于箱体零件的结构复杂，壁厚也不均匀，因此，在铸造时会产生较大的残余应力。为了消除残余应力，减少加工后的变形和保证精度的稳定，所以，在铸造之后必须安排人工时效处理。人工时效的

工艺规范为：加热到500～550℃，保温4～6h，冷却速度小于或等于30℃/h，出炉温度小于或等于200℃。

普通精度的箱体零件，一般在铸造之后安排一次人工时效处理。对一些高精度或形状特别复杂的箱体零件，在粗加工之后还要安排1次人工时效处理，以消除粗加工所造成的残余应力。有些精度要求不高的箱体零件毛坯，有时不安排时效处理，而是利用粗、精加工工序间的停放和运输时间，使之得到自然时效。

箱体零件人工时效的方法，除了加热保温法外，也可采用振动时效来达到消除残余应力的目的。

4-3 箱体类零件的加工方法

箱体零件主要是一些平面和孔的加工，其加工方法和工艺路线常有：

（1）平面加工。采用粗刨→精刨、粗刨→半精刨→磨削、粗铣→精铣或粗铣→磨削（可分粗磨和精磨）等方案。其中刨削生产率低，多用于中小批生产；铣削生产率比刨削高，多用于中批以上生产；当生产批量较大时，可采用组合铣和组合磨的方法来对箱体零件各平面进行多刃、多面同时铣削或磨削。

（2）箱体零件上轴孔加工。可用粗镗（扩）→精镗（铰）或粗镗（钻、扩）→半精镗（粗铰）→精镗（精铰）方案。对于精度在IT6，表面粗糙度R_a值小于1.25μm的高精度轴孔（如主轴孔）则还需进行精细镗或珩磨、研磨等光整加工。

（3）对于箱体零件上的孔系加工。当生产批量较大时，可在组合机床上采用多轴、多面、多工位和复合刀具等方法来提高生产率。

一、箱体上平面的加工方法

（一）铣削加工

1. 概述

铣削加工是在铣床上利用铣刀对工件进行切削加工的方法。它主要用于加工各种平面（如水平面、倾斜面等）、沟槽（如键槽、齿轮、T形槽和螺旋槽等）、成形面（如凸轮）等，如图4-2所示。此外，它也可以加工内孔以及切断工件等。铣削加工的精度一般可达IT10～IT8，表面粗糙度值R_a可达6.3～1.6μm。

铣削加工，铣刀的旋转运动是主运动，工件相对铣刀作直线或曲线运动为进给运动。铣削的切削速度高，而且是多刃切削，生产效率较高，其应用广泛，仅次于车削加工。

2. 铣削要素

铣刀刀齿在刀具上的分布有2种形式，一种是分布在刀具的圆周表面上，一种是分布在刀具的端面上。对应的分别是圆周铣和端铣。

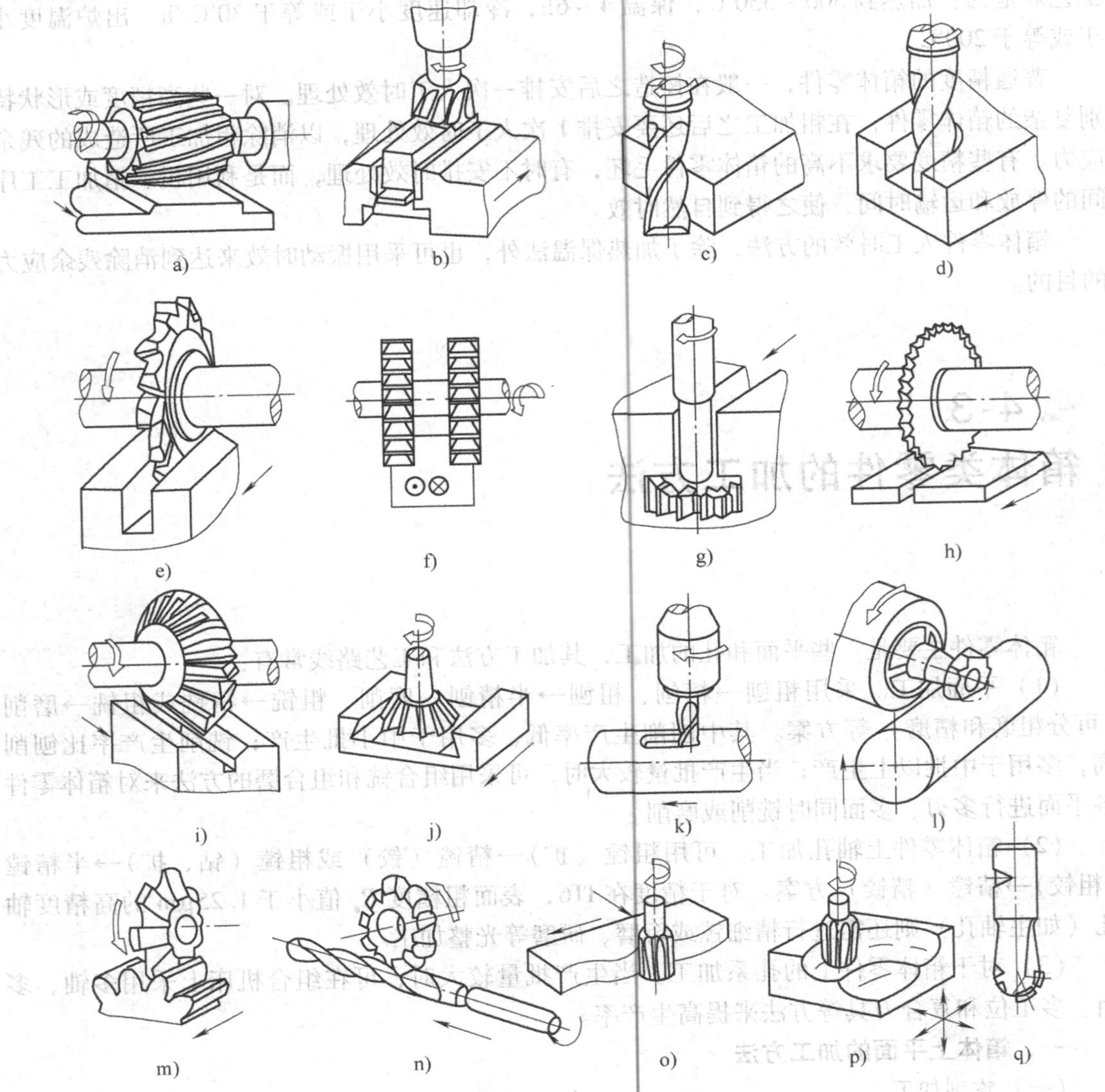

图 4-2 铣削加工的典型表面

a)、b)、c) 铣平面 d)、e) 铣沟槽 f) 铣台阶 g) 铣梯形槽 h) 切断 i)、j) 铣角度槽 k)、l) 铣键槽 m) 铣齿形 n) 铣螺旋槽 o) 铣曲面 p) 铣立体曲面 q) 球头铣刀

(1) 铣削用量要素。铣削用量要素包括背吃刀量 a_p、侧吃刀量 a_e、铣削速度 v_c、进给量 a_f（进给速度 v_f），如图 4-3 所示。

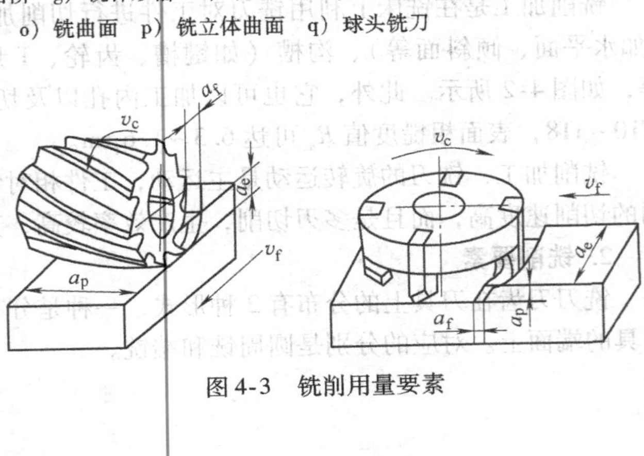

图 4-3 铣削用量要素

1）背吃刀量 a_p。平行于铣刀轴线测量的切削层尺寸为背吃刀量 a_p，单位为 mm。端铣时，背吃刀量为切削层深度；而圆周铣削时，背吃刀

量为被加工表面的宽度。

2）侧吃刀量 a_e。垂直于铣刀轴线测量的切削层尺寸为侧吃刀量 a_e，单位为 mm。端铣时，侧吃刀量为被加工表面宽度；而圆周铣削时，侧吃刀量为切削层深度。

3）铣削速度 v_c。铣削速度是铣刀主运动的线速度，其值可按下式计算：

$$v_c = \pi dn/1000 \tag{4-1}$$

式中　d——铣刀直径（mm）；

n——铣刀转速（r/mm）或（r/s）。

4）铣削进给量。铣削时进给运动的大小有下列 3 种表示方法：

① 每齿进给量 a_f。每齿进给量是铣刀每转 1 个刀齿时，工件与铣刀沿进给方向的相对位移，单位为 mm/z。

② 每转进给量 f。每转进给量是铣刀每转 1 转时，工件与铣刀沿进给方向的相对位移，单位为 mm/z。

③ 进给速度 v_f。进给速度是单位时间内工件与铣刀沿进给方向的相对位移，单位为 mm/min。

三者之间的关系为

$$v_f = fn = a_f zn \tag{4-2}$$

式中　z——铣刀刀齿数目。

铣床铭牌上给出的是进给速度，调整机床时，首先应根据加工条件选择 a_f，然后计算出 v_f，并按 v_f 调整机床。

（2）铣削切削层要素　铣削时，铣刀相邻 2 个刀齿在工件上形成的加工表面之间的一层金属层称为切削层，切削层剖面的形状和尺寸对铣削过程有很大的影响。如图 4-4 所示，切削层要素有以下几个。

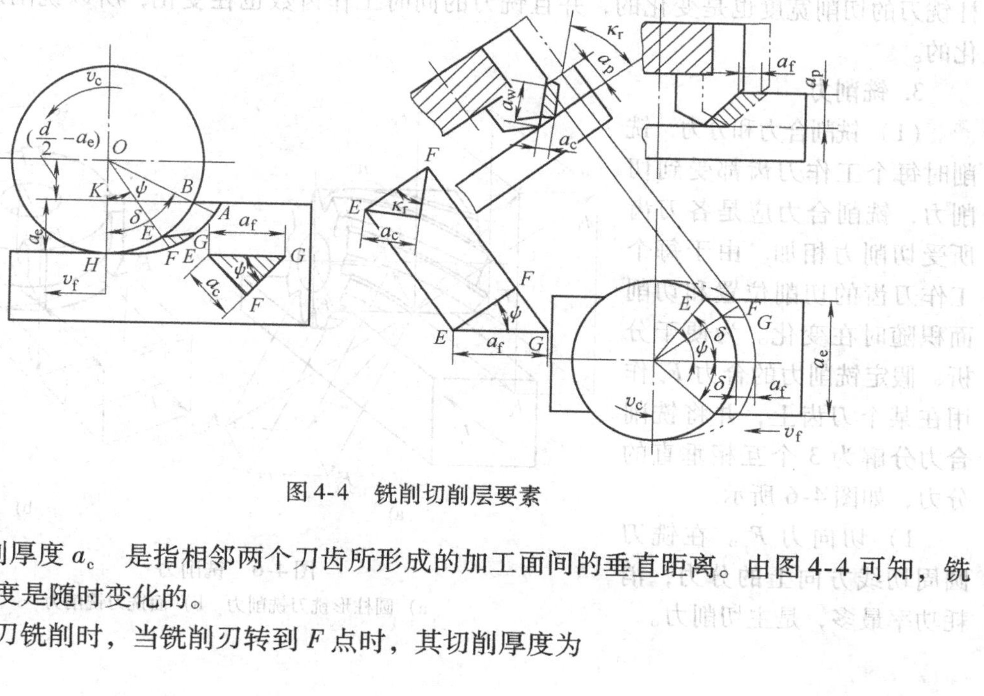

图 4-4　铣削切削层要素

1）切削厚度 a_c　是指相邻两个刀齿所形成的加工面间的垂直距离。由图 4-4 可知，铣削时切削厚度是随时变化的。

圆柱铣刀铣削时，当铣削刃转到 F 点时，其切削厚度为

$$a_c = a_f \sin\psi \tag{4-3}$$

式中 ψ——瞬时接触角，它是刀齿所在位置与起始切入位置间的夹角。

由式（4-3）可知，刀齿在起始位置 H 点时，$\psi=0$，因此 $a_c=0$，为最小值。刀齿即将离开工件到 A 点时，$\psi=\delta$，切削厚度达到最大值。

$$a_c\max = a_f \sin\delta \tag{4-4}$$

螺旋齿圆柱铣刀铣削时切削刃是逐渐切入和切离工件的，切削刃上各点的瞬时接触角不同，因此切削厚度也不相等，如图 4-5 所示。

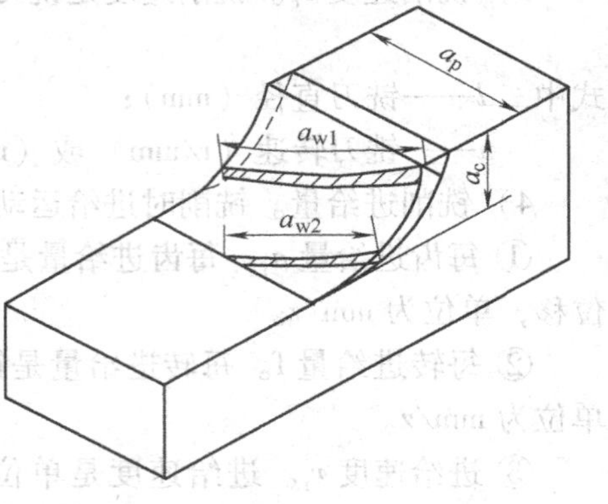

图 4-5 螺旋齿圆柱铣刀切削层要素

端铣时，刀齿在任意位置时的切削厚度为

$$a_c = EF\sin\kappa r = a_f \cos\psi \sin\kappa r \tag{4-5}$$

由于刀齿接触角由最大变为零，然后由零变为最大。因此，刀齿的切削厚度在刚切入工件时为最小，然后逐渐增大，到中间位置为最大，以后又逐渐减小。故平均切削厚度应为

$$a_{cav} = a_f a_e \sin\kappa r / (d\delta) \tag{4-6}$$

2）切削宽度 a_w。为主切削刃参加工作时的长度，如图 4-5 所示。直齿圆柱铣刀的切削宽度与铣削吃刀量 a_p 相等。而螺旋齿圆柱铣刀的切削宽度是变化的。随着刀齿切入切出工件，切削宽度逐渐增大，然后又逐渐减小，因而铣削过程较为平稳。

端铣时，切削宽度保持不变，其值为

$$a_w = a_p / \sin\kappa r \tag{4-7}$$

3）平均切削总面积 A_c。铣刀每个刀齿的切削面积 $A_c = a_c a_w$，铣刀同时有几个刀齿参加切削，切削总面积等于各个刀齿的切削面积之和。铣削时，铣削厚度是变化的，而螺旋齿圆柱铣刀的切削宽度也是变化的，并且铣刀的同时工作齿数也在变化，所以铣削总面积是变化的。

3. **铣削力**

（1）铣削合力和分力 铣削时每个工作刀齿都受到切削力，铣削合力应是各刀齿所受切削力相加。由于每个工作刀齿的切削位置和切削面积随时在变化。为便于分析，假定铣削力的合力 F_r 作用在某个刀齿上，并将铣削合力分解为 3 个互相垂直的分力，如图 4-6 所示。

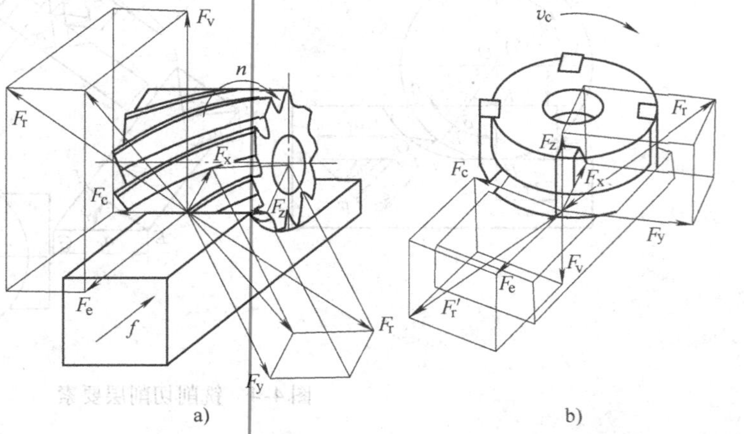

图 4-6 铣削力

a）圆柱形铣刀铣削力 b）面铣刀铣削力

1）切向力 F_y。在铣刀圆周切线方向上的分力，消耗功率最多，是主切削力。

2）径向力 F_x。在铣刀半径方向上的分力，一般不消耗功率，但会使刀杆弯曲变形。

3）轴向力 F_z。在铣刀轴线方向上的分力。

圆周铣削时，F_x 和 F_y 的大小与螺旋齿圆柱铣刀的螺旋角有关；而端铣时，与面铣刀的主偏角 β 有关。

（2）工件所受的切削力　可按铣床工作台运动方向来分解，如图 4-6 所示。

1）纵向分力 F_e。与纵向工作台运动方向一致的分力。它作用在铣床纵向进给机构上。

2）横向分力 F_c。与横向工作台运动方向一致的分力。

3）垂直分力 F_v。与铣床垂直进给方向一致的分力。

4. 铣削加工的特点

1）铣削时铣刀连续转动，并且允许较高的铣削速度，而且是多刃切削，因此具有较高的生产率。

2）铣削属于断续切削，切削厚度和面积随时在变化，因而切削力波动，引起铣削过程不平稳。另外，工作时，铣削时铣刀各刀齿依次切入和切出工件，其工作是周期性的，所以产生周期性振动。

3）铣刀的刀齿多，切削刃的总长度大，而且每个刀齿工作时间短，在空气中冷却时间长，故散热条件较好，有利于提高刀具耐用度和生产率。

4）铣削过程中，铣刀刀齿在工件表面滑动，使铣刀刀齿与工件产生很大的挤压和摩擦，使刀具刀齿后面磨损加剧，工件加工硬化现象严重，表面粗糙。

5. 铣刀及其分类

由于铣削加工用途广，故而铣刀的种类很多，如图 4-7 所示。

（1）按铣刀的用途分类

1）圆柱铣刀。它用于卧式铣床上加工平面，主要用高速钢制造。刀齿分布在铣刀的圆周上，齿形分为直齿和螺旋齿两种。一般多采用螺旋齿以提高切削工作的平稳性。

2）三面刃铣刀。三面刃铣刀又叫做盘铣刀，主要用在卧式铣床上加工台阶面和沟槽。它的圆柱切削刃担负主要切削作用，端面切削刃担负修光作用。

3）锯片铣刀。它用于加工深槽和切断工件，主要用于卧式铣床。它是整体的直齿圆盘铣刀，在圆周上有较多刀齿，为了减少铣削时的摩擦，刀齿两侧有 15′~1°的副偏角。在相同外径下，按照刀齿数量的多少，分为粗齿和细齿两种。

4）立铣刀。它用于铣削台阶面、小平面和沟槽，主要用于立式铣床。立铣刀都是带柄的，小直径为柱柄，大直径为莫氏锥柄。它的圆柱切削刃担负主要切削作用，端面切削刃担负修光作用。立铣刀端面齿没有到达刀具中心，工作时不能沿轴向进给。

5）键槽铣刀。它主要用于铣削轴上的键槽。它的外形与立铣刀相似，也是带柄的，具有两个螺旋刀齿。键槽铣刀的端面切削刃到中心，因此，键槽铣刀的端面切削刃也可以担负主要切削作用，作轴向进给，直接切入工件。还有一种半圆键槽铣刀，专门用来铣削轴上的半圆键槽。

另外，还有加工多齿刀具容屑槽的角度铣刀、加工成形表面的成形铣刀以及组合铣刀等，就不再一一叙述了。

（2）按铣刀的结构分类

1）整体式。刀齿和刀体制成一体。

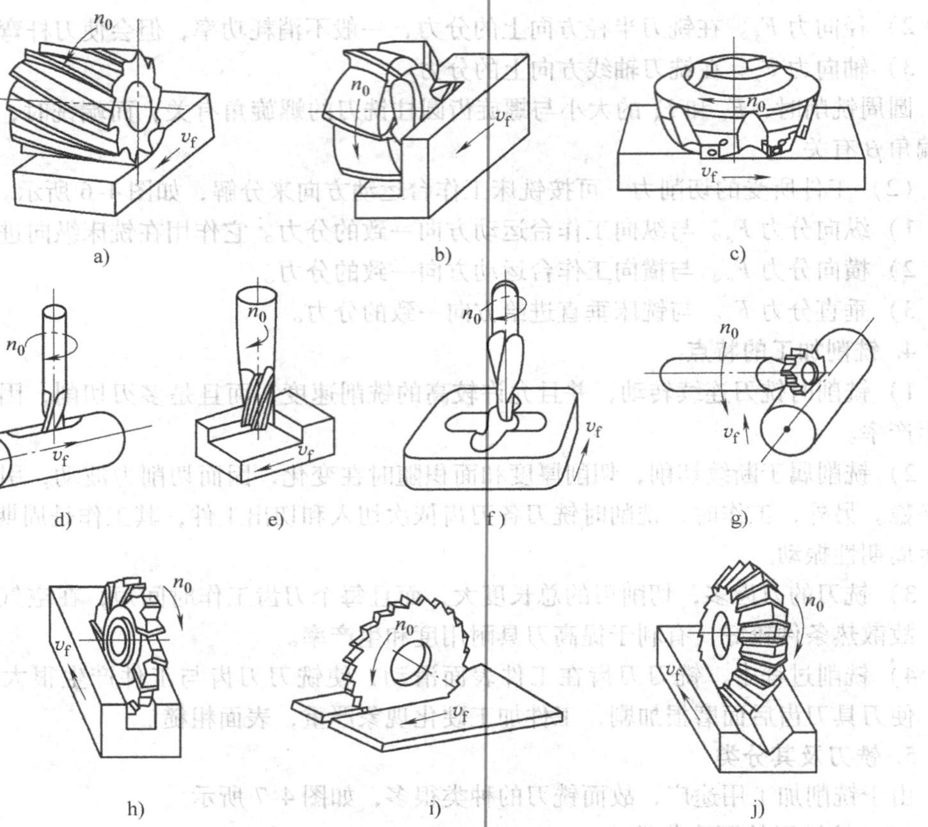

图 4-7 铣刀的种类

a）圆柱铣刀 b）端铣刀 c）硬质合金端铣刀 d）键槽铣刀 e）立铣刀 f）模具铣刀 g）半圆键槽铣刀 h）三面刃铣刀 i）锯片铣刀 j）角度铣刀

2）整体焊接式。刀齿采用硬质合金或其他耐磨材料制成，并钎焊在刀体上。

3）镶齿式。刀齿采用机械方法装夹在刀体上。这种刀头能够更换，可以是整体刀具材料的刀头，也可以是焊接刀具材料的刀头。刀头装夹在刀体上刃磨的铣刀称为体内刃磨式，刀头单独刃磨的称为体外刃磨式。

4）可转位式。将能够转位使用的多边形刀片采用机械方法装夹在刀体上。这种结构已广泛应用于立铣刀、三面刃铣刀以及成形铣刀等各类铣刀上。可转位式硬质合金铣刀现在已经使用得越来越广泛。

（3）按铣刀的齿背加工形式分类 铣刀的齿背形式如图 4-8 所示。

1）尖齿铣刀。尖齿铣刀的齿槽及齿背由是用角度铣刀或成形铣刀铣削而成，使用中重磨后面。尖齿铣刀的齿背有直线、曲线和折线三种形式。直线齿背常用于细齿的精加工铣刀，曲线和折线齿背的刀齿强度较高，能够承受较大的切削负载，多用于粗齿铣刀。目前，大多数尖齿铣刀结构、参数已经标准化。

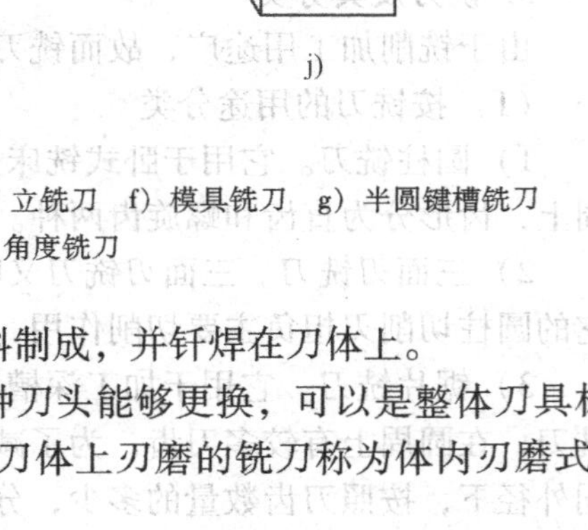

图 4-8 铣刀齿背形式

2）铲齿铣刀。铲齿铣刀齿背用铲齿的方法加工

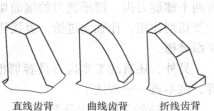

而成。铣刀磨损后，沿前刀面重磨，重磨后铣刀刃形能保持不变，因此适用于切削廓形较复杂的铣刀，如成形铣刀等。

（4）按铣刀的材料分类

1）高速钢铣刀。通用性好，可用于加工结构钢、合金钢、铸铁和非铁金属。切削钢件时，必须浇注充分的切削液。

2）硬质合金铣刀。可以高效的铣削各种钢、铸铁和非铁金属。

3）陶瓷铣刀。它用于淬硬钢和铸铁、有色金属等材料的精铣。

4）金刚石铣刀。它用于铣削塑料、复合材料、有色金属及其合金。

5）立方氮化硼铣刀。它用于半精铣及精铣高温合金、淬硬钢和冷硬铸铁。

除此之外，铣刀还可以按刀齿数目分为粗齿铣刀和细齿铣刀。在直径相同的情况下，粗齿铣刀的刀齿数较少，刀齿的强度和容屑空间较大，适用于粗加工；细齿铣刀适用于半精加工和精加工。

6. 铣削方式及其应用

铣削属于断续切削，实际切削面积随时都在变化，因此铣削力波动大，冲击与振动大，铣削平稳性差。但采用合理的铣削方式，会减缓冲击与振动，还对提高铣刀耐用度、工件质量和生产率具有重要的作用。

（1）周铣 圆柱铣刀在铣削平面时，主要是利用圆周上的切削刃切削工件，所以称之为周铣。其铣削方式分为顺铣和逆铣两种，如图 4-9 所示。

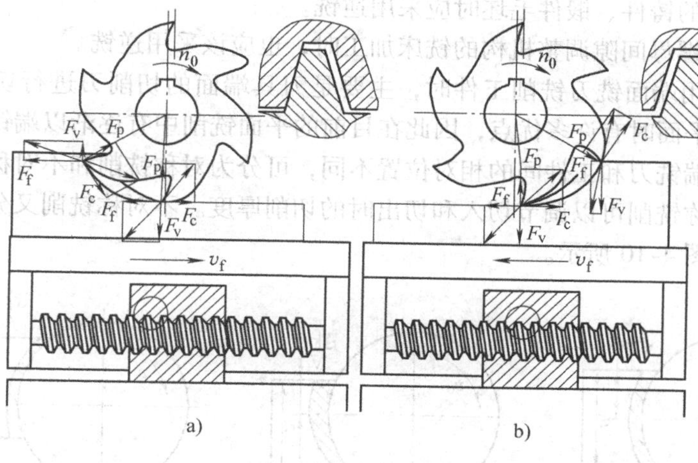

图 4-9 逆铣和顺铣
a）逆铣 b）顺铣

1）逆铣。当铣刀切削刃与铣削表面相切时，若切点铣削速度的方向与工件进给速度的方向相反，称为逆铣。

逆铣具有如下特点：

① 切削厚度由薄变厚。当切入时，由于刃口钝圆半径大于瞬时切削厚度，刀齿与工件表面进行挤压和摩擦，刀齿较易磨损。尤其当冷硬现象严重时，更加剧刀齿的磨损，并影响已加工表面的质量。

② 刀齿作用于工件上的垂直进给分力 F_p 向上，有挑起工件的趋势，因此要求夹紧可靠。

③ 纵向进给力 F_f 与纵向进给方向相反，使铣床工作台进给机构中的丝杠与螺母始终保持良好的左侧接触，故工作台进给速度均匀，铣削过程平稳。

④ 逆铣时，刀齿是从切削层内部开始的，当工件表面有硬皮时，对刀齿没有直接的影响。

2）顺铣。当铣刀切削刃与铣削表面相切时，若切点的铣削速度的方向与工件进给速度的方向相同，称为顺铣。

顺铣具有如下特点：

① 切削厚度由厚变薄，容易切下切屑，刀齿磨损较慢，已加工表面质量高。有些实验表明，相对逆铣，刀具寿命可提高 2 ~3 倍。尤其在铣削难加工材料时效果更加明显。

② 刀齿作用于工件上的垂直进给分力 F_p，压向工作台，有利于夹紧工件。

③ 纵向进给分力 F_f 与纵向进给方向相同，当丝杠与螺母存在间隙时，会使工作台带动丝杠向左窜动，造成进给不均匀，会影响工件表面粗糙度，也会因进给量突然增大而容易损坏刀齿。

3）铣削方式的选择。综和所述逆铣和顺铣的特点，选择铣削方式的原则如下：

① 因为顺铣无滑移现象，加工后的表面质量较好，所以顺铣多用于精加工。逆铣多用于粗加工。

② 加工有硬皮的铸件、锻件毛坯时应采用逆铣。

③ 使用无丝杠螺母间隙调整机构的铣床加工时，也应该采用逆铣。

（2）端铣 采用端面铣刀铣削工件时，主要是刀具端面的切削刃进行切削，故称为端铣。端铣刀在铣削平面时有许多优点，因此在目前的平面铣削中有逐渐以端铣刀来代替圆柱铣刀的趋势。根据端铣刀和工件间的相对位置不同，可分为对称铣削和不对称铣削两种不同的铣削方式。不对称铣削可以调节切入和切出时的切削厚度。不对称铣削又分为不对称顺铣和不对称逆铣，如图 4-10 所示。

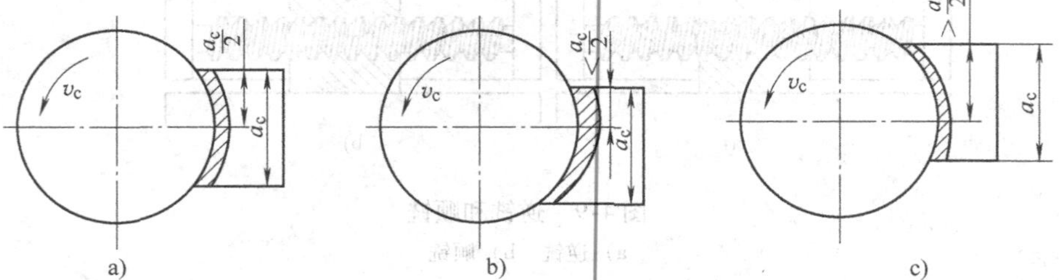

图 4-10 对称铣削和不对称铣削

a）对称铣削 b）不对称逆铣 c）不对称顺铣

1）对称铣削。刀齿切入、切出工件时，切削厚度相同的铣削称为对称铣削。一般端铣时常用这种铣削方式。

2）不对称铣削

① 不对称逆铣。刀齿切入时的切削厚度最小，切出时的切削厚度最大。这种铣削方式

切入冲击小，常用于铣削碳钢和低合金钢，如9Cr2。

② 不对称顺铣。刀齿切入、切出时的切削厚度正好与不对称逆铣相反。这种铣削方式可减小硬质合金的剥落破损，提高刀具寿命，可用于铣削不锈钢和耐热金，如2Cr13、1Cr18Ni9Ti。

7. 铣削加工常用装夹方法

（1）用压板装夹工件　尺寸较大的工件，往往直接装夹在工作台上，用螺栓和压板压紧。为了确定加工面与铣刀的相对位置一般需要找正。在单件、小批生产时，可用划针或百分表逐件找正；也可以把铁丝缠在刀杆上，或者用黄油把大头针粘在铣刀的刀齿上进行找正。当生产批量较大时，可采用定位件，如平铁等。预先将平铁的位置找正好，并且压紧，然后将工件的基准面靠住平铁即可。图4-11所示为工件用压板装夹的情况。

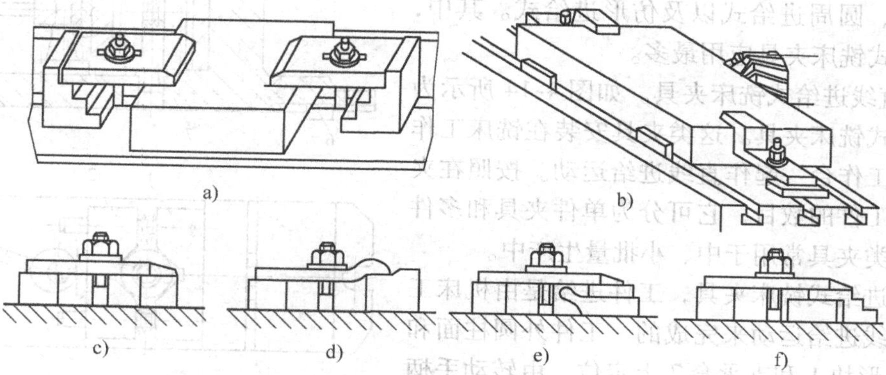

图4-11　用压板装夹工件

（2）用平口钳装夹工件　对于中小尺寸、形状简单的工件，一般装夹在平口钳中。使用平口钳装夹工件时，要保证平口钳在工作台上的位置正确，必要时应当用百分表找正固定钳口面，使其与机床工作台运动方向平行或垂直。工件下面要垫放适当厚度的平行垫铁，夹紧时应使工件紧密地靠在平行垫铁上。工件高出钳口时，伸出钳口两端不能太多，以防铣削时振动。图4-12所示为使用平口钳装夹工件的情况。

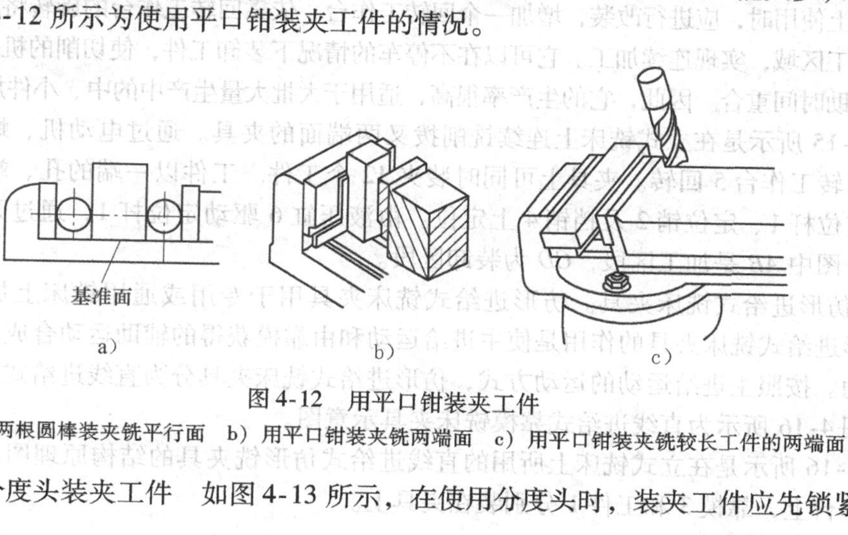

图4-12　用平口钳装夹工件

a）用两根圆棒装夹铣平行面　b）用平口钳装夹铣两端面　c）用平口钳装夹铣较长工件的两端面

（3）用分度头装夹工件　如图4-13所示，在使用分度头时，装夹工件应先锁紧分度头主轴。在紧固工件时，禁止用管子套在手柄上施力。调整好分度头主轴仰角后，应将基座上4个螺钉拧紧，以免零位移动。在分度头两顶尖间装夹轴类工件时，应使前后顶尖的中心线重合。用分度头分度时，分度手柄应向一个方向摇动，如果摇过位置，需反摇多余超过的距离再摇回到正确位置，以消除间隙。分度手柄的定位销应慢慢插入分度盘的孔内，切勿突然撒手，以免损坏分度盘。

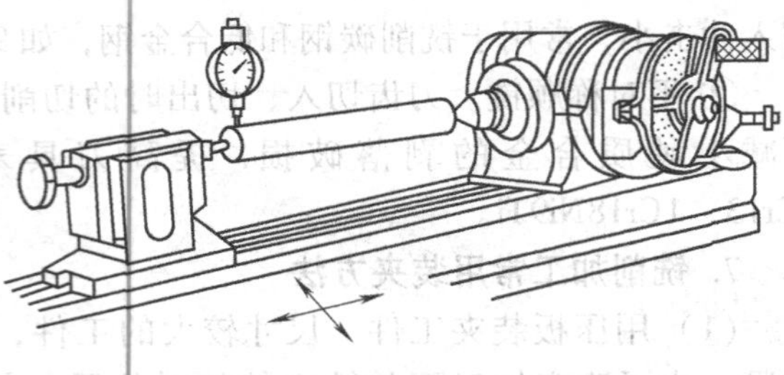

图4-13 用分度头装夹工件

（4）用专用夹具装夹工件 铣床夹具按照铣削时的进给方式，通常将铣床夹具分为三类：直线进给式、圆周进给式以及仿形进给式。其中，直线进给式铣床夹具应用最多。

1）直线进给式铣床夹具。如图4-14所示为直线进给式铣床夹具。这类夹具安装在铣床工作台上，随工作台一起作直线进给运动。按照在夹具上装夹工件的数目，它可分为单件夹具和多件夹具。这类夹具常用于中、小批量生产中。

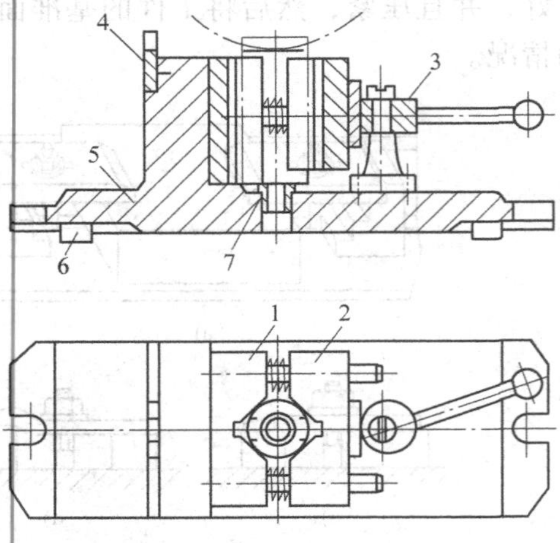

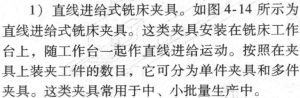

图4-14 直线进给式铣床夹具

1、2—V形块 3—偏心轮 4—对刀块 5—夹具体 6—定位键 7—支承套

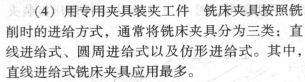

直线进给式铣床夹具，工件进给是由机床工作台的直线进给运动来完成的。工件外圆柱面和端面在V形块1和支承套7上定位，由转动手柄带动偏心轮3转动，驱动V形块2移动将工件夹紧工件。利用定位键6和机床工作台上的T形槽配合确定夹具相对于机床的正确位置后，再用螺栓紧固。对刀块4用来确定刀具相对于夹具的位置。

2）圆周进给式铣床夹具。圆周进给式铣床夹具通常用于具有回转工作台的立式铣床上。在通用铣床上使用时，应进行改装，增加一个回转工作台。依靠回转工作台的旋转将工件顺序送入铣床的加工区域，实现连续加工。它可以在不停车的情况下装卸工件，使切削的机动时间和装卸工件的辅助时间重合。因此，它的生产率很高，适用于大批大量生产中的中、小件加工。

图4-15所示是在立式铣床上连续铣削拨叉两端面的夹具。通过电动机、蜗轮副传动机构带动回转工作台5回转。夹具上可同时装夹12个工件。工件以一端的孔、端面及侧面在夹具的定位杆1、定位销2及挡销4上定位。由液压缸6驱动定位杆1，通过开口垫圈3夹紧工件。图中*AB*是加工区段，*CD*为装卸区段。

3）仿形进给式铣床夹具。仿形进给式铣床夹具用于专用或通用铣床上加工各种成形面。仿形进给式铣床夹具的作用是使主进给运动和由靠模获得的辅助运动合成加工所需要的仿形运动。按照主进给运动的运动方式，仿形进给式铣床夹具分为直线进给式和圆周进给式两种。图4-16所示为直线进给式靠模铣床夹具示意图。

图4-16所示是在立式铣床上所用的直线进给式仿形铣夹具的结构原理图。夹具安装在铣床工作台上，靠模3和工件1分别装在夹具上。

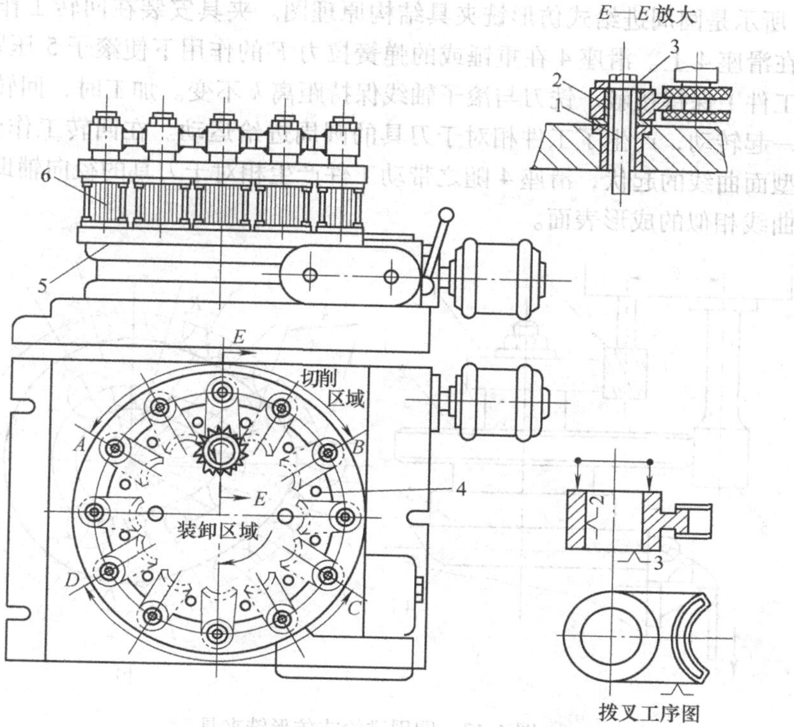

图4-15　连续铣削拨叉两端面的夹具

1—定位杆　2—定位销　3—开口垫圈　4—挡销　5—回转工作台　6—液压缸

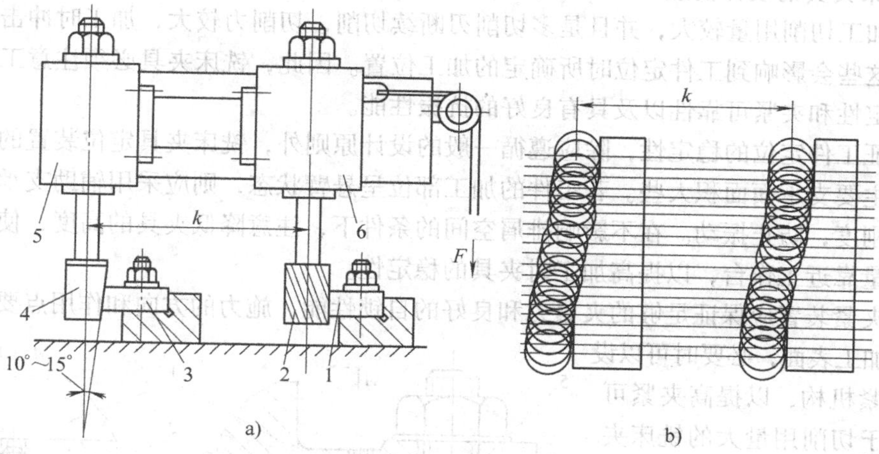

图4-16　直线进给式靠模铣床夹具示意图

1—工件　2—铣刀　3—靠模　4—滚子　5—滚子滑座　6—铣刀滑座

滚子滑座5和铣刀滑座6两者连成一体，并始终保持两者轴线距离k不变。该滑座体在重锤或弹簧拉力F的作用下，迫使滚子4压紧在靠模3上，铣刀2则与工件1保持接触。

当铣床工作台作纵向直线移动时，工件随夹具一起纵向移动，滑座体作辅助的横向进给运动，从而能加工出与靠模板形状相似的成形表面来。

图 4-17 所示是圆周进给式仿形铣夹具结构原理图。夹具安装在回转工作台 3 上，回转工作台安装在滑座 4 上。滑座 4 在重锤或的弹簧拉力 F 的作用下使滚子 5 压紧在靠模 2 上，铣刀 6 则与工件 1 保持接触。铣刀与滚子轴线保持距离 k 不变。加工时，回转工作台带动靠模板和工件一起转动，产生了工件相对于刀具的圆周进给运动。在回转工作台转动的同时，由于靠模板型面曲线的起伏，滑座 4 随之带动工件产生相对于刀具的径向辅助运动，从而加工出与靠模曲线相似的成形表面。

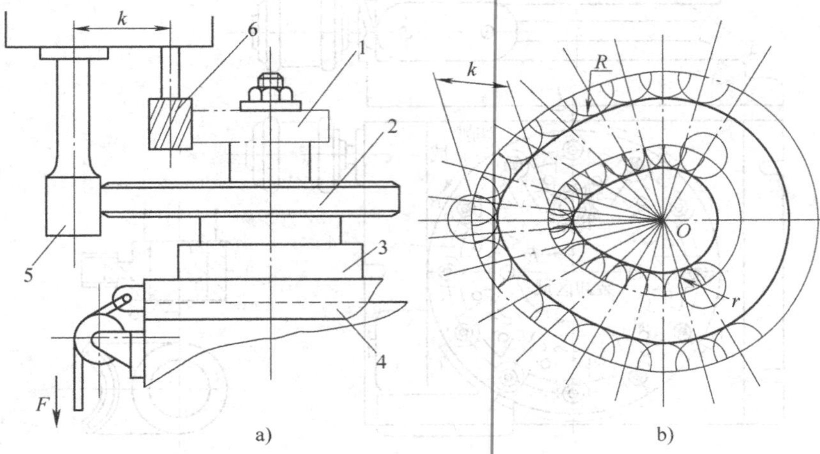

图 4-17　圆周进给式仿形铣夹具

1—工件　2—靠模　3—回转工作台　4—滑座　5—滚子　6—铣刀

8. 铣床夹具的设计要点

铣削加工切削用量较大，并且是多切削刃断续切削，切削力较大，加工时冲击、振动也较严重，这些会影响到工件定位时所确定的加工位置。因此，铣床夹具必须注意工件在夹具上定位稳定性和夹紧可靠性以及具有良好的抗振性能。

为保证工件定位的稳定性，除应遵循一般的设计原则外，铣床夹具定位装置的布置，还应尽量使主要支承面面积大些。若工件的加工部位呈悬臂状态，则应采用辅助支承，增加工件的安装刚度，防止振动。在不影响排屑空间的条件下，注意降低夹具的高度，使工件的加工表面尽量靠近工作台，以提高加工时夹具的稳定性。

设计夹紧装置应保证足够的夹紧力和良好的自锁性能。施力的方向和作用点要恰当，并尽量靠近加工表面，必要时可以设置辅助夹紧机构，以提高夹紧可靠性。对于切削用量大的铣床夹具，如果设计手动夹紧机构，一般最好采用螺旋夹紧机构。

为了确定夹具与机床工作台的相对位置，在夹具的底面上应设置定向键，并使用螺栓紧固，如图 4-18 所示。

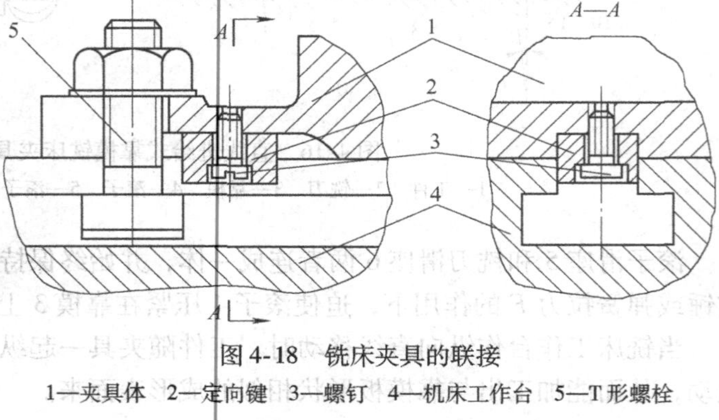

图 4-18　铣床夹具的联接

1—夹具体　2—定向键　3—螺钉　4—机床工作台　5—T 形螺栓

定向键是铣床夹具上的一个

特殊元件，它安装于夹具底面的纵向键槽内，一般使用两个，其距离尽可能布置远些，这样定向精度较高。小型夹具也可使用一个长键。通过键与铣床工作台上T形槽的配合，使夹具上定位元件的工作表面相对于工作台的进给方向具有正确的位置。除定位之外，定向键可承受部分的切削扭矩，减轻夹紧螺栓的负荷，增加夹具的稳定性。因此，铣削平面的夹具有时也装有定向键。图4-19是定向键的结构。定向键的键宽 b（或圆柱定向键的直径 D），常按h6或h8设计。

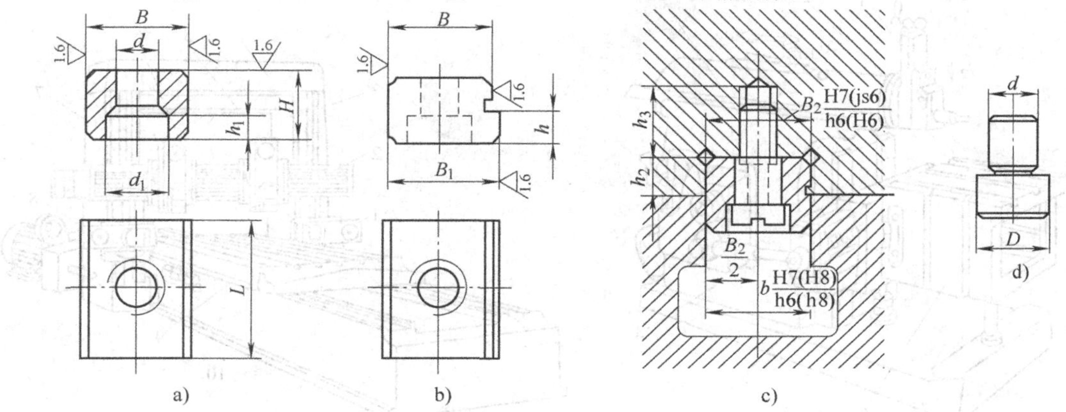

图4-19 定向键

对于定向精度要求高的重型铣床夹具，一般不宜采用定向键，而是在夹具体的适当位置上加工出一窄长的平面作为找正的基面，以用校正夹具的正确安装位置，如图4-20所示。

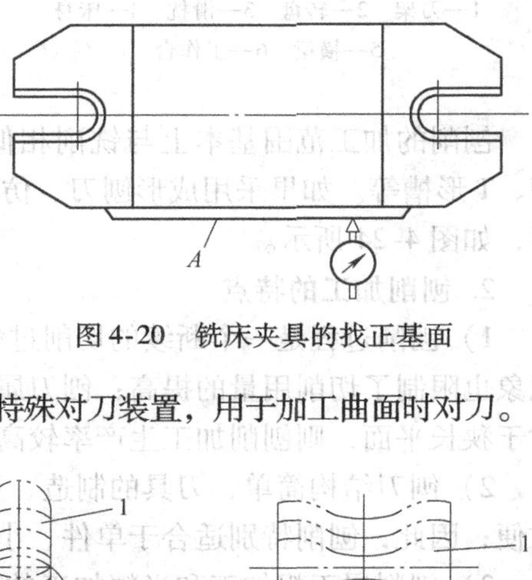

图4-20 铣床夹具的找正基面

对刀装置主要用来确定刀具与夹具的相对位置的元件，由对刀块和塞尺组成，如图4-21所示。图a为圆形对刀装置，用于加工单一平面时对刀；图b为直角对刀装置，用于加工两相互垂直面或铣槽时对刀；图c为V形对刀装置，用于加工对称槽时对刀；图d为特殊对刀装置，用于加工曲面时对刀。

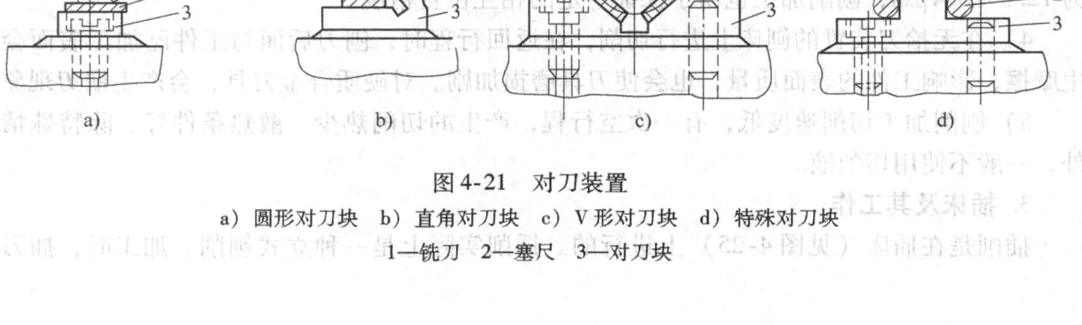

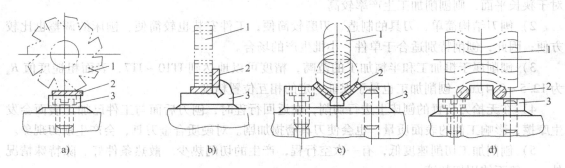

图4-21 对刀装置

a）圆形对刀块 b）直角对刀块 c）V形对刀块 d）特殊对刀块

1—铣刀 2—塞尺 3—对刀块

（二）刨削加工

1. **概述** 刨削是在刨床上使用刨刀进行切削加工的一种方法。在牛头刨床（见图4-22）上刨削时，刨刀的往复直线移动为主运动，工件随工作台在垂直与主运动方向作间隙性的进给运动。在龙门刨床（见图4-23）上刨削时，切削运动和牛头刨床相反，此时安装在工作台上的工件作往复直线移动为主运动，而刨刀则作间隙性的进给运动。牛头刨床属于中型通用机床，适用于加工中、小型零件。龙门刨床适用于加工大型或重型零件，以及若干件小型零件同时刨削。

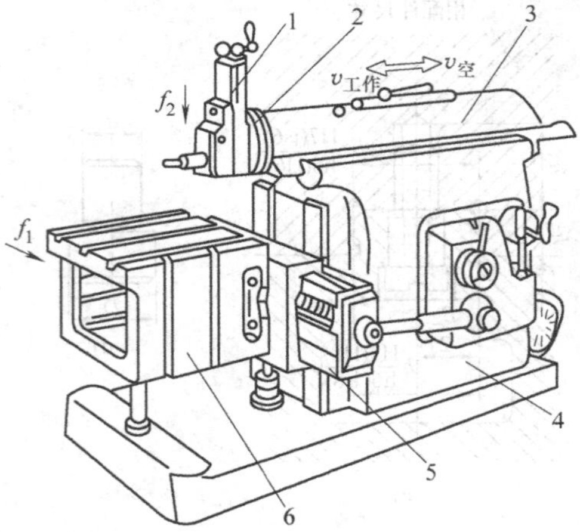

图4-22 牛头刨床

1—刀架 2—转盘 3—滑枕 4—床身 5—横梁 6—工作台

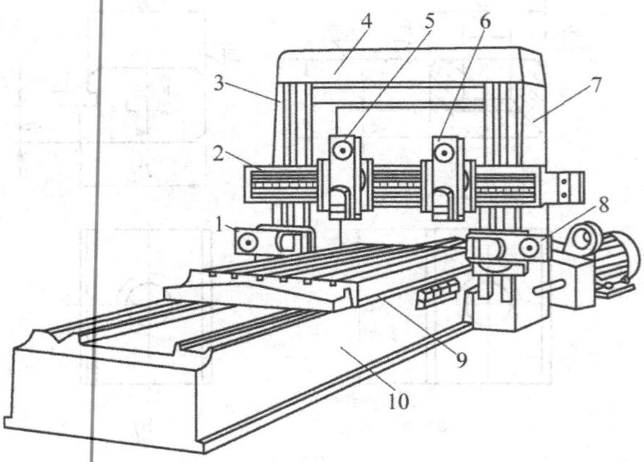

图4-23 龙门刨床

1、8—左、右侧刀架 2—横梁 3、7—立柱 4—顶梁 5、6—垂直刀架 9—工作台 10—床身

刨削的加工范围基本上与铣削相似，可以刨削平面、台阶面、燕尾面、矩形槽、V形槽、T形槽等。如果采用成形刨刀、仿形装置等辅助装置，也可以加工曲面、齿轮的成形表面，如图4-24所示。

2. **刨削加工的特点**

1）刨削过程是一个断续的切削过程，刨刀的返回行程一般不进行切削；切削时有冲击现象也限制了切削用量的提高；刨刀属于单刃刀具，因此刨削加工的生产率是比较低的。但对于狭长平面，则刨削加工生产率较高。

2）刨刀结构简单，刀具的制造、刃磨较简便，工件安装也较简便，刨床的调整也比较方便，因此，刨削特别适合于单件、小批生产的场合。

3）刨削属于粗加工和半精加工的范畴，精度可以地达到IT10～IT7，表面粗糙度值 R_a 为12.5～0.4μm，刨削加工也易于保证一定的相互位置精度。

4）在无抬刀装置的刨床上进行切削，在返回行程时，刨刀后面与工件已加工表面会发生摩擦，影响工件的表面质量，也会使刀具磨损加剧。对硬质合金刀具，会产生崩刃现象。

5）刨削加工切削速度低，有一次空行程，产生的切削热少。散热条件好。除特殊情况外，一般不使用切削液。

3. **插床及其工作**

插削是在插床（见图4-25）上进行的。插削实际上是一种立式刨削。加工时，插刀安

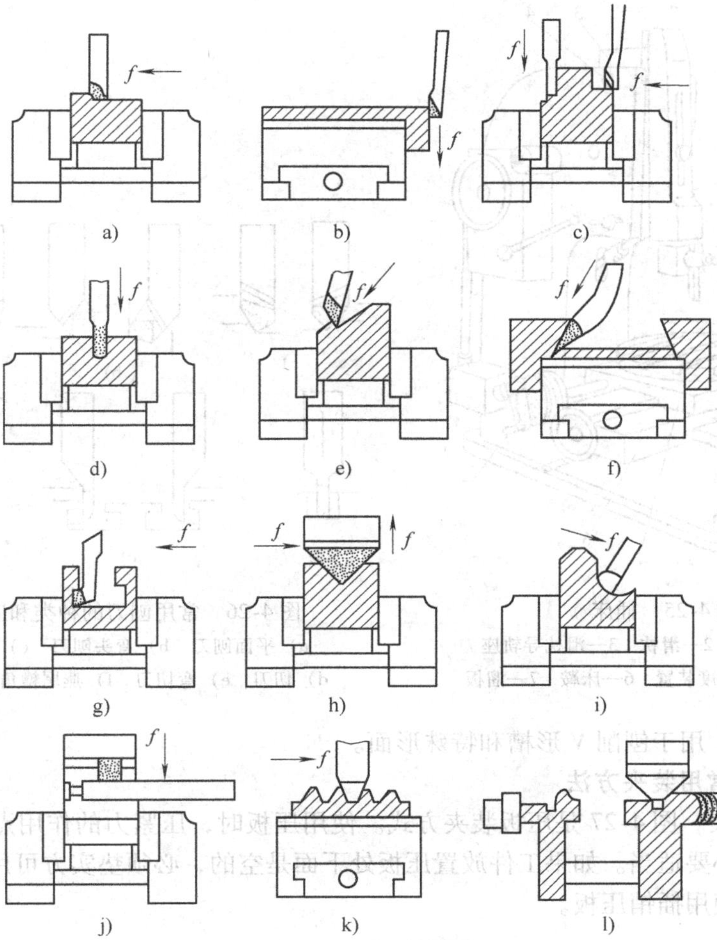

图 4-24　刨削加工的主要应用范围

a）刨平面　b）刨垂直面　c）刨阶台　d）刨沟槽　e）刨斜面　f）刨燕尾槽　g）刨 T 形槽　h）刨形槽　i）刨曲面　j）孔内刨削　k）刨齿条　l）刨复合表面

装在滑枕下部的刀架上，滑枕可沿床身导轨作垂直的往复直线运动。安装工件的工作台由下滑板、上滑板及圆工作台等三部分组成。下滑板可作横向进给，上滑板可作纵向进给，圆工作台则可带动工件回转。它的生产率较低，一般适用于单件、小批生产。大多用于插削直线的成形内、外表面，如内孔键槽、多边形孔和花键孔等，尤其是能加工一些不通孔或有障碍台阶的内凹花键槽。

4. 刨削加工常用刀具　按刨刀用途分为平面刨刀、偏刀、切刀、弯切刀、角度刀和样板刀等，如图 4-26 所示。

（1）平面刨刀　用于刨削水平面，有直头刨刀和弯头刨刀。

（2）偏刀　用于刨削台阶面、垂直面和外斜面等。

（3）切刀　用于刨削直角槽和切断工件等。

（4）弯切刀　用于刨削 T 形槽和侧面直槽。

（5）角度刀　用于刨削燕尾槽和内斜面等。

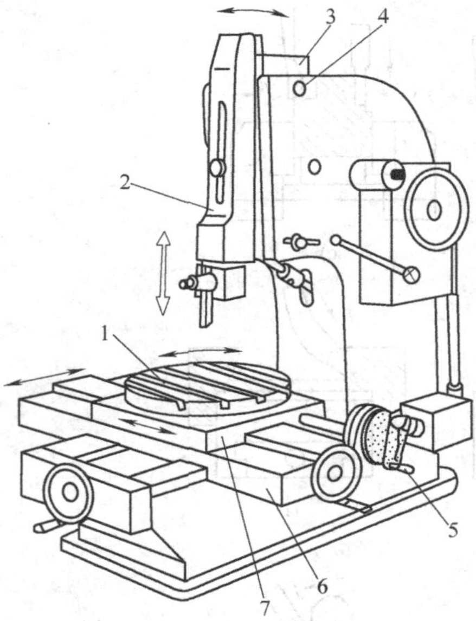

图 4-25 插床

1—圆工作台 2—滑枕 3—滑枕导轨座

4—销轴 5—分度装置 6—床鞍 7—溜板

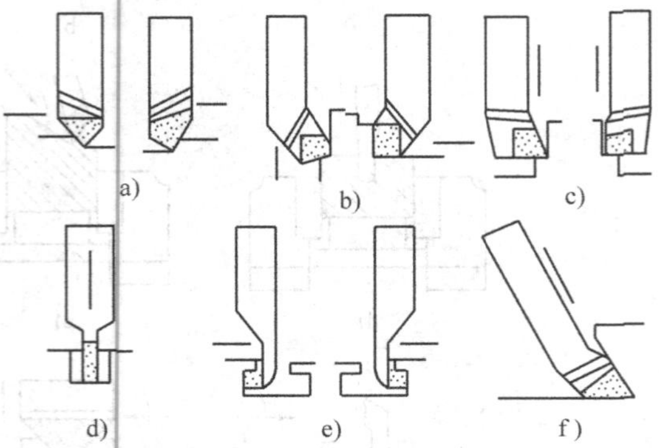

图 4-26 常用刨刀的种类和应用

a）平面刨刀 b）弯头刨刀 c）偏刀

d）切刀 e）弯切刀 f）燕尾槽角度刨刀

（6）样板刀 用于刨削 V 形槽和特殊形面。

5. 刨削加工常用装夹方法

（1）压板装夹 图 4-27 是压板装夹方式。使用压板时，压紧力的作用点最好靠近切削处，压紧力的大小要适当。如果工件放置压板处下面是空的，必须垫实方可用压板压紧。如压紧内孔面，应使用插销压板。

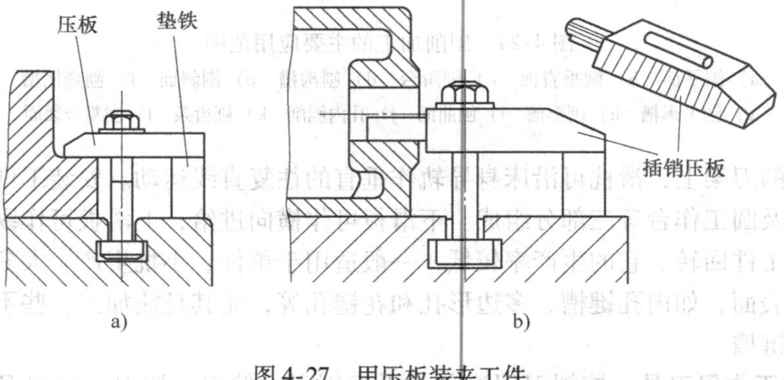

图 4-27 用压板装夹工件

（2）平口钳装夹 图 4-28 所示为用平口钳装夹工件的方式。在平口钳上装夹工件时，首先要保证平口钳在工作台上的正确位置，必要时使用百分表进行找正。工件不能伸出钳口两端或高出钳口面太多，因此工件下面的垫块厚度应适当。夹紧时，应该使工件紧靠在垫块上。

（3）薄壁件的装夹 刨削薄壁工件时，由于工件刚性不足，很容易产生夹紧变形或者

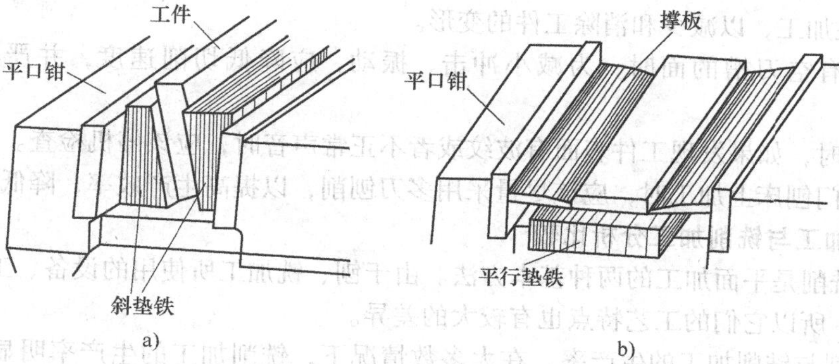

图 4-28　用平口钳装夹工件

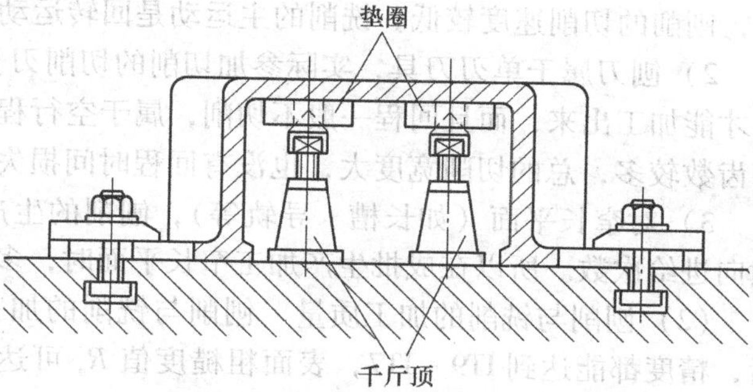

图 4-29　薄壁件的装夹

刨削时发生振动，因此需要将工件垫实后再进行夹紧，或者在切削受力处用千斤顶支撑，如图 4-29 所示。

（4）复杂工件装夹　刨削复杂工件时，可采用直角铁和 C 字形夹头装夹，如图 4-30 所示。

（5）利用夹具装夹　图 4-31 所示为一刨削轴承座 30°斜面的夹具。工件以底平面和一侧面定位，用螺栓与压板夹紧，加工与底平面成 30°斜角的上平面。

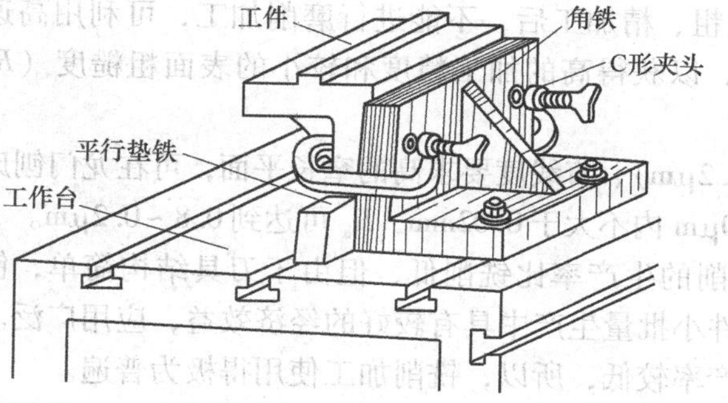

图 4-30　用直角铁和 C 形夹头装夹复杂工件

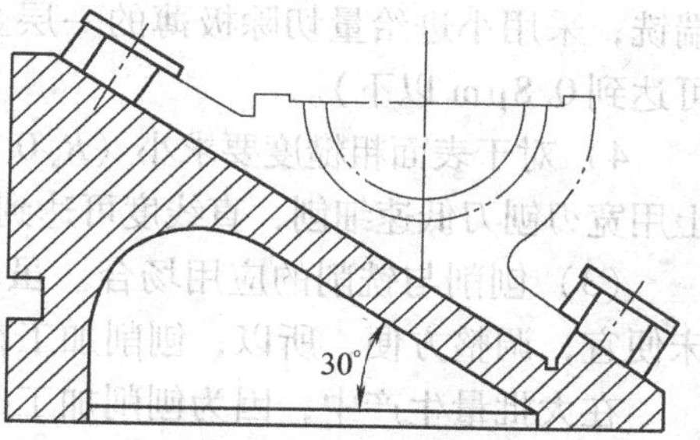

图 4-31　刨 30°斜面夹具

6. 刨削加工注意事项

1）多件划线毛坯同时加工时，必须按各工件的加工线找准在同一表面上。

2）工件高度较大时，应增加辅助支承进行装夹，以增加工件支承的稳定性和刚性。

3）装夹刨刀时，尽量缩短刀具伸出长度；插刀杆应与工作台表面垂直；插槽刀和成形刀的主切削刃中线应与圆工作台中心平面重合；装夹平面插刀时，主切削刃应与横向进给方向平行。

4）刨削薄板类工件时，应该先刨削周边，以增大撑板的接触面积；并根据余量情况，多次翻面装夹加工，以减少和消除工件的变形。

5）刨插有空刀槽的面时，为减小冲击、振动，应降低切削速度，并严格控制刀具行程。

6）精刨时，如果发现工件表面有波纹或者不正常声音时，应该停机检查。

7）在龙门刨床上加工时，应该尽量采用多刀刨削，以提高生产效率，降低成本。

7. 刨削加工与铣削加工分析比较

刨削和铣削是平面加工的两种基本方法。由于刨、铣加工所使用的设备、工艺装备和切削方式不同，所以它们的工艺特点也有较大的差异。

（1）刨削与铣削加工的生产率　在大多数情况下，铣削加工的生产率明显高于刨削加工，只有加工窄长平面时，刨削加工的生产率才高于铣削加工。这是因为：

1）刨削主运动是直线往复运动，刀具切入工件时有冲击，回程时还要克服惯性力，因此，刨削的切削速度较低。铣削的主运动是回转运动，因此有利于采用高速切削。

2）刨刀属于单刃刀具，实际参加切削的切削刃长度有限，一个表面通常要经过多次行程才能加工出来，而且回程一般不切削，属于空行程。铣刀属于多刃刀具，同时参加切削的刀齿数较多，总的切削宽度大，也没有回程时间损失。

3）对窄长平面（如长槽、导轨等），刨削的生产率高于铣削是因为刨削工件窄而减少横向进给次数。所以在成批生产加工窄长平面时，多采用刨削加工。

（2）刨削与铣削的加工质量　刨削与铣削的加工质量相近。一般经过粗、精两道工序后，精度都能达到IT9～IT7，表面粗糙度值 R_a 可达到6.3～1.6μm。但是根据加工条件不同，加工质量也有变化。

1）周铣时，顺铣的加工质量高于逆铣。

2）端铣的加工质量高于周铣。

3）对于有色金属的精密平面，通常在粗、精加工后，不能进行磨削加工，可利用高速端铣，采用小进给量切除极薄的一层金属，以获得高的加工精度和较小的表面粗糙度（R_a 可达到0.8μm以下）。

4）对于表面粗糙度要求小（R_a 0.8～0.2μm）、直线度要求高的窄长平面，可在龙门刨床上用宽刃刨刀低速细刨，直线度可达到1000μm内不大于0.02mm，R_a 可达到0.8～0.2μm。

（3）刨削与铣削的应用场合　虽然刨削的生产率比铣削低，但由于刀具结构简单，刨床便宜，调整方便，所以，刨削加工在单件小批量生产中具有较好的经济效益，应用广泛。

在大批量生产中，因为刨削加工的生产率较低，所以，铣削加工使用得极为普遍。

刨削和铣削虽然都是主要加工平面和沟槽，但是铣削加工的主运动是回转运动，铣刀类型多，铣床上的附件也较多，从而使铣削加工适应性强，加工范围广泛。从加工考虑，许多表面，用刨铣均能完成，但有些只能用刨，或有些只能用铣。例如，工件内孔中的键槽和多边形孔，可用插床（立式刨床）加工，用铣削是无法完成的。在铣床回转工作台上铣圆弧形沟槽、利用分度头铣离合器和齿轮、在万能铣床上通过挂轮铣螺旋槽等，这些在刨床上很难加工，甚至无法加工。这些加工实例还有很多，就不再介绍了。

（三）平面的精密加工

1. 平面刮研

刮研是靠手工操作，利用刮刀对已加工的未淬硬工件表面切除一层微量金属达到所要求的精度和表面粗糙度加工方法。其加工精度可达IT7，表面粗糙度 R_a 值可达1.25～0.04μm。

用单位面积上接触点数目来评定表面刮研的质量。经过刮研的表面能形成具有润滑膜的滑动面，可减少相对运动表面之间的磨损并增强零件结合面间的接触强度。

刮研生产率低，逐渐被精刨、精铣和磨削所代替。但是，特别精密的配合表面还是要用刮研来保证其技术条件的。另外，在现阶段，对于一般的工厂，刮研仍然是不可缺少的加工方法。

2. 平面研磨

研磨是用研磨工具和研磨剂，从工件上研去一层极薄表面层的精加工方法。研磨可达到很高的尺寸精度（0.1～0.3μm）和小的表面粗糙度值（$R_a \leq 0.04 \sim 0.01\mu m$）的表面，而且几乎不产生残余应力和强化等缺陷，但研磨的生产率很低。研磨的加工范围也很广，如外圆、内孔、平面及成形表面等。对各种工件的平面进行研磨的精密加工称为平面研磨。研磨加工示意图如图4-32所示。

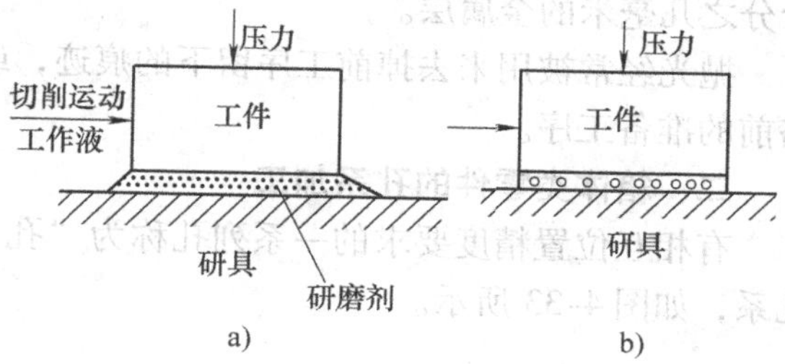

图4-32　研磨加工示意图

a）湿式　b）干式

（1）研磨机理　研具在一定的压力下与加工表面做复杂的相对运动，如图4-32所示。研具和工件之间的磨粒、研磨剂在相对运动中分别起着机械切削作用和物理化学作用，从而切去极薄的一层金属。研磨剂中所加的2.5%左右的油酸或硬脂酸吸附在工件表面形成一层薄膜。研磨过程中，表面上的凸锋最先研去露出新的金属表面，新的金属表面很快产生氧化膜，氧化膜很快被研掉，直到凸锋被研平。表面凹处由于吸附薄膜起了保护作用，不易氧化而难以研去。研磨中，研具和工件之间起着相互对照、相互纠正、相互切削的作用，使尺寸精度和形状精度都能达到很高的级别。研磨分手工研磨和机械研磨两种。

（2）研磨的工艺参数　研磨余量在0.01～0.03mm范围内，如果表面质量要求很高，必须进行多次粗、精研磨。研磨压强越大，生产率越高，但表面粗糙度值增大；相对速度增加则生产率高，但很容易引起发热。一般机械研磨的压强取10～1000kPa，手工研磨时凭操作者的感觉而定。研磨时的相对滑动速度粗研取40～50m/min，精研取6～12m/min。常用研具材料是比工件材料软的铸铁、铜、铝、塑料或硬木。研磨液以煤油和机油为主，并注入2.5%的硬脂酸和油酸。

（3）平面研磨　平面的研磨工艺特点与外圆研磨、内孔研磨相似。研磨较小工件时，在研磨平板上涂以研磨剂，将工件防在研磨平板上，按“8”字形推磨，使每一个磨粒的运动轨迹都互不重复。研磨较大工件时，是将研磨平尺放在涂有研磨剂的工件平面上进行研磨。运动形式与上述相同。大批生产中采用机械研磨，小批生产中采用手工研磨。

3. 平面抛光

抛光是利用机械、化学或电化学的作用，使工件获得光亮、平整表面的加工手段。当对零件表面只有粗糙度要求、而无严格的精度要求时，抛光是较常用的光整加工手段。对各种工件的平面进行抛光的光整加工称为平面抛光。

抛光所用的工具是在圆周上粘着涂有细磨料层的弹性轮或砂布，弹性轮材料用得最多的是毛毡轮，也可用帆布轮、棉花轮等。抛光材料可以是在轮上粘结几层磨料（氧化铬或氧化铁），粘结剂一般为动物皮胶、干酪素胶和水玻璃等，也可用按一定化学成分配制的抛光膏。

抛光一般可分为两个阶段进行：首先是“抛磨”，用粘有硬质磨料的弹性轮进行，然后是“光抛”，用含有软质磨料的弹性轮进行。

抛光剂中含有活性物质，故抛光不仅有机械作用，还有化学作用。在机械作用中除了用磨料切削外，还有使工件表面凸锋在力的作用下产生塑性流动而压光表面的作用。

弹性轮抛光不容易保证均匀地从工件上切下切屑，但切削效率并不低，每分钟可以切下十分之几毫米的金属层。

抛光经常被用来去掉前工序留下的痕迹，或是打光已精加工的表面，或者是做为装饰镀铬前的准备工序。

二、箱体类零件的孔系加工

有相互位置精度要求的一系列孔称为“孔系”。孔系可分为平行孔系、同轴孔系、交叉孔系，如图 4-33 所示。

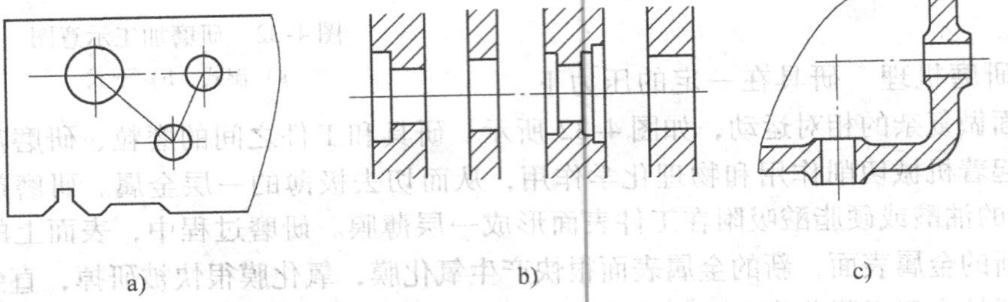

图 4-33　孔系分类
a）平行孔系　b）同轴孔系　c）交叉孔系

箱体上的孔不仅本身的精度要求高，而且孔距精度和相互位置精度也较高，这是箱体加工的关键。根据生产规模和孔系的精度要求可采用不同的加工方法。

（一）平行孔系的加工

平行孔系的主要技术是：各平行孔轴心线之间以及轴心线与基面之间的尺寸精度和位置精度。在此仅介绍加工中保证孔距精度的 3 种方法。

1. 找正法

（1）划线找正法　根据图样要求在毛坯或半成品上划出界线作为加工依据，然后按线找正加工。划线和找正误差较大，所以加工精度低，一般在 ±0.3 ~ ±0.5mm。为了提高加工精度，可将划线找正法与试切法相结合，即先镗出一个孔（达到图样要求），然后将机床主轴调整到第 2 个孔的中心，镗出一段比图样要求直径尺寸小的孔，测量两孔的实际中心距，根据与图样要求中心距的差值调整主轴位置，再试切、调整。经过几次试切达到图样要求孔距后即可将第 2 个孔镗到规定尺寸。这种方法孔距可达到 ±0.08 ~ ±0.25mm。虽然比单纯按划线找正加工精确些，但孔距尺寸精度仍然很低，且操作费时，生产率低，只适于单件小批生产。

（2）用心轴和块规找正　如图 4-34 所示，将精密心轴插入镗床主轴孔内（或直接利用镗床主轴），然后根据孔和定位基面的距离用块规、塞尺校正主轴位置，镗第 1 排孔。镗第 2 排孔时，分别在第 1 排孔和主轴中插入心轴，然后采用同样方法确定镗第 2 排孔时的主轴位置。采用这种方法孔距精度可达到 ±0.03 ~ ±0.05mm。

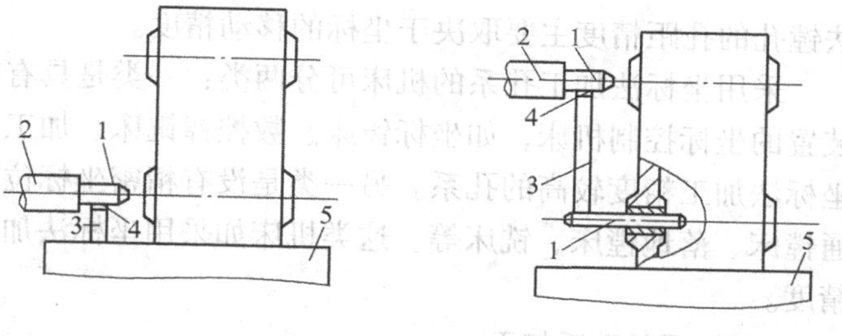

图 4-34　心轴和块规找正
1—心轴　2—镗床主轴　3—块规　4—塞尺　5—工作台

（3）用样本找正　如图 4-35 所示，按工件孔距尺寸的平均值在 10 ~ 20mm 厚的钢板样板上加工出位置精度很高（±0.01 ~ ±0.03mm）的相应孔系，其孔径比被加工孔径大，以便镗杆通过。样板上的孔有较高的形状精度和较小的表面粗糙度值。找正时，将样板装在垂直于各孔的端面上（或固定在机床工作台上），在机床主轴上装一千分表，按样板找正主轴，找正后即可换上镗刀加工。此方法找正方便，工艺装备不太复杂。一般样板的成本仅为镗模成本的 1/7 ~ 1/9，孔距精度可达 ±0.05mm。在单件小批生产加工较大箱体使用镗模不经济时长用此法。

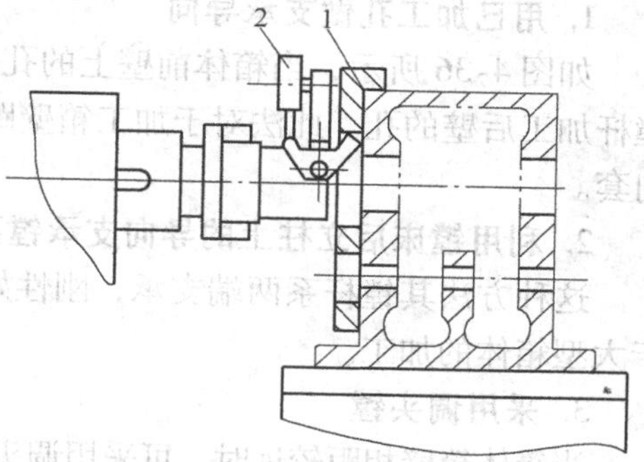

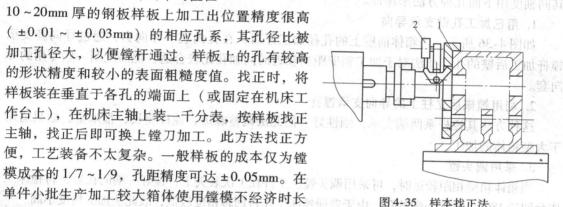

图 4-35　样本找正法
1—样板　2—千分表

2. **镗模法**

镗模法加工孔系是用镗模板上的孔系保证工件上孔系位置精度的一种方法。工件装在带有镗模板的夹具内，并通过定位与夹紧装置使工件上待加工孔与镗模板上的孔同轴。镗杆支承在镗模板的支架导向套里，这样，镗刀便通过模板上的孔将工件上相应的孔加工出来。当用 2 个或 2 个以上的支架来引导镗杆时，镗杆与机床主轴浮动联接。这时机床精度对加工精度影响很小，因而可以在精度较低的机床上加工出精度较高的孔系。孔距精度主要取决于镗模，一般可达 ±0.05mm。

镗模可以应用于普通机床、专业机床和组合机用镗模法加工孔系，可以大大提高工艺系统的刚性和抗振性，所以可用带有几把镗刀的长镗杆同时加工箱体上几个孔。镗模法加工可节省调整、找正的辅助时间，并可采用高效的定位、夹紧装置，生产率高，广泛地应用于成批大量生产中。

由于镗模自身存在制造误差，导套与镗杆之间存在间隙与磨损，所以孔系的加工精度不可能很高。能加工公差等级 IT7 的孔，同轴度和平行度从一端加工可达 0.02 ~ 0.03mm，从两端加工可达 0.04 ~ 0.05mm。

另外，镗模存在制造周期长，成本较高，镗孔切削速度受到一定限制，加工中观察、测量都不方便等缺点。

3. **坐标法**

坐标法镗孔是在普通卧式镗床、坐标镗床或数控镗铣床等设备上，借助于测量装置，调整机床主轴与工件间在水平和垂直方向的相对位置，来保证孔距精度的一种镗孔方法。坐标法镗孔的孔距精度主要取决于坐标的移动精度。

采用坐标法加工孔系的机床可分两类：一类是具有较高坐标位移精度、定位精度及测量装置的坐标控制机床，如坐标镗床、数控镗铣床、加工中心等。这类机床可以很方便地采用坐标法加工精度较高的孔系。另一类是没有精密坐标位移装置及测量装置的普通机床，如普通镗床、落地镗床、铣床等。这类机床如采用坐标法加工孔系，可选用下述方法来保证位置精度。

（二）同轴孔系加工

在成批以上生产中，箱体的同轴孔系的同轴度几乎都由镗模保证。在单件小批生产中，其同轴度用下面几种方法来保证。

1. 用已加工孔做支承导向

如图4-36所示，当箱体前壁上的孔径加工好后，在孔内装一导向套，通过导向套支承镗杆加工后壁的孔。此法对于加工箱壁距离较近的同轴孔比较合适，但需配制一些专用的导向套。

2. 利用镗床后立柱上的导向支承镗孔

这种方法其镗杆系两端支承，刚性好。但此法调整麻烦，镗杆要长，很笨重，故只适用于大型箱体的加工。

3. 采用调头镗

当箱体箱壁相距较远时，可采用调头镗。工件在1次装夹下，镗好一端的孔后，将镗床工作台回转180°，镗另一端的孔。由于普通镗床工作台回转精度较低，故此法加工精度不高。

当箱体上有一较长并与所镗孔轴线有平行度要求的平面时，镗孔前应先用装在镗杆上的百分表对此平面进行校正，使其和镗杆轴线平行，校正后加工孔，如图4-37所示。*B*孔加工后，再回转工作台，并用镗杆上装的百分表沿此平面重新校正，这样就可保证工作台准确地回转180°，然后再加工*A*孔，就可以保证*A*、*B*孔同轴。若箱体上无长的加工好的工艺基面，也可用平行长铁置于工作台上，使其表面与要加工的孔轴线平行后再固定。调整方法同上，也可达到两孔同轴的目的。

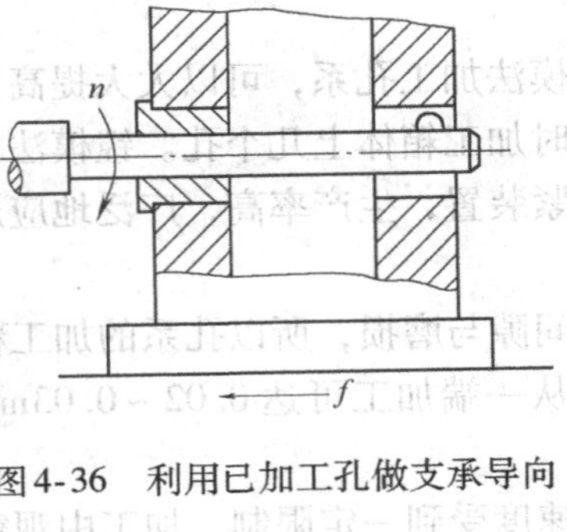

图4-36 利用已加工孔做支承导向

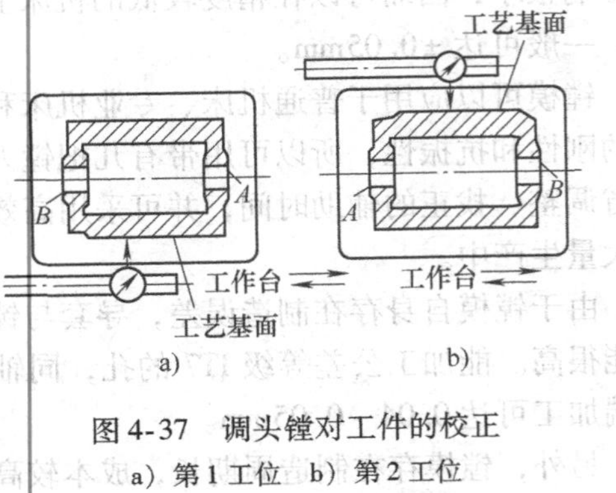

图4-37 调头镗对工件的校正
a）第1工位 b）第2工位

（三）垂直孔系加工

箱体上垂直孔系的加工主要是控制有关孔的垂直误差。在多面加工的组合机床上加工垂直孔系，其垂直度主要由机床和模板保证；在普通镗床上，其垂直度主要靠机床的挡块保证，但定位精度较低。为了提高定位精度可用心轴与百分表找正。如图4-38所示，在加工好的孔中插入心轴，然后将工作台旋转90°，移动工作台，用百分表找正。

（四）镗床夹具（镗模）

在机械加工中，许多产品的关键零件——机座、箱体等，往往需要进行精密孔系的加工。这些孔系不但要求孔的尺寸和形状精度高，而且各孔间及孔与其他基准面之间的相互位置精度也较高，用一般的办法加工很难保证。为此，工程技术人员设计了各种专用镗孔夹具（镗模），从而解决了孔系的加工问题。采用镗模后，镗孔精度基本上可不受机床精度的影响，对于缺乏高精度镗孔机床的中、小工厂，就可以用普通机床、动力头以至其他经改装的旧机床来批量加工精密孔系。在大批量生产中还可采用多轴联动镗床同时镗孔，大大提高了生产效率。

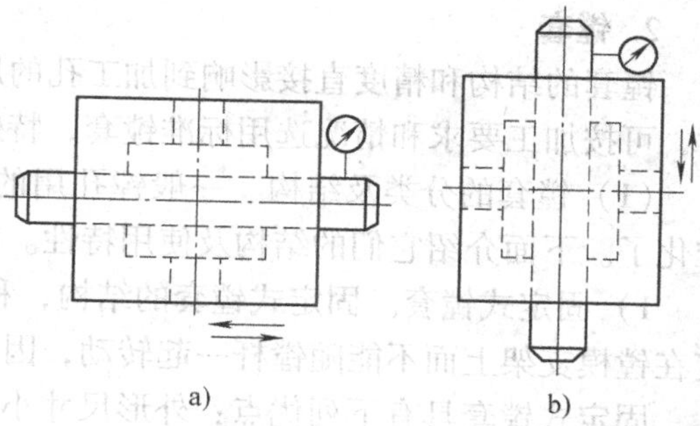

图4-38 找正法加工垂直孔系
a）第1工位 b）第2工位

1. 镗模的组成

图4-39是加工车床尾座孔用的镗模。镗模的两个支承分别设置在刀具的前方和后方，镗刀杆9和主轴浮动联接。工件以底面槽及侧面在定位板3、4及可调支承钉7上定位，采用联动夹紧机构，拧紧夹紧螺钉6，压板5、8同时将工件夹紧。镗模支架1上用回转镗套2来支承和引导镗杆。镗模以底面*A*安装在机床工作台上，其位置用*B*面找正。可见，一般镗模是由定位元件、夹紧装置、引导元件（镗套）和夹具体（镗模支架和镗模底座）4部分组成。

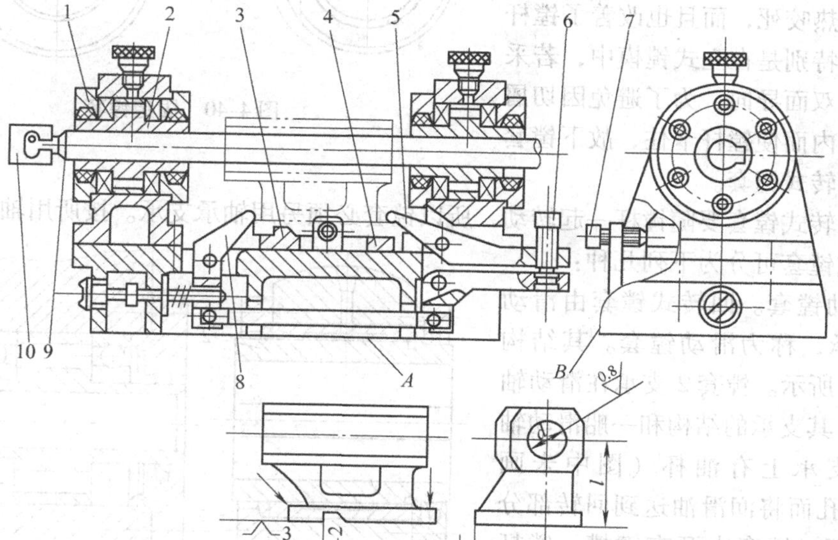

图4-39 加工车床尾座孔用的镗模
1—支架 2—镗套 3、4—定位板 5、8—压板 6—夹紧螺钉 7—可调支承钉
9—镗刀杆 10—浮动接头

2. 镗套

镗套的结构和精度直接影响到加工孔的尺寸精度、几何形状和表面粗糙度值。设计镗套时，可按加工要求和情况选用标准镗套，特殊情况则可自行设计。

(1) 镗套的分类及结构　一般镗孔用的镗套，主要有固定式和回转式两类，且都已标准化了。下面介绍它们的结构及使用特性。

1) 固定式镗套。固定式镗套的结构，和前面介绍的一般钻套的结构基本相似。它是固定在镗模支架上面不能随镗杆一起转动，因此镗杆与镗套之间有相对运动，存在摩擦。

固定式镗套具有下列优点：外形尺寸小，结构紧凑，制造简单，容易保证镗套中心位置的准确。

但是固定式镗套只适用于低速加工，否则镗杆与镗套间容易因相对运动发热过高而咬死，或者造成镗杆迅速磨损。

图4-40是标准式固定镗套。图中A型无润滑装置，依靠在镗杆上滴润滑；B型则自带润滑油杯，只需定时在油杯中注油，就可保持润滑，因而使用方便，润滑性能好。固定式镗套结构已标准化，设计时可参阅国标。

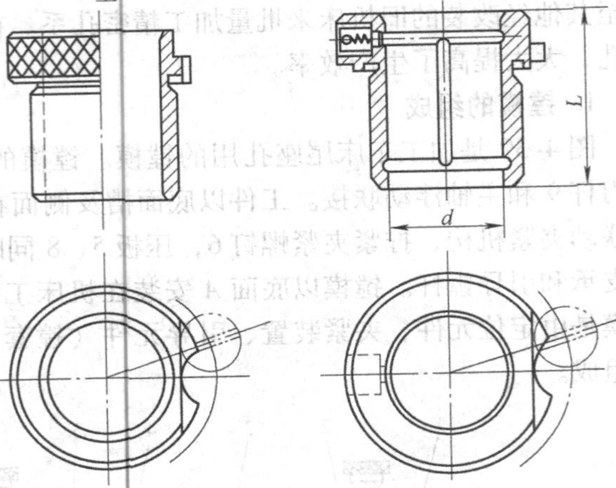

图4-40　固定镗套

2) 回转式镗套。回转式镗套在镗孔过程中是随镗杆一起转动的，所以镗杆与镗套之间无相对转动，只有相对移动。当在高速镗孔时，这样便能避免镗杆与镗套发热咬死，而且也改善了镗杆磨损情况。特别是在立式镗模中，若采用上下镗套双面导向，为了避免因切屑落入下镗套内而使镗杆卡住，故下镗套应该采用回转式镗套。

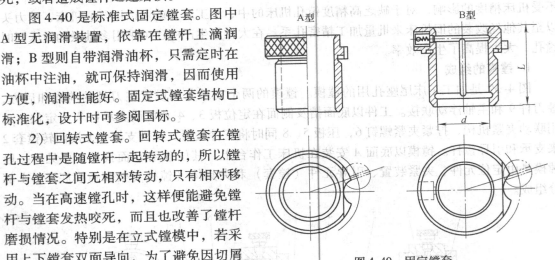

由于回转式镗套要随镗杆一起转动，所以镗套必须另用轴承支承。按所用轴承型式的不同，回转式镗套可分为下列几种：

① 滑动镗套。回转式镗套由滑动轴承来支承，称为滑动镗套。其结构如图4-41a所示。镗套2支承在滑动轴承套1上，其支承的结构和一船滑动轴承相似。支承上有油杯（图中未画出），经油孔而将润滑油送到回转部分的支承面间。镗套中开有键槽，镗杆上的键通过键槽带动镗套回转。它有时也可让镗杆上的固定刀头通过（若尺寸允许的话，否则要另行开专用引刀槽）。

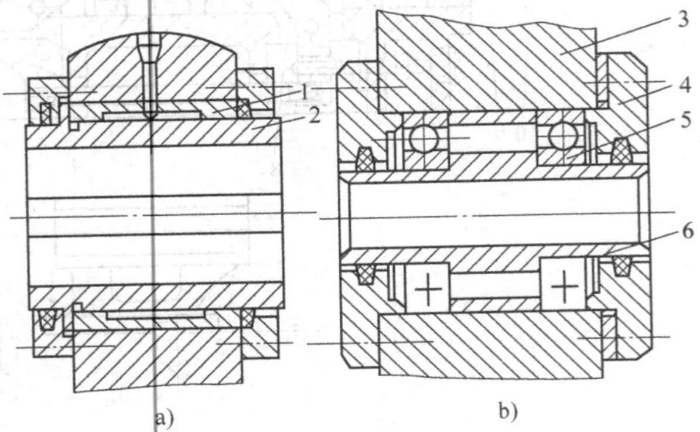

图4-41　回转式镗套

a) 滑动镗套　b) 滚动镗套

1—轴承套　2、6—镗套　3—支架　4—轴承端盖　5—滚动轴承滑动镗套的特点是：与下面即将介绍的滚动镗套相比，它的径向尺寸较小，因而适用于孔心距较小而孔径却很大的孔系加工；减振性较好，有利于减小被镗孔的表面粗糙度；承载能力比滚动镗套大；若润滑不够充分，或镗杆的径向切削负荷不均衡，则易使镗套和轴承咬死；工作速度不能过高。

② 滚动镗套。随着高速镗孔工艺的发展，镗杆的转速愈来愈高。因此，滑动镗套已不能满足需要，于是便出现用滚动轴承作为支承的滚动镗套，其典型结构如图 4-41b 所示。镗套 1 是由两个向心推力球轴承 2 所支承。向心推力球轴承是安装在镗模支架 4 的轴承孔中。镗模支承孔的两端分别用轴承盖 3 封住。根据需要，镗套内孔上也可相应地开出键槽或引刀槽。

滚动镗套的特点：采用滚动轴承（标准件），使设计、制造、维修都简化方便；采用滚动轴承结构，润滑要求比滑动镗套低，可在润滑不充分时，取代滑动镗套；采用向心推力球轴承的结构，可按需要调整径向和轴向间隙，还可用使轴承预加载荷的方法来提高轴承刚度，因而可以在镗杆径向切削负荷不平衡的情况下使用；结构尺寸较大，不适用于孔心距很小的镗模；镗杆转速可以很高，但其回转精度受滚动轴承本身精度的限制，一般比滑动模套要略低一些。

（2）镗套的材料与主要技术条件　标准镗套的材料与主要技术条件可参阅有关设计资料。若需要设计非标准固定式镗套时，可参考下列内容：

1）镗套的材料。镗套的材料用渗碳钢（20 钢、20Cr 钢），渗碳深度为 0.8 ~ 1.2mm，淬火硬度为 55 ~ 60HRC。一般情况，镗套的硬度应比镗杆低。用磷青铜做固定式镗套，因为减磨性好，不易与镗杆咬住，可用于高速镗孔，但成本较高；对大直径镗套，或单件小批生产时用的镗套，也可采用铸铁镗套，目前也有用粉末冶金制造的耐磨镗套。镗套的衬套也用 20 钢做成。渗碳深度为 0.8 ~ 1.2mm，淬火硬度为 58 ~ 64HRC。

2）镗套的主要技术条件。镗套内径的公差带为 H6 或 H7。镗套外径的公差带：对粗镗用 g6；对精镗用 g5。镗套内孔与外圆的同轴度：当内径公差带为 H7 时，为 ϕ 0.01mm；当内径公差带为 H6 时，为 ϕ 0.005mm（外径小于 ϕ 85mm 时）或 ϕ 0.01mm（外径大于或等于 ϕ 85mm 时）。镗套内孔表面粗糙度为 R_a 0.2μm（内孔公差带为 H6 时）或 R_a 0.4μm（内孔公差带为 H7 时），外圆表面粗糙度为 R_a 0.4μm。镗套用衬套的内径公差带为：粗镗选用 H7，精镗选用 H6。衬套的外径公差带为 n6。衬套的内孔与外圆的同轴度：当内径公差带为 H7 时，为 ϕ 0.01mm；当内径公差带为 H6 时，为 ϕ 0.005mm（外径小于 ϕ 52mm 时）或 ϕ 0.01mm（外径大于或等于 ϕ 52mm 时）。

3. 镗模支架和镗模底座的设计

镗模支架是组成镗模的重要零件，它的作用是安装镗套并承受切削力，因此它必须有足够的刚度和稳定性，有较大的安装基面和必要的加强肋，以防止加工中受力时产生振动和变形。为了保持支架上镗套的位置精度，设计中不允许在支架上设置夹紧机构或承受夹紧反力。

镗模支架与底座的连接，一般采用螺钉紧固的结构。在镗模装配中，调整好支架正确位置后，用两个对定销对定。支架一般用 HT 200 灰铸铁铸造，铸造和粗加工后，须经退火和时效处理。

镗模底座是安装镗模其他所有零件的基础件，并承受加工中的切削力和夹紧的反作用力，因此底座要有足够的强度和刚度。底座一般用HT200灰铸铁铸造，铸造和粗加工后须经退火和时效处理。表4-1是镗模底座的结构尺寸参数表。

表 4-1 镗模底座的结构尺寸参数表

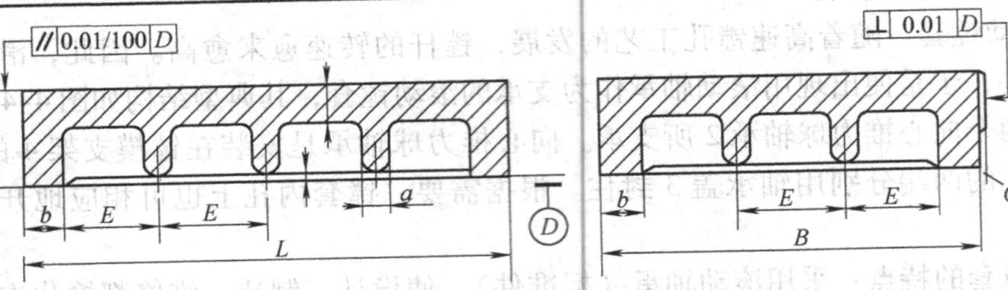

L	B	H	E	a	b	d	h
按工件大小而定		(1/6~1/8) L	(1~1.5) H	10~20	20~30	5~8	20~30

镗模底座上应设置找正基面 C（见表4-1附图）。根据它以找正镗模在机床上的正确工作位置。找正基面与镗套轴线的平行度为0.01mm/300mm。为减少加工面积和刮研劳动量，镗模底座上安装各零、部件的结合面应做成高为5mm的凸台面。考虑镗模在装配和使用中搬运的方便，应在镗模底座上设置供装配吊环螺钉或起重螺栓的凸台面和螺孔。

4-4 制定箱体类零件加工工艺过程的共性原则

一、合理安排加工顺序

加工顺序要遵循先面后孔原则。箱体类零件的加工顺序均为先加工面，以加工好的平面定位，再来加工孔。因为箱体孔的精度要求高，加工难度大，先以孔为粗基准加工平面，再以平面为精基准加工孔，这样不仅为孔的加工提供了稳定可靠的精基准，同时还可以使孔的加工余量较为均匀。由于箱体上的孔分布在箱体各平面上，先加工好平面。钻孔时，钻头不易引偏；扩孔或绞孔时，刀具也不易崩刃。

二、合理划分加工阶段

加工阶段必须粗、精分开。箱体的结构复杂，壁厚不均，刚性不好，而加工精度要求又高，故箱体重要加工表面都要划分粗、精加工两个阶段，这样可以避免粗加工造成的内应力、切削力、夹紧力和切削热对加工精度的影响，有利于保证箱体的加工精度。粗、精分开也可及时发现毛坯缺陷，避免更大的浪费；同时还能根据粗、精加工的不同要求来合理选择设备，有利于提高生产率。

三、合理安排工序间热处理

工序间要合理安排热处理。箱体零件的结构复杂，壁厚也不均匀，因此，在铸造时会产生较大的残余应力。为了消除残余应力，减少加工后的变形和保证精度的稳定，所以，在铸造之后必须安排人工时效处理。人工时效的工艺规范为：加热到500～550℃，保温4～6h，冷却速度小于或等于30℃/h，出炉温度小于或等于200℃。

普通精度的箱体零件，一般在铸造之后安排1次人工时效处理。对一些高精度或形状特别复杂的箱体零件，在粗加工之后还要安排1次人工时效处理，以消除粗加工所造成的残余应力。有些精度要求不高的箱体零件毛坯，有时不安排时效处理，而是利用粗、精加工工序间的停放和运输时间，使之得到自然时效。箱体零件人工时效的方法，除了加热保温法外，也可采用振动时效来达到消除残余应力的目的。

四、合理选择粗基准

要用箱体上的重要孔作粗基准。箱体类零件的粗基准一般都用它上面的重要孔作粗基准，这样不仅可以较好地保证重要孔及其他各轴孔的加工余量均匀，还能较好地保证各轴孔轴心线与箱体不加工表面的相互位置关系。

4-5 箱体类零件加工定位基准的选择

一、粗基准的选择

虽然箱体类零件一般都选择重要孔（如主轴孔）为粗基准，但随着生产类型不同，实现以主轴孔为粗基准的工件装夹方式是不同的。

1. 中小批生产时，由于毛坯精度较低，一般采用划线装夹

首先将箱体用千斤顶安放在平台上（见图4-42a），调整千斤顶，使主轴孔Ⅰ和A面与台面基本平行，D面与台面基本垂直，根据毛坯的主轴孔划出主轴孔的水平线Ⅰ-Ⅰ，在4个面上均要划出，作为第1校正线。划此线时，应根据图样要求，检查所有加工部位在水平方向是否均有加工余量，若有的加工部位无加工余量，则需要重新调整Ⅰ-Ⅰ线的位置，作必要的借正，直到所有的加工部位均有加工余量，才将Ⅰ-Ⅰ线最终确定下来。Ⅰ-Ⅰ线确定之后，即画出A面和C面的加工线。然后将箱体翻转90°，D面一端置于3个千斤顶上。调整千斤顶，使Ⅰ-Ⅰ线与台面垂直（用大角尺在两个方向上校正），

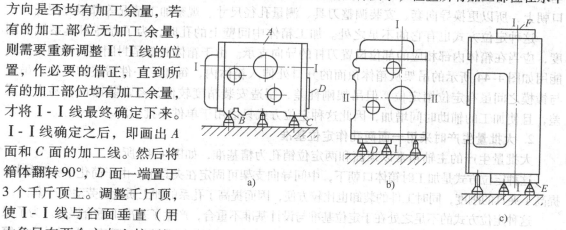

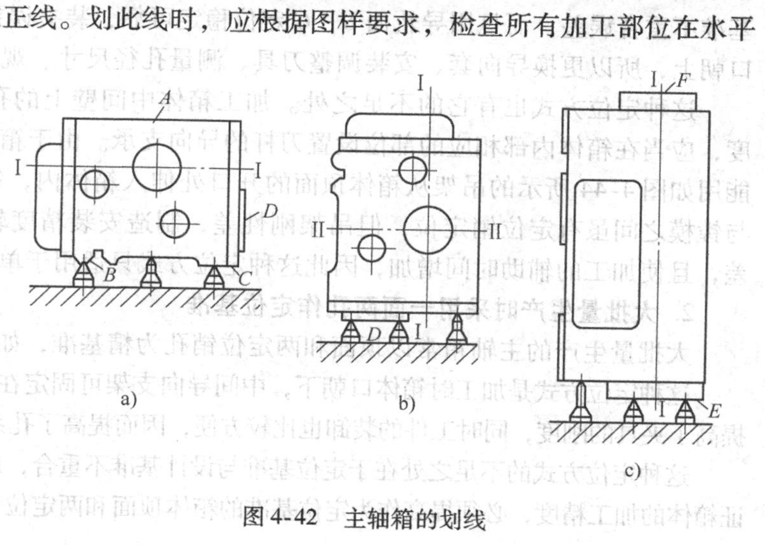

图4-42　主轴箱的划线

根据毛坯的主轴孔并考虑各加工部位在垂直方向的加工余量，按照上述同样的方法划出主轴孔的垂直轴线Ⅱ-Ⅱ作为第2校正线（见图4-42b），也在4个面上均画出。依据Ⅱ-Ⅱ线画出D面加工线。再将箱体翻转90°（见图4-42c），将E面一端至于3个千斤顶上，使Ⅰ-Ⅰ线和Ⅱ-Ⅱ线与台面垂直。根据凸台高度尺寸，先画出F面，然后再画出E面加工线。

加工箱体平面时，按线找正装夹工件，这样，就体现了以主轴孔为粗基准。

2. 大批大量生产时，毛坯精度较高，可直接以主轴孔在夹具上定位

如图4-43所示，先将工件放在1、3、5预支承上，并使箱体侧面紧靠支架4，端面紧靠挡销6，进行工件预定位。然后操纵手柄9，将液压控制的两个短轴7伸入主轴孔中。每个短轴上有3个活动支柱8，分别顶住主轴孔的毛面，将工件抬起，离开1、3、5各支承面。这时，主轴孔轴心线与两短轴轴心线重合，实现了以主轴孔为粗基准定位。为了限制工件绕两短轴的回转自由度，在工件抬起后，调节两可调支承12，辅以简单找正，使顶面基本成水平，再用螺杆11调整辅助支承2，使其与箱体底面接触。最后操纵手柄10，将液压控制的两个夹紧块13插入箱体两端相应的孔内夹紧，即可加工。

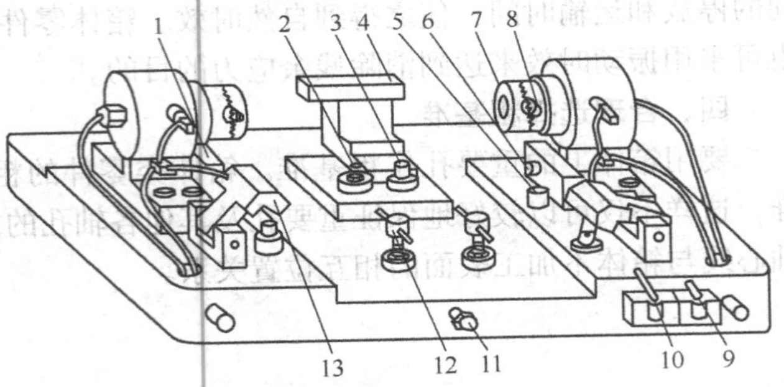

图4-43 以主轴孔为粗基准铣顶面的夹具

1、3、5—预支承 2—辅助支承 4—支架 6—挡销 7—短轴 8—活动支柱 9、10—操纵手柄 11—螺杆 12—可调支承 13—夹紧块

二、精基准的选择

箱体加工精基准的选择也与生产批量大小有关。

1. 单件小批生产用装配基面做定位基准

图4-1车床床头箱单件小批加工孔系时，选择箱体底面导轨B、C面做定位基准，B、C面既是床头箱的装配基准，又是主轴孔的设计基准，并与箱体的两端面、侧面及各主要纵向轴承孔在相互位置上有直接联系，故选择B、C面作定位基准，不仅消除了主轴孔加工时的基准不重合误差，而且用导轨面B、C定位稳定可靠，装夹误差较小，加工各孔时，由于箱口朝上，所以更换导向套、安装调整刀具、测量孔径尺寸、观察加工情况等都很方便。

这种定位方式也有它的不足之处。加工箱体中间壁上的孔时，为了提高刀具系统的刚度，应当在箱体内部相应的部位设置刀杆的导向支承。由于箱体底部是封闭的，中间支承只能用如图4-44所示的吊架从箱体顶面的开口处伸入箱体内，每加工一件需装卸一次，吊架与镗模之间虽有定位销定位，但吊架刚性差，制造安装精度较低，经常装卸也容易产生误差，且使加工的辅助时间增加，因此这种定位方式只适用于单件小批生产。

2. 大批量生产时采用一面两孔作定位基准

大批量生产的主轴箱常以顶面和两定位销孔为精基准，如图4-45所示。

这种定位方式是加工时箱体口朝下，中间导向支架可固定在夹具上。由于简化了夹具结构，提高了夹具的刚度，同时工件的装卸也比较方便，因而提高了孔系的加工质量和劳动生产率。

这种定位方式的不足之处在于定位基准与设计基准不重合，产生了基准不重合误差。为了保证箱体的加工精度，必须提高作为定位基准的箱体顶面和两定位销孔的加工精度。另外，由于箱

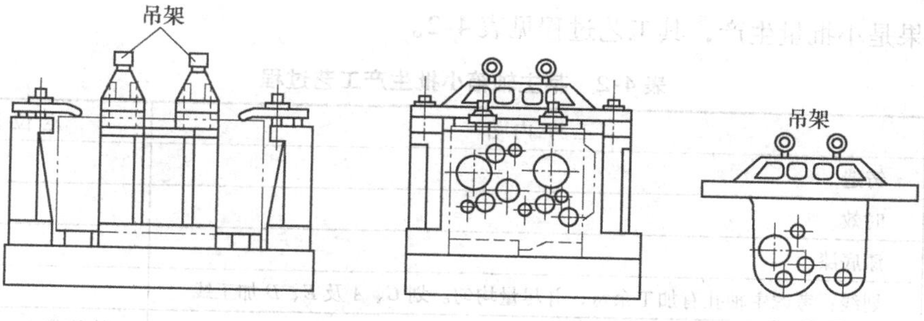

图4-44 吊架式镗模夹具

口朝下，加工时不便于观察各表面的加工情况，因此，不能及时发现毛坯是否有砂眼、气孔等缺陷，而且加工中不便于测量和调刀。所以，用箱体顶面和两定位销孔作精基准加工时，必须采用定径刀具（扩孔钻和绞刀等）。

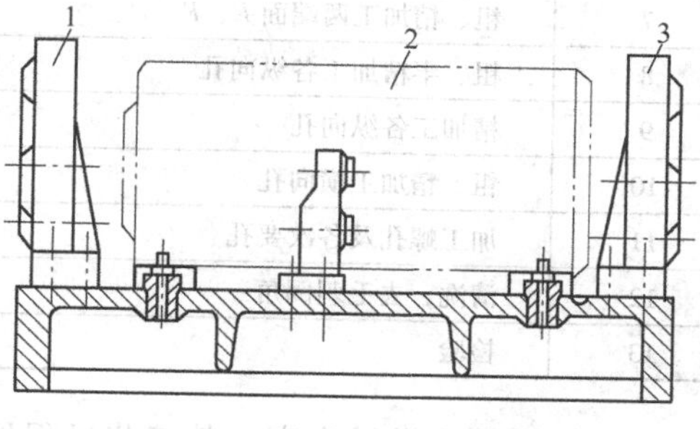

图4-45 箱体以一面两孔定位

1、3—镗模 2—工件

上述两种方案的对比分析，仅仅是针对类似床头箱而言。许多其他形式的箱体，大多采用一面两孔的定位方式，但上面所提及的问题也不一定存在。实际生产中，一面两孔的定位方式在各种箱体加工中应用十分广泛。因为这种定位方式很简便地限制了工件6个自由度，定位稳定可靠，在一次安装下，可以加工除定位以外的所有5个面上的孔或平面，也可以作为从粗加工到精加工的大部分工序的定位基准，实现“基准统一”。此外，这种定位方式夹紧方便，工件的夹紧变形小，易于实现自动定位和自动夹紧。因此，在组合机床与自动线上加工箱体时，多采用这种定位方式。

由以上分析可知，箱体精基准的选择有两种方案：一是以3平面为精基准（主要定位基面为装配基面）；另一是以一面两孔为精基准。这两种定位方式各有优缺点，实际生产中的选用与生产类型有很大的关系。通常所说的“基准统一”是指：中小批生产时，尽可能使定位基准与设计基准重合，即一般选择设计基准作为统一的定位基准；大批大量生产时，优先考虑的是如何稳定加工质量和提高生产率，不过分地强调基准重合问题，一般多用典型的一面两孔作为统一的定位基准，由此而引起的基准不重合误差，可采用适当的工艺措施去解决。

4-6 箱体类零件加工工艺过程的制定

通过以上分析，基本上了解了箱体加工的基本方法和过程，下面我们借助《机械加工工艺人员手册》、《切削用量手册》等相关资料，编制图4-1的箱体零件的机械加工工艺过程。

1）如果是小批量生产，其工艺过程见表4-2。

表4-2　某主轴箱小批生产工艺过程

序　号	工序内容	定位基准
1	铸造	
2	时效	
3	漆底漆	
4	划线：考虑主轴孔有加工余量，并尽量均匀。划 C、A 及 E、D 加工线	
5	粗、精加工顶面 A	按线找正
6	粗、精加工 B、C 面及侧面 D	顶面 A 并校正主轴线
7	粗、精加工两端面 E、F	B、C 面
8	粗、半精加工各纵向孔	B、C 面
9	精加工各纵向孔	B、C 面
10	粗、精加工横向孔	B、C 面
11	加工螺孔及各次要孔	
12	清洗，去毛刺倒角	
13	检验	

2）如果是大批量生产，其工艺过程见表4-3。

表4-3　某主轴箱大批生产工艺过程

序　号	工序内容	定位基准
1	铸造	
2	时效	
3	漆底漆	
4	铣顶面 A	Ⅰ孔与Ⅱ孔
5	钻、扩、绞 $2\times\phi8H7$ 工艺孔（将 $6\times M10$ 先钻至 $\phi7.8mm$，绞 $2\times\phi8H7$）	顶面 A 及外形
6	铣两端面 E、F 及前面 D	顶面 A 及两工艺孔
7	铣导轨面 B、C	顶面 A 及两工艺孔
8	磨顶面 A	导轨面 B、C
9	粗镗各纵向孔	顶面 A 及两工艺孔
10	精镗各纵向孔	顶面 A 及两工艺孔
11	精镗主轴孔Ⅰ	顶面 A 及两工艺孔
12	加工横向孔及各面上的次要孔	
13	磨 B、C 导轨面及前面 D	顶面 A 及两工艺孔
14	将 $2\times\phi8H7$ 及 $4\times\phi7.8mm$ 均扩钻至 $\phi8.5mm$，攻 $6\times M10$	
15	清洗，去毛刺倒角	
16	检验	

请同学们按照上述工艺过程，填写机械加工过程卡、机械加工工艺卡、机械加工工序卡。

课题五

圆柱齿轮的加工工艺编制

给定任务：

加工如图 5-1 所示的车床主轴箱，试编写该零件的加工工艺。

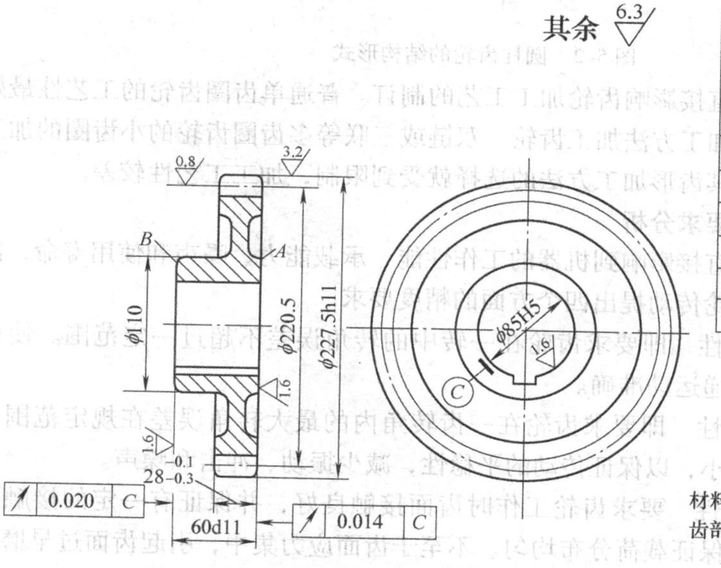

模数	3.5
齿数	63
压力角	20°
精度等级	655
基节极限偏差	±0.0065
周节累积公差	0.045
公法线平均长度	$80.58^{-0.14}_{-0.22}$
跨齿数	8
齿向公差	0.007
齿形公差	0.007

材料：40Cr
齿部：G52

图 5-1　齿轮简图

5-1 零件分析

齿轮传动广泛应用于机床、汽车、飞机、船舶及精密仪器等行业中，因此，在机械制造中，齿轮生产占有极其重要的位置。其功用是按规定的速比传递运动和动力。

一、圆柱齿轮的结构特点

圆柱齿轮的结构因使用要求不同而有所差异。从工艺角度出发可将其分成齿圈和轮体两部分。按照齿圈上轮齿的分布形式，可以分为直齿、斜齿、人字齿等；按照轮体的结构形式，齿轮可分为盘类齿轮、套类齿轮、轴类齿轮，齿条等，如图 5-2 所示。

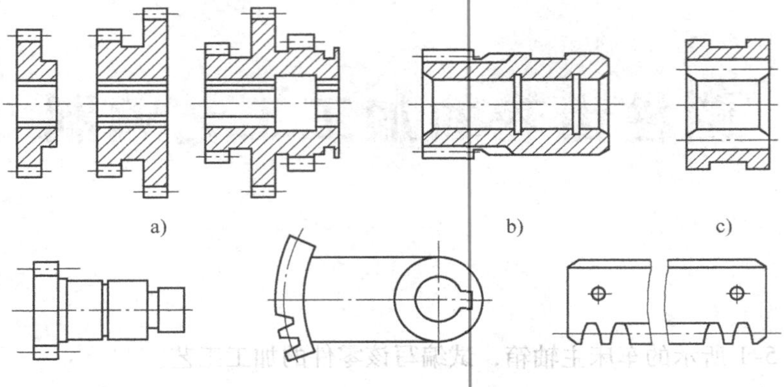

图 5-2 圆柱齿轮的结构形式

圆柱齿轮的结构形式直接影响齿轮加工工艺的制订。普通单齿圈齿轮的工艺性最好，可以采用任何一种加工齿形加工方法加工齿轮。双链或三联等多齿圈齿轮的小齿圈的加工受其轮缘间轴向距离的限制，其齿形加工方法的选择就受到限制，加工工艺性较差。

二、圆柱齿轮的技术要求分析

齿轮制造精度的高低直接影响到机器的工作性能、承载能力、噪声和使用寿命，因此根据齿轮的使用要求，对齿轮传动提出四个方面的精度要求。

（1）传递运动的准确性　即要求齿轮在一转中的转角误差不超过一定范围。使齿轮副传动比变化小，以保证传递运动准确。

（2）传递运动的平稳性　即要求齿轮在一齿转角内的最大转角误差在规定范围内。使齿轮副的瞬时传动比变化小，以保证传动的平稳性，减少振动、冲击和噪声。

（3）载荷分布的均匀性　要求齿轮工作时齿面接触良好，并保证有一定的接触面积和符合要求的接触位置，以保证载荷分布均匀。不至于齿面应力集中，引起齿面过早磨损，从而降低使用寿命。

（4）传动侧隙的合理性　要求啮合轮齿的非工作齿面间留有一定的侧隙，方便于存储润滑油，补偿弹性变形和热变形及齿轮的制造安装误差。

国家标准 GB/T 10095—2008《渐开线圆柱齿轮精度》对齿轮、齿轮副规定了 12 个精度等级，其中第一级最高，第 12 级最低。为评定单个齿轮的加工精度，一般应检查的项目见表 5-1。

表 5-1　评定单个齿轮的加工精度的检查项目

序　号	检查项目	备　注
1	齿距偏差 $\pm f_{pt}$	1. 当圆柱齿轮用于高速运转（达到 15m/s 以上）时，需再增加一项齿距累计偏差 F_{pk} 2. 如供需双方同意，可以用切向综合总偏差 F_i' 和一齿切向综合误差 f_i' 替代齿距偏差的 $\pm f_{pt}$、f_p、F_{pk} 的测量
2	齿距累计偏差 F_P	
3	齿廓总偏差 F_α	
4	螺旋线总偏差 F_β	

5-2 材料、毛坯及热处理方式选择

一、齿轮材料的选择

齿轮应按照使用时的工作条件选用合适的材料。齿轮材料的选择对齿轮的加工性能和使用寿命都有直接的影响。

速度较高的齿轮传动，齿面容易产生疲劳点蚀，应选择齿面硬度较高而硬层较厚的材料；有冲击载荷的齿轮传动，轮齿容易折断，应选择韧性较好的材料；低速重载的齿轮传动，轮齿容易折断，齿面易磨损，应选择机械强度大、齿面硬度高的材料。

45 钢热处理后有较好的综合力学性能。经过正火或调质可改善金相组织和材料的可切削性，减小加工后的表面粗糙度值，并可减少淬火过程中的变形。因为 45 钢淬透性差，整体淬火后材料变脆，变形也大，所以一般采用齿面表面淬火，硬度可达 52 ~ 58HRC。它适合于机床行业，制造 7 级精度以下的齿轮。

40Cr 是中碳合金钢，和 45 钢相比，少量铬合金的加入可以使金属晶粒细化，提高强度，改善淬透性，减少了淬火时的变形。

使齿轮获得高的齿面硬度而心部又有足够韧性和较高的抗弯曲疲劳强度的方法是渗碳淬火，一般选用低碳合金钢 18CrMnTi，它具有良好的切削性能，渗碳时工件的变形小，淬火硬度可达到 56 ~ 62HRC，残留的奥氏体量也少，多用于汽车、拖拉机中承载大而有冲击的齿轮。

38CrMoAlA 氮化钢经渗氮处理后，比渗碳淬火的齿轮具有更高的耐磨性与耐腐蚀性，变形很小，可以不磨齿，多用来作为高速传动中需要耐磨的齿轮材料。

铸铁容易铸成复杂的形状，容易切削，成本低，但其抗弯强度、耐冲击和耐磨性能差。故常用于受力不大、无冲击、低速的齿轮。

有色金属作为齿轮材料的有黄铜 HPb 59-1、青铜 QSNP 10-1 和铝合金 I A97。

非金属材料中的夹布胶木、尼龙、塑料也常用于制造齿轮。这些材料具有易加工、传动噪声小、耐磨、减振性好等优点，使用于轻载、需减振、低噪声、润滑条件差的场合。

二、齿轮的热处理

1. 齿坯热处理

钢料齿坯最常用的热处理为正火或调质。正火安排在铸造或锻造之后，切削加工之前。这样可以消除钢件中残留的铸造或锻造内应力，并且使铸造或锻造后组织上的不均匀性通过重新结晶可得到细化而均匀的组织，从而改善了切削性能和减小表面粗糙度值，还可以减少淬火时变形和开裂的倾向。调质同样起到了细化晶粒和均匀组织的作用，只不过它可以使齿坯韧性更高些，但切削性能差一些。

对于棒料齿坯，正火或调质一般安排在粗车之后，这样可以消除粗车形成的内应力。

2. 轮齿热处理

轮齿常用的热处理为高频淬火、渗碳、渗氮。

高频淬火可以形成比普通淬火稍高硬度的表层，并保持了心部的强度与韧性。

渗碳可以使齿轮在淬火后表面具有高硬度且耐磨，心部依然保持一定的强度和较高的韧性。

渗氮是将齿轮置于氨气中并加热到 520～560℃，使活性氮原子渗入轮齿表面层，形成硬度很高的氮化物薄层。

在齿轮生产中，热处理质量对齿轮加工精度和表面粗糙度影响很大。往往因热处理质量不稳定，引起齿轮定位基面及齿面变形过大或表面粗糙度太大而大批报废，成为齿轮生产中的关键问题。

三、齿轮毛坯的制造

齿轮毛坯形式主要有棒料、锻件、铸件。棒料用于小尺寸、结构简单而且对强度要求低的齿轮。锻件多用于齿轮要求强度高、耐冲击和耐磨。当齿轮直径大于 400～600mm 时，常用铸造方法铸造齿坯。为了减少机械加工量，对大尺寸、低精度齿轮，可以直接铸出轮齿；为了提高劳动生产率，节约原材料，也大量采用压力铸造、精密铸造、粉末冶金、热扎和冷挤等可制造出具有轮齿的齿坯等新工艺。

5-3 齿轮的加工方案

一、齿坯加工

齿坯加工，在齿轮的整个加工过程中占有重要的位置。齿轮的孔、端面或外圆常作为齿形加工的定位、测量和装配的基准，其加工精度对整个齿轮的精度有着重要的影响。另外，齿坯加工在齿轮加工总工时中占有较大的比例，因此齿坯加工在整个齿轮加工中占有重要的地位。

1. 齿坯加工精度

齿轮在加工、检验和装夹时的径向基准面和轴向基准面应尽量一致。一般情况下，以齿轮孔和端面为齿形加工的基准面，所以齿坯精度中主要是对齿轮孔的尺寸精度和形状精度、孔和端面的位置精度有较高的要求；当外圆作为测量基准或定位、找正基准时，对齿坯外圆也有较高的要求。具体见表 5-2、表 5-3。

表 5-2 齿坯尺寸和形状公差

<table>
<tr><td>齿坯精度等级</td><td>4</td><td>5</td><td>6</td><td>7</td><td>8</td><td>9</td><td>10</td></tr>
<tr><td>孔的尺寸和形状公差</td><td>IT4</td><td>IT5</td><td>IT6</td><td colspan="2">IT7</td><td colspan="2">IT8</td></tr>
<tr><td>轴的尺寸和形状公差</td><td>IT4</td><td colspan="2">IT5</td><td colspan="2">IT6</td><td colspan="2">IT7</td></tr>
<tr><td>顶圆直径公差</td><td colspan="2">IT7</td><td colspan="3">IT8</td><td colspan="2">IT9</td></tr>
</table>

表 5-3　齿坯基准面径向和端面圆跳动公差

分度圆直径/mm		精度等级						
大于	到	4	5	6	7	8	9	10
—	125	7	11		18		28	
125	400	9	14		22		36	
400	800	12	20		32		50	

2. 齿坯加工方案

齿坯加工工艺方案主要取决于齿轮的轮体结构、技术要求和生产类型。齿坯加工的主要内容有：齿坯的孔、端面、顶尖孔（轴类齿轮）以及齿圈外圆和端面的加工。对于轴类齿轮和套筒齿轮的齿坯，其加工过程和一般轴、套类基本相同，以下主要讨论盘类齿轮齿坯的加工工艺方案。

（1）单件小批生产的齿坯加工　一般齿坯的孔、端面及外圆的粗、精加工都在通用车床上经两次装夹完成，但必须注意将孔和基准端面的精加工在一次装夹内完成，以保证位置精度。

（2）成批生产的齿坯加工　成批生产齿坯时，经常采用“车→拉→车”的工艺方案。

1）以齿坯外圆或轮毂定位，粗车外圆、端面和内孔。

2）以端面定位拉孔。

3）以孔定位精车外圆及端面等。

（3）大批量生产的齿坯加工　大批量生产，应采用高生产率的机床和高效专用夹具加工。在加工中等尺寸齿轮齿坯时，均多采用“钻→拉→多刀车”的工艺方案。

1）以毛坯外圆及端面定位进行钻孔或扩孔。

2）拉孔。

3）以孔定位在多刀半自动车床上粗、精车外圆、端面、车槽及倒角等。

二、圆柱齿轮齿形加工方法和加工方案

1. 概述

齿形加工方法可分为无屑加工和切削加工两类。无屑加工主要有热扎、冷扎、压铸、注塑、粉末冶金等。无屑加工生产率高，材料消耗小，成本低，但由于受到材料塑性和加工精度低的影响，目前尚未广泛应用。齿形切削加工加工精度高，应用广，按照加工原理，可分为成形法和展成法。成形法采用与被加工齿轮齿槽形状相同的切削刃的成形刀具来进行加工，常用的有指状铣刀铣齿、盘形铣刀铣齿、齿轮拉刀拉齿和成形砂轮磨齿。展成法的原理是使齿轮刀具和齿坯严格保持一对齿轮啮合的运动关系来进行加工，如滚齿、插齿、剃齿、珩齿、挤齿和磨齿等。

齿圈上的齿形加工是整个齿轮加工的核心。尽管齿轮加工有许多工序，但都是为齿形加工服务，其目的在于最终获得符合精度要求的齿轮。

2. 齿形加工方案的选择

齿形加工方案的选择，主要取决于齿轮的精度等级，结构形状、生产类型和齿轮的热处理方法及生产工厂的现有条件，对于不同精度等级的齿轮，常用的齿形加工方案如下：

（1）8 级或 8 级精度以下的齿轮加工方案　对于不淬硬的齿轮用滚齿或插齿即可满足加

工要求；对于淬硬齿轮可采用滚（或插）→齿端加工→齿面热处理→修正内孔的加工方案。热处理前的齿形加工精度应比图样要求提高一级。

（2）6～7 级精度的齿轮加工方案　对于淬硬齿面的齿轮可以采用滚（插）齿→齿端加工→表面淬火→校正基准→磨齿的加工方案，这种方案加工精度稳定；也可以采用滚（插）→剃齿或冷挤→表面淬火→校正基准→内啮合珩齿的加工方案，此方案加工精度稳定，生产率高。

（3）5 级精度以上的齿轮加工方案　一般采用粗滚齿→精滚齿→表面淬火→校正基准→粗磨齿→精磨齿的加工方案。大批量生产时也可采用粗磨齿→精磨齿→表面淬火→校正基准→磨削外珩的加工方案。这种加工方案的齿轮精度可稳定在 5 级以上，且齿面加工纹理十分错综复杂，噪声极低，是品质极高的齿轮。

选择圆柱齿轮齿形加工方法和加工精度可参考表 5-4。

表 5-4　圆柱齿轮齿形加工方法和加工精度

<table>
<tr><td>类　型</td><td colspan="10">不淬火齿轮</td><td colspan="12">淬 火 齿 轮</td></tr>
<tr><td>精 度 等 级</td><td>3</td><td colspan="2">4</td><td>5</td><td colspan="3">6</td><td colspan="3">7</td><td>3～4</td><td colspan="3">5</td><td colspan="3">6</td><td colspan="5">7</td></tr>
<tr><td>表面粗糙度 R_a 值/μm</td><td>0.2～0.1</td><td colspan="3">0.4～0.2</td><td colspan="3">0.8～0.4</td><td colspan="3">1.6～0.8</td><td>0.4～0.1</td><td colspan="3">0.4～0.2</td><td colspan="3">0.8～0.4</td><td colspan="5">1.6～0.8</td></tr>
<tr><td>滚齿或插齿</td><td>●</td><td>●</td><td>●</td><td>●</td><td>●</td><td>●</td><td>●</td><td>●</td><td>●</td><td>●</td><td>●</td><td>●</td><td>●</td><td>●</td><td>●</td><td>●</td><td>●</td><td>●</td><td>●</td><td>●</td><td>●</td><td>●</td></tr>
<tr><td>剃齿</td><td></td><td></td><td></td><td>●</td><td></td><td>●</td><td></td><td></td><td></td><td>●</td><td></td><td></td><td>●</td><td></td><td>●</td><td></td><td></td><td>●</td><td></td><td></td><td></td><td></td></tr>
<tr><td>挤齿</td><td></td><td></td><td></td><td></td><td></td><td></td><td>●</td><td></td><td>●</td><td></td><td></td><td></td><td></td><td></td><td></td><td>●</td><td></td><td></td><td>●</td><td></td><td></td><td></td></tr>
<tr><td>珩齿</td><td></td><td></td><td></td><td></td><td></td><td></td><td></td><td></td><td></td><td></td><td></td><td></td><td></td><td></td><td>●</td><td>●</td><td></td><td>●</td><td>●</td><td>●</td><td></td><td></td></tr>
<tr><td>粗磨齿</td><td>●</td><td>●</td><td>●</td><td></td><td>●</td><td>●</td><td>●</td><td>●</td><td></td><td></td><td>●</td><td>●</td><td></td><td>●</td><td></td><td></td><td>●</td><td></td><td></td><td></td><td>●</td><td></td></tr>
<tr><td>精磨齿</td><td>●</td><td>●</td><td>●</td><td>●</td><td></td><td></td><td></td><td></td><td></td><td></td><td>●</td><td>●</td><td>●</td><td>●</td><td></td><td></td><td></td><td></td><td></td><td></td><td></td><td></td></tr>
</table>

5-4 圆柱齿轮的齿形加工方法

一、滚齿加工

1. 滚齿加工原理和工艺特点

滚齿是应用一对螺旋圆柱齿轮的啮合原理进行加工的，如图 5-3 所示。所用刀具称为齿轮滚刀。滚齿是齿形加工中生产率较高、应用最广的一种加工方法。滚齿加工通用性好，既可加工圆柱齿轮，又可加工蜗轮；既可加工渐开线齿形，又可加工圆弧、摆线等齿形；既可加工小模数、小直径齿轮，又可加工大模数、大直径齿轮。

滚齿的加工精度等级一般为 6～9 级，对于 8、9 级精度齿轮，可直接滚齿得到，对于 7 级精度以上的齿轮，通常滚齿可作为齿形的粗加工或半精加工。当采用 AA 级齿轮滚刀和高精度滚齿机时，可直接加工出 7 级精度以上的齿轮。

2. 滚齿加工精度分析

在滚齿加工中，由于机床、刀具、夹具和齿坯在制造、安装和调整中不可避免的存在一些误差，因此被加工齿轮在尺寸、形状和位置等方面也会产生一些误差。这些误差将影响齿轮传动的准确性、平稳性、载荷分布的均匀性和齿侧间隙。

滚齿误差产生的主要原因及采取的相应措施见表 5-5。

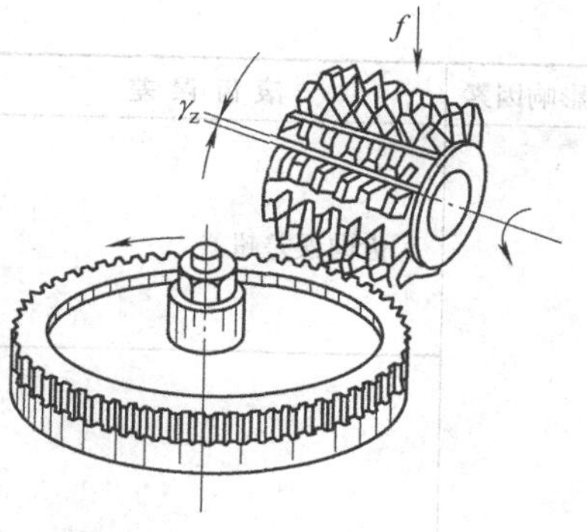

图 5-3 滚齿工作原理

表 5-5 滚齿误差产生的主要原因及应采取的措施

影响因素	滚齿误差		主要原因	采取的措施
影响传递运动准确性	齿距累积误差超差	齿圈径向圆跳动超差 F_r	1. 齿坯几何偏心或安装偏心造成	• 提高齿坯基准面精度要求 • 提高夹具定位面精度 • 提高调整技术水平
			2. 用顶尖定位时，顶尖与机床中心偏心	更换顶尖及提高中心孔制造质量，并在加工过程中保护中心孔
			3. 用顶尖定位时，因顶尖或中心孔制造不良，使定位面接触不好造成偏心	提高顶尖及中心孔制造质量，并在加工过程中保护中心孔
		公法线长度变动量超差 F_W	1. 滚齿机分度蜗轮精度过低 2. 滚齿机工作台圆形导轨磨损 3. 分度蜗轮与工作太圆形导轨不同轴	• 提高机床分度蜗轮精度 • 采用滚齿机校正机构 • 修刮导轨，并以其为基准精滚（或珩）分度蜗轮
影响传递运动的平稳、噪声、振动	齿形误差超差	齿形变肥或变瘦，且左右齿形对称	1. 滚刀齿形角误差 2. 前面刃磨产生较大的前角	更换滚刀或重磨前刀面
		一边齿顶变肥，另一边齿顶边瘦，齿形不对称	1. 刃磨时产生导程误差或直槽滚刀非轴向性误差 2. 刀对中不好	• 误差较小时，重调刀架转角 • 重新调整滚刀刀齿，使它和齿坯中心对中
		齿面上个别点凸出或凹进	滚刀容屑槽槽距误差	重磨滚刀前面
		齿形面误差近似正弦分布的短周期误差	1. 刀杆径向圆跳动太大 2. 滚刀和刀轴间隙大 3. 滚刀分度圆柱对内孔轴心线径向圆跳动误差	• 找正刀杆径向圆跳动 • 找正滚刀径向圆跳动 • 重磨滚刀前面
		齿形一侧齿顶多切，另一侧齿根多切切呈正弦分布	1. 滚刀轴向齿距误差 2. 滚刀端面与孔轴线不垂直 3. 垫圈两端面不平行	• 防止刀杆轴向窜动 • 找正滚刀偏摆，转动滚刀或刀杆加垫圈 • 重磨垫圈两端面
		基圆齿距偏差超差 f_{pb}	1. 滚刀轴向齿距误差 2. 滚刀齿形角误差 3. 机床蜗杆副齿距误差过大	• 提高滚刀铲磨精度（齿距齿形角） • 更换滚刀或重磨前面 • 检修滚齿机或更换蜗杆副

（续）

影响因素	滚齿误差	主要原因	采取的措施
	齿向误差超差	1. 机床几何精度低或使用磨损（立柱导轨、顶尖、工作台水平性等）	定期检修几何精度
		2. 夹具制造、安装、调整精度低	提高夹具的制造和安装精度
		3. 齿坯制造、安装、调整精度低	提高齿坯精度
载荷分布均匀性		1. 滚刀因素 2. 滚刀刃磨质量差 3. 滚刀径向圆跳动量大 4. 滚刀磨损 5. 滚刀未固紧而产生振动 6. 辅助轴承支承不好	• 选用合格滚刀或重新刃磨 • 重新校正滚刀 • 刃磨滚刀 • 紧固滚刀 • 调整间隙
	表面粗糙度值大	切削用量选择不当	合格选择切削用量
		切削挤压引起	增加切削液的流量或采用顺铣加工
		齿坯刚性不好或没有夹紧，加工时产生振动	选用小的切削用量，或夹紧齿坯，提高齿坯刚性
		1. 机床有间隙工作台蜗杆副有间隙 2. 滚刀轴向窜动和径向圆跳动大 3. 刀架导轨与刀架间有间隙 4. 进给丝杠有间隙	检修机床，消除间隙

3. 滚齿加工刀具

（1）齿轮滚刀的形成　齿轮滚刀是依照螺旋齿轮副啮合原理，用展成法切削齿轮的刀具，齿轮滚刀相当于小齿轮，被切齿轮相当于一个大齿轮，如图 5-3 所示。齿轮滚刀是一个螺旋角 β_0 很大而螺纹头数很少（1～3 个齿），齿很长，并能绕滚刀分度圆柱很多圈的螺旋齿轮，这样就像螺旋升角 γ_z 很小的蜗杆了。为了形成切削刃，在蜗杆端面沿着轴线铣出几条容屑槽，以形成前面及前角；经铲齿和铲磨，形成后面及后角，如图 5-4 所示。

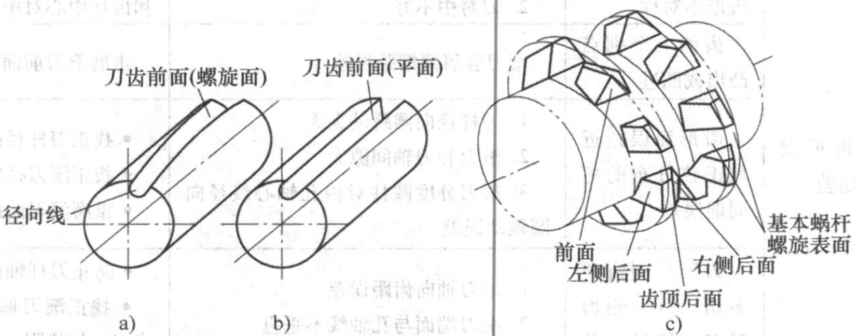

图 5-4　齿轮滚刀切削刃的形成及容屑槽

a）螺旋槽　b）直槽　c）滚刀的基本蜗杆及各刀面

（2）滚刀的基本蜗杆　齿轮滚刀的两侧切削刃是前面与侧铲表面的交线，它应当分布在蜗杆螺旋表面上，这个蜗杆称为滚刀的基本蜗杆。基本蜗杆有以下三种：

1）渐开线蜗杆。渐开线蜗杆的螺纹齿侧面是渐开螺旋面，在与基圆柱相切的任意平面和渐开螺旋面的交线是一条直线，其端剖面是渐开线。渐开线蜗杆轴向剖面与渐开螺旋面的交线是曲线。用这种基本螺杆制造的滚刀，没有齿形设计误差，切削的齿轮精度高，然而制造滚刀困难。

2）阿基米德蜗杆。阿基米德蜗杆的螺旋齿侧面是阿基米德螺旋面。通过蜗杆轴线剖面与阿基米德蜗螺旋面的交线是直线，其他剖面都是曲线，其端剖面是阿基米德螺旋线。用这种基本蜗杆制成的滚刀，制造与检验滚刀齿形均比渐开线蜗杆简单和方便，但有微量的齿形误差。不过这种误差是在允许的范围之内，为此，生产中大多数精加工滚刀的基本蜗杆均用阿基米德蜗杆代替渐开线蜗杆。用阿基米德蜗杆代替渐开线基本蜗杆作滚刀，切制的齿轮齿形存在着一定误差，这种误差称为齿形误差。由基本蜗杆的性质可知，渐开线基本蜗杆轴向剖面是曲线齿形，而阿基米德基本蜗杆轴向剖面是直线齿形。为了减少造型误差，应使基本蜗杆的轴向剖面直线齿形与渐开线基本蜗杆轴向剖面的理论齿形在分度圆处相切。

3）法向直廓蜗杆。法向直廓蜗杆法剖面内的齿形是直线，端剖面为延长渐开线。用这种基本蜗杆代替渐开线基本蜗杆作滚刀，其齿形设计误差大，故一般作为大模数、多头和粗加工滚刀用。

二、插齿加工

1. 插齿原理及运动

（1）插齿原理

从插齿原理上分析，插齿刀与工件相当于一对平行轴的圆柱直齿轮啮合，如图 5-5 所示。

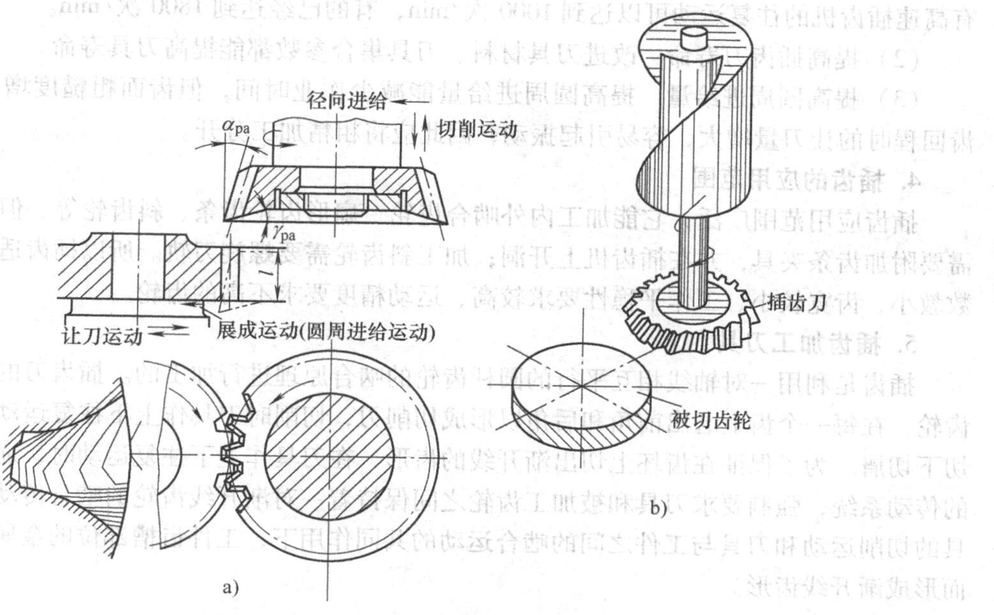

图 5-5 插齿加工原理及插齿机外形图

a）插制直齿齿轮 b）插制螺旋齿齿轮

(2) 插齿的主要运动 如图5-5所示，插齿加工的主要运动有：

1）切削运动。即插齿刀的上下往复运动。

2）分齿展成运动。插齿刀与工件间应保证正确的啮合关系。插齿刀每往复一次，工件相对刀具在分度圆上转过的弧长为加工时的圆周进给运动。

3）径向进给运动。插齿时，为逐步切至全齿深，插齿刀应该有径向进给运动。

4）让刀运动。插齿刀做上下往复运动时，向下是工作行程。为了避免刀具擦伤已加工的齿面并减少刀齿的磨损，在插齿刀向上运动时，工作台带动工件退出切削区一段距离，插齿刀工作行程时，工件恢复原位。

2. 插齿加工质量分析

(1) 传动准确性 齿坯安装时的几何偏心使工件产生径向位移使得齿圈径向跳动；工作台分度蜗轮的运动偏心使工件产生切向位移，造成公法线长度变动；插齿刀的制造齿距累积误差和安装误差，也会造成插齿的公法线变动。

(2) 传动平稳性 插齿刀设计时，其齿形是按照渐开线设计的，刀齿没有齿形误差，所以插齿的齿形误差比滚齿小。

(3) 载荷均匀性 机床刀架刀轨对工作台回转中心的平行度造成工件产生齿向误差；插齿刀的上下往复频繁运动使刀轨磨损，加上刀具刚性差，因此插齿的齿向误差比滚齿大。

(4) 表面粗糙度 插齿后的表面粗糙度值比滚齿小，这是因为插齿过程中包络齿面的切削刃数较多。

3. 提高插齿生产率的措施

(1) 高速插齿 为了缩短作业时间，可增加插齿刀每分钟的往复次数来高速插齿。现有高速插齿机的往复运动可以达到1000次/min，有的已经达到1800次/min。

(2) 提高插齿刀寿命 改进刀具材料、刀具集合参数都能提高刀具寿命。

(3) 提高圆周进给量 提高圆周进给量能减少作业时间，但齿面粗糙度增大，加上插齿回程时的让刀量增大，容易引起振动，因此应将粗精加工分开。

4. 插齿的应用范围

插齿应用范围广泛，它能加工内外啮合齿轮、扇形齿轮齿条、斜齿轮等。但是加工齿条需要附加齿条夹具，并在插齿机上开洞；加工斜齿轮需要螺旋刀轨。所以插齿适合于加工模数教小、齿宽较小、工作平稳性要求较高、运动精度要求不高的齿轮。

5. 插齿加工刀具

插齿是利用一对轴线相互平行的圆柱齿轮的啮合原理进行加工的。插齿刀的外形像一个齿轮，在每一个齿上磨出前角和后角以形成切削刃，切削时刀具作上下往复运动，从工件上切下切屑。为了保证在齿坯上切出渐开线的齿形，在刀具作上下往复运动时，通过机床内部的传动系统，强制要求刀具和被加工齿轮之间保持着一对渐开线齿轮的啮合传动关系。在刀具的切削运动和刀具与工件之间的啮合运动的共同作用下，工件齿槽部位的金属被逐步切去而形成渐开线齿形。

三、剃齿加工

1. 剃齿原理

剃齿是根据一对轴线交叉的斜齿轮啮合时，沿齿向有相对滑动而建立的一种加工方法。

如图5-6所示，剃齿刀与工件间有一夹角Σ，$\Sigma=\beta_w \pm \beta_o$，$\beta_w$、$\beta_o$分别为被剃齿轮和剃齿刀的螺旋角。工件与刀具螺旋方向相同时为“+”，相反时为“-”。比如用一把右旋剃齿刀剃削一左旋齿轮的情况下，$\Sigma=\beta_w-\beta_o$，剃齿时剃齿刀做高速回转并带动工件一起回转。在啮合点P，剃齿刀圆周速度为v_0，工件的圆周速度为v_w，它们都可以分解为垂直螺旋线齿面的法向分量和螺旋面的切向分量。因为啮合点处的法向分量必须相等，而两个切向分量却不相等，因而产生相对滑动。由于剃齿刀齿面开有小槽，就产生了切削作用，相对滑动速度就成了切削速度。

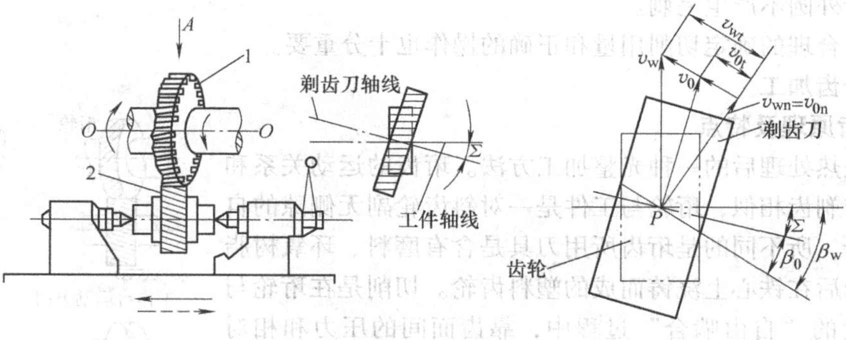

图5-6　剃齿加工原理

1—剃齿刀　2—工件

剃齿时剃齿刀和齿轮是无侧隙双面啮合，剃齿刀刀齿的两侧面都能进行切削。当工件旋向不同或剃齿刀正反转时，刀齿两侧切削刃的切削速度是不同的。为了使齿轮的两侧都能获得较好的剃削质量，剃齿刀在剃齿过程中应交替的进行正反转动。

2. 剃齿质量分析

剃齿是一种利用剃齿刀与被剃齿轮做自由啮合进行展成加工的方法。剃齿刀与齿轮间没有强制性的啮合运动，所以对齿轮的传递运动准确性精度提高不大，但传动的平稳性和接触精度有较大的提高，齿轮表面粗糙度值明显减小。

剃齿是在滚齿之后，对未淬硬齿轮的齿形进行精加工的一种常用方法。由于剃齿的质量较好，生产率高，所用机床简单，调整方便，剃齿刀寿命长，所以汽车、拖拉机和机床中的齿轮，多用这种加工方法来进行精加工。

目前，我国剃齿加工中最常用的方法是平行剃齿法，它最主要的缺点是刀具利用率不好，局部磨损使刀具利用率寿命低；另一缺点是剃前时间长，生产率低。为此，大力发展了对角剃齿、横向剃齿、径向剃齿等方法。

近年来，由于含钴、钼成分较高的高性能高速钢刀具的应用，使剃齿也能进行硬齿面的齿轮精加工。加工精度可达7级，齿面的表面粗糙度值R_a为0.8～1.6μm。但淬硬前的精度应提高一级，剃齿余量为0.01～0.03mm。

3. 剃齿工艺中的几个问题

（1）剃前齿轮的材料　剃前齿轮硬度在22～32HRC范围时，剃齿刀校正误差能力最好，如果齿轮材质不均匀，含杂质过多或韧性过大会引起剃齿刀滑刀或啃刀，最终影响剃齿的齿形及表面粗糙度值。

（2）剃前齿轮的精度　剃齿是齿形的精加工方法，因此剃齿前的齿轮应有较高的精度，通常剃齿后的精度只能比剃齿前提高一级。

（3）剃齿余量　剃齿余量的大小，对剃齿质量和生产率均有较大影响。余量不足时，剃前误差及表面缺陷不能全部除去；余量过大，则剃齿效率低，刀具磨损快，剃齿质量反而下降。选取剃齿余量时，可参考相关标准。

（4）剃前齿形加工时的刀具　剃齿时，为了减轻剃齿刀齿顶负荷，避免刀尖折断，剃前在齿跟处挖掉一块。齿顶处希望能有一修圆，这不仅对工作平稳系性有利，而且可使剃齿后的工件沿外圆不产生毛刺。

此外，合理的确定切削用量和正确的操作也十分重要。

四、珩齿加工

1. 珩齿原理及特点

珩齿是热处理后的一种光整加工方法。珩齿的运动关系和所用机床与剃齿相似，珩轮与工件是一对斜齿轮副无侧隙的自由紧密啮合，所不同的是珩齿所用刀具是含有磨料、环氧树脂等原料混合后在铁心上浇铸而成的塑料齿轮。切削是在珩轮与被加工齿轮的“自由啮合”过程中，靠齿面间的压力和相对滑动来进行的，如图5-7所示。

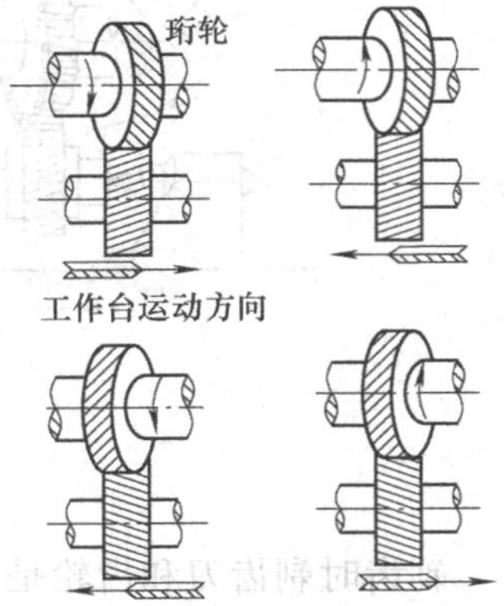

图5-7　珩齿加工原理与相对运动

珩齿的运动与剃齿基本相同，即珩轮带动工件高速正反转；工件沿轴向往复运动及工件的径向进给运动。所不同的是珩齿径向进给是在开车后一次进给到预定位置。因此，珩齿开始时齿面压力较大，随后逐渐减少，直至压力消失时珩齿便结束。

珩齿的特点如下：

（1）珩齿后齿轮表面质量较好　珩齿速度一般是1～3m/s，比普通磨削速度低，其磨粒粒度又小，珩轮的弹性较大，珩齿过程实际上是低速磨削、研磨和抛光的综合过程，齿面不会产生烧伤和裂纹，所以珩齿后齿的表面质量较好。

（2）珩齿后的表面粗糙度值减小　珩轮齿面上均匀密布着磨粒，珩齿后齿面切削痕迹很细，磨粒不仅在齿面产生滑动而切削，而且沿渐开线切线方向亦具有切削作用，从而在齿面上产生交叉网纹，使齿面的表面粗糙度值明显减小。

（3）珩齿修正误差能力低　珩齿与剃齿的运动关系基本相同，由于珩轮本身有一定的弹性，不能在珩齿过程中强行切除偏差部分的金属，所以珩齿修正偏差能力不高。为了保证精度，故对珩前齿轮的精度则要求高。

2. 珩齿方法

珩齿方法有外啮合珩齿、内啮合珩齿和蜗杆状珩磨轮珩齿三种。图5-8所示为外啮合珩齿和蜗杆状珩磨轮珩齿的加工示意图。

3. 珩齿的应用

因为珩齿修正误差能力差，因而珩齿主要用于去除热处理后齿面上的氧化皮及毛刺，可使表面粗糙度 R_a 值从 1.6μm 左右降到 0.4μm 以下，为了保证齿轮的精度要求，必须提高珩齿前的加工精度和减少热处理变形。因此，珩齿前加工多采用剃齿。如磨齿后需要进一步

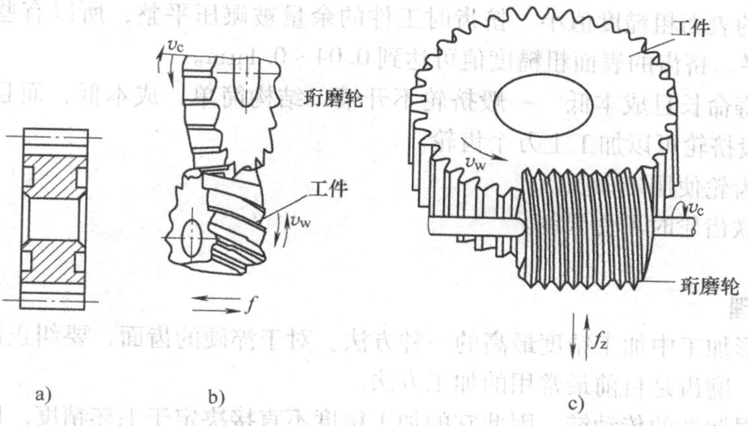

图 5-8　珩齿方法

a）珩磨轮　b）、c）珩齿加工示意图

减小表面粗糙度值，也可以采用珩齿使齿面的表面粗糙度值 R_a 值达到 0.1μm。

珩齿的轴交角常取 15°。珩齿余量很小，一般珩齿前为剃齿时，常取 0.01～0.02mm；珩齿前为磨齿时，取 0.003～0.005mm。

由于珩齿具有齿面的表面粗糙度值小、效率高、成本低、设备简单、操作方便等优点，故是一种很好的齿轮光整加工方法，一般可取加工 6～8 级精度的齿轮。

五、挤齿（冷挤）

1. 挤齿原理

冷挤齿轮是一种齿轮无切削加工新工艺，有一些工厂已用它来代替剃齿。齿轮冷挤过程是挤轮与工件之间在一定压力下按无侧隙啮合的自由对滚过程，是按展成原理的无切削加工。挤轮实质上是一个高精度的圆柱齿轮，有的挤轮还有一定的变位量，挤轮与齿轮轴线平行旋转。挤轮宽度大于被挤齿轮宽度，所以在挤齿过程中只需要径向进给，无需轴向进给。挤轮的连续径向进给对工件施加压力，使工件齿廓表层金属产生塑性变形，以修正齿轮误差和提高表面质量。

制造挤轮的材料要有一定的强度和耐磨性，可用铬锰钢或高速钢制造。为了防止工件与挤轮齿面的粘结，在冷挤过程中要加硫化油来润滑，这样既可使冷挤后齿面的表面粗糙度值减小，而且还可以提高挤轮的耐用度。

2. 挤齿特点

挤齿与剃齿一样，均为齿轮淬火前的齿形精加工，与剃齿相比，挤齿有以下特点：

（1）生产率高　压力足够时，对中等尺寸的齿轮一般只需 5s 左右就可以将齿轮挤到规定尺寸，再精整 20s 左右即成成品；而剃齿只需 2～4min 左右。挤齿余量比剃齿小，而且挤齿前滚齿或插齿的齿面粗糙度要求可比剃齿低一些，因而可以增大滚齿或插齿的进给量，使生产率提高 30% 以上。

（2）精度高　挤齿可以使齿轮精度达到 6 级甚至更高。剃齿机的运动部分多，刚性差，机床调整时间长，而挤齿只有单纯的径向进给，机床传动系统简单，刚性好，机床调整方便且精度稳定。

（3）齿面的表面粗糙度值小　挤齿时工件的余量被碾压平整，所以有些表面缺陷和刮伤等容易被填平。挤齿的表面粗糙度值可达到0.04～0.1μm。

（4）挤轮寿命长且成本低　一般挤轮不开槽，结构简单，成本低，而且寿命却比剃齿刀长很多。一般挤轮可以加工上万个齿轮。

（5）被挤齿轮使用寿命长。

（6）挤多联齿轮时不受限制。

六、磨齿

1. 磨齿原理

磨齿是齿形加工中加工精度最高的一种方法。对于淬硬的齿面，要纠正热处理变形、获得高精度齿廓，磨齿是目前最常用的加工方法。

磨齿是用强制性的传动链，因此它的加工精度不直接决定于毛坯精度。磨齿可使齿轮精度最高达到3～4级，表面粗糙度 R_a 值可以达到0.8～0.2μm，但加工成本高，生产率较低。

2. 磨齿方法

磨齿方法很多，根据磨齿原理的不同可以分成形法和展成法两类。成形法是一种用成形砂轮磨齿的方法，目前生产中应用较少，但它已经成为磨削内齿轮和特殊齿轮时必须采用的方法。展成法主要是利用齿轮与齿条啮合原理进行加工的方法，这种方法是将砂轮的工作面构成假想齿条的单侧或双侧齿面，在砂轮与工件的啮合运动中，砂轮的磨削平面包络出渐开线齿面。下面介绍展成法磨齿的几种方法：

（1）双片碟形砂轮磨齿　如图5-9所示，两片碟形砂轮倾斜安装后，就构成假想齿条的两个齿面。磨齿时，砂轮在原位以 n_0 高速旋转；展成运动即工件的往复移动 v 和相应的正反转运动 ω，通过滑座7、滚圆盘3和钢带4实现。工件通过工作台1实现轴向的慢速进给运动 f，以便磨出全齿宽。当一个齿槽的两侧齿面磨完后，工件快速退离砂轮，经分度机构分齿后，再进入下一个齿槽反向进给磨齿。

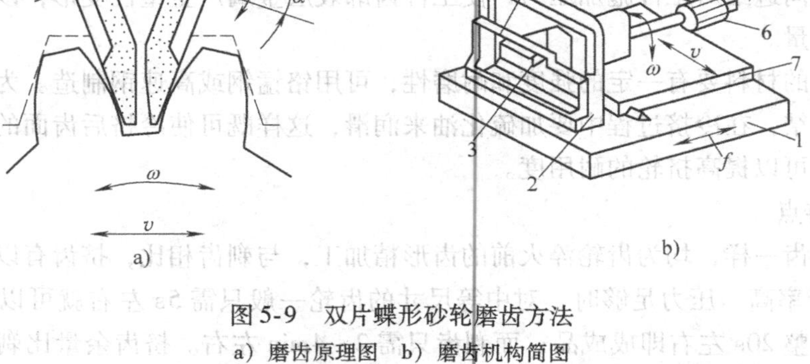

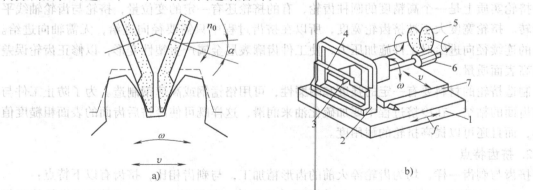

图5-9　双片蝶形砂轮磨齿方法

a）磨齿原理图　b）磨齿机构简图

1—工作台　2—框架　3—滚圆盘　4—钢带　5—砂轮　6—工件　7—滑座

这种磨齿方法中展成运动传动环节少，传动运动精度高，是磨齿机精度最高的一种，加工精度可达4级。但由于碟形砂轮刚性较差，每次进给磨去的余量很少，所以生产率较低。

（2）锥形砂轮磨齿　由图5-10可以看出，这种磨齿方法所用砂轮的齿形相当于假想齿条的一个齿廓，砂轮一边以高速旋转，一方面沿齿宽方向作往复移动，工件放在与假想齿条相啮合的位置，一边旋转，一边移动，实现展成运动。磨完一个齿后，工件还需作分度运动，以便磨削另一个齿槽，直至磨完全部轮齿。

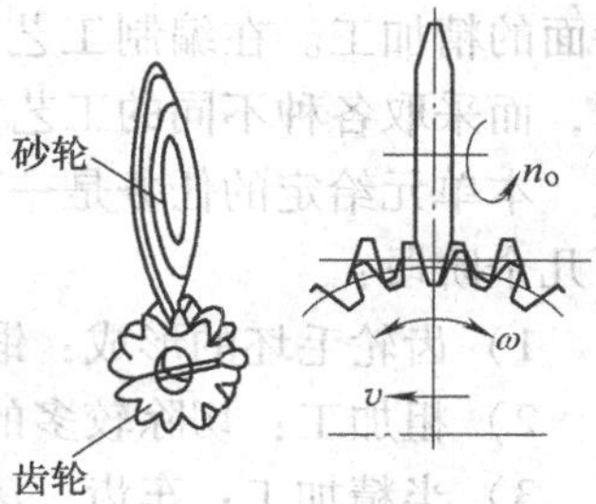

图 5-10　单片锥面砂轮磨齿机工作原理

采用这种磨齿方法磨齿时，形成展成运动的机床传动链较长，结构复杂，故传动误差较大，磨齿精度较低，一般只能达到 5～6 级。

（3）蜗杆砂轮磨齿　如图 5-11 所示，这是新发展起来的连续分度磨齿机，加工原理和滚齿相似，只是相当于将滚刀换成蜗杆砂轮。砂轮的转速很高，一般为 2000r/min，砂轮转一周，齿轮转过一个齿，工件转速也很高，而且可以连续磨齿，因此，磨齿效率很高，一般磨削一个齿轮仅需几分钟。磨齿精度比较高，一般可以达到 5～6 级。

（4）大平面砂轮磨齿　图 5-12 所示是用大平面砂轮端面磨齿的方法。一般砂轮直径达到 400～800mm，磨齿时不需要沿齿槽方向作进给运动。磨齿的展成运动由两种方式实现：一种是采用滚圆盘钢带机构；另一种是用精密渐开线凸轮。采用渐开线凸轮磨齿时，砂轮的工作端面垂直放置，它相当假想齿条的单侧齿面。

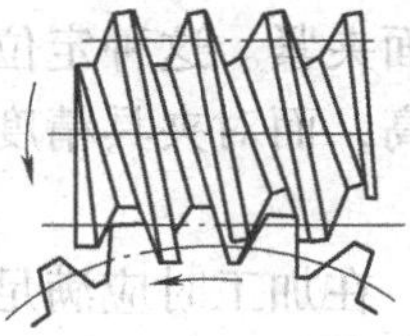
图 5-11　蜗杆砂轮磨齿

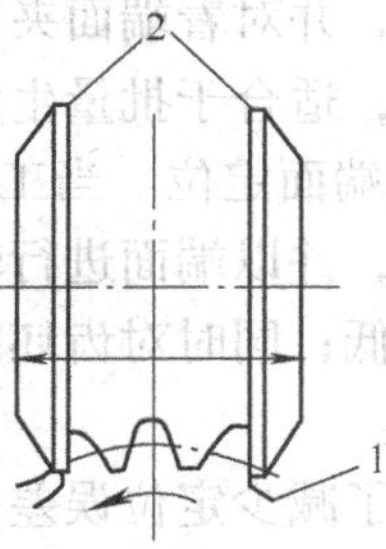

图 5-12　大平面砂轮磨齿
1—齿轮　2—大平面砂轮

大平面砂轮磨齿是目前精度最高的磨齿方法。由于它的展成运动、分度运动的传动链短，又没有砂轮与工件间的轴向运动，因此机床结构简单，可以磨出 3～4 级精度的齿轮。但是因为它没有轴向运动，因此，只能磨削齿宽较窄的齿轮。

5-5 圆柱齿轮的加工工艺过程编制

一、圆柱齿轮加工工艺过程的内容和要求

圆柱齿轮的加工工艺程一般应包括以下内容：齿轮毛坯加工、齿面加工、热处理工艺及

齿面的精加工。在编制工艺过程中，常因齿轮结构、精度等级、生产批量和生产环境的不同，而采取各种不同的工艺方案。

本单元给定的任务是一直齿圆柱齿轮的简图，编制该齿轮加工工艺过程大致可以划分如下几个阶段：

1）齿轮毛坯的形成：锻件、棒料或铸件。

2）粗加工：切除较多的余量。

3）半精加工：车齿、滚齿、插齿。

4）热处理：调质、渗碳淬火、齿面高频感应加热淬火等。

5）精加工：精修基准、精加工齿形。

二、齿轮加工工艺过程分析

1. 基准的选择

对于齿轮加工基准的选择常因齿轮的结构形状不同而有所差异。带轴齿轮主要采用顶点孔定位；对于空心轴，则在中心内孔钻出后，用两端孔口的斜面定位；孔径大时则采用锥堵。顶点定位的精度高，且能作到基准重合和统一。对带孔齿轮在齿面加工时常采用以下两种定位、夹紧方式。

（1）以内孔和端面定位　这种定位方式是以工件内孔定位，确定定位位置，再以端面作为轴向定位基准，并对着端面夹紧。这样可使定位基准、设计基准、装配基准和测量基准重合，定位精度高，适合于批量生产。但对于夹具的制造精度要求较高。

（2）以外圆和端面定位　当工件和加剧心轴的配合间隙较大时，采用千分表校正外圆以确定中心的位置，并以端面进行轴向定位，从另一端面夹紧。这种定位方式因每个工件都要校正，故生产率低；同时对齿坯的内、外圆同轴要求高，而对夹具精度要求不高，故适用于单件、小批生产。

综上所述，为了减少定位误差，提高齿轮加工精度，在加工时应满足以下要求：

1）应选择基准重合、统一的定位方式。

2）内孔定位时，配合间隙应近可能减少。

3）定位端面与定位孔或外圆应在一次装夹中加工出来，以保证垂直度要求。

2. 齿轮毛坯的加工

齿面加工前的齿轮毛坯加工，在整个齿轮加工过程中占有很重要的地位。因为齿面加工和检测所用的基准必须在此阶段加工出来，同时齿坯加工所占工时的比例较大，无论从提高生产率，还是从保证齿轮的加工质量，都必须重视齿轮毛坯的加工。

在齿轮图样的技术部要求中，如果规定以分度圆选齿厚的减薄量来测定齿侧间隙时，应注意齿顶圆的精度要求，因为齿厚的检测是以齿顶圆为测量基准的。齿顶圆精度太低，必然使测量出的齿厚无法正确反映出齿侧间隙的大小，所以，在这一加工过程中应注意以下三个问题：

1）当以齿顶圆作为测量基准时，应严格控制齿顶圆的尺寸精度。

2）保证定位端面和定位孔或外圆间的垂直度。

3）提高齿轮内孔的制造精度，减少与夹具心轴的配合间隙。

3. 齿形及齿端加工

齿形加工是齿轮加工的关键，其方案的选择取决于多方面的因素，如设备条件、齿轮精度等级、表面粗糙度、硬度等。常用的齿形加工方案在上节已有讲解，在此不再叙述。

齿轮的齿端加工有倒圆、倒尖、倒棱和去毛刺等方式，如图 5-13 所示。经倒圆、倒尖后的齿轮在换档时容易进入啮合状态，减少撞击现象。倒棱可除去齿端尖角和毛刺。图 5-14是用指状铣刀对齿端进行倒圆的加工示意图。倒圆时，铣刀高速旋转，并沿圆弧作摆动，加工完一个齿后，工件退离铣刀，经分度后再快速向铣刀靠近加工下一个齿的齿端。

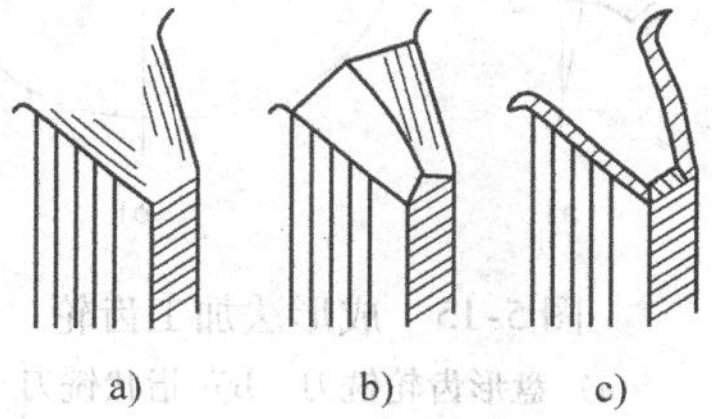

图 5-13　端齿加工方式

a）倒圆　b）倒尖　c）倒棱

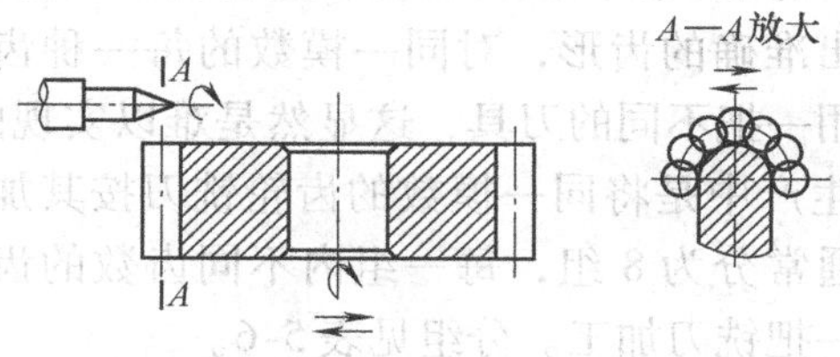

图 5-14　齿端倒圆

齿端加工必须在淬火之前进行，通常都在滚（插）齿之后，剃齿之前安排齿端加工。

4. 轮加工过程中的热处理要求

在齿轮加工工艺过程中，热处理工序的位置安排十分重要，它直接影响齿轮的力学性能及切削加工性。一般在齿轮加工中进行两种热处理工序，即毛坯热处理和齿形热处理。

三、常用齿轮刀具及选用

1. 齿轮刀具的分类

齿轮刀具是用于加工齿轮齿形的刀具，由于齿轮的种类很多，其生产批量和质量的要求以及加工方法又各不相同，所以齿轮刀具的种类也很多，通常按下列方法来分类。

（1）按照加工的齿轮类型分类　按照加工的齿轮类型来分，有以下三类刀具：

1）圆柱齿轮刀具。

① 渐开线圆柱齿轮刀具。它包括盘形齿轮铣刀、指形齿轮铣刀、齿轮滚刀、插齿刀和剃齿刀等。

② 非渐开线圆柱齿轮刀具。它包括圆弧齿轮滚刀、摆线齿轮滚刀和花键滚刀等。

2）蜗轮刀具。有蜗轮滚刀、蜗轮飞刀等。

3）锥齿轮刀具。

（2）按刀具的工作原理分类

1）成形齿轮刀具。这类刀具的切削刃廓形与被加工齿轮端剖面内的槽形相同，如盘形齿轮铣刀、指状齿轮铣刀等。

2）展成齿轮刀具。这类刀具加工齿轮时，刀具本身就是一个齿轮，它和被加工齿轮各自按啮合关系要求的速比转动，而由刀具齿形包络出齿轮的齿形，如齿轮滚刀、插齿刀、剃齿刀等。

2. 盘形齿轮铣刀

盘形齿轮铣刀有与被加工齿轮齿槽方向截面相同的刀具齿形。在加工齿轮时，利用相同的齿形在齿坯上加工出齿面。成形铣削齿轮一般在普通铣床上进行。

常用的成形法齿轮加工刀具有盘形齿轮铣刀和指状铣刀（见图5-15），后者适用于加工大模数（$m=8\sim40$）的直齿、斜齿齿轮，特别是人字齿轮。采用成形法加工齿轮时，齿轮的齿廓形状精度由齿轮铣刀切削刃的形状来保证。对于标准的渐开线齿轮的齿廓形状是由该齿轮的模数和齿数决定的。要加工出准确的齿形，对同一模数的每一种齿数都要使用一把不同的刀具，这显然是难以实现的。在实际生产中是将同一模数的齿轮铣刀按其加工的齿数通常分为8组，每一组内不同齿数的齿轮都用同一把铣刀加工。分组见表5-6。

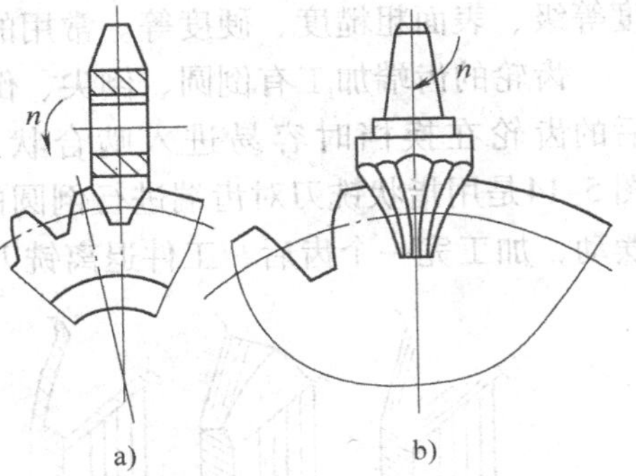

图5-15　成形法加工齿轮

a）盘形齿轮铣刀　b）指状铣刀

表5-6　盘铣刀的编号

刀　号	1	2	3	4	5	6	7	8
加工齿数范围	12～13	14～16	17～20	21～25	26～34	35～54	55～134	135以上

3. 插齿刀

插齿刀的形状很像齿轮：直齿插齿刀像直齿齿轮，斜齿插齿刀像斜齿齿轮。根据原机械工业部颁布的刀具标准JB2496—1978规定，直齿插齿刀分为三种结构形式。

（1）盘形直齿插齿刀　如图5-16a所示，这是最常用的一种结构型式，用于加工直齿外齿轮和大直径的内齿轮。不同规范的插齿机应选用不同分圆直径的插齿刀。

（2）碗形直齿插齿刀　它以内孔和端面定位，夹紧螺母可容纳在刀体内，主要用于加工多联齿轮和带凸肩的齿轮，如图5-16b所示。

（3）锥柄直齿插齿刀　这种插齿刀的公称分圆直径有25mm和38mm两种。因直径较小，不能做成套装式，所以做成带有锥柄的整体结构形式，如图5-16c所示。这种插齿刀主要用于加工内齿轮。

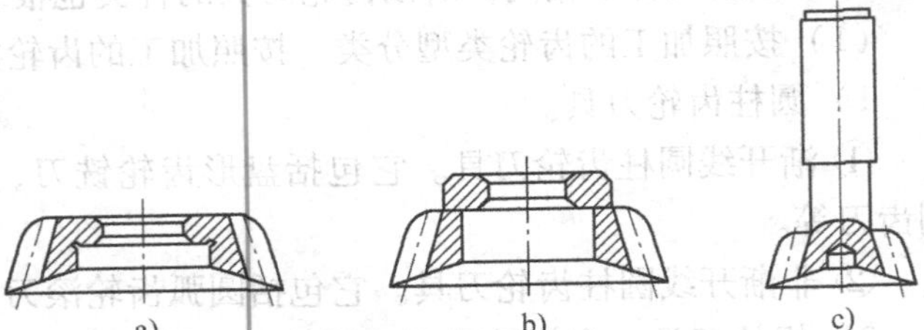

图5-16　插齿刀的三种标准形式

a）盘形直齿插齿刀　b）碗形直齿插齿刀　c）锥柄直齿插齿刀

插齿刀有三个精度等级：AA级适用于加工6级精度齿轮；A级适用于加工7级精度的齿轮；B级适用于加工8级精度的齿轮。它应该根据被加工齿轮的传动平稳性精度等级选取。

4. 滚齿刀

齿轮滚刀一般是指加工渐开线齿轮所用的滚刀。它是按螺旋齿轮啮合原理加工齿轮的。由于被加工齿轮是渐开线齿轮，所以它本身也应具有渐开线齿轮的几何特性。

齿轮滚刀从其外貌看并不像齿轮，实际上它仅有一个齿（或二个、三个齿），但齿很长而螺旋角又很大。因为它的齿很长而螺旋角又很大，可以绕滚刀轴线转好几圈，因此，从外貌上看，它很像一个蜗杆，如图5-4所示。为了使这个蜗杆能起切削作用，需沿其长度方向开出好多容屑槽，因此，把蜗杆上的螺纹割成许多较短的刀齿，并产生了前面和切削刃。每个刀齿有一个顶刃和两个侧刃。为了使刀齿有后角，还要用铲齿方法铲出齿侧后面和齿顶后面。但是各个刀齿的切削刃必须位于这个相当于斜齿圆柱齿轮的蜗杆的螺纹表面上，因此这个蜗杆就称为滚刀的基本蜗杆。

标准齿轮滚刀精度分为四级：AA、A、B、C。加工时按照齿轮精度的要求，选用相应的齿轮滚刀。AA级滚刀可以加工6~7级齿轮；A级可以加工7~8级齿轮；B级可加工8~9级齿轮；C级可加工9~10级齿轮。

四、圆柱齿轮的加工工艺过程制定

现在完成本单元给定的任务。经过分析该齿轮的加工工艺过程见表5-7。

表5-7　齿轮的机械加工工艺过程

工序号	工序名称	工序内容	设备
1	锻造	锻造毛坯	
2	热处理	正火	
3	车	粗车外圆各部，均留加工余量1.5mm 精车各部，内孔至 ϕ85 H7	车床
4	滚齿	滚齿加工	滚齿机
5	倒角	倒圆轮齿端面	
6	插键槽	加工键槽	插床
7	钳	去毛刺	
8	热处理	热处理齿部：G52	
9	磨	靠磨大端面 A	磨床
10	磨	磨削 B 面总长至尺寸	磨床
11	磨	磨内孔至尺寸	磨床
12	磨齿	磨齿轮各齿	齿轮磨床
13	检验		

请同学们按照上述工艺过程，填写工艺文件。

课题六

零件的特种加工工艺

特种加工是直接利用电能、热能、光能、化学能、电化学能、声能等进行加工的工艺方法。与传统的切削加工方法相比其加工机理完全不同。在模具生产中常用的有电火花成形加工、电火花线切割加工、电铸加工、电解加工、超声加工和化学加工等。

6-1 电火花成形加工

电火花成形加工又称放电加工（Electrical Discharge Machining，EDM）。它是在加工过程中，使工具和工件之间不断产生脉冲性的火花放电，靠放电时局部、瞬时产生的高温把金属蚀除下来。

一、电火花成形加工的原理和特点

1. 电火花成形加工的原理

电火花成形加工是基于工具和工件（正、负电极）之间脉冲火花放电时的电腐蚀现象来蚀除多余的金属，以达到对零件的尺寸、形状及表面质量预定的加工要求。要达到这一目的，必须创造下列条件：

1）必须使接在不同极性上的工具和工件之间保持一定的距离以形成放电间隙。这个间隙的大小与加工电压、加工介质等因素有关，一般为0.01～0.1mm左右。在加工过程中还必须用工具电极的进给和调节装置来保持这个放电间隙，使脉冲放电能连续进行。

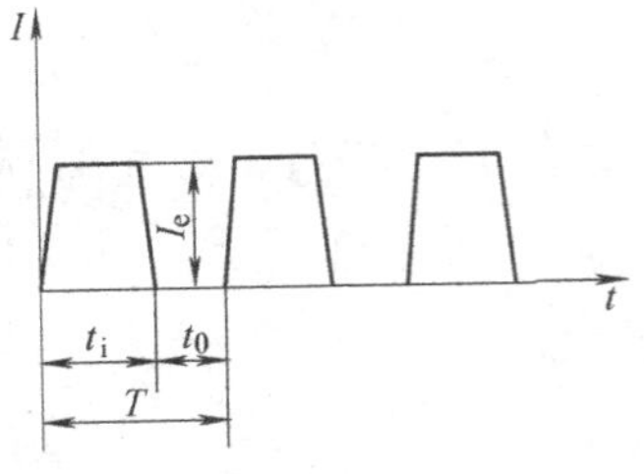

图6-1 脉冲电流波形
t_i—脉冲宽度 t_0—脉冲间隔
T—脉冲周期 I_e—电流峰值

2）脉冲波形基本是单向的，如图6-1所示。放电延续时间 t_i 称为脉冲宽度，t_i 应小于 10^{-3}s，以使放电产生的热量来不及从放电点过多传导扩散到其他部位，只在极小的范围之内使金属局部熔化，直至气化。相邻脉冲之间的间隔时间 t_0

称为脉冲间隔，它使放电介质有足够的时间恢复绝缘状态，以免引起持续电弧放电，烧伤加工表面。$T=t_i+t_0$ 称为脉冲周期。

3）放电必须在具有一定绝缘性能的液体介质中进行。液体介质能够将电蚀产物从放电间隙中排除出，还可对电极表面进行较好的冷却。

目前，大多数电火花成形机床采用煤油做工作液进行穿孔和型腔加工。在大功率工作条件下（如大型复杂型腔模的加工），为了避免煤油着火，采用燃点较高的机油、煤油与机油的混合油等作为工作液。近年来，新开发的水基工作液可使粗加工效率大幅度提高。

4）有足够的脉冲放电能量，以保证放电部位的金属熔化或气化。图 6-2 为电火花加工系统原理图。自动进给调节装置能使工件和工具电极保持给定的放电间隙。脉冲电源输出的电压加在液体介质中的工件和工具电极（以下简称电极）上。当电压升高到间隙中介质的击穿电压时，会使介质在绝缘强度最低处被击穿，产生火花放电，如图 6-3 所示。瞬间高温使工件和电极表面都被蚀除掉一小块材料，形成小的凹坑。

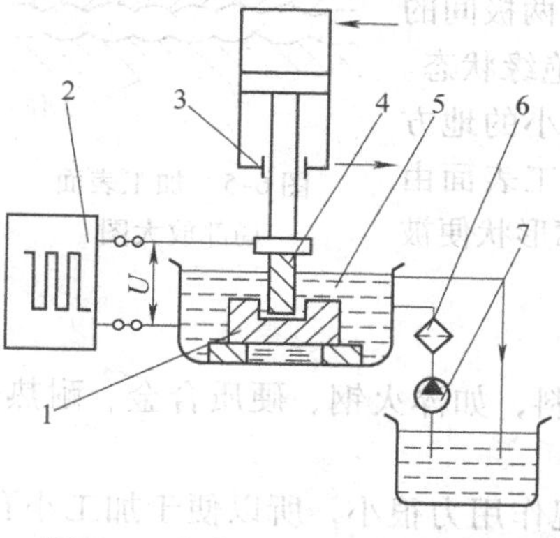

图 6-2 电火花加工系统原理图

1—工件 2—脉冲电源 3—自动进给调节装置
4—工具电极 5—工作液 6—过滤器 7—泵

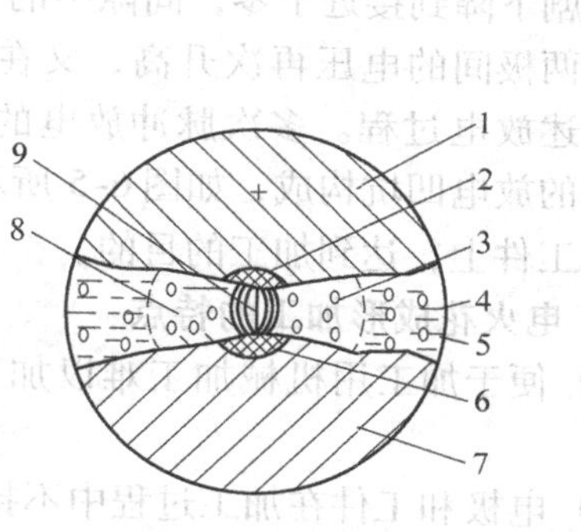

图 6-3 放电状况微观图

1—阳极 2—阳极气化、熔化区 3—熔化的金属微粒
4—工作介质 5—凝固的金属微粒 6—阴极气化、熔化区
7—阴极 8—气泡 9—放电通道

一次脉冲放电过程大致可分为以下四个连续的阶段：极间介质的电离、击穿，形成放电通道；介质热分解、电极材料熔化、气化热膨胀；电极材料的抛出；极间介质的消电离。

（1）极间介质的电离、击穿，形成放电通道 当脉冲电压施加于工具电极与工件之间时，两极之间立即形成一个电场。电场强度与电压成正比，与距离成反比，随着极间电压的升高或是极间距离的减小，极间电场强度也将随着增大，最终在最小间隙处使介质击穿而形成放电通道，电子高速奔向阳极，正离子奔向阴极，并产生火花放电，形成放电通道。放电状况如图 6-3 所示。

（2）电极材料熔化、气化热膨胀 由于放电通道中电子和离子高速运动时相互碰撞，产生大量的热能。两极之间沿通道形成了一个温度高达 10000～12000℃ 的瞬时高温热源，电极和工件表面层金属会很快熔化，甚至气化。气化后的工作液和金属蒸气瞬时间体积猛增，迅速热膨胀，具有爆炸的特性。

（3）电极材料的抛出 通道和正负极表面放电点瞬时高温使工作液气化和金属材料熔化、气化，热膨胀产生很高的瞬时压力。通道中心的压力最高，使气化的气体体积不断向外膨胀，形成一个扩张的“气泡”，气泡上下、内外的瞬时压力并不相等，压力高处的熔融金属液体和蒸汽，就被排挤、抛出而进入工作液中冷却，凝固成细小的圆球状颗粒，其直径视脉冲能量而异（一般约为0.1～500μm），电极表面则形成一个周围凸起的微小圆形凹坑，如图6-4所示。

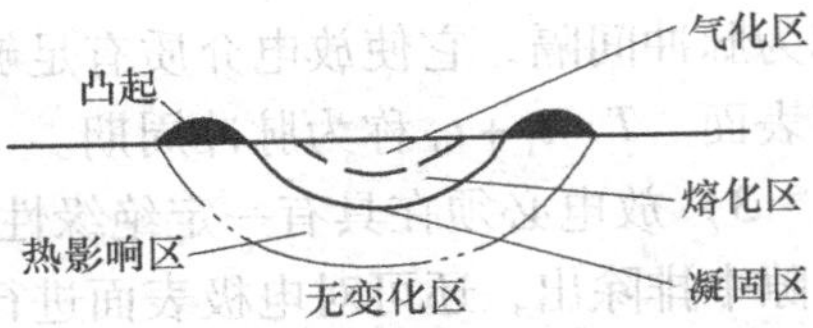

图6-4 放电凹坑剖面示意图

（4）极间介质的消电离 随着脉冲电压的结束，脉冲电流也迅速降为零，标志着一次脉冲放电结束。但此后仍应有一段间隔时间，使间隙介质消电离，恢复本次放电通道处间隙介质的绝缘强度，以实现下一次脉冲击穿放电。如果电蚀产物和气泡来不及很快排除，就会改变间隙内介质的成分和绝缘强度，破坏消电离过程，易使脉冲放电转变为连续电弧放电，影响加工。

可见，为保证电火花加工过程正常地进行，在两次脉冲放电之间应有足够的脉冲间隔时间 t_0，使一次脉冲放电之后，两极间的电压急剧下降到接近于零，间隙中的电介质立即恢复到绝缘状态。此后，两极间的电压再次升高，又在另一处绝缘强度最小的地方重复上述放电过程。多次脉冲放电的结果，使整个被加工表面由无数小的放电凹坑构成，如图6-5所示。工具电极的轮廓形状便被复制在工件上，达到加工的目的。

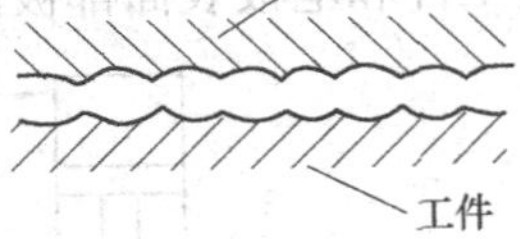

图6-5 加工表面局部放大图

2. **电火花成形加工的特点**

1）便于加工用机械加工难以加工或无法加工的材料，如淬火钢、硬质合金、耐热合金等。

2）电极和工件在加工过程中不接触，两者间的宏观作用力很小，所以便于加工小孔、深孔、窄缝零件，而不受电极和工件刚度的限制；对于各种型孔、立体曲面、复杂形状的工件，均可采用成形电极一次加工。

3）电极材料不必比工件材料硬。

4）直接利用电、热能进行加工，便于实现加工过程的自动控制。

由于电火花加工有其独特的优点，加上电火花加工工艺技术水平的不断提高，电火花机床的普及，其应用领域日益扩大，已在模具制造、机械、航天、航空、电子等部门用来解决各种难加工的材料和复杂形状零件的加工问题。

二、影响电火花成形加工工艺的主要因素

1. 影响材料腐蚀的主要因素

在电火花成形加工过程中，材料被放电腐蚀的规律是十分复杂的综合性问题。研究影响材料电腐蚀的因素，对于应用电火花加工方法，提高电火花加工的生产率，降低工具电极的损耗是极为重要的。

（1）极性效应对电蚀量的影响 在脉冲放电过程中，工件和电极都要受到电腐蚀，但正、负两极的蚀除速度不同。这种两极蚀除速度不同的现象称为极性效应。产生极性效应的基本原因是由于电子的质量小，其惯性也小，在电场力作用下容易在短时间内获得较大的运动速度，即使采用较短的脉冲进行加工也能大量、迅速地到达阳极，轰击阳极表面。而正离子由于质量大，惯性也大，在相同时间内所获得的速度远小于电子。当采用短脉冲进行加工

时，大部分正离子尚未到达负极表面，脉冲便已结束，所以负极的蚀除量小于正极。但是，当用较长的脉冲加工时，正离子可以有足够的时间加速，获得较大的运动速度，并有足够的时间到达负极表面，加上它的质量大，因而正离子对负极的轰击作用远大于电子对正极的轰击，负极的蚀除量则大于正极。在电火花加工过程中，极性效应愈显著愈好，通过充分利用极性效应，合理选择加工极性，以提高加工速度，减少电极的损耗。在实际生产中把工件接正极的加工，称为“正极性加工”或“正极性接法”，工件接负极的加工称为“负极性加工”或“负极性接法”。极性的选择主要靠实验确定。

（2）电参数对电蚀量的影响　电参数主要是指脉冲宽度 t_i、脉冲间隔 t_0、脉冲频率 f、峰值电流 I_e 等。

单位时间内从工件上蚀除的金属量就是电火花加工的生产率。研究结果表明，在电火花加工过程中，生产率的高低受加工极性、工件材料的热学常数、电参数、电蚀产物的排除情况等因素的影响。生产率与脉冲参数之间的关系可用经验公式表示为

$$V_w = K_w W_e f \tag{6-1}$$

式中　V_w——电火花加工的生产率，单位为 g/min；

K_w——系数，与电极材料、脉冲参数、工作液成分等因素有关；

W_e——单个脉冲能量，单位为 J；

f——脉冲频率，单位为 Hz。

由式（6-1）可知，提高生产率的途径在于：提高脉冲频率 f；增加单个脉冲能量 W_e 或者增加矩形脉冲的峰值电流和脉冲宽度 t_i；减小脉冲间隔 t_0；提高系数 K_w。实际生产时要考虑到这些因素之间的相互制约关系和对其他工艺指标的影响。

增加单个脉冲能量将使单个脉冲的电蚀量增大，使电蚀表面粗糙度的评定参数 R_a 值增大，从而使被加工表面粗糙度显著增大。因此，用增大单个脉冲能量的办法来提高生产率，只能在粗加工或半精加工时采用。提高脉冲频率，脉冲间隔太小，会使工作液来不及通过消电离恢复绝缘，使间隙经常处于击穿状态，形成连续的电弧放电，破坏电火花加工的稳定性，影响加工质量。减小脉冲宽度虽然可以提高脉冲频率，但会降低单个脉冲能量，因此只能在精加工时采用。

提高系数 K_w 也可以相应地提高生产率。其途径很多，例如，合理选用电极材料和工作液、改善工作液循环过滤方式、及时排除放电间隙中的电蚀产物等。

（3）金属材料热学常数对电蚀量的影响　所谓热学常数是指熔点、沸点（气化点）、热导率、比热容、熔化热、气化热等。表 6-1 所列为几种常用材料的热学常数。

表 6-1　常用材料的热学常数

热学物理常数	材料				
	铜	石墨	钢	钨	铝
熔点 T_0/C	1083	3727	1535	3410	657
比热容 c/J·(kg·K)$^{-1}$	393.56	1674.7	695.0	154.91	1004.8
熔化热 q_r/J·kg^{-1}	179258.4	—	209340	159098.4	385185.6
沸点 T_1/℃	2595	4830	3000	5930	2450
气化热 q_q/J·kg^{-1}	5304256.9	46054800	6290667	—	10894053.6

（续）

热学物理常数	材料				
	铜	石墨	钢	钨	铝
热导率 λ/W·(cm·K)$^{-1}$	3.998	0.800	0.816	1.700	2.378
热扩散率 a/cm^2·s^{-1}	1.179	0.217	0.150	0.568	0.920
密度 q_q/g·cm^{-3}	8.9	2.2	7.9	19.3	2.54

注：1. 热导率为0℃时的值。

2. 热扩散率 $a=\lambda/c\rho$。

当脉冲放电能量相同时，金属的熔点、沸点、比热容、熔化热、气化热愈高，电蚀量将愈少，愈难加；另一方面，热导率愈大的金属，由于较多地把瞬时产生的热量传导散失到其他部位，因而降低了本身的蚀除量。

另外，电火花加工过程中，工作液的作用是：形成火花击穿放电通道，并在放电结束后迅速恢复间隙的绝缘状态；对放电通道产生压缩作用；帮助电蚀产物的抛出和排除；对工具、工件的冷却作用。因而工作液对电蚀量也有较大的影响。

加工过程不稳定将干扰以致破坏正常的火花放电，使有效脉冲利用率降低。加工深度、加工面积的增加，或加工型面复杂程度的增加，都不利于电蚀产物的排出，影响加工稳定性。

降低加工速度，严重时将造成积炭拉弧，使加工难以进行。为了改善排屑条件，提高加工速度和防止拉弧，常采用强迫冲油和工具电极定时抬刀等措施。

2. 影响加工精度的因素

工件的加工精度除受机床精度、工件的装夹精度、电极制造及装夹精度影响之外，主要受电极损耗放电间隙和加工斜度的影响。

（1）电极损耗对加工精度的影响　在电火花加工过程中，电极会受到电腐蚀而损耗，电极的不同部位，其损耗不同。电极的尖角、棱边等突起部位的电场强度较强，易形成尖端放电，所以这些部位比平坦部位损耗要快。电极的不均匀损耗必然使加工精度下降。所以，电火花穿孔加工时，电极可以贯穿型孔而补偿电极的损耗，型腔加工时则无法采用这一方法，精密型腔加工时可采用更换电极的方法。

（2）放电间隙对加工精度的影响　电火花加工时，电极和工件之间发生脉冲放电需保持一定的放电间隙。由于放电间隙的存在，使加工出的工件型孔（或型腔）尺寸和电极尺寸相比，沿加工轮廓要相差一个放电间隙（单边间隙）。如果加工过程中放电间隙保持不变，通常可以通过修正工具电极的尺寸对放电间隙进行补偿，以获得较高的加工精度。然而，在实际加工过程中放电间隙是变化的，加工精度因此受到一定程度的影响。要使放电间隙保持稳定，必须使脉冲电源的电参数保持稳定，同时还应使机床精度和刚度也保持稳定。特别要注意电蚀产物在间隙中的滞留而引起的二次放电对放电间隙的影响。

此外，放电间隙的大小对加工精度（尤其是仿形精度）也有影响，特别对于复杂形状表面的加工，棱角部位电场强度分布不均，间隙越大，影响越严重。因此，为了降低加工误差，应采用较小的加工电规准。粗加工单面放电间隙值一般为0.5mm；精加工单面放电间隙值则能达到0.01mm。

（3）加工斜度对加工精度的影响　在加工过程中随着加工深度的增加，二次放电次数增多，侧面间隙逐渐增大，使被加工孔入口处的间隙大于出口处的间隙，出现加工斜度，使加工表面产生形状误差，如图6-6所示。二次放电的次数越多，单个脉冲的能量越大，则加工斜度越大。二次放电的次数与电蚀产物的排除条件有关。因此，应从工艺上采取措施及时排除电蚀产物，使加工斜度减小。

3. 影响表面质量的因素

（1）表面粗糙度 电火花加工后的表面，是由脉冲放电时所形成的大量凹坑排列重叠而形成的。表面粗糙度与脉冲宽度、峰值电流的关系如图6-7所示。

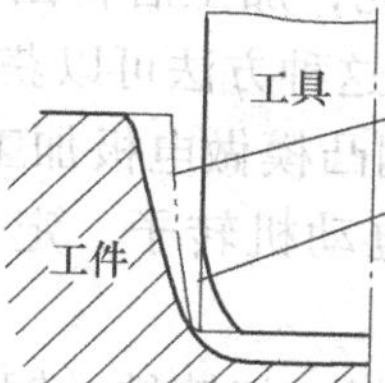

图6-6 电火花加工斜度

1—电极无损耗时工件轮廓线

2—电极有损耗而不考虑二次放电时的工件轮廓线

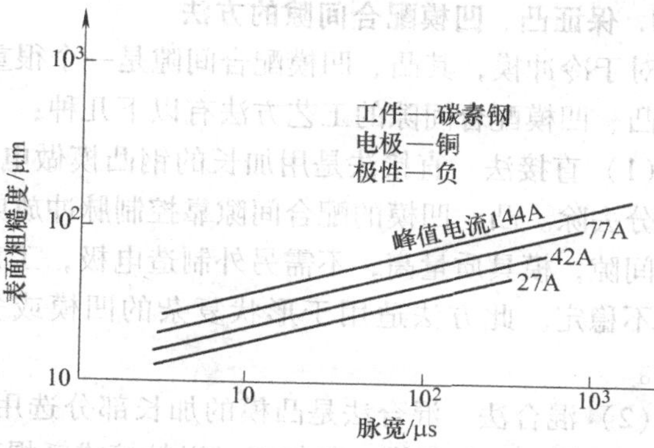

图6-7 表面粗糙度与脉冲宽度、峰值电流的关系

由图可知：

1）表面粗糙度随脉冲宽度增大而增大。

2）表面粗糙度随峰值电流的增大而增大。

3）为了减小表面粗糙度值必须减小脉冲宽度和峰值电流。

4）在粗加工时，提高生产率以增加脉冲宽度和减小脉冲间隔为主；精加工时，以减小脉冲宽度来减小表面粗糙度值。

电火花成形加工的表面粗糙度，粗加工一般可达 $R_a=25\sim12.5\mu m$；精加工可达 $R_a=3.2\sim0.8\mu m$；微细加工可达 $R_a=0.8\sim0.2\mu m$。加工熔点高的硬质合金等可获得比钢更小的表面粗糙度。由于电极的相对运动，侧壁表面粗糙度比底面小。近年来研制的超光脉冲电源已使电火花成形加工的表面粗糙度达到 $R_a=0.20\sim0.10\mu m$。

（2）表面变化层 经电火花加工后的表面将产生包括凝固层和热影响层的表面变化层。凝固层是工件表层材料在脉冲放电的瞬时高温作用下熔化后未能抛出，在脉冲放电结束后迅速冷却、凝固而保留下来的金属层。其晶粒非常细小，有很强的耐腐蚀能力。热影响层位于凝固层和工件基体材料之间，该层金属受到放电点传来的高温的影响，使材料的金相组织发生了变化。对未淬火钢，热影响层就是淬火层。对经过淬火的钢，热影响层是重新淬火层。

表面变化层的厚度与工件材料及脉冲电源的电参数有关，它随着脉冲能量的增加而增厚。粗加工时变化层一般为0.1～0.5mm，精加工时一般为0.01～0.05mm。凝固层的硬度一般比较高，故电火花加工后的工件耐磨性比机械加工好，但随之而来的是增加了钳工研磨、抛光的困难。

三、电火花穿孔加工

用电火花成形加工方法加工通孔称为电火花穿孔加工。它在模具制造中主要用于切削加工方法难于加工的凹模型孔。用电火花加工的冲模，容易获得均匀的配合间隙和所需的落料斜度，刃口平直耐磨，可以相应地提高冲件质量和模具的使用寿命。但加工中电极的损耗影响加工精度，难以达到小的表面粗糙度，要获得小的棱边和尖角也比较困难。

1. 保证凸、凹模配合间隙的方法

对于冷冲模，其凸、凹模配合间隙是一个很重要的技术指标，在电火花加工中，常用的保证凸、凹模配合间隙的工艺方法有以下几种：

(1) 直接法　直接法是用加长的钢凸模做电极加工凹模的型孔，加工后将凸模上的损耗部分去除。凸、凹模的配合间隙靠控制脉冲放电间隙来保证。用这种方法可以获得均匀的配合间隙，模具质量高，不需另外制造电极，工艺简单。但是，钢凸模做电极加工速度低，加工不稳定。此方法适用于形状复杂的凹模或多型孔凹模，如电动机转子、定子硅钢片冲模。

(2) 混合法　混合法是凸模的加长部分选用与凸模不同的材料，如铸铁、铜等粘接或钎焊在凸模上，与凸模一起加工，以粘接或钎焊部分做穿孔电极的工作部分。加工后，再将电极部分去除。此方法电极材料可选择，因此，电加工性能比直接法好。电极与凸模连接在一起加工，电极形状、尺寸与凸模一致，加工后凸、凹模配合间隙均匀，是一种使用较广泛的方法。

当凸、凹模配合间隙很小时，过小的放电间隙使加工困难。此时，可将电极的工作部分用化学浸蚀法蚀除一层金属，使断面尺寸均匀缩小 $\delta-\frac{z}{2}$（z 为凸、凹模双边配合间隙；δ 为单边放电间隙）。反之，当凸、凹模的配合间隙较大，可以用电镀法将电极工作部位的断面尺寸均匀扩大 $\frac{z}{2}-\delta$，以满足加工时的间隙要求。

(3) 修配凸模法　凸模和工具电极分别制造，在凸模上留一定的修配余量，按电火花加工好的凹模型孔修配凸模，达到所要求的凸、凹模配合间隙。这种方法的优点是电极可以选用电加工性能好的电极材料。由于凸、凹模的配合间隙是靠修配凸模来保证的，其缺点是增加了制造电极和钳工修配的工作量，而且不易得到均匀的配合间隙。故修配凸模法只适合于加工形状比较简单的冲模。

(4) 二次电极法　二次电极法加工是利用一次电极制造出二次电极，再分别用一次和二次电极加工出凹模和凸模，并保证凸、凹模配合间隙。一般用于两种情况，一是一次电极为凹型，用于凸模制造有困难的；二是一次电极为凸型，用于凹模制造有困难的。图 6-8 所示是二次电极为凸型电极时的加工方法，其工艺过程为：根据模具尺寸要求设计并制造一次凸型电极→用一次电极加工出凹模（见图 6-8a）→用一次电极加工出凹型二次电极（见图 6-8b）→用二次电极加工出凸模（见图 6-8c）→凸、凹模配合，保证配合间隙（见图6-8d）。图中 δ_1、δ_2、δ_3 分别为加工凹模、二次电极和凸模时的放电间隙。

用二次电极法加工，由于操作过程较为复杂，一般不常采用。但此法能合理调整放电间

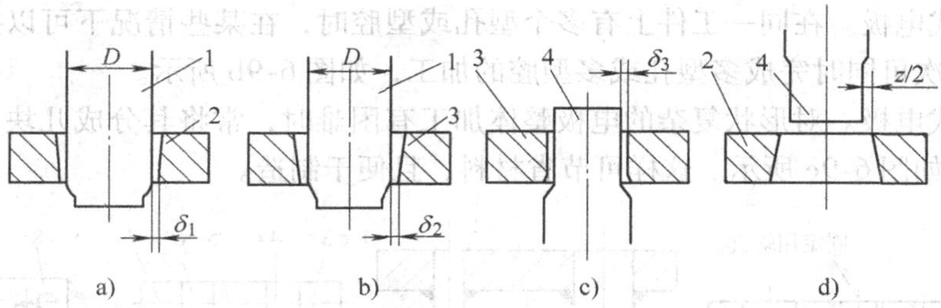

图 6-8　二次电极法

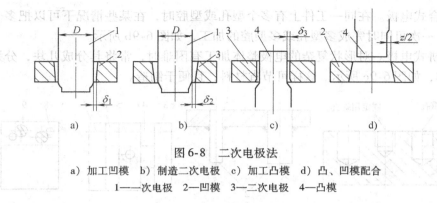

a）加工凹模　b）制造二次电极　c）加工凸模　d）凸、凹模配合

1—一次电极　2—凹模　3—二次电极　4—凸模

隙 δ_1、δ_2、δ_3，可加工无间隙或间隙极小的精冲模。对于硬质合金模具，在无成形磨削设备时可采用二次电极法加工凸模。

由于电火花加工要产生加工斜度，型孔加工后其孔壁要产生倾斜，为防止型孔的工作部分产生反向斜度影响模具正常工作，在穿孔加工时应将凹模的底面向上，如图 6-8a 所示。加工后将凸模、凹模按照图 6-8d 所示方式进行装配。

2. 电极设计

凹模型孔的加工精度与电极的精度和穿孔时的工艺条件密切相关。为了保证型孔的加工精度，在设计电极时必须合理选择电极材料和确定电极尺寸。此外，还要使电极在结构上便于制造和安装。

（1）电极材料　根据电火花加工原理，应选择损耗小、加工过程稳定、生产率高、机械加工性能良好、来源丰富、价格低廉的材料做电极材料。常用电极材料的种类和性能见表 6-2。

表 6-2　常用电极材料的种类和性能

电极材料	电火花加工性能		机械加工性能	说　明
	加工稳定性	电极损耗		
钢	较差	中等	好	在选择电参数时应注意加工的稳定性，可以凸模做电极
铸铁	一般	中等	好	
石墨	尚好	较小	尚好	强度较差，易崩角
黄铜	好	大	尚好	电极损耗太大
纯铜	好	较小	较差	磨削困难
铜钨合金	好	小	尚好	价格贵，多用于深孔、直壁孔、硬质合金穿孔
银钨合金	好	小	尚好	价格昂贵，用于精密及有特殊要求的加工

（2）电极结构　电极结构的形式主要有整体式电极、组合式电极、镶拼式电极和分解式电极。

1）整体式电极。整个电极用一块材料加工而成，如图 6-9a 所示，是最常用的结构形式。

2）组合式电极。在同一工件上有多个型孔或型腔时，在某些情况下可以把多个电极组合在一起，一次可同时完成多型孔或多型腔的加工，如图 6-9b 所示。

3）镶拼式电极。对形状复杂的电极整体加工有困难时，常将其分成几块，分别加工后再镶拼整体，如图 6-9c 所示。这样可节省材料，且便于制造。

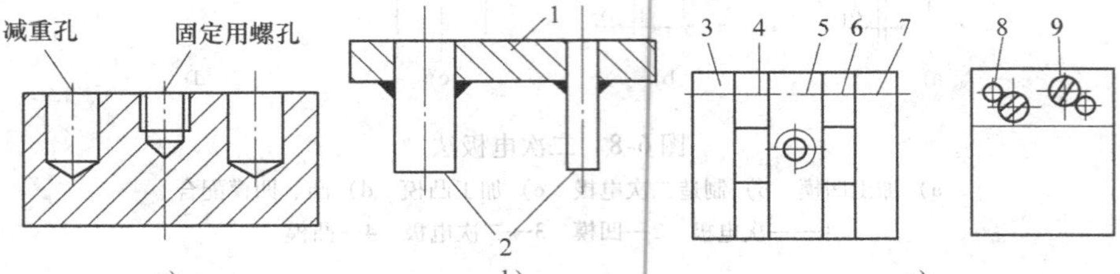

图 6-9 电极的结构形式

a）整体式电极 b）组合式电极 c）镶拼式电极

1—固定板 2—电极 3、4、5、6、7—电极拼块 8—定位销 9—固定螺钉

4）分解式电极。在加工过程中，电极的尖角、棱边等凸起部位易形成尖端放电，所以这些部位比平坦部位损耗要快，为提高其加工精度，在设计电极时可将其分解为主电极和副电极，先用主电极加工型腔或型孔的主要部分，再用副电极加工尖角窄缝等部位。

（3）电极尺寸

1）电极横截面尺寸。电极横截面尺寸是指垂直于电极进给方向的电极截面尺寸。在凸、凹模图样上的公差有不同的标注方法：当凸模与凹模分开加工时，在凸、凹模图样上均标注公差；当凸模与凹模配合加工时，落料模将公差注在凹模上（冲孔模将公差注在凸模上），落料凸模（冲孔凹模）只标注基本尺寸。因此，电极横截面尺寸分别按下述两种情况计算。

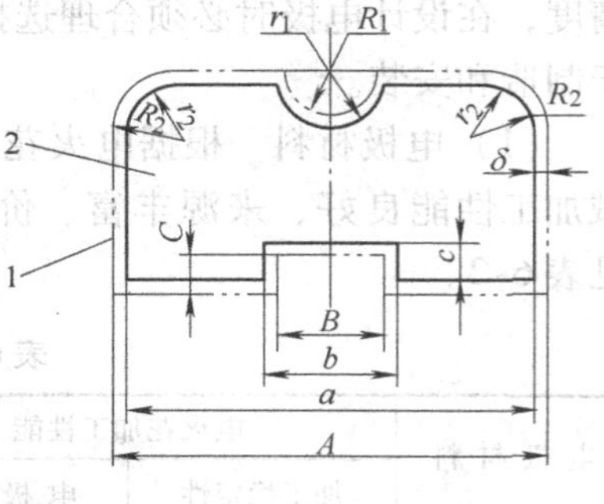

图 6-10 按型孔尺寸计算电极横截面尺寸

1—型孔轮廓 2—电极横截面

① 当按凹模型孔尺寸及公差确定电极横截面尺寸时，电极的轮廓应比型孔均匀地缩小一个放电间隙值，如图 6-10 所示，与型孔尺寸相对应的电极横截面尺寸为

$$a = A - 2\delta$$
$$b = B + 2\delta$$
$$c = C$$
$$r_1 = R_1 + \delta$$
$$r_2 = R_2 - \delta$$

式中 A、B、C、R_1、R_2——型孔基本尺寸，单位为 mm；

a、b、c、r_1、r_2——电极横截面尺寸，单位为 mm；

δ——单边放电间隙，单位为 mm。

② 当按凸模尺寸和公差确定电极横截面尺寸时，随凸模、凹模配合间隙 z（双面）的不同，分为三种情况：

第一种情况：配合间隙等于放电间隙（$z = 2\delta$）时，此时电极与凸模截面基本尺寸完全相同。

第二种情况：配合间隙小于放电间隙（$z<2\delta$）时，电极轮廓应比凸模轮廓均匀地缩小 $\frac{1}{2}(2\delta-z)$，如图6-11所示。

第三种情况：配合间隙大于放电间隙（$z>2\delta$）时，电极轮廓应比凸模轮廓均匀地放大 $\frac{1}{2}(2\delta-z)$，如图6-12所示。

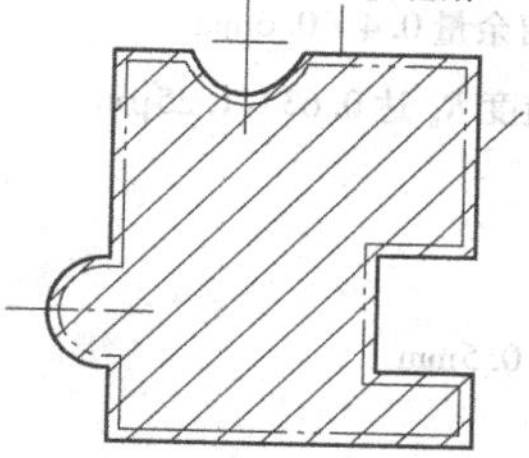

图6-11　按凸模均匀缩小的电极

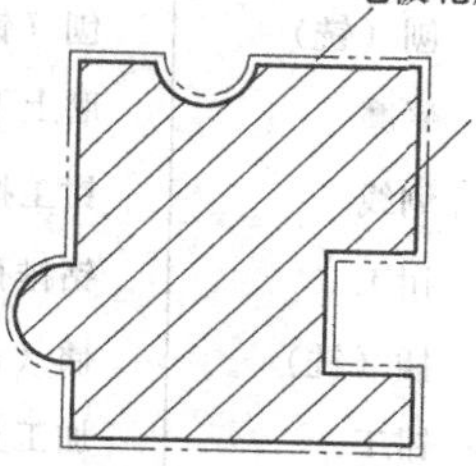

图6-12　按凸模均匀放大的电极

2）电极长度。电极长度取决于凹模结构形式、型孔的复杂程度、加工深度、电极材料、电极使用次数、装夹形式及电极制造工艺等一系列因素，可按图6-13进行计算。

$$L=Kt+h+l+(0.4\sim0.8)(n-1)Kt \qquad (6\text{-}2)$$

式中 t——凹模有效厚度（电火花加工的深度），单位为mm；

h——当凹模下部挖空时，电极需要加长的长度，单位为mm；

l——夹持电极而增加的长度（约为10~20mm）；

n——电极的使用次数；

K——与电极材料、型孔复杂程度等因素有关的系数。K值选用的经验数据：纯铜为2~2.5；黄铜为3~3.5；石墨为1.7~2；铸铁为2.5~3；钢为3~3.5。当电极材料损耗小、型孔简单、电极轮廓无尖角时，K取小值；反之取大值。

当加工硬质合金时，由于电极损耗较大，电极长度应适当加长些，但其总长度不宜过长，否则制造困难。

3）电极的技术要求。电极的技术要求：电极横截面尺寸公差取模具刃口相应尺寸公差的$\frac{1}{2}\sim\frac{2}{3}$；电极在长度方向上的尺寸公差没有严格要求；电极侧面的平行度误差在100mm长度上不超过0.01mm；电极工作表面的表面粗糙度不大于型孔的表面粗糙度；电极形状精度不应低于型孔要求，并应避免在长度方向呈鞍形、鼓形或锥度；凹模有圆角要求时，电极上相应部位的内外半径应尽量小，当无圆角要求时，电极应尽量设小圆角。

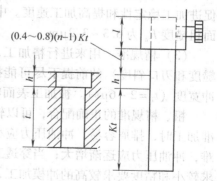

图6-13　电极长度尺寸

3. 凹模模坯准备

凹模模坯准备是指电火花加工前的全部加工工序。常用的凹模模坯准备工序见表6-3。为了提高电火花加工的生产率和便于工作液强迫循环，凹模模坯应去除型孔废料，留0.25～1mm的单边余量作为电火花穿孔余量。为了避免淬火变形的影响，电火花穿孔加工应在淬火后进行。

表6-3 常用的凹模模坯准备工序

序号	工序	加工内容及技术要求
1	下料	用锯床割断所需的材料，包括需切削的材料
2	锻造	锻造所需的形状，并改善其内部组织
3	退火	消除锻造后的内应力，并改善其加工性能
4	刨（铣）	刨（铣）四周及上下二平面，厚度留余量0.4～0.6mm
5	平磨	磨上下平面及相邻两侧面，表面粗糙度 R_a 达0.63～1.25μm
6	划线	钳工按型孔及其他安装孔划线
7	钳工	钻排孔，除掉型孔废料
8	插（铣）	插（铣）出型孔，单边留余量0.3～0.5mm
9	钳工	加工其余各孔
10	热处理	按图样要求淬火
11	平磨	磨上下两面，为使模具光整，最好再磨四侧面
12	退磁	退磁处理（目前因机床性能提高，大多可省略）

4. 电规准的选择与转换

电火花加工中所选用的一组电参数称为电规准。电规准应根据工件的加工要求、电极和工件材料、加工的工艺指标等因素来选择。选择的电规准是否恰当，不仅影响模具的加工精度，还直接影响加工的生产率。在生产中主要通过工艺试验确定。通常要用几个规准才能完成凹模型孔加工的全过程。电规准分为粗、中、精三种。从一个规准调整到另一个规准称为电规准的转换。

（1）粗规准　它主要用于粗加工。对它的要求是生产率高，工具电极损耗小。被加工表面的表面粗糙度 R_a 大于12.5μm。所以粗规准一般采用较大的峰值电流和脉冲宽度（t_i = 20～60μs）。

（2）中规准　它是粗、精加工间过渡性加工所采用的电规准，用以减小精加工余量，促进加工稳定性和提高加工速度。中规准采用的脉冲宽度一般为6～20μs。被加工表面的表面粗糙度 R_a 为6.3～3.2μm。

（3）精规准　用来进行精加工，要求在保证冲模各项技术要求（如配合间隙、表面粗糙度和刃口斜度）的前提下尽可能提高生产率。故多采用小的电流峰值、高频率和小的脉冲宽度（t_i = 2～6μs）。被加工表面粗糙度 R_a 达1.6～0.8μm。

粗、精规准的正确配合，可以较好地解决电火花加工的质量和生产率之间的矛盾。粗规准加工时，排屑容易，冲油压力应小些；转入精规准后加工深度增加，放电间隙小，排屑困难，冲油压力应逐渐增大；当穿透工件时，冲油压力适当降低。对加工斜度、表面粗糙度要求较小和精度要求较高的冲模加工，要将上部冲油改为下端抽油，以减小二次放电的影响。

四、电火花型腔加工

用电火花成形加工方法进行型腔加工比加工凹模型孔困难得多。型腔加工属于不通孔加工，金属蚀除量大，工作液循环困难，电蚀产物排除条件差，电极损耗不能用增加电极长度和进给来补偿；加工面积大，加工过程中要求电规准的调节范围也较大；型腔复杂，电极损耗不均匀，影响加工精度。因此，型腔加工要从设备、电源、工艺等方面采取措施来减小或补偿电极损耗，以提高加工精度和生产率。

与机械加工相比，电火花加工的型腔加工质量好，表面粗糙度小，减少了切削加工和工人劳动，使生产周期缩短。近年来，它已成解决型腔加工的一个重要手段。

1. 型腔加工的工艺方法

（1）单电极加工法　单电极加工法是指用一个电极加工出所需型腔。用于下列几种情况：

1）加工形状简单、精度要求不高的型腔。

2）加工经过预加工的型腔。为了提高电火花加工效率，型腔在电加工之前采用切削加工方法进行预加工，并留适当的电火花加工余量，在型腔淬火后用一个电极进行精加工，达到型腔的精度要求。在能保证加工成形的条件下电加工余量越小越好。一般型腔侧面余量单边留 0.1 ~0.5mm，底面余量留 0.2 ~0.7mm。如果是多台阶复杂型腔则余量应适当减小。电加工余量应均匀，否则将使电极损耗不均匀，影响成形精度。

3）用单电极平动法加工型腔。单电极平动法在型腔模电火花加工中应用最广泛。它是采用一个电极完成型腔的粗、中、精加工的。首先采用低损耗、高生产率的粗规准进行加工，然后利用平动头作平面小圆运动，如图 6-14 所示。按照粗、中、精的顺序逐级改变电规准。与此同时，依次加大电极的平动量，以补偿前后两个加工规准之间型腔侧面放电间隙差和表面微观不平度差，实现型腔侧面仿形修光，完成整个型腔模的加工。

采用数控电火花加工机床时，是利用工作台按一定轨迹作微量移动来修光侧面的，为区别于夹持在主轴头上的平动头的运动，通常将其称作摇动。摇动轨迹是靠数控系统产生的，所以具有更灵活多样的模式，除了小圆轨迹运动外，还有方形、十字形运动，因此更能适应复杂形状的型腔侧面修光的需要，尤其可以做到尖角处的“清根”，这是平动头所无法做到的。图 6-15a 为基本摇动模式，图 6-15b 为作变半径圆形摇动主轴上下数控联动，可以修光或加工出锥面、球面。

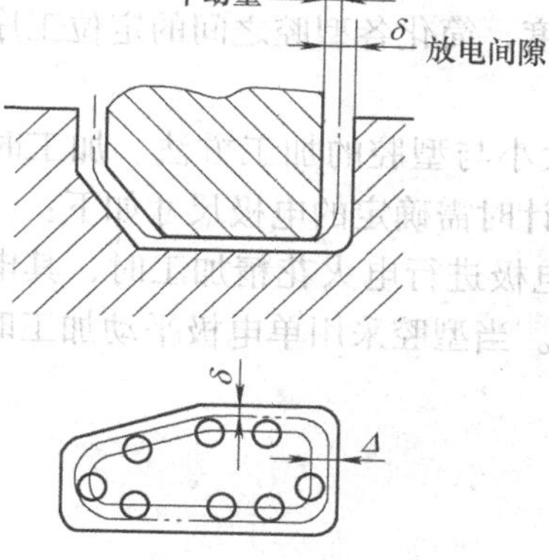

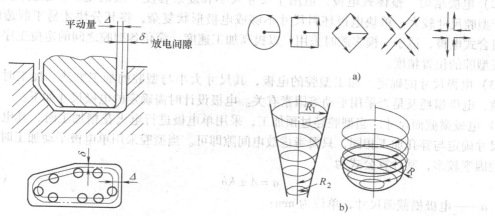

图 6-14　平动头扩大间隙原理图

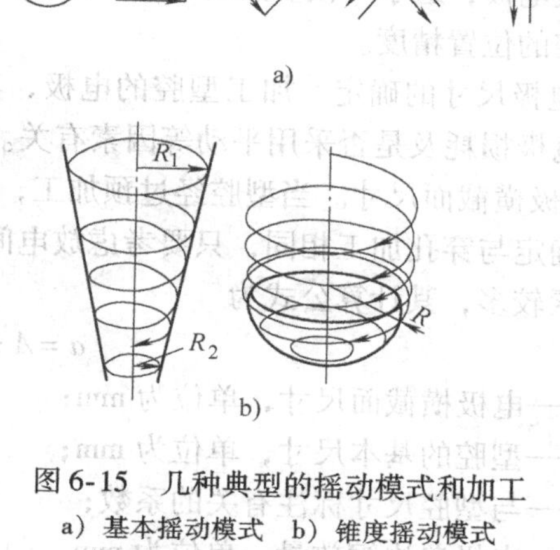

图 6-15　几种典型的摇动模式和加工
a）基本摇动模式　b）锥度摇动模式
R_1—起始半径　R_2—终了半径　R—球面半径

目前我国生产的数控电火花机床，有单轴数控（主轴 Z 向、垂直方向）、三轴数控（主轴 Z 向、水平轴 X、Y 方向），和四轴数控（主轴能数控回转及分度，称为 C 轴，加 Z、X、Y），如果在工作台上加双轴数控回转台附件（绕 X 轴转动的称 A 轴，绕 Y 轴转动的称 B 轴），这样就称为六轴数控机床了。

（2）多电极加工法　多电极加工法是用多个电极，依次更换加工同一个型腔，如图 6-16 所示。每个电极都要对型腔的整个被加工表面进行加工，但电规准各不相同。所以设计电极时必须根据各电极所用电规准的放电间隙来确定电极尺寸。每更换一个电极进行加工，都必须把被加工表面上由前一个电极加工所产生的电蚀痕迹完全去除。

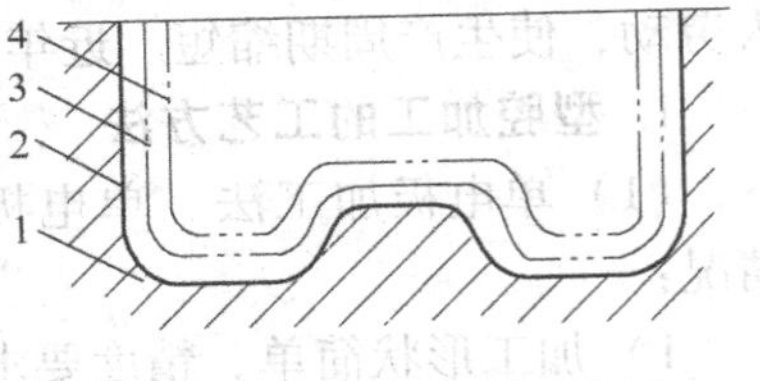

图 6-16　多电极加工示意图
1—模块　2—精加工后的型腔　3—中加工后的型腔　4—粗加工后的型腔

用多电极加工法加工的型腔精度高，尤其适用于加工尖角、窄缝多的型腔。其缺点是需要制造多个电极，并且对电极的制造精度要求很高，更换电极需要保证高的定位精度。因此，这种方法一般只用于精密型腔加工。

（3）分解电极法　分解电极法是根据型腔的几何形状，把电极分解成主型腔电极和副型腔电极分别制造。先用主型腔电极加工型腔主要部分，再用副型腔电极加工出尖角、窄缝型腔等部位。此法能根据主、副型腔的不同加工条件，选择不同的电规准，有利于提高加工速度和加工质量，使电极容易制造和整修。但主、副型腔电极的安装精度高。

2. 电极设计

（1）电极材料　型腔加工常用的电极材料要易于制造和修整，主要是石墨和纯铜。其性能见表 6-2。纯铜组织致密，适用于形状复杂轮廓清晰、精度要求较高的塑料成形模、压铸模等，但机械加工性能差，难以成形磨削；由于密度大，价贵，不宜做大、中型电极。石墨电极容易成形，密度小，所以宜做大、中型电极，但强度较差，在采用宽脉冲大电流加工时，容易起弧烧伤。铜钨合金和银钨合金是较理想的电极材料，但价格贵，只用于特殊型腔加工。

（2）电极结构　整体式电极，适用于尺寸大小和复杂程度一般的型腔。镶拼式电极，适用于型腔尺寸较大、单块电极坯料尺寸不够或电极形状复杂，将其分块才易于制造的情况。组合式电极，适于一模多腔时采用，以提高加工速度，简化各型腔之间的定位工序，易于保证型腔的位置精度。

（3）电极尺寸的确定　加工型腔的电极，其尺寸大小与型腔的加工方法、加工时的放电间隙、电极损耗及是否采用平动等因素有关。电极设计时需确定的电极尺寸如下：

1）电极横截面尺寸。当型腔经过预加工，采用单电极进行电火花精加工时，其电极横截面尺寸确定与穿孔加工相同，只要考虑放电间隙即可。当型腔采用单电极平动加工时，需考虑的因素较多，其计算公式为

$$a = A \pm Kb \tag{6-3}$$

式中　a——电极横截面尺寸，单位为 mm；

A——型腔的基本尺寸，单位为 mm；

K——与型腔尺寸标注有关的系数；

b——电极单边缩放量，单位为 mm。

$$b = e + \delta_j - \varepsilon_j \tag{6-4}$$

式中　e——平动量，一般取0.5~0.6mm；

δ_j——精加工最后一档规准的单边放电间隙。最后一档规准通常指表面粗糙度 $R_a<0.8\mu m$ 时的 δ_j 值，一般为0.02~0.03mm；

ε_j——精加工（平动）时电极侧面损耗（单边），一般不超过0.1mm，通常忽略不计。

式（6-3）中的“±”及K值按下列原则确定：如图6-17所示，与型腔凸出部分相对应的电极凹入部分的尺寸（见图6-17中的r_2、a_2）应放大，即用“+”号；反之，与型腔凹入部分相对应的电极凸出部分的尺寸（见图6-17中的r_1、a_1）应缩小，即用“-”号。

当型腔尺寸以两加工表面为尺寸界线标注时，若蚀除方向相反（见图6-17中A_1），取$K=2$；若蚀除方向相同（见图6-17中C），取$K=0$。当型腔尺寸以中心线或非加工面为基准标注（见图6-17中R_1、R_2）时，取$K=1$；凡与型腔中心线之间的位置尺寸以及角度尺寸相对应的电极尺寸不缩不放，取$K=0$。

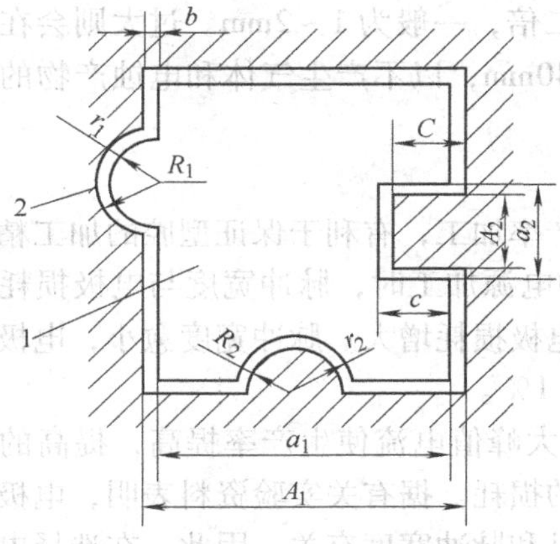

图6-17　电极水平截面尺寸缩放示意图

1—电极　2—型腔

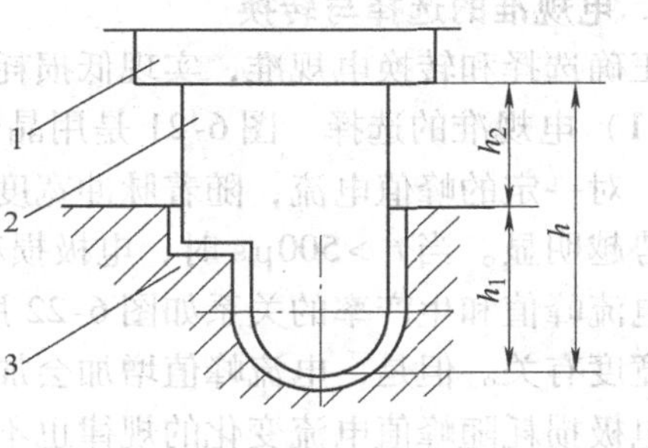

图6-18　电极垂直方向尺寸

1—电极固定板　2—电极　3—工件

2）电极垂直方向尺寸，即电极在平行于主轴轴线方向上的尺寸，如图6-18所示。可按下式计算

$$h=h_1+h_2 \tag{6-5}$$

$$h_1=H_1+C_1H_1+C_2S-\delta_j \tag{6-6}$$

式中　h——电极垂直方向的总高度，单位为mm；

h_1——电极垂直方向的有效工作尺寸，单位为mm；

H_1——型腔垂直方向的尺寸（型腔深度），单位为mm；

C_1——粗规准加工时，电极端面相对损耗率，其值小于1%，C_1H_1只适用于未预加工的型腔；

C_2——中、精规准加工时电极端面相对损耗率，其值一般为20%~25%；

S——中、精规准加工时端面总的进给量，一般为0.4~0.5mm；

δ_j——最后一档精规准加工时端面的放电间隙，一般为0.02~0.03mm，可忽略不计；

h_2——考虑加工结束时，为避免电极固定板和模块相碰，同一电极能多次使用等因素而增加的高度，一般取5~20mm。

（4）排气孔和冲油孔　由于型腔加工的排气、排屑条件比穿孔加工困难，为防止排气、排屑不畅，影响加工速度、加工稳定性和加工质量，设计电极时应在电极上设置适当的排气孔和冲油孔。一般情况下，冲油孔要设计在难于排屑的拐角、窄缝等处，如图 6-19 所示。排气孔要设计在蚀除面积较大的位置（见图 6-20）和电极端部有凹入的位置。

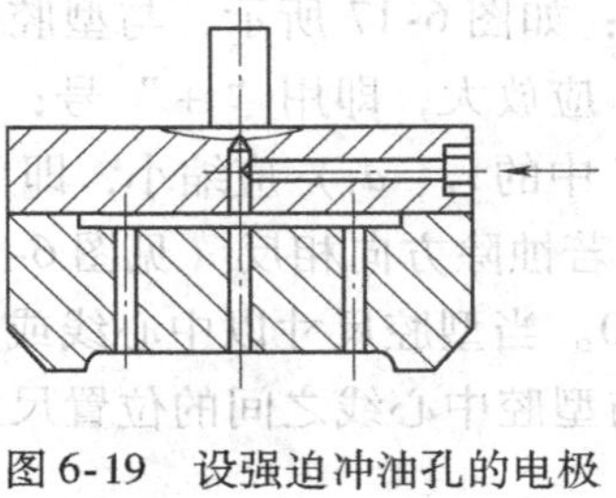

图 6-19　设强迫冲油孔的电极

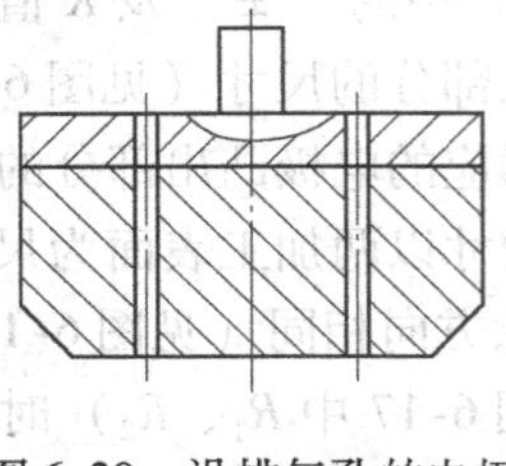

图 6-20　设排气孔的电极

冲油孔和排气孔的直径应小于平动偏心量的二倍，一般为 1～2mm。过大则会在电蚀表面形成凸起，不易清除。各孔间的距离约为 20～40mm，以不产生气体和电蚀产物的积存为原则。

3. 电规准的选择与转换

正确选择和转换电规准，实现低损耗、高生产率加工，有利于保证型腔的加工精度。

（1）电规准的选择　图 6-21 是用晶体管脉冲电源加工时，脉冲宽度与电极损耗的关系曲线。对一定的峰值电流，随着脉冲宽度减小，电极损耗增大。脉冲宽度愈小，电极损耗上升趋势越明显。当 $t_i>500\mu s$ 时，电极损耗可小于 1%。

电流峰值和生产率的关系如图 6-22 所示。增大峰值电流使生产率提高，提高的幅度与脉冲宽度有关。但是，电流峰值增加会加快电极的损耗。据有关实验资料表明，电极材料不同，电极损耗随峰值电流变化的规律也不同，而且和脉冲宽度有关。因此，在选择电规准时应综合考虑这些因素的影响。

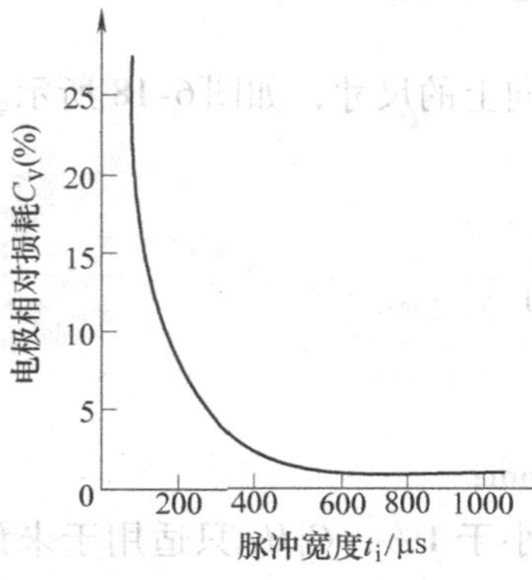

电极—Cu　工件—CrWMn　负极性加工—$I_e=80A$

图 6-21　脉冲宽度对电极损耗的影响

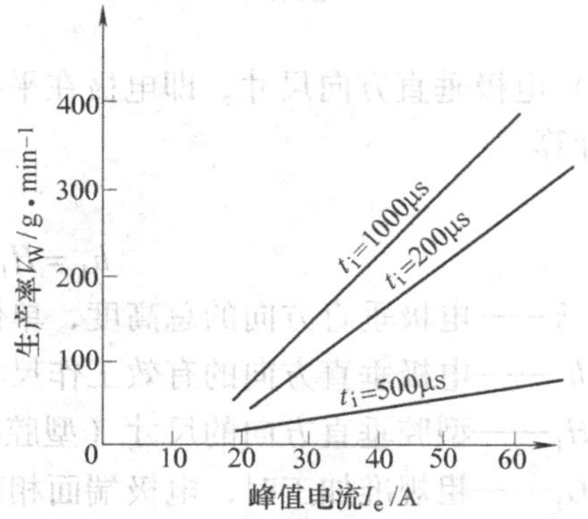

电极—Cu　工件—CrWMn　负极性加工—$I_e=80A$

图 6-22　脉冲电流峰值对生产率的影响

1）要求粗规准以高的蚀除速度加工出型腔的基本轮廓，电极损耗要小。为此，一般选用宽脉冲（$t_i>500\mu s$），大的峰值电流，用负极性进行粗加工。

2）中规准的作用是减小被加工表面粗糙度（一般中规准加工时 $R_a=6.3\sim3.2\mu m$），为精加工作准备。要求在保持一定加工速度的条件下，电极损耗尽可能小。用脉冲宽度 $t_i = 20 \sim 400\mu s$，用较粗加工小的电流密度进行加工。

3）精规准用来使型腔达到加工的最终要求，所去除的余量一般不超过 0.1～0.2mm。因此，常采用小的脉冲宽度（$t_i < 20\mu s$）和小的峰值电流进行加工。

（2）电规准的转换　电规准转换的档数，应根据加工对象确定。加工尺寸小，形状简单的浅型腔，电规准转换档数可少些；加工尺寸大，深度大，形状复杂的型腔，电规准转换档数应多些。开始加工时，应选粗规准参数进行加工，当型腔轮廓接近加工深度（大约留1mm 的余量）时，减小电规准，依次转换成中、精规准各档参数加工，直至达到所需的尺寸精度和表面粗糙度。

五、电极制造及工件、电极的装夹与校正

1. 电极制造

（1）电极的连接　采用混合法工艺时，电极与凸模连接后加工。连接方法可用环氧树脂胶合，锡焊、机械连接等方法。

（2）电极的制造方法　根据电极类型、电极尺寸大小、电极材料和电极结构的复杂程度等进行考虑。孔加工用电极的垂直尺寸一般无严格要求，而水平尺寸要求较高。

1）若适合于切削加工，可用切削加工方法粗加工和精加工。对于纯铜、黄铜一类材料制作的电极，其最后加工可用刨削或由钳工精修来完成。也可采用电火花线切割加工来制作电极。

2）直接用钢凸模作电极时，若凸、凹模配合间隙小于放电间隙，则凸模作为电极部分的断面轮廓必须均匀缩小。可采用氢氟酸（HF）6%（体积分数，后同）、硝酸（HNO_3）14%、蒸馏水（H_2O）80%所组成的溶液浸蚀。此外还可采用其他种类的腐蚀液进行浸蚀；当凸、凹模配合间隙大于放电间隙，需要扩大用作电极部分的凸模断面轮廓时，可采用电镀法。单边扩大量在 0.06mm 以下时表面镀铜；单边扩大量超过 0.06mm 时表面镀锌。

3）型腔加工用电极。这类电极水平和垂直方向尺寸要求都较严格，比加工穿孔电极困难。对纯铜电极除采用切削加工法加工外，还可采用电铸法、精锻法等进行加工，最后由钳工精修达到要求。由于使用石墨坯料制作电极时，机械加工、抛光都很容易，所以以机械加工方法为主。当石墨坯料尺寸不够时可采用螺栓联接或用环氧树脂、聚氯乙烯醋酸液等粘结，制造成拼块电极。拼块要用同一牌号的石墨材料，要注意石墨在烧结制作时形成的纤维组织方向，避免不合理拼合（见图 6-23）引起电极的不均匀损耗，降低加工质量。

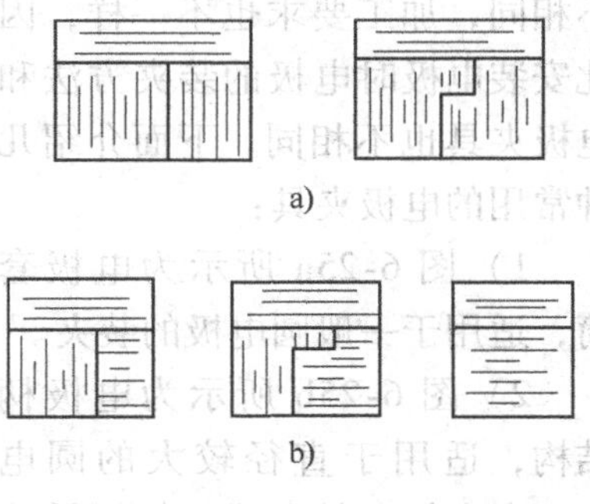

图 6-23　石墨纤维方向及拼块组合
a）合理　b）不合理

2. 工件的装夹和校正

电火花成形加工模具工件的校正、压装与工具电极的定位目的，就是使工件与工具电极之间可实现 X、Y、Z、C 等各坐标的相对移动。特别是数控电火花加工机床，其数控本身都是以 X、Y 基准与 X、Y 坐标平行为依据的。

工件工艺基准的校正是工件装夹的关键，一般情况以水平工作台为依据。例如，在电火花加工模具型腔时，规则的模板工件一般以分模面作为工艺基准，将此工件自然平置在工作台上，使工件的工艺基准平行于工作台面，即完成了水平校正。

当加工工件上、下两平面不平行，或支承的面积太小，不能平置时，则必须采用辅助支撑措施，并根据不同精度要求采用千分表或百分表校正水平，如图6-24所示。

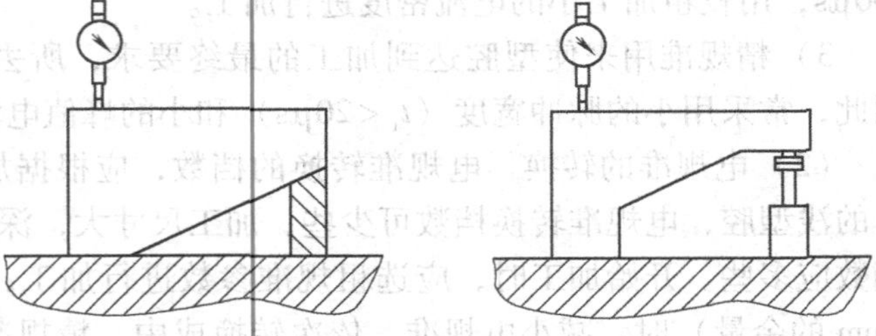

图6-24 用辅助支撑校正工件平面

当加工单个规则的圆形型腔时，工件水平校正后即可压紧转入加工。但对于多孔或任意图形的型腔，除水平校正外，还必须校正与工作台X、Y坐标平行的基准。例如，规则的矩形体工件，预先确定互相垂直的两个侧面作为工艺基准，依靠X、Y两坐标的移动，用千分表或百分表校两个侧基准面。若工件非规则形状，应在工件上划出基准线，通过移动X、Y坐标，用固定的“划针”进行工件的校正。若需要精密校正时，必须采取措施，专门加工一些定位表面或设计制造专用夹具。

在电火花加工中，工件和工具电极所受的力较小，因此对工件压装的夹紧力要求比切屑加工低。为使压装工件时不改变定位时所得到的正确位置，在保证工件位置不变的情况下，夹紧力应尽可能小。

3. 工具电极的装夹和校正

在电火花加工中，机床主轴进给方向都应该垂直于工作台。因此，工具电极的工艺基准必须平行于机床主轴头的垂直坐标，即工具电极的装夹与校正必须保证工具电极进给加工方向垂直于工作台平面。

(1) 工具电极的装夹　由于在实际加工中碰到的电极形状各不相同，加工要求也不一样，因此安装电极时电极的装夹方法和电极夹具也不相同。下面介绍几种常用的电极夹具：

1) 图6-25a所示为电极套筒，适用于一般圆电极的装夹。

2) 图6-25b所示为电极柄结构，适用于直径较大的圆电极、方电极、长方形电极以及几何形状复杂而在电极一端可以钻孔、套螺纹固定的电极。

3) 图6-25c所示为钻夹头结构，适用于直径范围在1～13mm之间的圆柄电极。

4) 图6-25d所示为U形夹头，适用于方电极和片状电极。

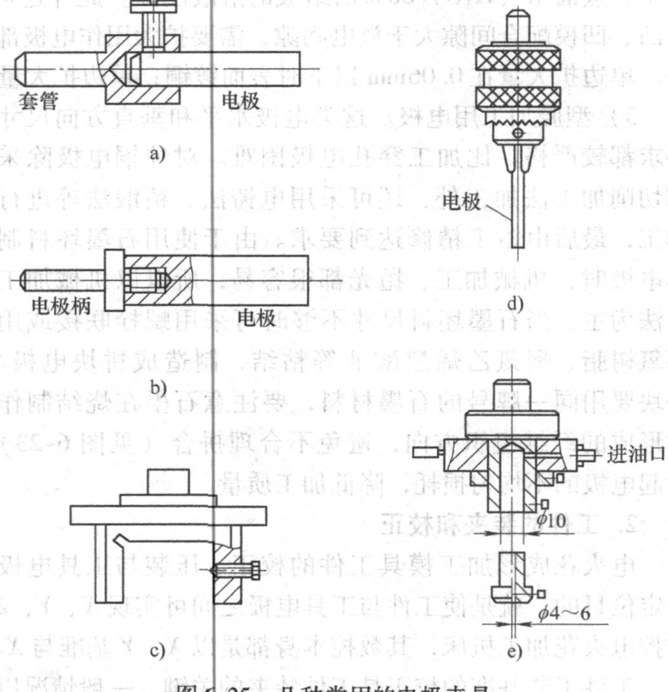

图6-25 几种常用的电极夹具
a) 电极套筒 b) 电极柄 c) 钻夹头 d) U形夹头 e) 管状电极夹头

5）图6-25e所示为可内冲油的管状电极夹头。

除上面介绍的常用夹具外，还可根据要求设计专用夹具。

（2）工具电极的校正 工具电极的校正方式有自然校正和人工校正两种。所谓自然校正就是利用电极在电极柄和机床主轴上的正确定位来保证电极与机床的正确关系；而人工校正一般以工作台面 X、Y 水平方向为基准，用百分表、千分表、量块或90°角尺（见图6-26）在电极横、纵（即 X、Y 方向）两个方向作垂直校正和水平校正，保证电极轴线与主轴进给轴线一致，保证电极工艺基准与工作台面 X、Y 基准平行。

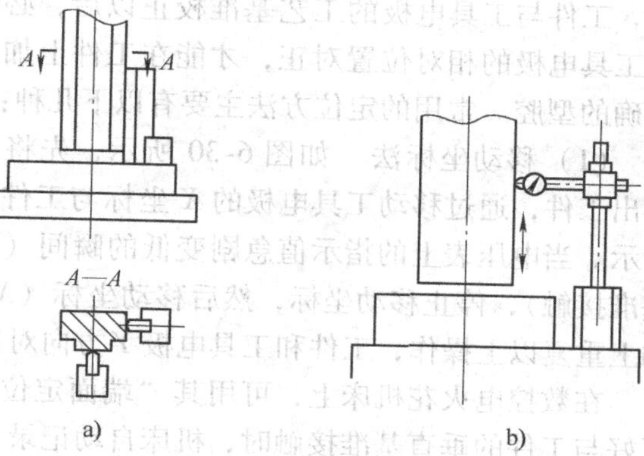

图6-26 用直角尺、百分表测定电极垂直度

a）用90°角尺测定电极垂直度 b）用百分表测定电极垂直度

实现人工校正时要求工具电极的吊装装置上装有具有一定调节量的万向装置（或机床主轴具备万向调节功能），如图6-27所示。校正操作时，将千分表或百分表顶压在工具电极的工艺基准面上，通过移动坐标（垂直基准校正移动 Z 坐标，水平基准校正时移动 X 和 Y 坐标），观察表上读数的变化估测误差值，不断调整万向装置的方向来补偿误差，直到校准为止。

如果电极外形不规则，无直壁等情况下就需要辅助基准。一般常用的校正方法如下：

1）按电极固定板基准校正。在制造电极时，电极轴线必须与电极固定板基准面垂直，校正时用百分表保证固定板基准面与工作台平行，保证电极与工件对正，如图6-28所示。

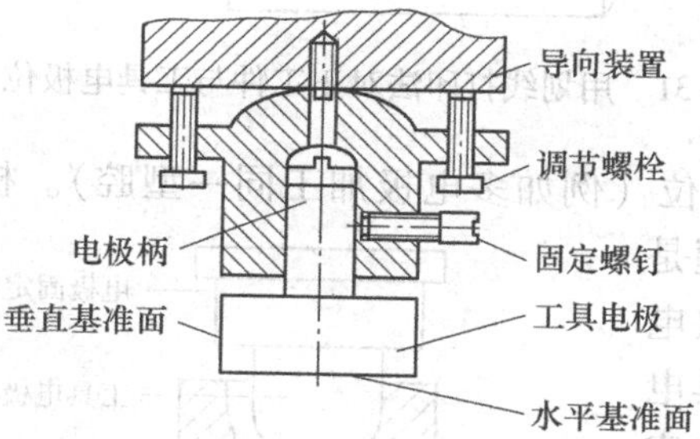

图6-27 人工校正工具电极的吊装装置

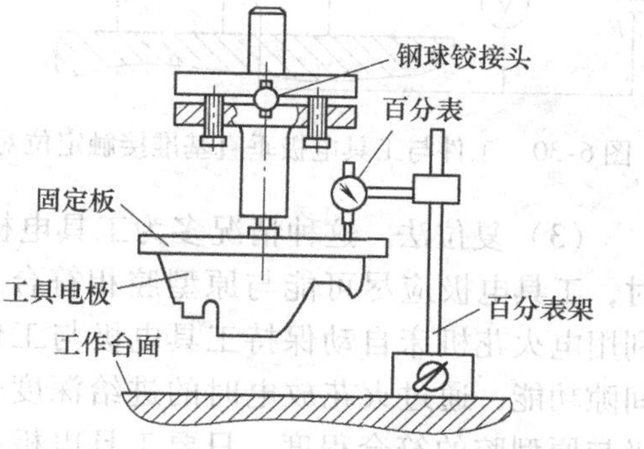

图6-28 按电极固定板基准面校正

2）按电极放电痕迹校正电极端面为平面时，除上述方法外，还可用弱电规准在工件平面上放电打印记校正电极，调节到四周均匀地出现放电痕迹（俗称放电打印法），达到校正的目的。

3）按电极端面进行校正。这主要指工具电极侧面不规则，而电极的端面又在同一平面时，可用“量块”或“等高块”，通过“撞刀保护”挡，测量端使四个等高点尺寸一致，即可认定电极端与工作台平行（见图 6-29）。

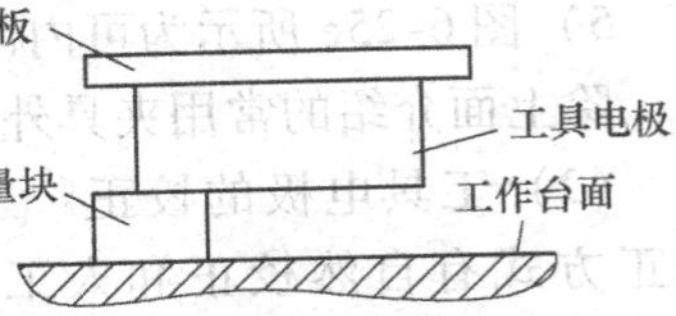

图 6-29 按电极端面进行校正

4. 工件与工具电极的对正

工件与工具电极的工艺基准校正以后，必须将工件和工具电极的相对位置对正，才能在工件上加工出位置准确的型腔。常用的定位方法主要有以下几种：

（1）移动坐标法 如图 6-30 所示，先将工具电极移出工件，通过移动工具电极的 X 坐标与工件的垂直基准接近，同时密切监视电压表上的指示。当电压表上的指示值急剧变低的瞬间（此时工具电极的垂直基准正好与工件的垂直基准接触），停止移动坐标，然后移动坐标（$X_0'+X_0$），工件和工具电极 X 方向对正。在 Y 轴上重复以上操作，工件和工具电极 Y 方向对正。

在数控电火花机床上，可用其"端面定位"功能代替电压表。当工具电极的垂直基准正好与工件的垂直基准接触时，机床自动记录下坐标值并反转停止，然后同样按上述方法使工件和电极对正。如果模具工件是规则的方形或圆形，还可用数控电火花机床上的"自动定位"功能进行自动定位。

（2）划线打印法 如图 6-31 所示，在工件表面划出型孔轮廓线，将已安装正确的电极垂直下降，与工作表面接触，用眼睛观察并移动工件，使电极对准工件后将工件紧固。或用粗规准初步电蚀打印后观察定位情况，调整位置。当底部或侧面为非平面时，可用 90°角尺做基准。这种方法主要适用于型孔位置精度要求不太高的单型孔工件。

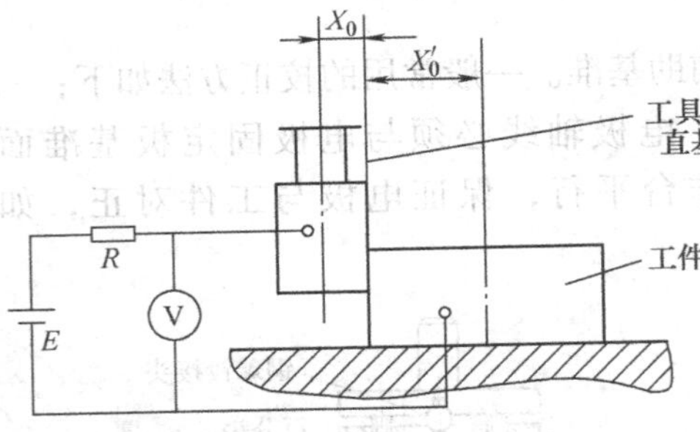

图 6-30 工件与工具电极垂直基准接触定位对正

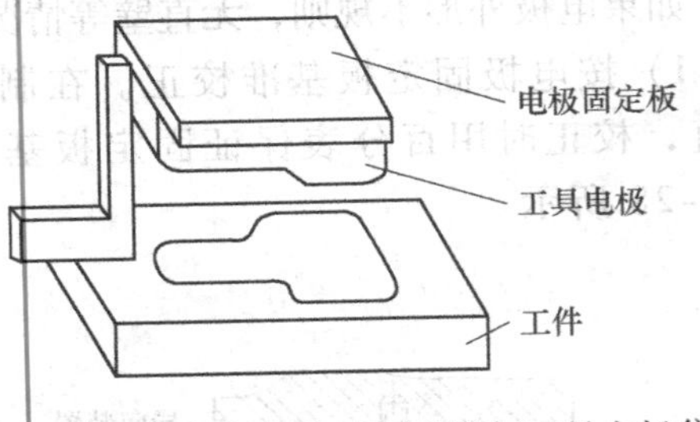

图 6-31 用划线打印法对正工件与工具电极位置

（3）复位法 这种情况多为工具电极的重修复位（例如多电极加工同一型腔）。校正时，工具电极应尽可能与原型腔相符合。校正原理是利用电火花机床自动保持工具电极与工件之间的放电间隙功能，通过火花放电时的进给深度来判断工具电极与原型腔的符合程度。只要工具电极与原型腔未完全符合，总是可以通过移动某一坐标的某一方向，继续加大进给深度。如图 6-32 所示，只要向左移动电极，即会加大进给深度。通过反复调整，直至两者工艺基准完全对准为止。

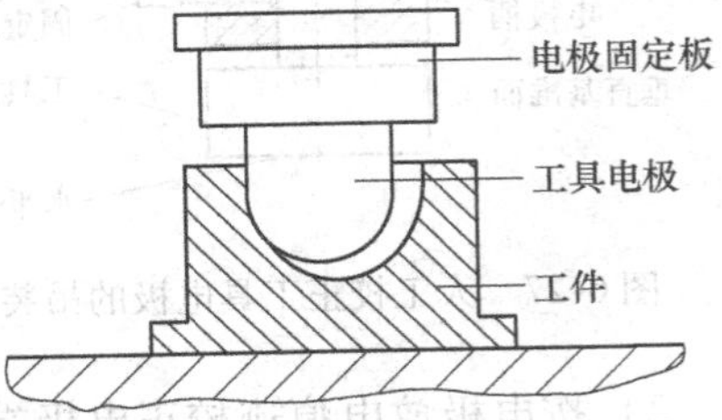

图 6-32 用复位法对正工件与工具电极位置

6-2 数控电火花线切割加工

数控电火花线切割加工是在电火花成形加工基础上发展起来的，因其由数控装置控制机床的运动，采用线状电极通过火花放电对工件进行切割，故称为数控电火花线切割加工。

一、数控电火花线切割加工原理、特点及应用

1. 加工原理

数控电火花线切割加工的基本原理与电火花成形加工相同，但加工方式不同，它是用细金属丝做电极。线切割加工时，线电极一方面相对工件不断地往上（下）移动（慢速走丝是单向移动，快速走丝是往返移动），另一方面，装夹工件的十字工作台，由数控伺服电动机驱动，在 X、Y 轴方向实现切割进给，使线电极沿加工图形的轨迹，对工件进行切割加工。图 6-33 是数控线切割加工原理的示意图。

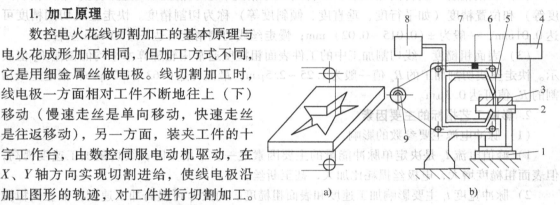

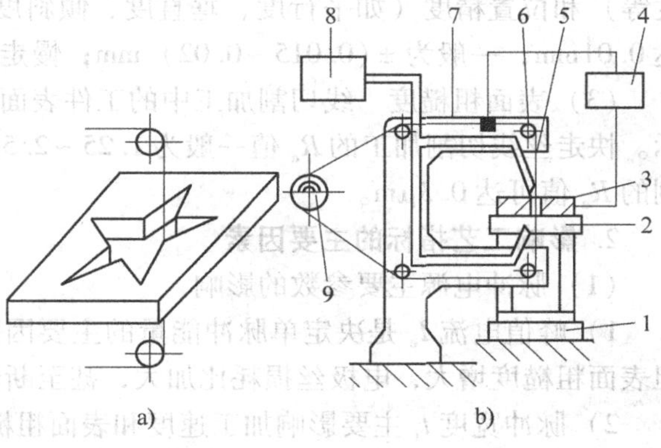

图 6-33 数控线切割加工原理

1—工作台 2—夹具 3—工件 4—脉冲电源 5—电极丝 6—导轮 7—丝架 8—工作液箱 9—储丝筒

2. 加工特点

1）数控电火花线切割是以金属线为工具电极，大大降低了成形工具电极的设计和制造费用，缩短了生产准备时间，加工周期短。

2）能方便地加工出细小或异形孔，窄缝和复杂形状的零件。

3）无论被加工工件的硬度如何，只要是导电体或半导电体的材料都能进行加工。由于加工中工具电极和工件不直接接触，没有像机械加工那样的切削力，因此，也适宜于加工低刚度工件及细小零件。

4）由于电极丝比较细，切缝很窄，能对工件材料进行“套料”加工，故材料的利用率很高，能有效地节约贵重材料。

5）由于采用移动的长电极丝进行加工，使单位长度电极丝的损耗较小，从而对加工精度的影响比较小，特别在低速走丝线切割加工时，电极丝一次使用，电极损耗对加工精度的影响更小。

6）依靠数控系统的线径偏移补偿功能，使冲模加工的凹凸模间隙可以任意调节。

7）采用四轴联动控制时，可加工上、下面异形体，形状扭曲的曲面体，变锥度和球形体等零件。

3. 数控电火花线切割加工的应用

数控电火花线切割广泛用于加工硬质合金、淬火钢模具零件、样板、各种形状复杂的细小零件、窄缝等。如形状复杂、带有尖角窄缝的小型凹模的型孔可采用整体结构在淬火后加工，既能保证模具精度，也可简化模具设计和制造。此外，电火花线切割还可加工除不通孔以外的其他难加工的金属零件。

二、影响数控线切割加工工艺指标的主要因素

1. 主要工艺指标

（1）切割速度 v_{wi}　在保持一定表面粗糙度的切割加工过程中，单位时间内电极丝中心线在工件上切过的面积总和称为切割速度，单位为 mm^2/min。切割速度是反映加工效率的一项重要指标，数值上等于电极丝中心线沿图形加工轨迹的进给速度乘工件厚度。通常快走丝线切割速度为 $40 \sim 80mm^2/min$，慢走丝线切割速度可达 $350mm^2/min$。

（2）切割精度　线切割加工后，工件的尺寸精度、形状精度（如直线度、平面度、圆度等）和位置精度（如平行度、垂直度、倾斜度等）称为切割精度。快走丝线切割精度可达0.01mm，一般为 $\pm(0.015 \sim 0.02)$ mm；慢走丝线切割精度可达 ± 0.001mm 左右。

（3）表面粗糙度　线切割加工中的工件表面粗糙度通常用轮廓算术平均值偏差 R_a 值表示。快走丝线切割加工的 R_a 值一般为 $1.25 \sim 2.5\mu m$，最低可达 $0.63 \sim 1.25\mu m$；慢走丝线切割的 R_a 值可达 $0.3\mu m$。

2. 影响工艺指标的主要因素

（1）脉冲电源主要参数的影响

1）峰值电流 I_e 是决定单脉冲能量的主要因素之一。I_e 增大时，线切割加工速度提高，但表面粗糙度增大，电极丝损耗比加大，甚至断丝。

2）脉冲宽度 t_i 主要影响加工速度和表面粗糙度。加大 t_i 可提高加工速度，但表面粗糙度增大。

3）脉冲间隔 t_0 直接影响平均电流。t_0 减小时平均电流增大，切割速度加快，但 t_0 过小，会引起电弧和断丝。

4）空载电压 u_i 的影响。该值会引起放电峰值电流和电加工间隙的改变。u_i 提高，加工间隙增大，切缝宽，排屑变易，提高了切割速度和加工稳定性，但易造成电极丝振动，使加工面形状精度变差，表面粗糙度增大。通常 u_i 的提高还会使线电极损耗量加大。

5）放电波形的影响。在相同的工艺条件下，高频分组脉冲常常能获得较好的加工效果。电流波形的前沿上升比较缓慢时，电极丝损耗较少。不过当脉宽很窄时，必须要有陡的前沿才能进行有效的加工。

（2）电极及其走丝速度的影响

1）电极丝直径的影响。线切割加工中使用的线电极直径一般为 $\phi 0.03 \sim 0.35$mm，电极丝材料不同，其直径范围也不同，一般纯铜丝为 $\phi 0.15 \sim 0.30$mm，黄铜丝为 $\phi 0.1 \sim 0.35$mm，钼丝为 $\phi 0.06 \sim 0.25$mm，钨丝为 $\phi 0.03 \sim 0.25$mm。切割速度与电极丝直径成正比，电极丝越粗，切割速度越快，而且还有利于厚工件的加工。但是电极丝直径的增加，要受到加工工艺要求的约束，另外增大加工电流，加工表面的表面粗糙度会增大，所以电极丝直径的大小，要根据工件厚度、材料和加工要求进行确定。

2）电极丝走丝速度的影响。在一定范围内，随着走丝速度的提高，线切割速度也可以

提高，提高走丝速度有利于电极丝把工作液带入较大厚度的工件放电间隙中，有利于电蚀产物的排除和放电加工的稳定。走丝速度也影响电极在加工区的逗留时间和放电次数，从而影响电极丝的损耗。但走丝速度过高，将使电极丝的振动加大，降低精度、切割速度并使表面粗糙度增大，且易造成断丝。所以，高速走丝线切割加工时的走丝速度一般以小于10m/s为宜。

在慢速走丝线切割加工中，电极丝材料和直径有较大的选择范围，高生产率时可用直径$\phi0.3$mm以下的镀锌黄铜丝，允许较大的峰值电流和气化爆炸力。精微加工时可用直径$\phi0.03$mm以上的钼丝。由于电极丝张力均匀，振动较少，所以加工稳定性、表面粗糙度、精度指标等均较好。

（3）工件厚度及材料的影响　工件材料薄，工作液容易进入并充满放电间隙，对排屑和消电离有利，加工稳定性好。但工件太薄，金属丝易产生抖动，对加工精度和表面粗糙度不利。工件厚，工作液难于进入和充满放电间隙，加工稳定性差，但电极丝不易抖动，因此精度较好，表面粗糙度值较小。切割速度v_{wi}随厚度的增加而增加，但达到某一最大值（一般为50～100mm²/min）后开始下降。这是因为厚度过大时，排屑条件变差。工件材料不同，其熔点、气化点、热导率等都不一样，因而加工效果也不同。例如，采用乳化液加工时：

1）加工铜、铝、淬火钢时，加工过程稳定，切割速度高。

2）加工不锈钢、磁钢、未淬火高碳钢时，稳定性较差，切割速度较低，表面质量不太好。

3）加工硬质合金时，比较稳定，切割速度较低，表面粗糙度值较小。

此外，机械部分精度（例如导轨、轴承、导轮等磨损、传动误差）和工作液（如种类、浓度及其脏污程度）都会影响加工效果。当导轮、轴承偏摆，工作液上下冲水不均匀，会使加工表面产生上下凹凸相间的条纹，工艺指标将变差。

（4）诸因素对工艺指标的相互影响关系　前面分析了各主要因素对线切割加工工艺指标的影响。实际上，各因素对工艺指标的影响往往是相互依赖又相互制约的。

切割速度与脉冲电源的电参数有直接的关系，它将随单个脉冲能量的增加和脉冲频率的提高而提高。但有时也受到加工条件或其他因素的制约。因此，为了提高切割速度，除了合理选择脉冲电源的电参数外，还要注意其他因素的影响，如工作液种类、浓度、脏污程度的影响，线电极材料、直径、走丝速度和抖动的影响，工件材料和厚度的影响，切割加工进给速度、稳定性和机械传动精度的影响等。合理地选择搭配各因素指标，可使两极间维持最佳的放电条件，以提高切割速度。

表面粗糙度也主要取决于单个脉冲放电能量的大小，但线电极的走丝速度和抖动状况等因素对表面粗糙度的影响也很大，而线电极的工作状况则与所选择的线电极材料、直径和张紧力大小有关。

加工精度主要受机械传动精度的影响，但线电极的直径、放电间隙大小、工作液喷流量大小和喷流角度等也影响加工精度。

因此，在线切割加工时，要综合考虑各因素对工艺指标的影响，善于取其利，去其弊，以充分发挥设备性能，达到最佳的切割加工效果。

3. 数控电火花线切割加工工艺的制定

数控电火花线切割加工一般是作为工件的最后一道工序，使工件达到图样规定的精度和表面粗糙度值。数控电火花线切割加工工艺制定的内容主要有以下几个方面：零件图的工艺分析、工艺准备、加工参数的选择。

（1）零件图的工艺分析　主要分析零件的凹角和尖角是否符合线切割加工的工艺条件零件的加工精度、表面粗糙度是否在线切割加工所能达到的经济精度范围内。

1）凹角和尖角的尺寸分析。因电极丝具有一定的直径 d，加工时又有放电间隙 δ，使电极丝中心的运动轨迹与加工面相距 l，即 $l = d/2 + \delta$，如图 6-34 所示。因此，加工凸模类零件时，电极丝中心轨迹应放大；加工凹模类零件时，中心轨迹应缩小，如图 6-35 所示。

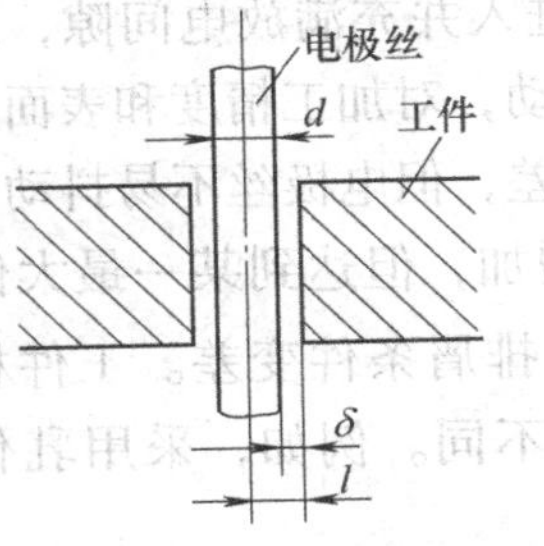

图 6-34　电极丝与工件加工面的位置关系

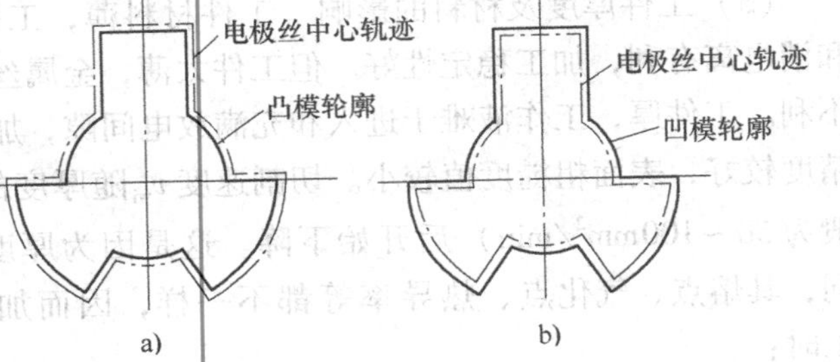

图 6-35　电极丝中心轨迹的偏移
a）加工凸模类零件　b）加工凹模类零件

在线切割加工时，在工件的凹角处不能得到“清角”，而是圆角。对于形状复杂的精密冲模，在凸、凹模设计图样上应说明拐角处的过渡圆弧半径 R。同一副模具的凹、凸模中，尺寸值要符合下列条件，才能保证加工的实现和模具的正确配合。

对于凹角：$R_1 \geqslant l = d/2 + \delta$

对于尖角：$R_2 = R_1 - Z/2$

式中　R_1——凹角圆弧半径；

R_2——尖角圆弧半径；

Z——凹、凸模的配合间隙。

2）表面粗糙度及加工精度分析。电火花线切割加工表面和机械加工的表面不同，它是由无方向性的无数小坑和硬凸边所组成，特别有利于保存润滑油；而机械加工表面则存在切削或磨削刀痕，具有方向性。两者相比，在相同的表面粗糙度和有润滑油的情况下，其表面润滑性能和耐磨损性能均比机械加工表面好。所以，在确定加工面表面粗糙度 R_a 值时要考虑到此项因素。

合理确定线切割加工表面粗糙度 R_a 值是很重要的。因为 R_a 值的大小对线切割速度 v_{wi} 影响很大，R_a 值降低一个档次将使线切割速度 v_{wi} 大幅度下降。所以，要检查零件图样上是否有过高的表面粗糙度要求。此外，线切割的加工所能达到的表面粗糙度 R_a 值是有限的，譬如，欲达到优于 $R_a0.32\mu m$ 的要求还较困难，因此，若不是特殊需要，零件上标注的 R_a 值尽可能不要太小，否则，对生产率的影响很大。

同样，也要分析零件图上的加工精度是否在数控电火花线切割机床加工精度所能达到的范围内，根据加工精度要求的高低来合理确定线切割加工的有关工艺参数。

（2）工艺准备 工艺准备主要包括线电极准备、工件准备和工作液的配制。

1）线电极准备

① 线电极材料的选择。目前线电极材料的种类很多，主要有纯铜丝、黄铜丝、专用黄铜丝、钼丝、钨丝、各种合金丝及渡层金属丝等。表6-4是常用线电极材料的特点，可供选择时参考。

表6-4 常用线电极材料的特点

材料	线径	特点
纯铜	0.1～0.25	适合于切割速度要求不高或精加工时用。丝不易卷曲，抗拉强度低，容易断丝
黄铜	0.1～0.30	适合于高速加工，加工面的蚀屑附着少。表面粗糙度小，加工面的直线度也较好
专用黄铜	0.05～0.35	适合于高速、高精度和理想的表面粗糙度加工以及自动穿丝，但价格高
钼	0.06～0.25	由于它的抗拉强度高，一般用于快速走丝，在进行微细、窄缝加工时，也可用于慢速走丝
钨	0.03～0.10	由于抗拉强度高，可用于各种窄缝的微细加工，但价格昂贵

一般情况下，快速走丝机床常用钼丝做线电极，钨丝或其他昂贵金属丝因成本高而很少用，其他线材因抗拉强度低，在快速走丝机床上不能使用。慢速走丝机床上则可用各种铜丝、铁丝，专用合金丝以及镀层（如镀锌等）的电极丝。

② 线电极直径的选择。线电极直径 d 应根据工件加工的切缝宽窄、工件厚度及拐角尺寸大小等来选择。由图6-36可知，线电极直径 d 与拐角半径 R 及放电间隙 δ 的关系为 $d \leqslant 2(R-\delta)$。所以，在拐角要求小的微细线切割加工中，需要选用线电极直径小的电丝。表6-5列出线电极直径与拐角半径和工件厚度的极限的关系。

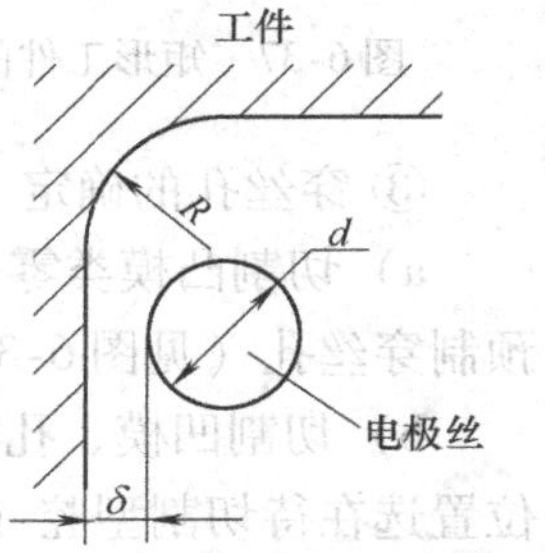

图6-36 线电极直径与拐角半径的关系

表6-5 线电极直径与拐角半径和工件厚度的极限的关系 （单位：mm）

线电极直径 d	拐角极限 $R_{\min}$	切割工件厚度
钨0.05	0.04～0.07	0～10
钨0.07	0.05～0.10	0～20
钨0.10	0.07～0.12	0～30
黄铜0.15	0.10～0.16	0～50
黄铜0.20	0.12～0.20	0～100以上
黄铜0.25	0.15～0.22	0～100以上

2）工件准备

① 工件材料的选定和处理。工件材料的选择是由图样设计时确定的。作为模具加工，在加工前毛坯需经锻打和热处理。另外，加工前还要进行消磁处理及去除表面氧化皮和锈斑等。例如，以线切割加工为主要工艺时，钢件的加工工艺路线一般为：下料→锻造→退火→机械粗加工→淬火与高温回火→磨加工（退磁）→线切割加工→钳工修整。

② 工件加工基准的选择。为了便于线切割加工，根据工件外形和加工要求，应准备相应的校正和加工基准，并且此基准应尽量与图样的设计基准一致。常见的有以下两种形式：

a）以外形为校正和加工基准。外形是矩形状的工件，一般需要有两个相互垂直的基准面，并垂直于工件的上、下平面（见图 6-37）。

b）以外形为校正基准，内孔为加工基准。无论是矩形、圆形还是其他异形的工件，都应准备一个与工件的上、下平面保持垂直的校正基准，此时其中一个内孔可作为加工基准，如图 6-38 所示。在大多数情况下，外形基面在线切割加工前的机械加工中就已准备好了。工件淬硬后，若基面变形很小，可稍加打光便可用线切割加工；若变形较大，则应当重新修磨基面。

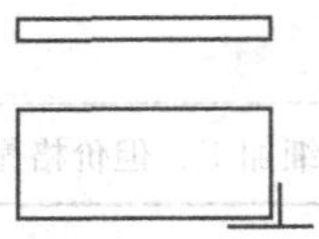

图 6-37　矩形工件的校正与加工基准

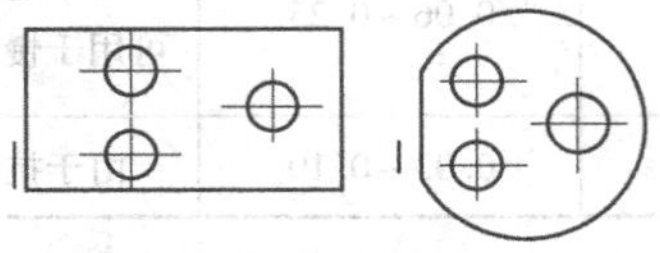

图 6-38　外形一侧为校正基准，内孔为加工基准

③ 穿丝孔的确定

a）切割凸模类零件，此时为避免将坯件外形切断引起变形，通常在坯件内部外形附近预制穿丝孔（见图 6-39c）。

b）切割凹模、孔类零件。此时可将穿丝孔位置选在待切割型腔（孔）内部。当穿丝孔位置选在待切割型腔（孔）的边角处时，切割过程中无用的轨迹最短；而穿丝孔位置选在已知坐标尺寸的交点处则有利于尺寸推算；切割孔类零件时，若将穿丝孔位置选在型孔中心可使编程操作容易。

c）穿丝孔大小。穿丝孔大小要适宜。穿丝孔径太小，不但钻孔难度增加，而且也不便于穿丝；若穿丝孔径太大，则会增加钳工工艺上的难度。一般穿丝孔常用直径为 $\phi3\sim10$mm。如果预制孔可用车削等方法加工，则穿丝孔径也可大些。

④ 切割路线的确定。线切割加工工艺中，切割起始点和切割路线的确定合理与否，将影响工件变形的大小，从而影响加工精度。图 6-39 所示的由外向内顺序的切割路线，通常在加工凸模零件时采用。其中，图 3-39a 所示的切割路线是错误的，因为当切割完第一边，继续加工时，由于原来主要连接的部位被割离，余下材料与夹持部分的连接较少，工件的刚度降低，容易产生变形而影响加工精度。如按图 6-39b 所示的切割路线加工，可减少由于材料割离后残余应力重新分布而引起的变形。所以，一般情况下，最好将工件与其夹持部分分割的线段安排在切割路线的末端。对于精度要求较高的零件，最好打穿丝孔，如图 6-39c 所示。

切割孔类零件时，为了减少变形，还可采用二次切割法，如图 6-40 所示。第一次粗加工型孔，各边留余量0.1~0.5mm，第二次切割为精加工，这样可以达到比较满意的效果。

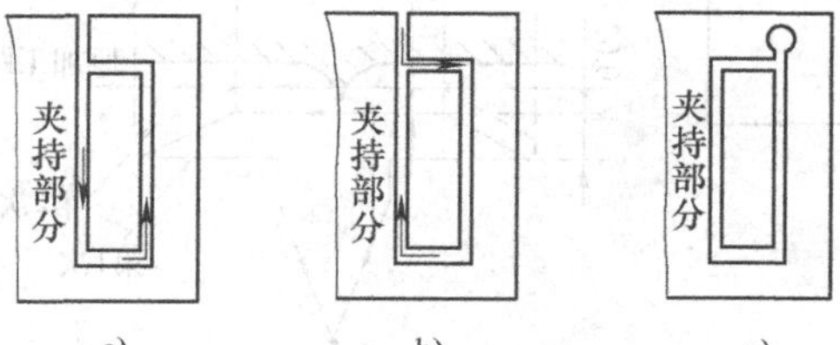

图6-39 切割起始点和切割路线的安排

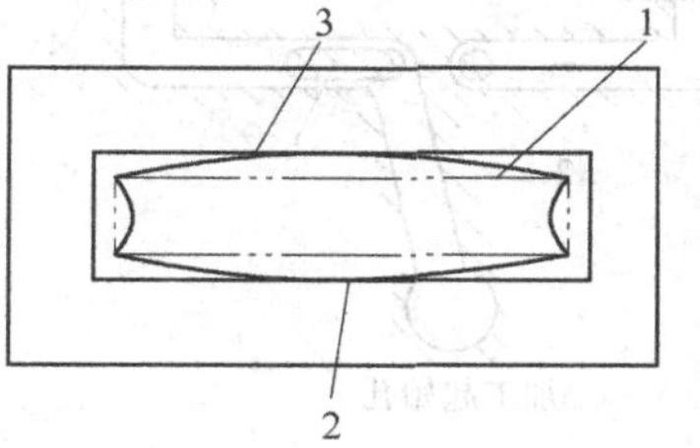

图6-40 二次切割孔类零件

1—第一次切割的理论图形 2—第一次切割的实际图形 3—第二次切割的图形

⑤ 接合突尖的去除方法。由于线电极的直径和放电间隙的关系，在工件切割面的交接处，会出现一个高出加工表面的高线条，称之为突尖，如图6-41所示。这个突尖的大小决定于线径和放电间隙。在快速走丝的加工中，用细的线电极加工，突尖一般很小，在慢走丝加工中就比较大，必须将它去除。下面介绍几种去除突尖的方法。

a）利用拐角的方法。凸模在拐角位置的突尖比较小，选用图6-42所示的切割路线，可减少精加工量。切下前要将凸模固定在外框上，并用导电金属将其与外框连通，否则在加工中不会产生放电。

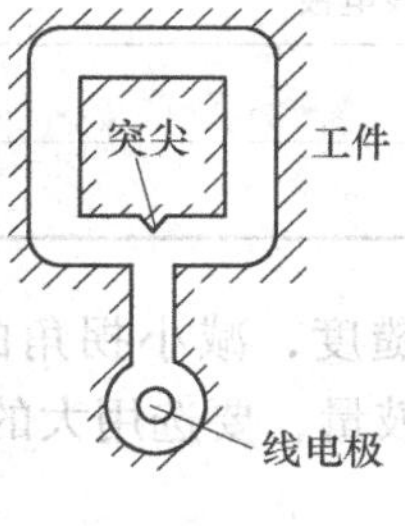

图6-41 突尖

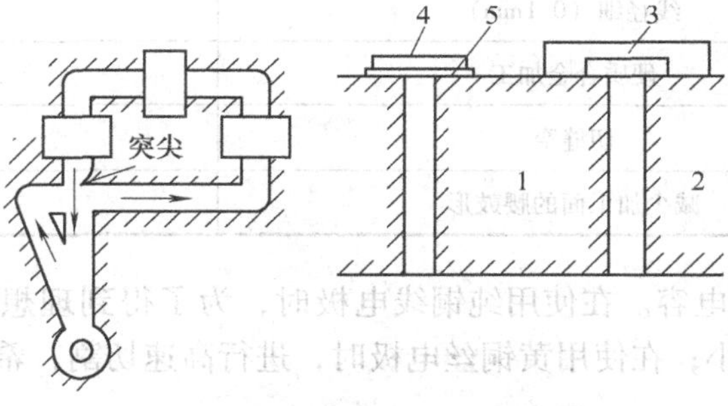

图6-42 利用拐角去除突尖

1—凸模 2—外框 3—短路用金属 4—固定夹具 5—粘接剂

b）切缝中插金属板的方法。将切割要掉下来的部分，用固定板固定起来，在切缝中插入金属板，金属板长度与工件厚度大致相同，金属板应尽量向切落侧靠近，如图6-43所示。切割时应往金属板方向多切入大约一个线电极直径的距离。

c）用多次切割的方法。工件切断后，对突尖进行多次切割精加工。如图6-44所示，切割次数的多少，主要看加工对象精度要求的高低和突尖的大小来确定。

3）工作液的配制。根据线切割机床的类型和加工对象，选择工作液的种类、浓度及导电率等。对快速走丝线切割加工，一般常用质量分数为10%左右的乳化液，此时可达到较高的线切割速度。对于慢速走丝线切割加工，普遍使用去离子水。

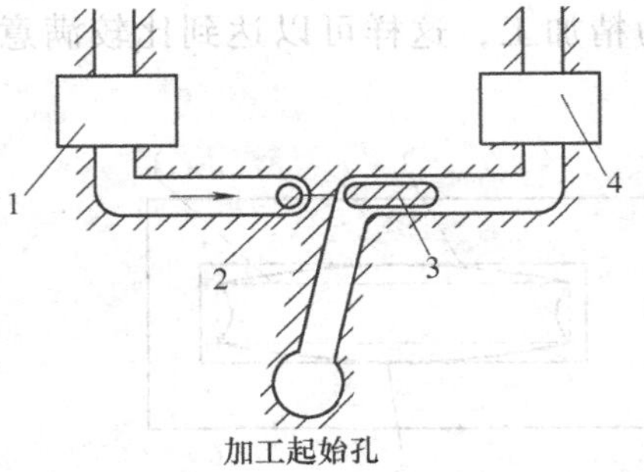

图6-43 插入金属板去除突尖
1—固定夹具 2—电极丝
3—金属板 4—短路用金属

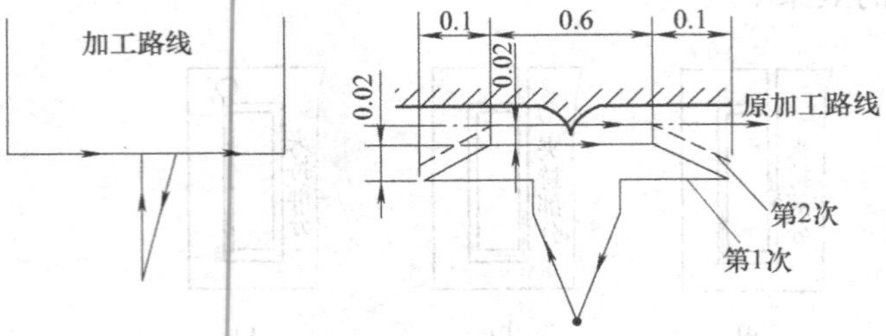

图6-44 二次切割去除突尖的路线

(3) 加工参数的选择

1) 电参数的选择

① 空载电压。空载电压的高低，一般可按表6-6所列情况来进行选择。

表6-6 空载电压的选择

空载电压	
低	高
切割速度高	减小表面粗糙度值
线径细（0.1mm）	减小拐角塌角
硬质合金加工	纯铜线电极
切缝窄	
减少加工面的腰鼓形	

② 放电电容。在使用纯铜线电极时，为了得到理想的表面粗糙度，减小拐角的塌角，放电电容要小；在使用黄铜丝电极时，进行高速切割，希望减小腰鼓量，要选用大的放电电容量。

③ 脉宽和间隔。可根据电容量的大小来选择脉冲宽度和间隔，如表6-7所示。要求理想的表面粗糙度时，脉冲宽度要小，间隔要大。

表6-7 脉宽和间隔的选择

电容器容量/μF	脉宽/μs	间隔/μs
0～0.5	2～4	>2.0
0.5～1.0	2～6	>3.0
1.0～3.0	2～6	>5.0

④ 峰值电流。峰值电流 I_e 主要根据表面粗糙度和电极丝直径选择。要求 R_a 值小于1.25μm时，I_e 取6.8A以下；要求 R_a 值为1.25～2.5μm时，I_e 取6～12A；R_a 值大于

2.5μm 时，I_e 可取更高的值。电极丝直径越粗，I_e 的取值可越大。表 6-8 所示是不同直径钼丝可承受的最大值峰值电流。

表 6-8　峰值电流与钼丝直径的关系

钼丝直径/mm	0.06	0.08	0.10	0.12	0.15	0.18
可承受的 I_e/A	15	20	25	30	37	45

2）速度参数的选择

① 进给速度。工作台进给速度太快，容易产生短路和断丝，工作台进给速度太慢，加工表面的腰鼓量就会增大，但表面粗糙度较小，正式加工时，一般将试切的进给速度下降10%～20%，以防止短路和断丝。

② 走丝速度。走丝速度应尽量快一些，对快走丝线切割来说，会有利于减少因线电极损耗对加工精度的影响，尤其是对厚工件的加工，由于线电极的损耗，会使加工面产生锥度。一般走丝速度是根据工件厚度和切割速度来确定的。

3）线径偏移量的确定　正式加工前，按照确定的加工条件，切一个与工件相同材料、相同厚度的正方形，测量尺寸，确定线径偏移量。在积累了足够的工艺数据或生产厂家提供了有关工艺参数时，可参照相关数据确定。

进行多次切割时，要考虑工件的尺寸公差，估计尺寸变化，分配每次切割时的偏移量。偏移量的方向，按切割凸模或凹模以及切割路线的不同而定。

三、工件的装夹和位置校正

1. 对工件装夹的基本要求

1）工件的装夹基准面应清洁无毛刺，经过热处理的工件，在穿丝孔或凹模类工件扩孔的台阶处，要清理热处理液的渣物及氧化膜表面。

2）夹具精度要高，工件至少用两个侧面固定在夹具或工作台上，如图 6-45 所示。

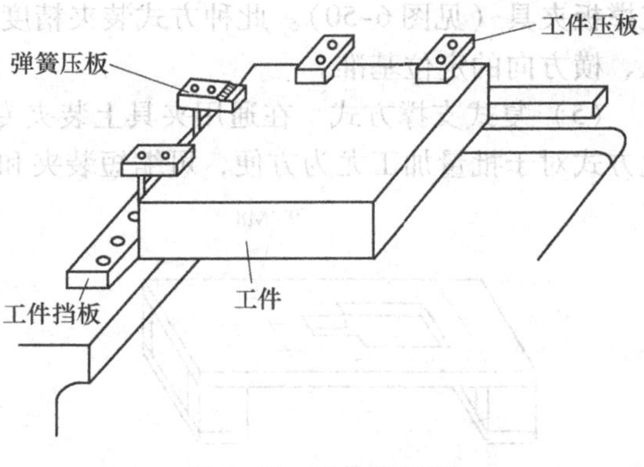

图 6-45　工件的固定

3）装夹工件的位置要有利于工件的找正，并能满足加工行程的需要，工作台移动时，不得与丝架相碰。

4）装夹工件的作用力要均匀，不得使工件变形或翘起。

5）批量零件加工时，最好采用专用夹具，以提高效率。

6）细小、精密、壁薄的工件应固定在辅助工作台或不易变形的辅助夹具上，如图 6-46 所示。

2. 工件的装夹

（1）悬臂支撑方式　图 6-47 所示的悬臂支撑方式装夹方便，通用性强，但工件平面与工作台面找平困难，工件受力时位置易变化。因此，只在工件加工要求低或悬臂部分小的情况下使用。

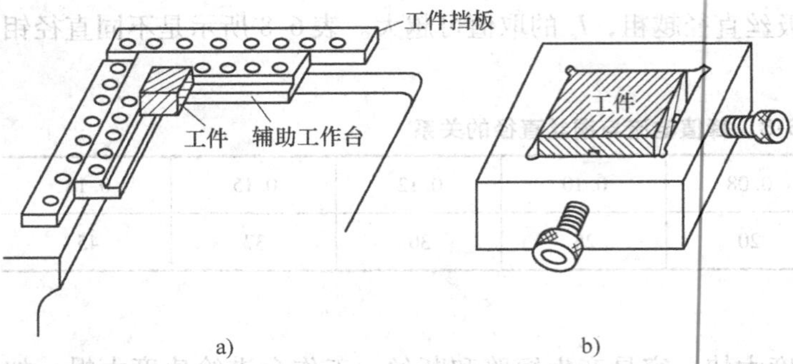

图 6-46 辅助工作台和夹具

a）辅助工作台 b）夹具

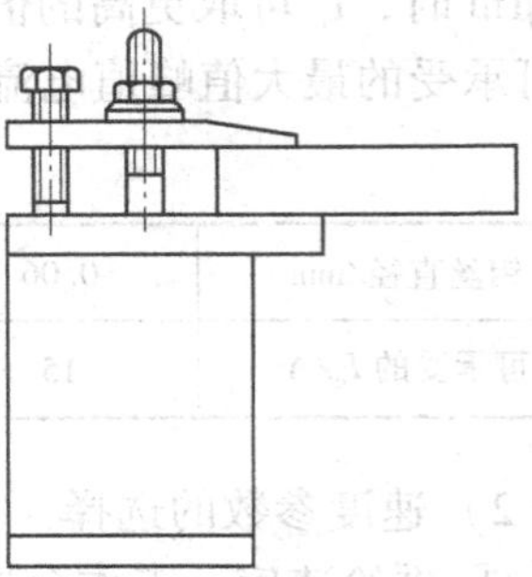

图 6-47 悬臂支撑方式

(2) 两端支撑方式 两端支撑方式是将工件两端固定在夹具上，如图 6-48 所示。用这种方式装夹方便、稳定，定位精度高，但不适于装夹较小的工件。

(3) 桥式支撑方式 它是在两端支撑的夹具上两块支撑垫铁（见图 6-49）。桥式支撑方式件方便，对大、中、小型工件都适用。

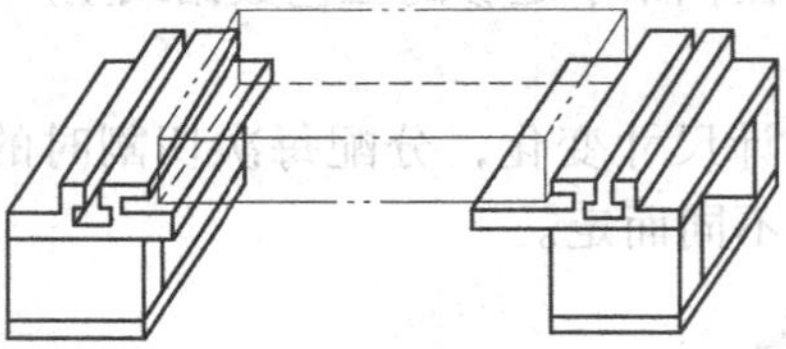

图 6-48 两端支撑方式

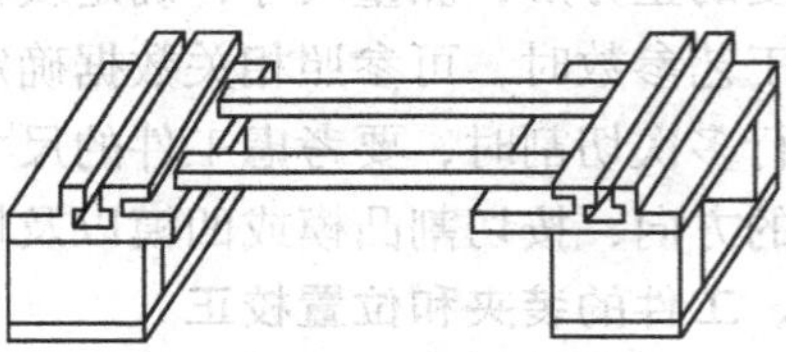

图 6-49 桥式支撑方式

(4) 板式支撑方式 板式支撑方式是根据常规工件的形状，制成具有矩形或圆形孔的支撑板夹具（见图 6-50）。此种方式装夹精度高，适用于常规与批量生产。同时，也可增加纵、横方向的定位基准。

(5) 复式支撑方式 在通用夹具上装夹专用夹具，便成为复式支撑方式（见图 6-51）。此方式对于批量加工尤为方便，可缩短装夹和校正时间，提高效率。

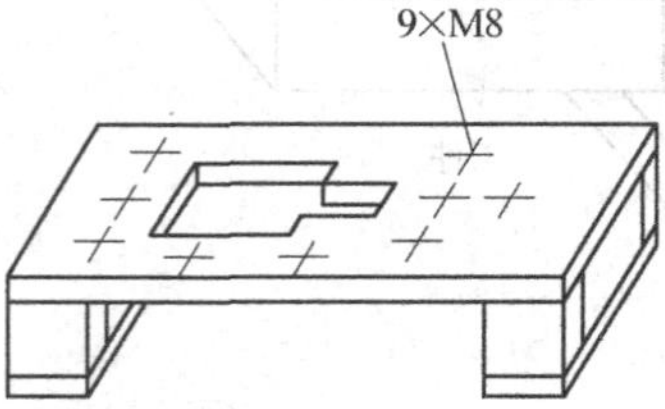

图 6-50 板式支撑方式

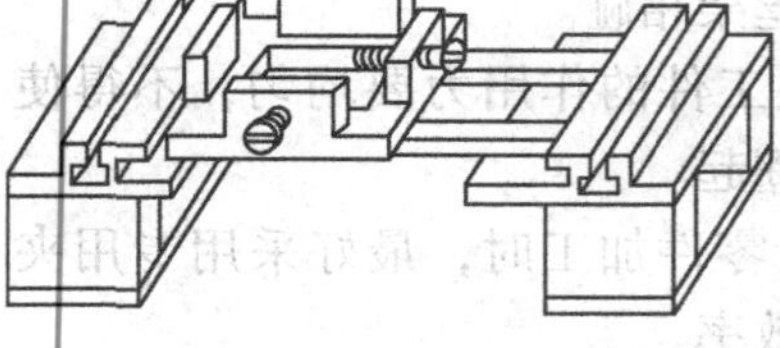

图 6-51 复式支撑方式

3. 工件位置的校正方法

(1) 拉表法 拉表法是利用磁力表架，将百分表固定在丝架或其他固定位置上，百分表头与工件基面接触，往复移动床鞍，按百分表指示数值调整工件。校正应在三个方向上进行（见图 6-52）。

(2) 划线法 工件待切割图形与定位基准相互位置要求不高时，可采用划线法（见图

6-53）。固定在丝架上的一个带有顶丝的零件将划针固定，划针尖指向工件图形的基准线或基准面，移动纵（或横）向床鞍，据目测调整工件进行找正。该法也可以在表面粗糙度较大的基面校正时使用。

（3）固定基面靠定法　利用通用或专用夹具纵、横方向的基准面，经过一次校正后，保证基准面与相应坐标方向一致，于是具有相同加工基准面的工件可以直接靠定，这就保证了工件的正确加工位置（见图 6-54）。

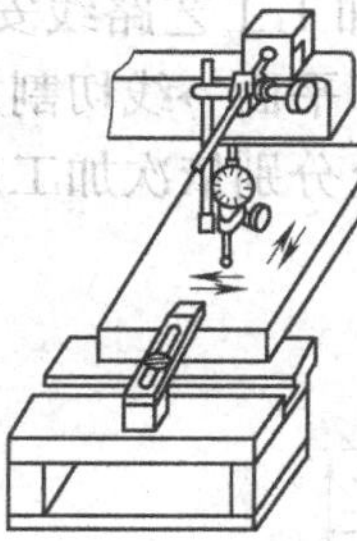

图 6-52　拉表法校正

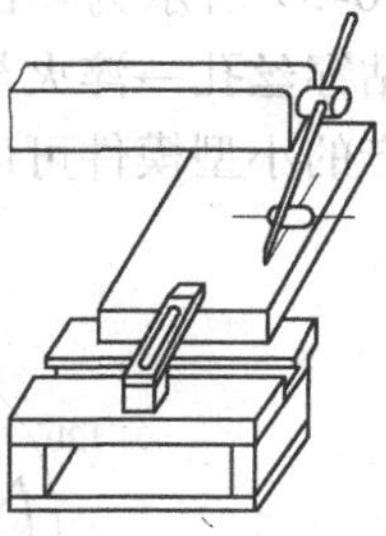

图 6-53　划线法校正

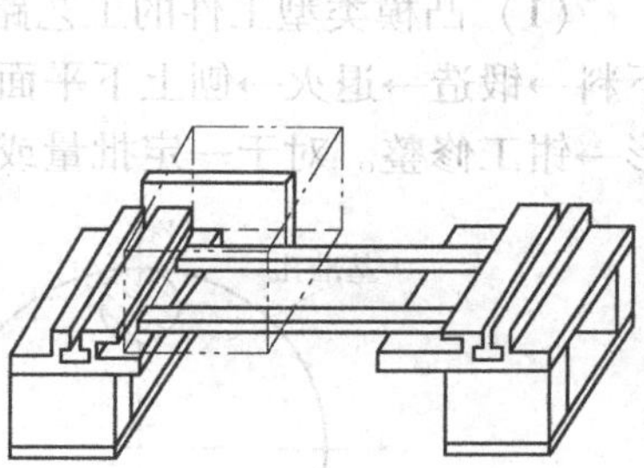

图 6-54　固定基面靠定法

4. 线电极的位置校正

在线切割前，应确定线电极相对于工件基准面或基准孔的坐标位置。

（1）目视法　对加工要求较低的工件，在确定线电极与工件有关基准线或基准面相互位置时，可直接利用目视或借助于 2 ~ 8 倍的放大镜来进行观察。图 6-55 所示为观测基准面来校正线电极位置。当线电极与工件基准面初始接触时，记下相应床鞍的坐标值。线电极中心与基准面重合的坐标值，则是记录值减去线电极半径值。

图 6-56 所示为观测基准线来校正线电极位置。利用穿丝孔处划出的十字基准线，观测线电极与十字基准线的相对位置，移动床鞍，使线电极中心分别与纵、横方向基准线重合，此时的坐标值就是线电极的中心位置。

（2）火花法　火花法是利用线电极与工件在一定间隙时发生火花放电来校正线电极的坐标位置（见图 6-57）。移动拖板，使线电极逼近工件的基准面，待开始出现火花时，记下拖板的相应坐标值来推算线电极中心坐标值。此法简便、易行。但线电极运转抖动会导致误差，放电也会使工件的基准面受到损伤。此外，线电极逐渐逼近基准面时，开始产生脉冲放电的距离，往往并非正常加工条件下线电极与工件间的放电距离。

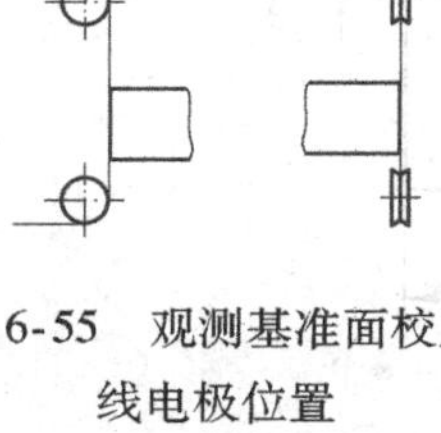

图 6-55　观测基准面校正线电极位置

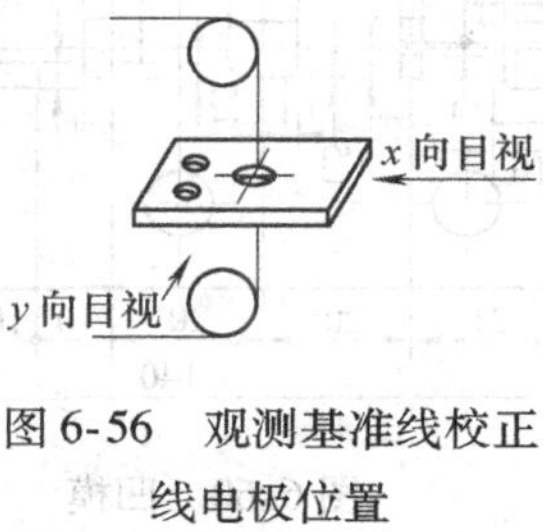

图 6-56　观测基准线校正线电极位置

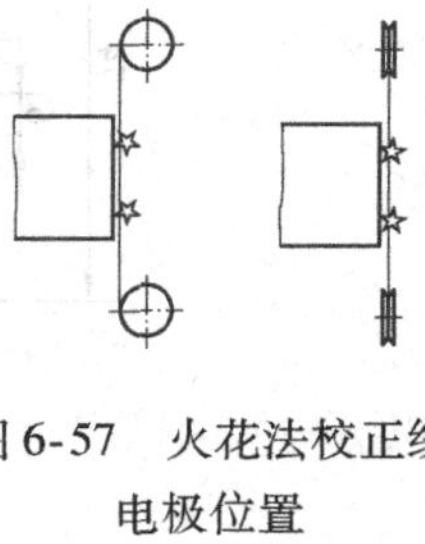

图 6-57　火花法校正线电极位置

（3）自动法　自动找中心是为了让线电极在工件的孔中心定位。具体方法为：移动横向床鞍，使电极丝与孔壁相接触，记下坐标值 X_1，反向移动床鞍至另一导通点，记下相应

坐标值 X_2，将拖板移至两者绝对值之和的一半处，即 $(|X_1|+|X_2|)/2$ 的坐标位置。同理也可得到 Y_1 和 Y_2，则基准孔中心与线电极中心相重合的坐标值为 $[(|X_1|+|X_2|)/2, (|Y_1|+|Y_2|)/2]$，如图 6-58 所示。

四、冷冲模的数控线切割加工工艺分析

数控线切割加工应用最广的是冷冲模加工，其加工工艺路线与加工顺序的安排分析如下。

1. 加工工艺路线

（1）凸模类型工件的工艺路线　图 6-59 所示为一凸模工件。其加工工艺路线安排为：下料→锻造→退火→刨上下平面→钳工钻穿丝孔→淬火与回火→磨上下平面→线切割加工成形→钳工修整。对于一定批量或常规生产的小型模件可以在一块坯件上分别依次加工成形。

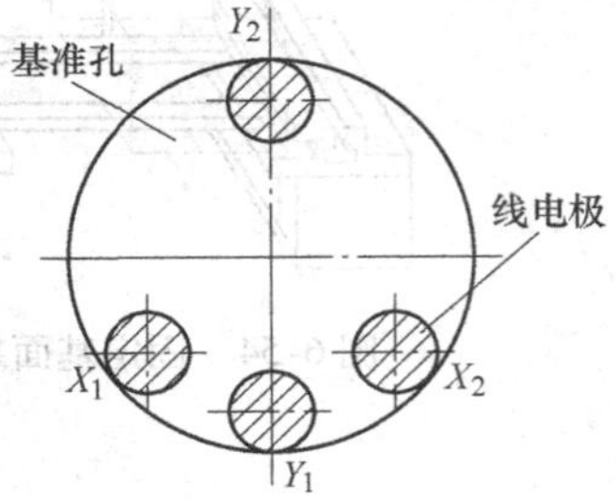

图 6-58　自动法

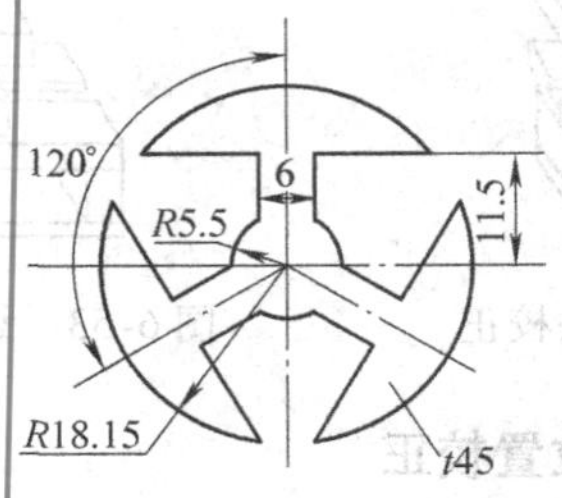

图 6-59　凸模

（2）凹模类型工件的工艺路线　图 6-60 所示为一凹模工件。其加工工艺路线为：下料→锻造→退火→刨六面→磨上下平面和基面→钳工钻穿丝孔→淬火和回火→磨上下平面和基面→线切割加工成形→钳工修配。

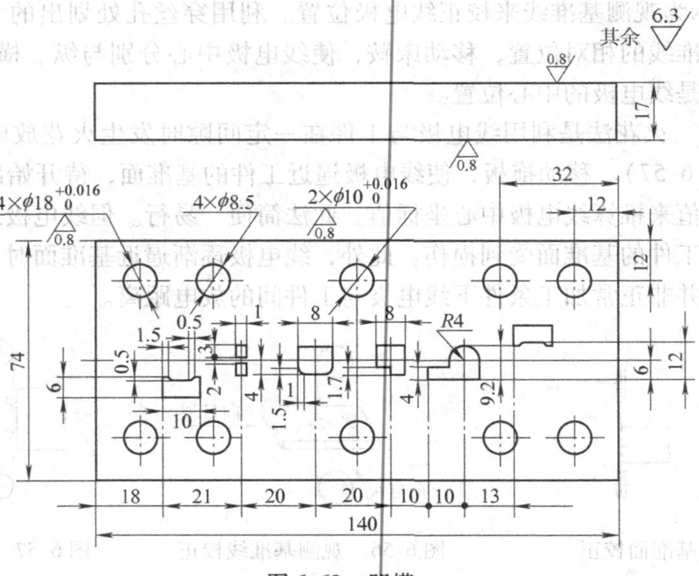

图 6-60　凹模

2. 加工顺序

冲模一般主要由凸模、凹模、凸模固定板、卸料板、侧刃、侧导板等零件组成。在线切割加工时，安排加工顺序的原则是先切割卸料板、凸模固定板等非主要件，然后再切割凸模、凹模等主要件。这样，在切割主要件之前，通过对非主要件的切割，可检验操作人员在编程过程中是否存在错误，同时也能检验机床和控制系统的工作情况。若有问题可及时得到纠正。

3. **加工实例**

实例1　数字冲裁模凸凹模的加工。图6-61所示为数字冲裁模凸凹模图形。凸凹模与相应凹模和凸模的双面间隙为$\phi0.01\sim0.02$mm。材料为CrWMn。因凸模形状较复杂，为满足其技术要求，采用以下主要措施：

1）淬火前工件坯料上预制穿丝孔，如图6-61中孔D。

2）将所有非光滑过渡的交点用半径为0.1mm的过渡圆弧连接。

3）先切割两个$\phi2.3$mm小孔，再由辅助穿丝孔位开始，进行凸凹模的成形加工。

4）选择合理的电参数，以保证切割表面粗糙度和加工精度的要求。

加工时的电参数为：空载电压峰值80V；脉冲宽度8μs；脉冲间隔30μs；平均电流1.5A。采用快速走丝方式，走丝速度9m/s；线电极为$\phi0.12$mm的钼丝；工作液为乳化液。

加工结果如下：切割速度$20\sim30\text{mm}^2/\text{min}$；表面粗糙度$R_a1.6$μm。通过与相应的凸模、凹模试配，可直接使用。

实例2　大、中型冷冲模加工。图6-62所示为卡箍落料模凹模。工件材料为Cr12MoV，凹模工作面厚度10mm。该凹模待加工图形行程长，重量大，厚度高，去除金属量大。为保证工件的加工质量，采取如下工艺措施：

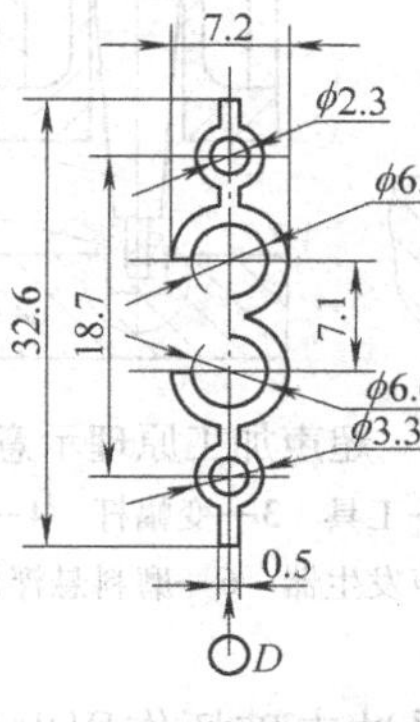

图6-61　数字冲裁模的凸凹模图形

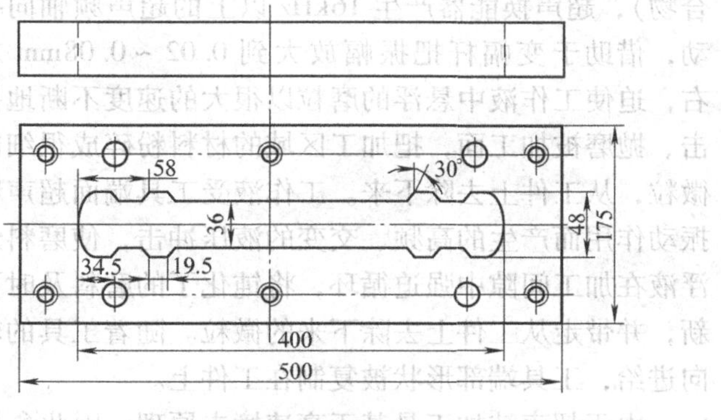

图6-62　卡箍落料模凹模

1）为保证型孔位置的硬度及减少热处理过程中产生的残余应力，除热处理工序应采取必要的措施外，在淬硬前，应增加一次粗加工（铣削或线切割），使凹模型孔各面均留2～4mm的余量。

2）加工时采用双支撑的装夹方式，即利用凹模本身架在两夹具体定位平面上。

3）因去除金属重量大，在切割过半，特别是快完成加工时，废料易发生偏斜和位移，而影响加工精度或卡断线电极。为此，在工件和废料块的上平面上，添加一平面经过磨削的永久磁钢，以利于废料块在切割的全过程中位置固定。

加工时选择的电参数为：空载电压峰值95V；脉冲宽度25μs；脉冲间隔78μs；电流1.8A。采用快速走丝方式，走丝速度为9m/s；线电极为$\phi0.3$mm的黄铜丝：乳化液。

加工结果；切割速度$40\sim50\text{mm}^2/\text{min}$；表面粗糙度和加工精度均符合要求。

6-3 超声加工

超声加工（Ultrasonic Machining，简称 USM）是随着机械制造和仪器制造中各种脆性材料和难加工材料的不断出现而得到应用和发展的。它较好弥补了在加工脆性材料方面的某些不足，并显示出其独特的优越性。

一、超声加工的原理和特点

1. 超声加工的原理

超声加工也叫超声波加工，是利用产生超声振动的工具，带动工件和工具间的磨料悬浮液，冲击和抛磨工件的被加工部位，使局部材料破坏而成粉末，以进行穿孔、切割和研磨等，如图 6-63 所示。加工时工具以一定的静压力压在工件上，在工具和工件之间送入磨料悬浮液（磨料和水或煤油的混合物），超声换能器产生 16kHz 以上的超声频轴向振动，借助于变幅杆把振幅放大到 0.02～0.08mm 左右，迫使工作液中悬浮的磨粒以很大的速度不断地撞击、抛磨被加工面，把加工区域的材料粉碎成很细的微粒，从工件上去除下来。工作液受工具端面超声频振动作用而产生的高频、交变的液压冲击，使磨料悬浮液在加工间隙中强迫循环，将钝化了的磨料及时更新，并带走从工件上去除下来的微粒。随着工具的轴向进给，工具端部形状被复制在工件上。

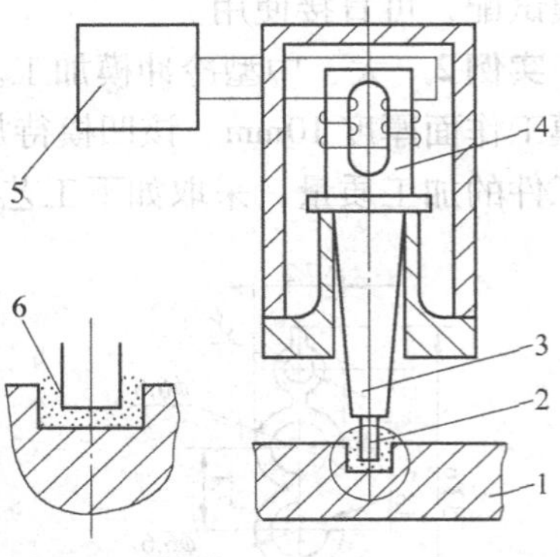

图 6-63　超声加工原理示意图

1—工件　2—工具　3—变幅杆　4—换能器

5—超声发生器　6—磨料悬浮液

由于超声波加工是基于高速撞击原理，因此愈是硬脆材料，受冲击破坏作用也愈大，而韧性材料则由于它的缓冲作用而难以加工。

2. 超声加工具有以下特点

1）适于加工硬脆材料（特别是不导电的硬脆材料），如玻璃、石英、陶瓷、宝石、金刚石、各种半导体材料、淬火钢、硬质合金等。

2）由于是靠磨料悬浮液的冲击和抛磨去除加工余量，所以可采用较工件软的材料作工具。加工时不需要使工具和工件作比较复杂的相对运动。因此，超声加工机床的结构比较简单，操作维修也比较方便。

3）由于去除加工余量是靠磨料的瞬时撞击，工具对表面的宏观作用力小，热影响小，不会引起变形及烧伤，因此适合于加工薄壁零件及工件的窄槽、小孔。超声加工的精度，一般可达 0.01～0.02mm，表面粗糙度 R_a 值可达 0.63μm 左右，在模具加工中用于加工某些冲模、拉丝模以及抛光模具工作零件的成形表面。

超声加工方法常用于模具型孔和型腔的加工，另外也用于其他零件的加工、脆硬材料的切割和超声清洗等。

二、影响加工速度和质量的因素

1. 加工速度及其影响因素

超声加工的加工速度（或生产率）是指单位时间内被加工材料的去除量，其单位用 mm^3/min 或 g/min 表示。相对其他特种加工而言，超声加工生产率较低，一般为 1～$50mm^3/min$。加工玻璃的最大速度可达 400～$2000mm^3/min$。影响加工速度的主要因素有：

（1）工具的振幅和频率　提高振幅和频率，可以提高加工速度。但过大的振幅和过高的频率会使工具和变幅杆产生大的内应力，通常振幅范围在 0.01～0.1mm，频率在 16～25kHz 之间。

（2）进给压力　加工时工具对工件所施加的压力的大小，对生产率影响很大，压力过小则磨料在冲击过程中损耗于路程上的能量过多，致使加工速度降低；而压力过大，则使工具难以振动，并会使加工间隙减小，磨料和工作液不能顺利循环更新，也会使加工速度降低。因此存在一个最佳的压力值。该值一般由实验决定。

（3）磨料悬浮液　磨料的种类、硬度、粒度、磨料和液体的比例及悬浮液本身的粘度等对超声加工都有影响。磨料硬，磨粒粗则生产率高，但在选用时还应考虑经济性与表面质量要求。一般用碳化硼、碳化硅加工硬质合金，用金刚石磨料加工金刚石和宝石材料。至于一般的玻璃、石英、半导体材料等则采用刚玉（Al_2O_3）作磨料。最常用的工作液是水，磨料与水的较佳配比（重量比）为 0.8～1。为了提高表面质量，有时也用煤油或机油。

（4）被加工材料　超声加工适于加工脆性材料，材料愈脆，承受冲击载荷的能力愈差，愈容易被冲击碎，即加工速度愈快。如以玻璃的可加工性作标准（为 100%），则石英为 50%；硬质合金为 2%～3%；淬火钢为 1%；而锗、硅半导体单晶为 200%～250%。

除此之外，工件加工面积、加工深度、工具面积、磨料悬浮液的供给及循环方式对加工速度也都有一定影响。

2. 加工精度及其影响因素

超声加工的精度除受机床、夹具精度影响外，还与磨料粒度、加工深度、被加工材料性质等有关。超声加工精度较高，可达 0.01～0.02mm，一般加工孔的尺寸精度可达 ±（0.02～0.05）mm。磨料愈细，加工精度愈高。

工具安装时，要求工具质量中心在整个超声振动系统的轴心线上，否则在其纵向振动时会出现横向振动，破坏成形精度。

工具的磨损直接影响圆孔及型腔的形状精度。为了减少工具磨损对加工精度的影响，可将粗、精加工分开，并相应地更换磨料粒度。还应合理选择工具材料。对于圆孔，采用工具或工件旋转的方法，可以减少圆度误差。

3. 表面质量及其影响因素

超声加工具有较好的表面质量，表面层无残余应力，不会产生表面烧伤与表面变质层。表面粗糙度 R_a 值可达 0.63～0.08μm。

加工表面质量主要与磨料粒度、被加工材料性质、工具振动的振幅、磨料悬浮液的性能及其循环状况有关。当磨粒较细，工件硬度较高，工具振动的振幅较小时，被加工表面的粗糙度将得到改善，但加工速度也随之下降。工作液的性能对表面粗糙度的影响比较复杂，用煤油或机油作工作液可使表面粗糙度有所改善。

课题七

零件的数控加工工艺编制

7-1 数控车削加工工艺编制

给定任务：

数控车削如图 7-1、图 7-2 所示零件，试编写该零件的加工工艺。

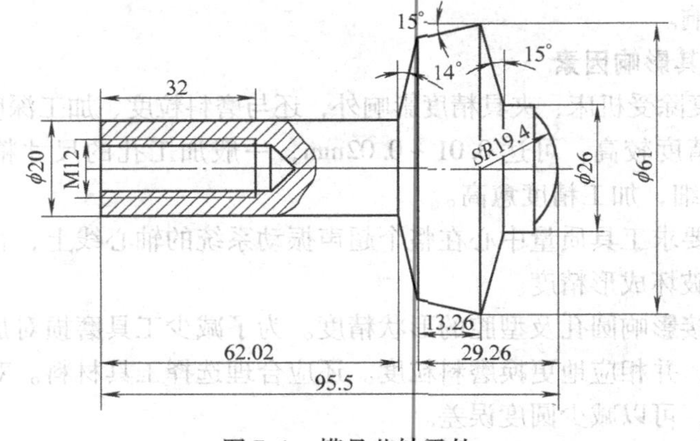

图 7-1　模具芯轴零件

一、零件图的工艺分析

1. 分析几何元素的给定条件是否充分

由于设计等多方面的原因，在图样上可能出现构成加工轮廓的条件不充分，尺寸模糊不清及尺寸封闭缺陷，增加了编程工作的难度，有的甚至无法编程。

2. 精度及技术要求

精度及技术要求分析的主要内容是：要求是否齐全、是否合理；本工序的数控车削精度

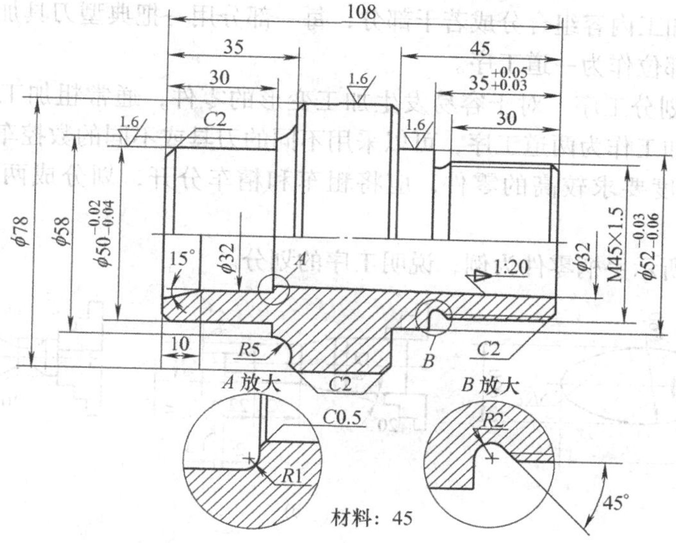

图 7-2 轴套零件

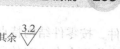

能否达到图样要求，若达不到，需采取其他措施（如磨削）弥补的话，则应给后续工序留有余量；有位置精度要求的表面应在一次安装下完成；表面粗糙度要求较小的表面，应确定用恒线速切削。

二、加工方案的确定

一般根据零件的加工精度、表面粗糙度、材料、结构形状、尺寸及生产类型确定零件表面的数控车削加工方法及加工方案。

数控车削内回转表面的加工方案的确定：

1）加工精度为 IT8 ~ IT9 级、R_a1.6 ~ 3.2μm 的除淬火钢以外的常用金属，可采用普通型数控车床，按粗车、半精车、精车的方案加工。

2）加工精度为 IT6 ~ IT7 级、R_a0.2 ~ 0.63μm 的除淬火钢以外的常用金属，可采用精密型数控车床，按粗车、半精车、精车、细车的方案加工。

3. 加工精度为 IT5 级、R_a < 0.2μm 的除淬火钢以外的常用金属，可采用高档精密型数控车床，按粗车、半精车、精车、精密车的方案加工。

三、工序的划分

1. 数控车削加工工序的划分

对于需要多台不同的数控机床、多道工序才能完成加工的零件，工序划分自然以机床为单位来进行。而对于需要很少的数控机床就能加工完零件全部内容的情况，数控加工工序的划分一般可按下列方法进行：

（1）以一次安装所进行的加工作为一道工序　将位置精度要求较高的表面安排在一次安装下完成，以免多次安装所产生的安装误差影响位置精度。

（2）以一个完整数控程序连续加工的内容为一道工序　有些零件虽然能在一次安装中加工出很多待加工面，但考虑到程序太长，会受到某些限制。

（3）以工件上的结构内容组合用一把刀具加工为一道工序　有些零件结构较复杂，既有回转表面也有非回转表面，既有外圆、平面，也有内腔、曲面。对于加工内容较多的零件，按零件结构特点将加工内容组合分成若干部分，每一部分用一把典型刀具加工。这时可以将组合在一起的所有部位作为一道工序。

(4) 以粗、精加工划分工序　对于容易发生加工变形的零件，通常粗加工后需要进行矫形，这时粗加工和精加工作为两道工序，可以采用不同的刀具或不同的数控车床加工。对毛坯余量较大和加工精度要求较高的零件，应将粗车和精车分开，划分成两道或更多的工序。

下面以车削图 7-3 所示手柄零件为例，说明工序的划分。

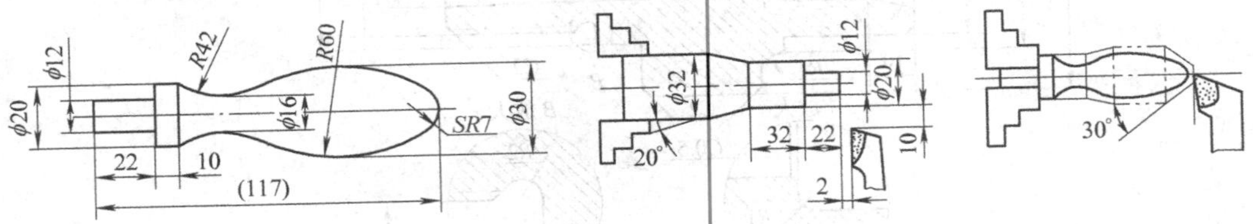

a)　b)　c)

图 7-3　手柄加工示意图

a) 工件简图　b) 装夹示意图　c) 刀具轨迹图

该零件加工所用坯料为 ϕ32mm 棒料，批量生产，加工时用一台数控车床。工序划分如下：

第一道工序（按图示将一批工件全部车出，包括切断），夹棒料外圆柱面，工序内容有：先车出 ϕ12mm 和 ϕ20mm 两圆柱面及圆锥面（粗车掉 R42mm 圆弧的部分余量），转刀后按总长要求留下加工余量切断。

第二道工序（见图 7-3c），用 ϕ12mm 外圆及 ϕ20mm 端面装夹，工序内容有：先车削包络 SR 7mm 球面的 30°圆锥面，然后对全部圆弧表面半精车（留少量的精车余量），最后换精车刀将全部圆弧表面一刀精车成形。

综上所述，在数控加工划分工序时，一定要视零件的结构与工艺性，零件的批量，机床的功能，零件数控加工内容的多少，程序的大小，安装次数及本单位生产组织状况灵活掌握。

2. 回转类零件非数控车削加工工序的安排

1）零件上有不适合数控车削加工的表面，如渐开线齿形、键槽、花键表面等，必须安排相应的非数控车削加工工序。

2）零件表面硬度及精度要求均高，热处理需安排在数控车削加工之后，则热处理之后一般安排磨削加工。

3）零件要求特殊，不能用数控车削加工完成全部加工要求，则必须安排其他非数控车削加工工序，如喷丸、滚压加工、抛光等。

4）零件上有些表面根据工厂条件采用非数控车削加工更合理，这时可适当安排这些非数控车削加工工序，如铣端面打中心孔等。

四、工步顺序和进给路线的确定

1. 工步顺序安排的一般原则

(1) 先粗后精　对粗精加工在一道工序内进行的，先对各表面进行粗加工，全部粗加工结束后再进行半精加工和精加工，逐步提高加工精度。此工步顺序安排的原则要求：粗车在较短的时间内将工件各表面上的大部分加工余量（如图 7-3c 中的双点画线内所示部分）切掉，一方面提高金属切除率，另一方面满足精车的余量均匀性要求。若粗车后所留余量的均匀性满足不了精加工的要求时，则要安排半精车，以此为精车做准备。为保证加工精度，精车要一刀切出图样要求的零件轮廓。此原则实质是在一个工序内分阶段加工，这样有利于保证零件的加工精度，适用于精度要求高的场合，但可能增加换刀的次数和加工路线的长度。

（2）先近后远　这里所说的远与近，是按加工部位相对于对刀点（起刀点）的距离远近而言的。在一般情况下，离对刀点远的部位后加工，以便缩短刀具移动距离，减少空行程时间。

（3）内外交叉　对既有内表面（内型、腔），又有外表面需加工的零件，安排加工顺序时，通常应先进行内外表面粗加工，后进行内外表面精加工。切不可将零件上一部分表面（外表面或内表面）加工完毕后，再加工其他表面（内表面或外表面）。

2. 进给路线的确定

确定进给路线的工作重点，主要在于确定粗加工及空行程的进给路线，因精加工切削过程的进给路线基本上都是沿其零件轮廓顺序进行的。

进给路线泛指刀具从对刀点（或机床固定原点）开始运动起，直至返回该点并结束加工程序所经过的路径，包括切削加工的路径及刀具切入、切出等非切削空行程。

在保证加工质量的前提下，使加工程序具有最短的进给路线，不仅可以节省整个加工过程的执行时间，还能减少一些不必要的刀具消耗及机床进给机构滑动部件的磨损等。实现最短的进给路线，除了依靠大量的实践经验外，还应善于分析，必要时可输以一些简单计算。

对于完工轮廓的连续切削进给路线，在安排可以一刀或多刀进行的精加工工序时，其零件的完工轮廓应由最后一刀连续加工而成，这时，加工刀具的进、退刀位置要考虑妥当，尽量不要在连续的轮廓中安排切入和切出或换刀及停顿，以免因切削力突然变化而造成弹性变形，致使光滑连接轮廓上产生表面划伤、形状突变或滞留刀痕等缺陷。

五、数控车削加工刀具及切削用量选择

（一）刀具的选择

1. 车刀类型的选择

数控车削常用的刀具类型一般分为三类，即尖形车刀、圆弧形车刀和成形车刀。尖形车刀、圆弧形车刀如图 7-4 所示。

1）尖形车刀。以直线形切削刃为特征的车刀一般称为尖形车刀。这类车刀的刀尖（同时也为其刀位点）由直线形的主、副切削刃构成，如 90°内、外圆车刀，左、右端面车刀，切槽（断）车刀及刀尖倒棱很小的各种外圆和内孔车刀。

用这类车刀加工零件时，其零件的轮廓形状主要由一个独立的刀尖或一条直线形主切削刃位移后得到，它与另两类车刀加工时所得到零件轮廓形状的原理是截然不同的。

2）圆弧形车刀。圆弧形车刀是较为特殊的数控加工用车刀。其特征是，构成主切削刃的形状为一圆度误差或轮廓误差很小的圆弧；该圆弧上的每一点都是圆弧形车刀的刀尖，因此，刀位点不圆弧上，而在该圆弧的圆心上；车刀圆弧半径理论上与被加工零件的形状无

关，并可按需要灵活确定或经测定后确认。

当某些尖形车刀或成形车刀（如螺纹车刀）的刀尖具有一定的圆弧形状时，也可作为这类车刀使用。圆弧形车刀可以用于车削内、外表面，特别适宜于车削各种光滑连接（凹形）的成形面。

3）成形车刀。成形车刀也叫样板车刀，其加工零件的轮廓形状完全由车刀切削刃的形状和尺寸决定。数控车削加工中，常见的成形车刀有小半径圆弧车刀、非矩形车槽刀和螺纹车刀等。在数控加工中，应尽量少用或不用成形车刀，当确有必要选用时，则应在工艺文件或加工程序单上进行详细说明。

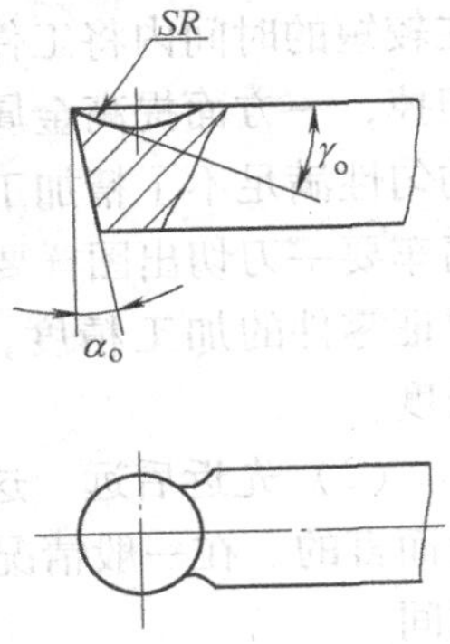

图 7-4 常用数控车刀

2. 机夹可转位车刀的选用

为了减少换刀时间和方便对刀，便于实现机械加工的标准化，数控车削加工时应尽量采用机夹刀和可转位刀片。

（1）刀片材质的选择　车刀刀片的材料主要有高速钢、硬质合金、涂层硬质合金、陶瓷、立方氮化硼和金刚石等。其中应用最多的是硬质合金和涂层硬质合金刀片。选择刀片材质，主要依据被加工工件的材料、被加工表面的精度、表面质量要求、切削载荷的大小以及切削过程中有无冲击和振动等。

（2）刀片尺寸的选择　刀片尺寸的大小取决于必要的有效切削刃长度 L，有效切削刃长度与背吃刀量 a_p 和车刀的主偏角 k_r 有关，使用时可查阅有关刀具手册选取。

（3）刀片形状的选择　刀片形状主要依据被加工工件的表面形状、切削方法、刀具寿命和刀片的转位次数等因素选择。

选择刀具还要针对所用机床的刀架结构。外圆车刀通常安装在径向，内孔车刀通常安装在轴向。刀具以刀杆尾部和一个侧面定位。当采用标准尺寸的刀具时，只要定位、锁紧可靠，就能确定刀尖在刀盘上的相对位置。车刀的柄部要选择合适的尺寸，切削刃部分要选择机夹不重磨刀具，而且刀具的长度不得超出其规定的范围，以免发生干涉现象。

3. 常用车刀的几何参数选择

刀具切削部分的几何参数对零件的表面质量及切削性能影响极大，应根据零件的形状、刀具的安装位置以及加工方法等，正确选择刀具的几何形状及有关参数。

（1）尖形车刀的几何参数　尖形车刀的几何参数主要指车刀的几何角度。选择方法与使用普通车削时基本相同，但应结合数控加工的特点，如走刀路线及加工干涉等要进行全面考虑。例如，在加工图 7-5b 所示的零件时，要使其左右两个 45°锥面由一把车刀加工出来，并使车刀的切削刃在车削圆锥面时不致发生加工干涉。

又如，车削图 7-5a 所示大圆弧内表面零件时，所选择尖形内孔车刀的形状及主要几何角度要合理（一般前角为 0°），保证刀具可将其内圆弧面和右端端面一刀车出，而避免了用两把车刀进行加工。

可用作图或计算的方法，确定尖形车刀不发生干涉的几何角度。如副偏角不发生干涉的极限角度值为大于作图或计算所得角度的 6°～8°即可。当确定几何角度困难，甚至无法确定（如尖形车刀加工接近于半个凹圆弧的轮廓等）时，则应考虑选择其他类型车刀后，再确定其几何角度。

（2）圆弧形车刀的几何参数

1）圆弧形车刀的选用。对于某些精度要求较高的凹曲面车削或大外圆弧面的批量车削，以及尖形车刀所不能完成的加工，宜选用圆弧形车刀进行。圆弧形车刀具有宽刃切削（修光）性质；能使精车余量保持均匀而改善切削性能；还能一刀车出跨多个象限的圆弧面。

例如，当图 7-5a 所示零件的曲面精度要求不高时，可以选择用尖形车刀进行加工；当曲面形状精度和表面粗糙度均有要求时，选择尖形车刀加工就不合适了，因为车刀主切削刃的实际切削深度在圆弧轮廓段总是不均匀的，如图 7-5b 所示。当车刀主切削刃靠近其圆弧终点时，该位置上的切削深度（a_p）将大大超过其圆弧起点位置上的切削深度（a_p），致使切削阻力增大，则可能产生较大的线轮廓度误差，并增大其表面粗糙度数值。

对于加工图 7-5a 所示同时跨四个象限的外圆弧轮廓，无论采用何种形状及角度的尖形车刀，也不可能由一条圆弧加工程序一刀车出，而采用圆弧形车刀就能十分简便地完成。

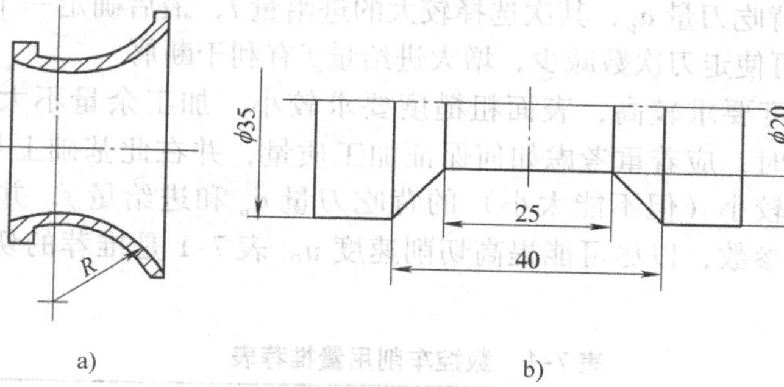

图 7-5　大圆弧零件
a）大圆弧零件　b）带左右锥面的零件

2）圆弧形车刀的几何参数。圆弧形车刀的几何参数除了前角及后角外，主要几何参数为车刀圆弧切削刃的形状及半径。

选择车刀圆弧半径的大小时，应考虑两点：第一，车刀切削刃的圆弧半径应当小于或等于零件凹形轮廓上的最小半径，以免发生加工干涉；第二，该半径不宜选择太小，否则既难于制造，还会因其刀头强度太弱或刀体散热能力差，使车刀容易受到损坏。

当车刀圆弧半径已经选定或通过测量并给予确认之后，应特别注意圆弧切削刃的形状误差对加工精度的影响。现通过图 7-4 对圆弧形车刀的加工原理分析如下：

在车削时，车刀的圆弧切削刃与被加工轮廓曲线作相对滚动运动。这时，车刀在不同的切削位置上，其“刀尖”在圆弧切削刃上也有不同位置（即切削刃圆弧与零件轮廓相切的切点），也就是说，切削刃对工件的切削，是以无数个连续变化位置的“刀尖”进行的。为了使这些不断变化位置的“刀尖”能按加工原理所要求的规律（“刀尖”所在半径处处等距）运动，并便于编程，故规定圆弧形车刀的刀位点必须在该圆弧刃的圆心位置上。

要满足车刀圆弧刃的半径处处等距，则必须保证该圆弧刃具有很小的圆度误差，即近似为一条理想圆弧，因此需要通过特殊的制造工艺（如光学曲线磨削等），才能将其圆弧刃做得准确。

至于圆弧形车刀前、后角的选择，原则上与普通车刀相同，只不过形成其前角（大于

0°时）的前面一般都为凹球面，形成其后角的后面一般为圆锥面。圆弧形车刀前、后面的特殊形状，是为满足在刀刃的每一个切削点上，都具有恒定的前角和后角，以保证切削过程的稳定性及加工精度。为了制造车刀的方便，在精车时，其前角多选择为0°。

4. 车刀的预调

数控车床刀具预调的主要工作是：①按加工要求选择全部刀具，并对刀具外观，特别是刃口部位进行检查；②检查调整刀尖的高度，实现等高要求；③刀尖圆弧半径应符合程序要求；④测量和调整刀具的轴向和径向尺寸。

（二）切削用量的选择

数控车削加工中的切削用量包括：背吃刀量 a_p、主轴转速 n 或切削速度 v（用于恒线速度切削）、进给速度或进给量 f。这些参数均应在机床给定的允许范围内选取。

车削用量（a_p、f、v）选择是否合理，对于能否充分发挥机床潜力与刀具切削性能，实现优质、高产、低成本和安全操作具有很重要的作用。车削用量的选择原则是粗车时，首先考虑选择尽可能大的背吃刀量 a_p，其次选择较大的进给量 f，最后确定一个合适的切削速度 v。增大背吃刀量 a_p 可使走刀次数减少，增大进给量 f 有利于断屑。

精车时，加工精度要求较高，表面粗糙度要求较小，加工余量不大且较均匀，因此选择精车的切削用量时，应着重考虑如何保证加工质量，并在此基础上尽量提高生产率。因此，精车时应选用较小（但不能太小）的背吃刀量 a_p 和进给量 f，并选用性能高的刀具材料和合理的几何参数，以尽可能提高切削速度 v。表7-1是推荐的切削用量数据，供参考。

表7-1 数控车削用量推荐表

工件材料	加工内容	切削用量 a_p/mm	切削速度 v/m·min^{-1}	送给量 f/m·r^{-1}	刀具材料
碳素钢 σ_b >600MPa	粗加工	5~7	60~80	0.2~0.4	YT类
	粗加工	2~3	80~120	0.2~0.4	
	精加工	2~6	120~150	0.1~0.2	
	钻中心孔		500~800r/min		W18Cr4V
	钻孔		~30	0.1~0.2	
	切断（宽度<5mm）		70~110	0.1~0.2	YT类
铸铁 200HBW以下	粗加工		50~70	0.2~0.4	YG类
	精加工		70~100	0.1~0.2	
	切断（宽度<5mm）		50~70	0.1~0.2	

六、数控车削加工的装夹与对刀

（一）数控车削加工的对象

1. 轮廓形状特别复杂或难于控制尺寸的回转体零件

因车床数控装置都具有直线和圆弧插补功能，还有部分车床数控装置具有某些非圆曲线插补功能，故能车削由任意直线和平面曲线轮廓组成的形状复杂的回转体零件。

2. 精度要求高的零件

零件的精度要求主要指尺寸、形状、位置和表面等精度要求，其中的表面精度主要指表面粗糙度。例如：尺寸精度高达0.001mm或更小的零件；圆柱度要求高的圆柱体零件；素线直线度、圆度和倾斜度均要求高的圆锥体零件；以及通过恒线速度切削功能，加工表面精度要求高的各种变径表面类零件等。

3. 带特殊螺纹的回转体零件

这些零件是指特大螺距、等螺距与变螺距或圆柱与圆锥螺纹面之间作平滑过渡的螺纹零件等。

4. 淬硬工件的加工

在大型模具加工中，有不少尺寸大而形状复杂的零件。这些零件热处理后的变形量较大，磨削加工有困难，因此可以用陶瓷车刀在数控机床上对淬硬后的零件进行车削加工，以车代磨，提高加工效率。

（二）对刀

装刀与对刀是数控机床加工中极其重要并十分棘手的一项基本工作。对刀的好与差，将直接影响到加工程序的编制及零件的尺寸精度。

对刀一般分为手动对刀和自动对刀两大类。目前，绝大多数的数控车床采用手动对刀，其基本方法有：定位对刀法、光学对刀法、ATC对刀法和试切对刀法。在前3种手动对刀方法中，均因可能受到手动和目测等多种误差的影响，其对刀精度十分有限，所以往往通过试切对刀，以得到更加准确和可靠的结果。数控车床常用的试切对刀方法如图7-6所示。

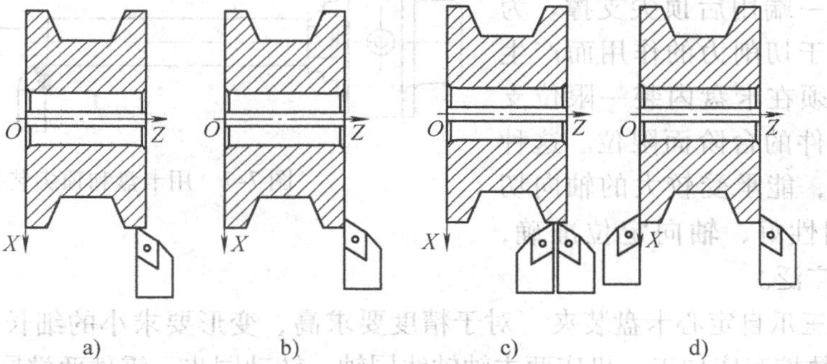

图7-6　车刀对刀点示意图

a）X方向对刀　b）Z方向对刀　c）两把刀X方向对刀　d）两把刀Z方向对刀

（三）工件的装夹与夹具选择

1. 用通用夹具装夹

（1）在三爪自定心卡盘上装夹　三爪自定心卡盘的三个卡爪是同步运动的，能自动定心，一般不需找正。三爪自定心卡盘装夹工件方便、省时，自动定心好，但夹紧力较小，所以适用于装夹外形规则的中、小型工件。三爪自定心卡盘可装成正爪或反爪两种形式。反爪用来装夹直径较大的工件。用三爪自定心卡盘装夹精加工过的表面时，被夹住的工件表面应包一层铜皮，以免夹伤工件表面。

数控车床多采用三爪自定心卡盘夹持工件，轴类工件还可使用尾座顶尖支持工件。数控车床主轴转速较高，为便于工件夹紧，多采用液压高速动力卡盘。这种卡盘在生产厂已通过了严格平衡检验，具有高转速（极限转速可达8000r/min以上）、高夹紧力（最大推拉力为

2000~8000N）、高精度、调爪方便、通孔、使用寿命长等优点。通过调整液压缸的压力，可改变卡盘的夹紧力，以满足夹持各种薄壁和易变形工件的特殊需要。还可使用软爪夹持工件。软爪弧面由操作者随机配制，可获得理想的夹持精度。为减少细长轴加工时的受力变形，提高加工精度，以及在加工带孔轴类工件内孔时，可采用液压自动定心中心架，其定心精度可达0.03mm。

（2）在两顶尖之间装夹　对于长度尺寸较大或加工工序较多的轴类工件，为保证每次装夹时的装夹精度，可用两顶尖装夹。两顶尖装夹工件方便，不需找正，装夹精度高，但必须先在工件的两端面钻出中心孔。该装夹方式适用于多工序加工或精加工。

用两顶尖装夹工件时须注意的事项：

1）前后顶尖的连线应与车床主轴轴线同轴，否则车出的工件会产生锥度误差。

2）尾座套筒在不影响车刀切削的前提下，应尽量伸出得短些，以增加刚性，减少振动。

3）中心孔应形状正确，表面粗糙度值小。轴向精确定位时，中心孔倒角可加工成准确的圆弧形倒角，并以该圆弧形倒角与顶尖锋面的切线为轴向定位基准定位。

4）两顶尖与中心孔的配合应松紧合适。

（3）用卡盘和顶尖装夹　如图7-7所示用两顶尖装夹工件虽然精度高，但刚性较差。因此，车削质量较大工件时要一端用卡盘夹住，另一端用后顶尖支撑。为了防止工件由于切削力的作用而产生轴向位移，必须在卡盘内装一限位支承，或利用工件的台阶面限位。这种方法比较安全，能承受较大的轴向切削力，安装刚性好，轴向定位准确，所以应用比较广泛。

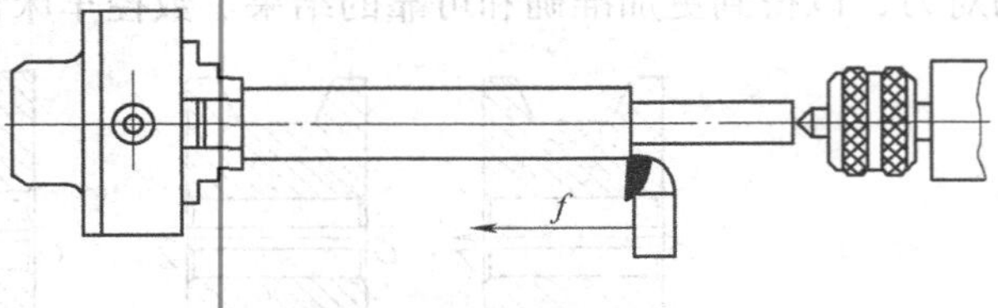

图7-7　用卡盘和顶尖装夹

（4）用双三爪自定心卡盘装夹　对于精度要求高、变形要求小的细长轴类零件可采用双主轴驱动式数控车床加工，机床两主轴轴线同轴、转动同步，零件两端同时分别由三爪自定心卡盘装夹并带动旋转，这样可以减小切削加工时切削力矩引起的工件扭转变形。

2. 用找正方式装夹

（1）找正要求　找正装夹时必须将工件的加工表面回转轴线（同时也是工件坐标系Z轴）找正到与车床主轴回转中心重合。

（2）找正方法　与卧式车床上找正工件相同，一般为打表找正。通过调整卡爪，使工件坐标系Z轴与车床主轴的回转中心重合，如图7-8所示。

单件生产工件偏心安装时常采用找正装夹；用三爪自定心卡盘装夹较长的工件时，工件离卡盘夹持部分较远处的旋转中心不一定与车床主轴旋转中心重合，这时必须找正；又当三爪自定心卡盘使用时间较长，已失去应有精度，而工件的加工精度要求又较高时，也需要找正。

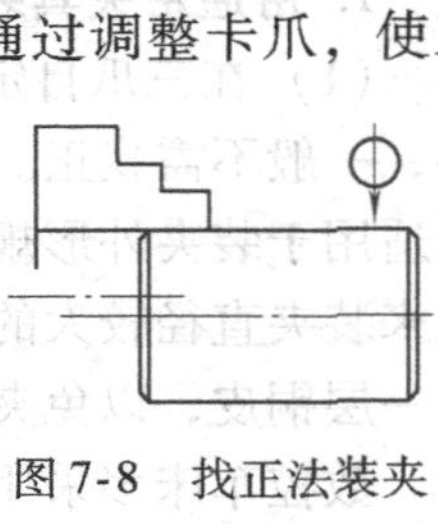
图7-8　找正法装夹

（3）装夹方式　一般采用四爪单动卡盘装夹。四爪单动卡盘的四个卡爪是各自独立运动的，可以调整工件夹持部位在主轴上的位置，使工件加工面的回转中心与车床主轴的回转中心重合，但四爪单动卡盘找正比较费时，只能用于单件小批生产。四爪单动卡盘夹紧力较大，所以适用于大型或形状不规则的工件。四爪单动卡盘也可装成正爪或反爪两种形式。

3. 其他类型的数控车床夹具

为了充分发挥数控车床的高速度、高精度和自动化的效能，必须有相应的数控夹具与之配合。数控车床夹具除了使用通用三爪自定心卡盘、四爪卡盘、顶尖、大批量生产中使用便于自动控制的液压、电动及气动卡盘、顶尖外，还有其他类型的夹具。它们主要分为两大类：即用于轴类工件的夹具和用于盘类工件的夹具。

（1）用于轴类工件的夹具　数控车床加工一些特殊形状的轴类工件（如异形杠杆）时，坯件可装卡在专用车床夹具上，夹具随同主轴一同旋转。用于轴类工件的夹具还有自动夹紧拨动卡盘、三爪拨动卡盘和快速可调万能卡盘等。图 7-9 所示为加工实心轴所用的拨齿顶尖夹具，其特点是在粗车时可以传递足够大的转矩，以适应主轴高速旋转车削要求。

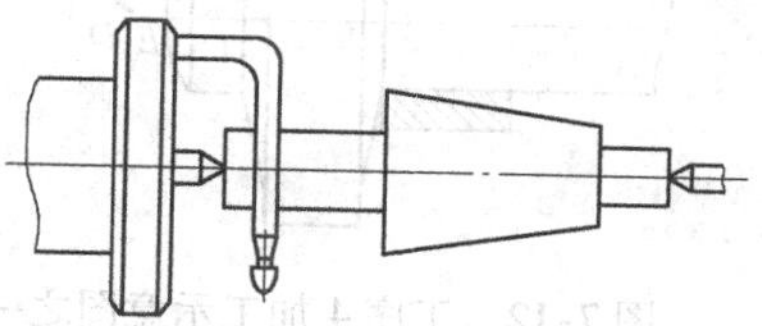

图 7-9　实心轴加工所用的拨齿顶尖夹具

（2）用于盘类工件的夹具　这类夹具适用在无尾座的卡盘式数控车床上。用于盘类工件的夹具主要有可调卡爪式卡盘和快速可调卡盘。

七、典型零件的数控车削加工工艺编制

（一）轴类零件的数控车削工艺

图 7-1 所示是模具芯轴的零件简图。零件的径向尺寸公差为 ±0.01mm，角度公差为 ±0.1°，材料为 45 钢，毛坯尺寸为 ϕ66mm×100mm，批量 30 件。

加工方案如下：

工序 1：用三爪自定心卡盘夹紧工件一端，加工 ϕ64mm×38mm 柱面并调头打中心孔。

工序 2：用三爪自定心卡盘夹紧工件 ϕ64mm 一端，另一端用顶尖顶住。加工 ϕ64mm×62mm 柱面，如图 7-10 所示。

工序 3：①钻螺纹底孔；②精车 ϕ20mm 表面，加工 14°锥面及背端面；③攻螺纹，如图 7-11 所示。

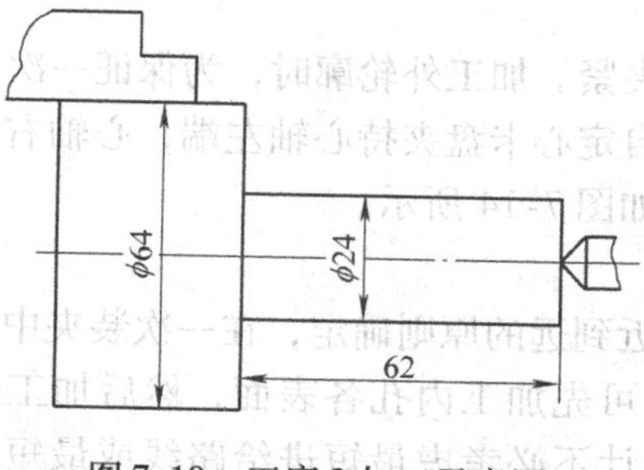

图 7-10　工序 2 加工示意图

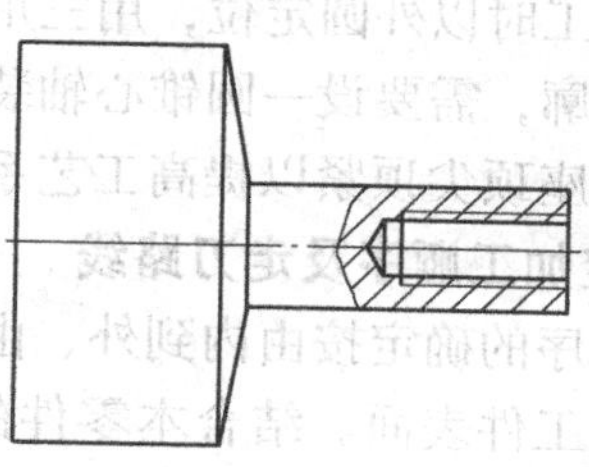

图 7-11　工序 3 加工示意图

工序 4：加工 *SR*19.4 圆弧面、ϕ26mm 圆柱面、角 15°锥面和角 15°倒锥面。装夹方式如图 7-12 所示。工序 4 的加工过程如下：

1）先用复合循环若干次一层层加工，逐渐靠近由 $E \to F \to G \to H \to I$ 等基点组成的回转

面。后两次循环的走刀路线都与 $B \to C \to D \to E \to F \to G \to H \to I \to B$ 相似。完成粗加工后，精加工的走刀路线是 $B \to C \to D \to E \to F \to G \to H \to I \to B$，如图 7-12 所示。

2）再加工出最后一个 15°的倒锥面，如图 7-13 所示。

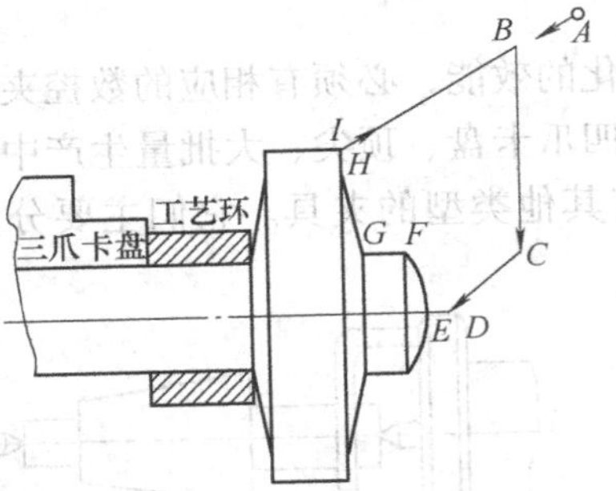

图 7-12　工序 4 加工示意图之一

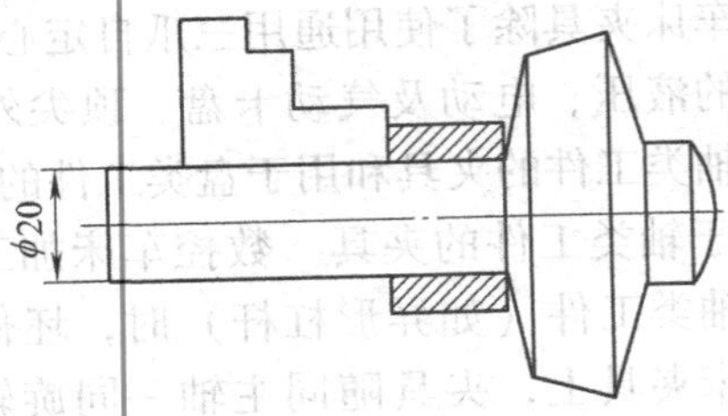

图 7-13　工序 4 加工示意图之二

（二）轴套类零件数控车削加工工艺

以图 7-2 所示轴承套零件为例，介绍数控车削加工工艺（单件小批量生产），所用机床为 CJK6240。

1. 零件图工艺分析

该零件表面由内外圆柱面、内圆锥面、顺圆弧、逆圆弧及外螺纹等表面组成，其中多个直径尺寸与轴向尺寸有较高的尺寸精度和较小的表面粗糙度要求。零件图尺寸标注完整，符合数控加工尺寸标注要求；轮廓描述清楚完整；零件材料为 45 钢，切削加工性能较好，无热处理和硬度要求。

通过上述分析，采取以下几点工艺措施：

1）零件图样上带公差的尺寸，因公差值较小，故编程时不必取其平均值，而取基本尺寸即可。

2）左、右端面均为多个尺寸的设计基准，相应工序加工前，应该先将左、右端面车出来。

3）内孔尺寸较小，镗 1:20 锥孔、ϕ32mm 孔及 15°斜面时需掉头装夹。

2. 确定装夹方案

内孔加工时以外圆定位，用三爪自定心卡盘夹紧。加工外轮廓时，为保证一次安装加工出全部外轮廓，需要设一圆锥心轴装置，用三爪自定心卡盘夹持心轴左端，心轴右端留有中心孔并用尾座顶尖顶紧以提高工艺系统的刚性，如图 7-14 所示。

3. 确定加工顺序及走刀路线

加工顺序的确定按由内到外、由粗到精、由近到远的原则确定，在一次装夹中尽可能加工出较多的工件表面。结合本零件的结构特征，可先加工内孔各表面，然后加工外轮廓表面。由于该零件为单件小批量生产，走刀路线设计不必考虑最短进给路线或最短空行程路线，外轮廓表面车削走刀路线可沿零件轮廓顺序进行，如图 7-15 所示。

4. 刀具选择

将所选定的刀具参数填入表轴承套数控加工刀具卡片中，以便于编程和操作管理，见表 7-2。

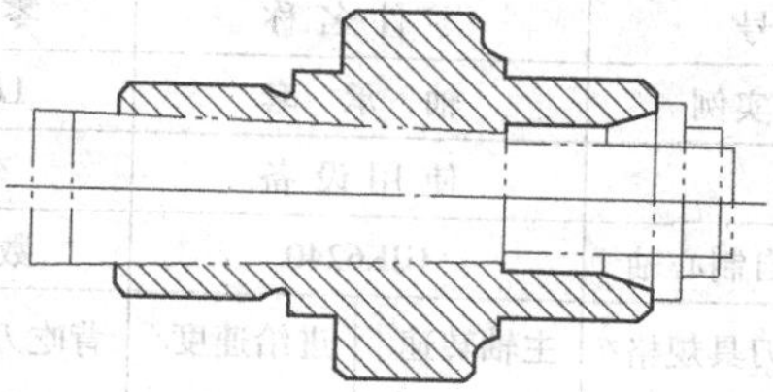

图 7-14　外轮廓车削装夹方案

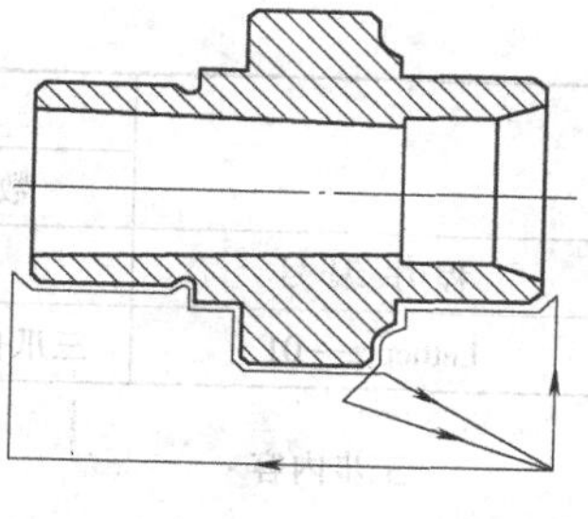

图 7-15　外轮廓加工走刀路线

表 7-2　轴承套数控加工刀具卡片

产品名称或代号		数控车工艺分析实例	零件名称	轴承套	零件图号	Lathe—01
序号	刀具号	刀具规格名称	数量	加工表面	刀尖半径/mm	备注（刀具规格）/mm
1	T01	45°硬质合金端面车刀	1	车端面	0.5	25×25
2	T02	ϕ5mm 中心钻	1	钻 ϕ5mm 中心孔		
3	T03	ϕ26mm 钻头	1	钻底孔		
4	T04	镗刀	1	镗内孔各表面	0.4	20×20
5	T05	93°右手偏刀	1	自右至左车外表面	0.2	25×25
6	T06	93°左手偏刀	1	自左至右车外表面		
7	T07	60°外螺纹车刀	1	车 M45 螺纹		
编制 ×××	审核 ×××	批准 ×××		××年×月×日	共1页	第1页

注：车削外轮廓时，为防止副后面与工件表面发生干涉，应选择较大的副偏角，必要时可作图检验。本例中选 $\kappa_r' = 55°$。

5. 切削用量选择

根据被加工表面质量要求、刀具材料和工件材料，参考切削用量手册或有关资料选取切削速度与每转进给量，计算结果填入表 7-3 工序卡中。

背吃刀量的选择因粗、精加工而有所不同。粗加工时，在工艺系统刚性和机床功率允许的情况下，尽可能取较大的背吃刀量，以减少进给次数；精加工时，为保证零件表面粗糙度要求，背吃刀量一般取 0.1 ~ 0.4mm 较为合适。

6. 数控加工工艺卡片拟订

将前面分析的各项内容综合成如表 7-3 所示的数控加工工艺卡片。

表 7-3　轴承套数控加工工序卡

工厂名称		产品名称或代号		零件名称		零件图号	
		数控车工艺分析实例		轴承套		Lethe—01	
工序号	程序编号	夹具名称		使用设备		车间	
001	Letheprg—01	三爪自定心卡盘和自制心轴		CJK6240		数控中心	
工步号	工步内容	刀具号	刀具规格/mm	主轴转速/r·min⁻¹	进给速度/mm·min⁻¹	背吃刀量/mm	备注
1	平端面	T01	25×25	320		1	手动
2	钻 ϕ5mm 中心孔	T02	ϕ5	950		2.5	手动

（续）

工厂名称		产品名称或代号	零件名称	零件图号
		数控车工艺分析实例	轴承套	Lethe—01
工序号	程序编号	夹具名称	使用设备	车间
001	Letheprg—01	三爪自定心卡盘和自制心轴	CJK6240	数控中心

工步号	工步内容	刀具号	刀具规格/mm	主轴转速/r·min^{-1}	进给速度/mm·min^{-1}	背吃刀量/mm	备注
3	钻底孔	T03	φ26	200		13	手动
4	粗镗 φ32mm 内孔、15°斜面及 C 0.5 倒角	T04	20×20	320	40	0.8	自动
5	精镗 φ32mm 内孔、15°斜面及 C 0.5 倒角	T04	20×20	400	25	0.2	自动
6	掉头装夹粗镗 1:20 锥孔	T04	20×20	320	40	0.8	自动
7	精镗 1:20 锥孔	T04	20×20	400	20	0.2	自动
8	心轴装夹自右至左粗车外轮廓	T05	25×25	320	40	1	自动
9	自左至右粗车外轮廓	T06	25×25	320	40	1	自动
10	自右至左精车外轮廓	T05	25×25	400	20	0.1	自动
11	自左至右精车外轮廓	T06	25×25	400	20	0.1	自动
12	卸心轴改为三爪装夹粗车 M45 螺纹	T07	25×25	320	480	0.4	自动
13	精车 M45 螺纹	T07	25×25	320	480	0.1	自动
编制	×××	审核	×××	批准	×××	××年×月×日	共1页 第1页

7-2 数控镗铣、加工中心加工工艺编制

给定任务：

加工图 7-16、图 7-17 所示的零件，试编写该零件的加工工艺。

一、数控镗铣、加工中心加工的类型

数控镗铣床和加工中心（MC，Machine Center）在结构、工艺和编程等方面有许多相似之处。特别是全功能型数控镗铣床与加工中心相比，区别主要在于数控镗铣床没有自动刀具交换装置（ATC，Automatic Toos Changer）及刀具库，只能用手动方式换刀，而加工中心因具备 ATC 及刀具库，故可将使用的刀具预先安排存放于刀具库内，需要时再通过换刀指令，由 ATC 自动换刀。数控镗铣床和加工中心都能够进行铣削、钻削、镗削及攻螺纹等加工。

1. 按主轴的空间状态分

1）立式加工中心机床。

2）卧式加工中心机床。

3）立、卧两用式加工中心机床。

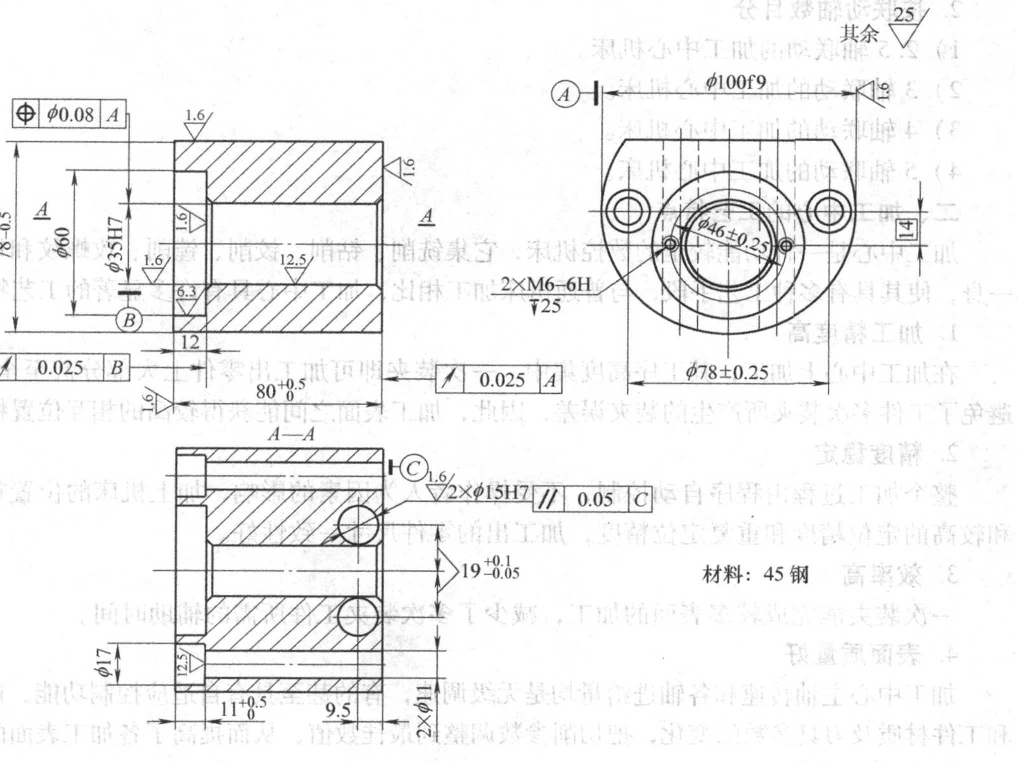

图 7-16　支承套简图

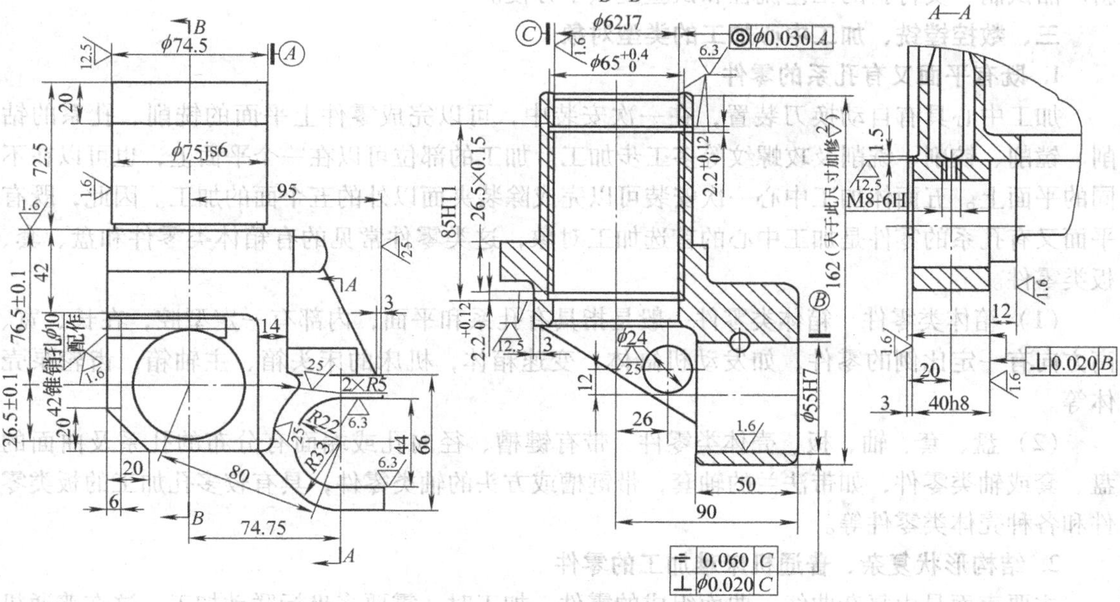

图 7-17　异形支架零件简图

2. 按联动轴数目分

1）2.5 轴联动的加工中心机床。

2）3 轴联动的加工中心机床。

3）4 轴联动的加工中心机床。

4）5 轴联动的加工中心机床。

二、加工中心的工艺特点

加工中心是一种功能较全的数控机床，它集铣削、钻削、铰削、镗削、攻螺纹和切螺纹于一身，使其具有多种工艺手段，与普通机床加工相比，加工中心具有许多显著的工艺特点。

1. 加工精度高

在加工中心上加工，其工序高度集中，一次装夹即可加工出零件上大部分甚至全部表面，避免了工件多次装夹所产生的装夹误差，因此，加工表面之间能获得较高的相互位置精度。

2. 精度稳定

整个加工过程由程序自动控制，不受操作者人为因素的影响，加上机床的位置补偿功能和较高的定位精度和重复定位精度，加工出的零件尺寸一致性好。

3. 效率高

一次装夹能完成较多表面的加工，减少了多次装夹工件所需的辅助时间。

4. 表面质量好

加工中心主轴转速和各轴进给量均是无级调速，有的甚至具有自适应控制功能，能随刀具和工件材质及刀具参数的变化，把切削参数调整到最佳数值，从而提高了各加工表面的质量。

5. 软件适应性大

零件每个工序的加工内容、切削用量、工艺参数都可以编入程序，可以随时修改，这给新产品试制、实行新的工艺流程和试验提供了方便。

三、数控镗铣、加工中心加工的类型对象

1. 既有平面又有孔系的零件

加工中心具有自动换刀装置，在一次安装中，可以完成零件上平面的铣削、孔系的钻削、镗削、铰削、铣削及攻螺纹等多工步加工。加工的部位可以在一个平面上，也可以在不同的平面上。五面体加工中心一次安装可以完成除装夹面以外的五个面的加工。因此，既有平面又有孔系的零件是加工中心的首选加工对象，这类零件常见的有箱体类零件和盘、套、板类零件。

（1）箱体类零件　箱体类零件一般是指具有孔系和平面，内部有一定型腔，在长、宽、高方向有一定比例的零件，如发动机缸体、变速箱体，机床的床头箱、主轴箱，齿轮泵壳体等。

（2）盘、套、轴、板、壳体类零件　带有键槽、径向孔或端面有分布的孔系及曲面的盘、套或轴类零件，如带法兰的轴套，带键槽或方头的轴类零件，具有较多孔加工的板类零件和各种壳体类零件等。

2. 结构形状复杂、普通机床难加工的零件

主要表面是由复杂曲线、曲面组成的零件，加工时，需要多坐标联动加工，这在普通机床上是难以加工的，甚至是无法完成的，加工中心刀具可以自动更换，工艺范围更宽，是加工这类零件的最有效的设备。常见的典型零件有以下几类：

（1）凸轮类　这类零件有各种曲线的盘形凸轮、圆柱凸轮、圆锥凸轮和端面凸轮等。

（2）整体叶轮类　整体叶轮常见于航空发动机的压气机、空气压缩机、船舶水下推进器等，它除具有一般曲面加工的特点外，还存在许多特殊的加工难点，如通道狭窄，刀具很容易与加工表面和邻近曲面产生干涉。

（3）模具类　常见的模具有锻压模具、铸造模具、注塑模具及橡胶模具等。

3. 外形不规则的异形零件

由于外形不规则，在普通机床上只能采取工序分散的原则加工，需用工装较多，周期较长。利用加工中心多工位点、线、面混合加工的特点，可以完成大部分甚至全部工序内容。

四、装夹方案的确定和夹具的选择

1. 定位基准的选择

零件上应有一个或几个共同的定位基准。该定位基准一方面要能保证零件经多次装夹后其加工表面之间相互位置的正确性，如多棱体、复杂箱体等在卧式加工中心上完成四周加工后，要重新装夹加工剩余的加工表面，用同一基准定位可以避免由基准转换引起的误差；另一方面要满足加工中心工序集中的特点，即一次安装尽可能完成零件上较多表面的加工。定位基准最好是零件上已有的面或孔，若没有合适的面或孔，也可专门设置工艺孔或工艺凸台等作定位基准。

选择定位基准时，应注意减少装夹次数，尽量做到在一次安装中能把零件上所有要加工表面都加工出来。因此，常选择工件上不需数控铣削的平面和孔作定位基准。对薄板件，选择的定位基准应有利于提高工件的刚性，以减小切削变形。定位基准应尽量与设计基准重合，以减少定位误差对尺寸精度的影响。

2. 装夹方案的确定

在零件的工艺分析中，已确定了零件在加工中心上加工的部位和加工时用的定位基准，因此，在确定装夹方案时，只需根据已选定的加工表面和定位基准确定工件的定位夹紧方式，并选择合适的夹具。此时，主要考虑以下几点：

1）夹紧机构或其他元件不得影响进给，加工部位要敞开。要求夹持工件后夹具上一些组成件（如定位块、压块和螺栓等）不能与刀具运动轨迹发生干涉。

2）必须保证最小的夹紧变形。工件在粗加工时，切削力大，需要夹紧力大，但又不能把工件夹压变形。否则，松开夹具后零件发生变形。因此，必须慎重选择夹具的支承点、定位点和夹紧点。如果采用了相应措施仍不能控制工件变形，只能将粗、精加工分开，或者粗、精加工使用不同的夹紧力。

3）装卸方便，辅助时间尽量短。由于加工中心效率高，装夹工件的辅助时间对加工效率影响较大，所以要求配套夹具在使用中也要装卸快而方便。

4）对小型零件或工序不长的零件，可以考虑在工作台上同时装夹几件进行加工，以提高加工效率。

5）夹具结构应力求简单。由于零件在加工中心上加工大都采用工序集中原则，加工的部位较多，同时批量较小，零件更换周期短，夹具的标准化、通用化和自动化对加工效率的提高及加工费用的降低有很大影响。因此，对批量小的零件应优先选用组合夹具。对形状简单的单件小批量生产的零件，可选用通用夹具。只有对批量较大，且周期性投产，加工精度要求较高的关键工序才设计专用夹具，以保证加工精度和提高装夹效率。

6）夹具应便于与机床工作台面及工件定位面间的定位连接。加工中心工作台面上一般都有基准T形槽，转台中心有定位圆、台面侧面有基准档板等定位元件。固定方式一般用T形槽螺钉或工作台面上的紧固螺孔，用螺栓或压板压紧。夹具上用于紧固的孔和槽的位置必须与工作台上的T形槽和孔的位置相对应。

五、曲面的加工方法

（一）变斜角面的加工方案

1. 对曲率变化较小的变斜角面

选用 X、Y、Z 和 A 四坐标联动的数控铣床，采用立铣刀（但当零件斜角过大，超过机床主轴摆角范围时，可用角度成型铣刀加以弥补）以插补方式摆角加工，如图7-18所示。加工时，为保证刀具与零件型面在全长上始终贴合，刀具绕 A 轴摆动角度 α。

四坐标是指在 X、Y 和 Z 三个平动坐标轴基础上增加一个转动坐标轴（A 或 B），且四个轴一般可以联动。其中，转动轴既可以作用于刀具（刀具摆动型），也可以作用于工件（工作台回转/摆动型）；机床既可以是立式的也可以是卧式的；此外，转动轴既可以是 A 轴（绕 X 轴转动）也可以是 B 轴（绕 Y 轴转动）。由此可以看出，四坐标数控机床可具有多种结构类型，但除大型龙门式机床上采用刀具摆动外，实际中多以工作台旋转/摆动的结构居多。但不管是哪种类型，其共同特点是相对于静止的工件来说，刀具的运动位置不仅是任意可控的，而且刀具轴线的方向在刀具摆动平面内也是可以控制的，从而可根据加工对象的几何特征按保持有效切削状态或根据避免刀具干涉等需要来调整刀具相对零件表面的姿态。因此，四坐标加工可以获得比三坐标加工更广的工艺范围和更好的加工效果。

2. 对曲率变化较大的变斜角面

用四坐标联动加工难以满足加工要求，最好用 X、Y、Z、A 和 B（或 C 转轴）的五坐标联动数控铣床，以圆弧插补方式摆角加工，如图7-18所示。图中夹角 A 和 B 分别是零件斜面母线与 Z 坐标轴夹角 α 在 ZOY 平面上和 XOZ 平面上的分夹角。

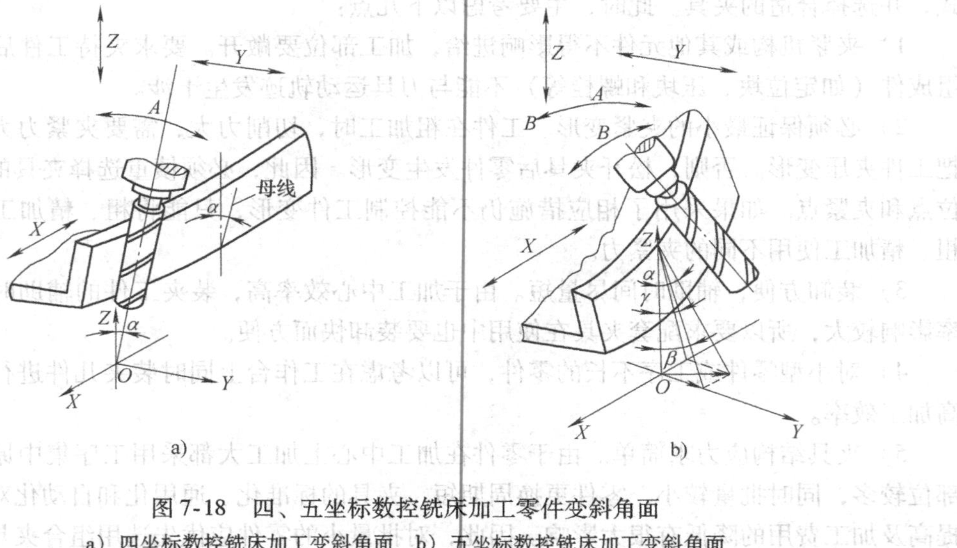

图7-18 四、五坐标数控铣床加工零件变斜角面
a）四坐标数控铣床加工变斜角面 b）五坐标数控铣床加工变斜角面

对于五坐标机床，都具有两个回转坐标。相对于静止的工件来说，其运动合成可使刀具

轴线的方向在一定的空间内（受机构结构限制）任意控制，从而具有保持最佳切削状态及有效避免刀具干涉的能力。因此，五坐标加工又可以获得比四坐标加工更广的工艺范围和更好的加工效果，特别适宜于三维曲面零件的高效高质量加工以及异型复杂零件的加工。采用五轴联动对三维曲面零件的加工，可用刀具最佳几何形状进行切削，不仅加工表面粗糙度小，而且效率也大幅度提高。一般认为，一台五轴联动机床的效率可以等于两台三轴联动机床，特别是使用立方氮化硼等超硬材料铣刀进行高速铣削淬硬钢零件时，五轴联动加工可比三轴联动加工发挥更高的效益。

3. 采用三坐标数控铣床进行2.5轴加工

其刀具常球头铣刀和鼓形铣刀，以直线或圆弧插补方式进行分层铣削加工，加工后的残留面积用钳修法清除，因为一般球头铣刀的球径较小，所以只能加工大于90°的开斜角面；而鼓形铣刀的鼓径较大（比球头铣刀的球径大），能加工小于90°的闭斜角（指工件斜角$\alpha > 90°$）面，且加工后的叠刀刀峰较小，因此鼓形铣刀的加工效果比球头刀好。图7-19所示是用鼓形铣刀铣削变斜角面的情形。由于鼓形铣刀的鼓径可以做得比球头铣刀的球径大，所以加工后的残留面积高度小，加工效果比球头铣刀好。

三坐标数控镗铣床与加工中心的共同特点是除具有普通铣床的工艺性能外，还具有加工形状复杂的二维以至三维复杂轮廓的能力。这些复杂轮廓零件的加工有的只需二轴联动（如二维曲线、二维轮廓和二维区域加工），有的则需三轴联动（如三维曲面加工），它们所对应的加工一般相应称为二轴（或2.5轴）加工与三轴加工。对于三坐标加工中心（无论是立式还是卧式），由于具有自动换刀功能，适于多工序加工，如箱体等需要铣、钻、铰及攻螺纹等多工序加工的零件。特别是在卧式加工中心上，加装数控分度转台后，可实现四面加工，而若主轴方向可换，则可实现五面加工，因而能够一次装夹完成更多表面的加工，特别适合于加工复杂的箱体类、泵体、阀体、壳体等零件。

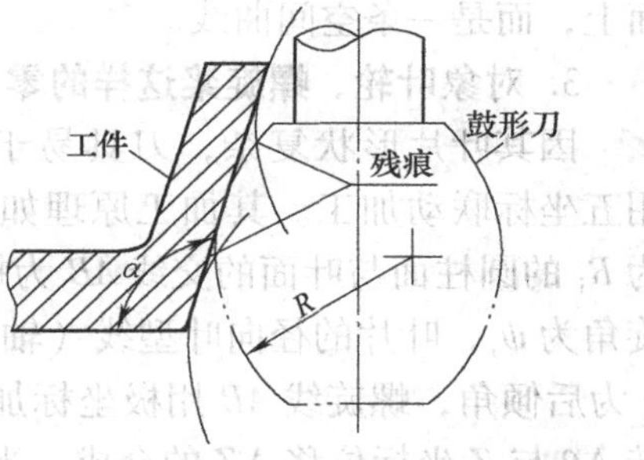

图7-19　用鼓形铣刀分层铣削变斜角面

（二）曲面轮廓的加工方案

立体曲面的加工应根据曲面形状、刀具形状以及精度要求采用不同的铣削加工方法，如两轴半、三轴、四轴及五轴等联动加工。

1. 对曲率变化不大和精度要求不高的曲面的粗加工

常用两轴半坐标的行切法加工，即X、Y、Z三轴中任意两轴作联动插补，第三轴作单独的周期进给。如图7-20所示，将X向分成若干段，球头铣刀沿YZ面所截进行铣削，每一段加工完后进给ΔX，再加工另一相邻曲线，如此依次切削即可加工出整个曲面。在行切法中，要根据轮廓表面粗糙度的要求及刀头不干涉相邻表面的原则选取ΔX。球头铣刀的刀头半径应选得大一些，有利于散热，但刀头半径应小于内凹曲面的最小曲率半径。

两轴半坐标加工曲面的刀心轨迹O_1O_2和切削点轨迹ab如图7-21所示。图中$ABCD$为被加工曲面，P_{YZ}平面为平行于YZ坐标平面的一个行切面，刀心轨迹O_1O_2为曲面$ABCD$的等距面$IJKL$与行切面P_{YZ}的交线，显然O_1O_2是一条平面曲线。由于曲面的曲率变化，改变了球头刀与曲面切削点的位置，使切削点的连线成为一条空间曲线，从而在曲面上形成扭曲的残留沟纹。

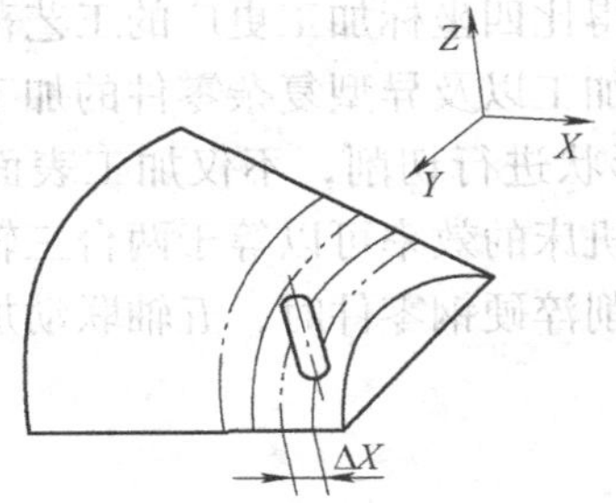

图 7-20　两轴半坐标行切法加工曲面

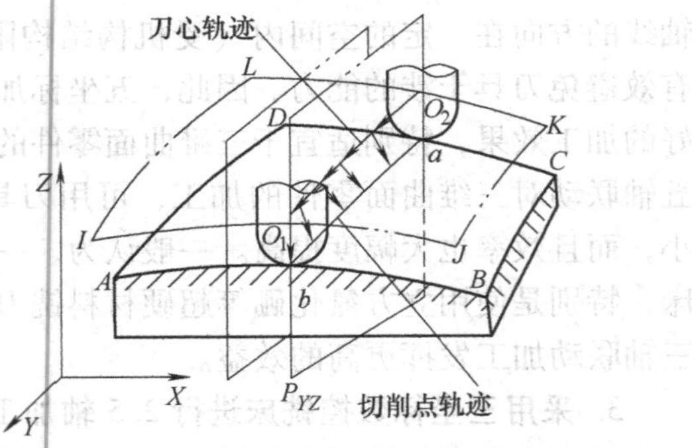

图 7-21　两轴半坐标行切法加工曲面的切削点轨迹

2. 对曲率变化较大和精度要求较高的曲面的精加工

常用 X、Y、Z 三坐标联动插补的行切法加工。如图 7-22 所示，P_{YZ} 平面为平行于坐标平面的一个行切面，它与曲面的交线为 ab。由于是三坐标联动，球头刀与曲面的切削点始终处在平面曲线 ab 上，可获得较规则的残留沟纹。但这时的刀心轨迹 O_1O_2 不在 P_{YZ} 平面上，而是一条空间曲线。

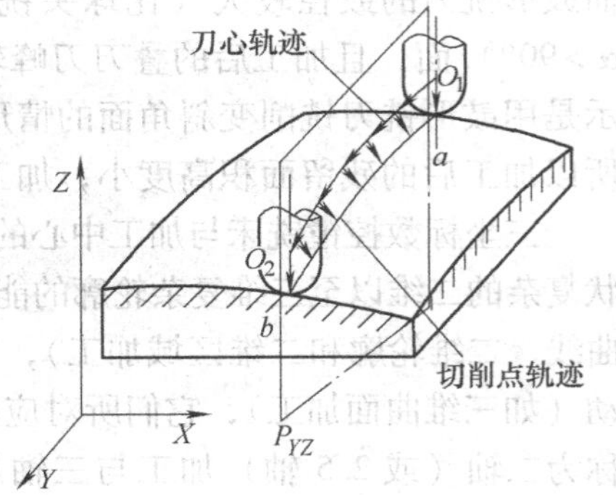

图 7-22　两轴半坐标行切法加工曲面的切削点轨迹

3. 对象叶轮、螺旋桨这样的零件

因其叶片形状复杂，刀具易于相邻表面干涉，常用五坐标联动加工。其加工原理如图 7-23 所示。半径为 R_i 的圆柱面与叶面的交线 AB 为螺旋线的一部分，螺旋角为 ψ_i，叶片的径向叶型线（轴向割线）EF 的倾角 α 为后倾角，螺旋线 AB 用极坐标加工方法，并且以折线段逼近。逼近段 mn 是由 C 坐标旋转 $\Delta\theta$ 与 Z 坐标位移 ΔZ 的合成。当 AB 加工完后，刀具径向位移 ΔX（改变 R_i），再加工相邻的另一条叶型线，依次加工即可形成整个叶面。由于叶面的曲率半径较大，所以常采用立铣刀加工，以提高生产率并简化程序。因此，为保证铣刀端面始终与曲面贴合，铣刀还应作由坐标 A 和坐标 B 形成的 $\Delta\theta$ 的 α 摆角运动。在摆角的同时，还应作直角坐标的附加运动，以保证铣刀端面中心始终位于编程值所规定的位置上，所以需要五坐标加工。这种加工的编程计算相当复杂，一般采用自动编程。

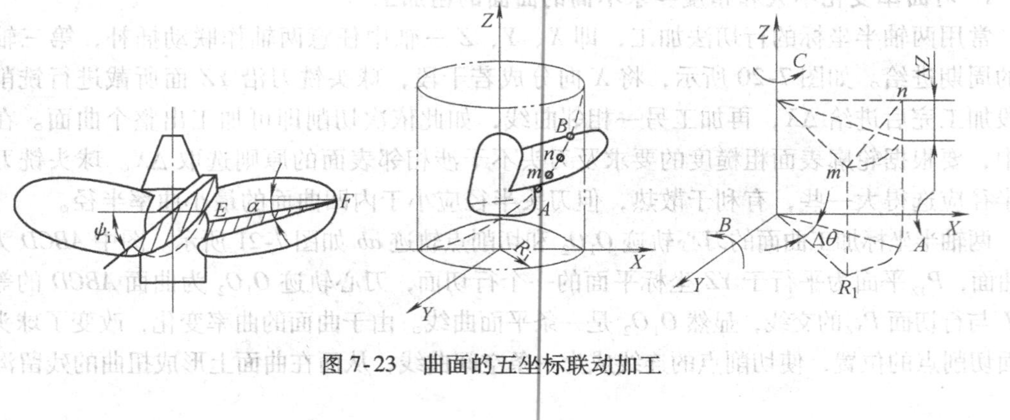

图 7-23　曲面的五坐标联动加工

六、编制加工工艺的步骤

（一）零件图的工艺分析

数控镗铣、加工中心对零件图进行工艺分析的主要内容包括：

1. 选择数控镗铣、加工中心的加工内容

数控铣床、加工中心与普通铣床相比，具有加工精度高、加工零件的形状复杂、加工范围广等特点。但是数控铣床价格较高，加工技术较复杂，零件的制造成本也较高。因此，正确选择适合数控铣削加工的内容就显得很有必要。通常选择下列部位为其加工内容：

1）零件上的曲线轮廓。指要求有内、外复杂曲线的轮廓，特别是由数学表达式等给出其轮廓为非圆曲线和列表曲线等曲线轮廓。

2）空间曲面。由数学模型设计出的，并具有三维空间曲面的零件。

3）形状复杂、尺寸繁多、划线与检测困难的部位。

4）用通用铣床加工难以观察、测量和控制进给的内外凹槽。

5）高精度零件。尺寸精度、形位精度和表面粗糙度等要求较高的零件，如发动机缸体上的多组高精度孔或型面。

6）能在一次安装中顺带铣出来的简单表面。

7）采用数控铣削后能成倍提高生产率，大大减轻体力劳动强度的一般加工内容。

虽然数控铣床加工范围广泛，但是因受数控铣床自身特点的制约，某些零件仍不适合在数控铣床上加工，如简单的粗加工面，加工余量不太充分或不太稳定的部位，以及生产批量特别大，而精度要求又不高的零件等。

2. 零件结构工艺性分析

从机械加工的角度考虑，在加工中心上加工的零件，其结构工艺性应具备以下几点要求。

1）零件的切削加工量要小，以便减少加工中心的切削加工时间，降低零件的加工成本。

2）零件上光孔和螺纹的尺寸规格尽可能少，减少加工时钻头、铰刀及丝锥等刀具的数量，以防刀库容量不够。

3）零件尺寸规格尽量标准化，以便采用标准刀具。

4）零件加工表面应具有加工的方便性和可能性。

5）零件结构应具有足够的刚性，以减少夹紧变形和切削变形。

在数控加工时应考虑零件的变形。变形不仅影响加工质量，而且当变形较大时，将使加工不能继续进行下去。这时就应当采取一些必要的工艺措施进行预防，如对钢件进行调质处理，对铸铝件进行退火处理，对不能用热处理方法解决的，也可考虑粗、精加工及对称去余量等常规方法。

3. 零件毛坯的工艺性分析

零件在进行数控铣削加工时，由于加工过程的自动化，使余量的大小、如何装夹等问题在设计毛坯时就要仔细考虑好。否则，如果毛坯不适合数控铣削，加工将很难进行下去。因此，在对零件图进行工艺分析后，还应结合数控铣削的特点，对零件毛坯进行工艺分析。

（1）毛坯的加工余量　毛坯的制造精度一般都很低，特别是锻、铸件。因模锻时的欠压量与允许的错模量会造成余量的多少不等；铸造时也会因砂型误差、收缩量及金属液体的流动性差不能充满型腔等造成余量的不等。此外，锻造、铸造后，毛坯的烧曲与扭曲变形量的不同也会造成加工余量不充分或不均匀。毛坯加工余量的大小，是数控铣削前必须认真考虑的问题。因此，除板料外，不论是锻件、铸件还是型材，只要准备采用数控铣削加工，其加工面均应有较充分的余量。

（2）毛坯的装夹　主要考虑毛坯在加工时定位和夹紧的可靠性与方便性，以便在一次安装中加工出较多表面。对不便于装夹的毛坯，可考虑在毛坯上另外增加装夹余量或工艺凸台、工艺凸耳等辅助基准。

（3）毛坯余量的均匀性　主要是考虑在加工时要不要分层切削，分几层切削以及加工中及加工后的变形程度等因素，考虑是否应采取相应的预防或补救的措施。如对于热轧中、厚铝板，经淬火时效后很容易在加工中与加工后变形，最好采用经预拉伸处理的淬火板坯。

（二）加工方法的选择

加工中心加工零件的表面不外乎平面、平面轮廓、曲面、孔和螺纹等。所选加工方法要与零件的表面特征、所要求达到的精度及表面粗糙度相适应。

1. 面加工方案分析

平面、平面轮廓及曲面在镗铣类加工中心上惟一的加工方法是铣削。经粗铣的平面，尺寸精度可达 IT12 ~ IT14 级（指两平面之间的尺寸），表面粗糙度 R_a 值可达 12.5 ~ 50μm。经粗、精铣的平面，尺寸精度可达 IT7 ~ IT9 级，表面粗糙度 R_a 值可达 1.6 ~ 3.2μm。

（1）平面轮廓加工　平面轮廓多由直线和圆弧或各种曲线构成，通常采用三坐标数控铣床进行两轴半坐标加工。

（2）固定斜角平面加工　固定斜角平面是与水平面成一固定夹角的斜面，常用如下的加工方法。

1）当零件尺寸不大时，可用斜垫板垫平后加工；如果机床主轴可以摆角，则可以摆成适当的定角，用不同的刀具来加工。当零件尺寸很大，斜面斜度又较小时，常用行切法加工。

2）对于正圆台和斜筋表面，一般可用专用的角度成型铣刀加工。其效果比采用五坐标数控铣床摆角加工好。

（3）变斜角面加工常用的加工方案有下列两种：

1）对曲率变化较小的变斜角面，选用 X、Y、Z 和 A 四坐标联动的数控铣床，采用立铣刀以插补方式摆角加工。

2）对曲率变化较大的变斜角面，用四坐标联动加工难以满足加工要求，最好用 X、Y、Z、A 和 B（或 C 转轴）的五坐标联动数控铣床，以圆弧插补方式摆角加工。

2. 孔加工方法分析

有钻削、扩削、铰削和镗削等。大直径孔还可采用圆弧插补方式进行铣削加工。

1）对于直径大于 ϕ30mm 的已铸出或锻出毛坯孔的孔加工，一般采用粗镗→半精镗→孔口倒角→精镗加工方案；孔径较大的可采用立铣刀粗铣→精铣加工方案。有空刀槽时可用锯片铣刀在半精镗之后、精镗之前铣削完成，也可用镗刀进行单刀镗削，但单刀镗削效率低。

2）对于直径小于 ϕ30mm 的无毛坯孔的孔加工，通常采用锪平端面→打中心孔→钻→

扩→孔口倒角→铰加工方案；有同轴度要求的小孔，需采用锪平端面→打中心孔→钻→半精镗→孔口倒角→精镗（或铰）加工方案。为提高孔的位置精度，在钻孔工步前须安排锪平端面和打中心孔工步。孔口倒角安排在半精加工之后、精加工之前，以防孔内产生毛刺。

3）螺纹的加工根据孔径大小，一般情况下，直径在 M6 ~ M20mm 之间的螺纹，通常采用攻螺纹方法加工。直径在 M6mm 以下的螺纹，在加工中心上完成底孔加工，通过其他手段攻螺纹。因为在加工中心上攻螺纹，当螺纹攻到位后，数控机床主轴要马上进行反转及轴向退出运动，小直径丝锥容易折断。直径在 M20mm 以上的螺纹，可采用镗刀片镗削加工。

（三）加工阶段的划分

在加工中心上加工的零件，其加工阶段的划分主要根据零件是否已经过粗加工、加工质量要求的高低、毛坯质量的高低以及零件批量的大小等因素确定。

若零件已在其他机床上经过粗加工，加工中心只是完成最后的精加工，则不必划分加工阶段。

对加工质量要求较高的零件，若其主要表面在上加工中心加工之前没有经过粗加工，则应尽量将粗、精加工分开进行。使零件粗加工后有一段自然时效过程，以消除残余应力和恢复切削力、夹紧力引起的弹性变形、切削热引起的热变形，必要时还可以安排人工时效处理，最后通过精加工消除各种变形。

对加工精度要求不高，而毛坯质量较高，加工余量不大，生产批量很小的零件或新产品试制中的零件，利用加工中心的良好的冷却系统，可把粗、精加工合并进行。但粗、精加工应划分成两道工序分别完成。粗加工用较大的夹紧力，精加工用较小的夹紧力。

（四）加工顺序的安排

在加工中心上加工零件，一般都有多个工步，使用多把刀具，因此加工顺序安排得是否合理，直接影响到加工精度、加工效率、刀具数量和经济效益。在安排加工顺序时同样要遵循“基面先行”、“先粗后精”、“先主后次”及“先面后孔”的一般工艺原则。此外还应考虑：

1. 减少换刀次数，节省辅助时间

一般情况下，每换一把新的刀具后，应通过移动坐标，回转工作台等将由该刀具切削的所有表面全部完成。

2. 每道工序尽量减少刀具的空行程移动量，按最短路线安排加工表面的加工顺序

安排加工顺序时可参照采用粗铣大平面→粗镗孔、半精键孔→立铣刀加工→加工中心孔→钻孔→攻螺纹→平面和孔精加工（精铣、铰、镗等）的加工顺序。

（五）进给路线的确定

确定进给路线时，要在保证被加工零件获得良好的加工精度和表面质量的前提下，力求计算容易，走刀路线短，空刀时间少。进给路线的确定与工件表面状况、要求的零件表面质量、机床进给机构的间隙、刀具寿命以及零件轮廓形状等有关。确定进给路线主要考虑以下几个方面：

1）铣削零件表面时，要正确选用铣削方式。

2）进给路线尽量短，以减少加工时间。

3）进刀、退刀位置应选在零件不太重要的部位，并且使刀具沿零件的切线方向进刀、退刀，以避免产生刀痕。在铣削内表面轮廓时，切入切出无法外延，铣刀只能沿法线方向切入和切出，此时，切入切出点应选在零件轮廓的两个几何元素的交点上。

4）先加工外轮廓，后加工内轮廓。

七、典型零件的数控加工工艺过程

（一）支承套的加工工艺

图7-16所示为铣床升降台的支承套，在两个互相垂直的方向上有多个孔要加工。若在普通机床上加工，则需多次安装才能完成，且效率低，在加工中心上加工，只需一次安装即可完成。现将其工艺介绍如下：

1. 分析图样并选择加工内容

支承套的材料为45钢，毛坯选棒料。支承套ϕ35H7孔对ϕ100f9外圆、ϕ60mm孔底平面对ϕ35H7孔、2×ϕ15H7孔对端面C及端面C对内ϕ100f9外圆均有位置精度要求。为便于在加工中心上定位和夹紧，将ϕ100f9外圆、$80^{+0.5}_{0}$mm尺寸两端面、（78±0.25）mm尺寸上平面均安排在前面工序中由普通机床完成。其余加工表面（2×ϕ15H7孔、ϕ35H7孔、ϕ60mm孔、2×ϕ11mm孔、2×ϕ17mm孔、2×M8—6H螺孔）确定在加工中心上一次安装完成。

2. 选择加工中心

因加工表面位于支承套互相垂直的两个表面（左侧面及上平面）上，需要两工位加工才能完成，故选择卧式加工中心。加工工步有钻孔、扩孔、镗孔、锪孔、铰孔及攻螺纹等，所需刀具不超过20把。国产XH754型卧式加工中心可满足上述要求。该机床工作台尺寸为400mm×400mm，X轴行程为500mm，Z轴行程为400mm，Y轴行程为400mm，主轴中心线至工作台距离为100～500mm，主轴端面至工作台中心线距离为150～550mm，主轴锥孔为ISO 40，定位精度和重复定位精度分别为0.02mm和0.01mm，工作台分度精度和重复分度精度分别为7″和4″。

3. 工艺设计

（1）选择加工方法　所有孔都是在实体上加工，为防钻偏，均先用中心钻钻引正孔，然法再钻孔。为保证ϕ35H7及2×ϕ15H7孔的精度，根据其尺寸，选择铰削作其最终加工方法。对ϕ60mm的孔，根据孔径精度、孔深尺寸和孔底平面要求，用铣削方法同时完成孔壁和孔底平面的加工。各加工表面选择的加工方案如下：

ϕ35H7孔：钻中心孔→钻孔→粗镗→半精镗→铰孔；

ϕ15H7孔：钻中心孔→钻孔→扩孔→铰孔；

ϕ60mm孔：粗铣→精铣；

ϕ11mm孔：钻中心孔→钻孔；

ϕ17mm孔：锪孔（在ϕ11mm底孔上）；

2×M6—6H螺孔：钻中心孔→钻底孔→孔端倒角→攻螺纹。

（2）确定加工顺序　为减少变换工位的辅助时间和工作台分度误差的影响，各个工位上的加工表面在工作台一次分度下按先粗后精的原则加工完毕。具体的加工顺序是：第一工位（B0°）：钻ϕ35H7、2×ϕ11mm中心孔→钻ϕ35H7孔→钻2×ϕ11mm孔→锪2×ϕ17mm孔→粗镗ϕ35H7孔→粗铣、精铣ϕ60mm×12孔→半精镗ϕ35H7孔→钻2×M6—6H螺纹中心孔→钻2×M6—6H螺纹底孔→2×M6—6H螺纹孔，孔两端倒角→攻2×M6—6H螺纹→铰ϕ35H7孔；第二工位（B90°）：钻2×ϕ15H7中心孔→钻2×ϕ15H7孔→扩2×ϕ15H7

孔→铰 2×15H7 孔。详见表 7-5 数控加工工序卡片。

（3）确定装夹方案和选择夹具　ϕ35H7 孔、ϕ60mm 孔、2×ϕ11mm 孔及 2×ϕ17mm 孔的设计基准均为 ϕ100 f9 外圆中心线，遵循基准重合原则，选择 ϕ100 f9 外圆中心线为主要定位基准。因 ϕ100 f9 外圆不是整圆，故用 V 形块作定位元件。在支承套长度方向，若选右端面定位，则难以保证 ϕ17mm 孔深尺寸 $11^{+0.5}_{0}$ mm（因工序尺寸 80mm、11mm 无公差），故选择左端面定位。所用夹具为专用夹具，工件的装夹简图如图 7-24 所示。在装夹时应使工件上平面在夹具中保持垂直，以消除转动自由度。

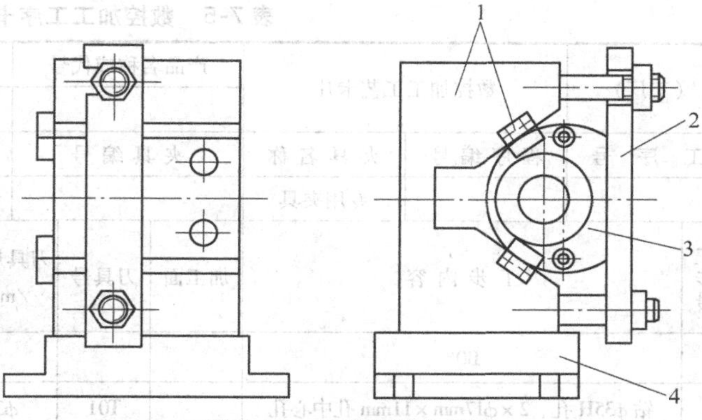

图 7-24　工件的装夹简图

1—定位元件　2—夹紧机构　3—工件　4—夹具体

（4）选择刀具　各工步刀具直径根据加工余量和孔径确定，详见表 7-4 数控加工刀具卡片。刀具长度与工件在机床工作台上的装夹位置有关，在装夹位置确定之后，再计算刀具长度。

表 7-4　数控加工刀具卡片

产品名称或代号			零件名称	盖板	零件图号	程序编号	
工步号	刀具号	刀具名称	刀柄型号	刀具 直径/mm	刀具 长度/mm	补偿值/mm	备注
1	T01	中心钻 ϕ3mm	JT40—Z6—45	ϕ3	280		
2	T13	锥柄麻花钻 ϕ31mm	JT40—M3—75	ϕ31	330		
3	T02	锥柄麻花钻 ϕ11mm	JT40—M1—35	ϕ11	330		
4	T03	锥柄埋头钻 ϕ17mm×11mm	JT40—M2—50	ϕ17	300		
5	T04	粗镗刀 ϕ34mm	JT40—TQC30—165	ϕ34	320		
6	T05	硬质合金立铣刀 ϕ32mm	JT40—MW4—85	ϕ32T	300		
7	T05						
8	T06	镗刀 ϕ34.85mm	JT40—TZC30—165	ϕ34.5	320		
9	T01						
10	T07	直柄麻花钻 ϕ5mm	JT40—Z6—45	ϕ5	300		
11	T02						
12	T08	机用丝锥 M6mm	JT40—G1JT3	M6	280		
13	T09	套式铰刀 ϕ35H7	JT40—K19—140	ϕ35H7	330		
14	T01						
15	T10	锥柄麻花钻 ϕ14mm	JT40—M1—30	ϕ14	320		
16	T11	扩孔钻 ϕ14.85mm	JT40—M2—50	ϕ14.85	320		
17	T12	铰刀 ϕ15H7	JT40—M2—50	ϕ15H7	320		
编制		审核	批准			共1页	第1页

（5）填写数控加工工艺卡片（见表7-5）

表7-5 数控加工工序卡片

（工厂）	数控加工工艺卡片	产品名称或代号	零件名称	材料	零件图号
			支承套	45钢	
工序号	程序编号	夹具名称	夹具编号	使用设备	车间
		专用夹具		XH754	

工步号	工步内容	加工面	刀具号	刀具规格/mm	主轴转速/r·mm^{-1}	进给速度/mm·min^{-1}	背吃刀量/mm	备注
	B0°							
1	钻φ35H孔、2×φ17mm×11mm孔中心孔		T01	φ3	1200	40		
2	钻φ35H孔至φ31mm		T13	φ31	150	30		
3	钻φ11mm孔		T02	φ11	500	70		
4	锪2×φ17mm		T03	φ17	150	15		
5	粗镗φ35H7孔至φ34mm		T04	φ34	400	30		
6	粗铣φ60mm×12mm至φ59mm×11.5mm		T05	φ32T	500	70		
7	精铣φ60mm×12mm		T05	φ32T	600	45		
8	半精镗φ35H7孔至φ34.85mm		T06	φ34.85	450	35		
9	钻2×M6—6H螺纹中心孔		T01		1200	40		
10	钻2×M6—6H底孔至φ5mm		T07	φ5	650	35		
11	2×M6—6H孔端倒角		T02		500	20		
12	攻2×M6—6H螺纹		T08	M6	100	100		
13	铰φ35H7孔		T09	φ35H7	100	50		
	B90°							
14	钻2×φ15H7至中心孔		T01		1200	40		
15	钻2×φ15H7至φ14mm		T10	φ14	450	60		
16	扩2×φ15H7至φ14.85mm		T11	φ14.85	200	40		
17	铰2×φ15H7孔		T12	φ15H7	100	60		
编制		审核		批准		共1页		第1页

注：“B0°”和“B90°”表示加工中心上两个互成90°的工位。

（二）异形支架的加工工艺

1. 零件工艺分析

如图7-17所示，该异形支架的材料为铸铁，毛坯为铸件。该工件结构复杂，精度要求较高，各加工表面之间有较严格的位置度和垂直度等要求，毛坯有较大的加工余量，零件的工艺刚性差，特别是加工40h8部分时，如用常规加工方法在普通机床上加工，很难达到图样要求。原因是假如先在车床上一次加工完成φ75js6外圆、端面和φ62J7孔、

$2\times2.2^{+0.12}_{0}$mm槽，然后在镗床上加工 ϕ55H7 孔，要求保证对 ϕ62J7 孔之间的对称度 0.06mm 及垂直度 0.02mm，就需要高精度机床和高水平操作工。但一般是很难达到上述要求的。如果先在车床上加工 ϕ75js6 外圆及端面，再在镗床上加工 ϕ62J7 孔、$2\times2.2^{+0.12}_{0}$mm 槽及 ϕ55H7 孔，这样虽然较易保证上述的对称度和垂直度，但却难以保证 ϕ62J7 孔与 ϕ75js6 外圆之间 ϕ0.03mm 的同轴度要求，而且需要特殊刀具切 $2\times2.2^{+0.12}_{0}$mm 槽。

另外，完成 40h8 尺寸的加工需两次装卡，调头加工，难以达到要求。ϕ55H7 孔与 40h8 尺寸需分别在镗床和铣床上加工完成，同样难以保证其对 B 孔的 0.02mm 垂直度要求。

2. 选择加工中心

通过零件的工艺分析，确定该零件在卧式加工中心上加工。根据零件外形尺寸及图样要求，选定的仍是国产 XH754 型卧式加工中心。

3. 设计工艺

（1）选择在加工中心上加工的部位及加工方案

ϕ62J7 孔：	粗镗→半精镗→孔两端倒角→铰
ϕ55H7 孔：	粗镗→孔两端倒角→精镗
$2\times2.2^{+0.12}_{0}$mm 空刀槽：	一次切成
44U 型槽：	粗铣→精铣
R22mm 尺寸：	一次镗
40h8 尺寸两面：	粗铣左面→粗铣右面→精铣左面→精铣右面

（2）确定加工顺序

B0°：粗镗 *R*22mm 尺寸→粗铣 U 型槽→粗铣 40h8 尺寸左面→B180°：粗铣 40h8 尺寸右面→B270°：粗镗 ϕ62J7 孔→半精镗 ϕ62J7 孔→切 $2\times\phi65^{+0.4}_{0}$mm $\times2.2^{+0.12}_{0}$mm 空刀槽→ϕ62h7 孔两端倒角。B180°：粗镗 ϕ55H7 孔，孔两端倒角→B0°：精铣 U 型槽→精铣 40h8 左端面→B180°：精铣 40h8 右端面→精镗 ϕ55H7 孔→B270°：铰 ϕ62J7 孔。具体工艺过程见表 7-7。

（3）确定装夹方案和选择夹具　在加工支架时，以 ϕ75js6 外圆及（26.5 ± 0.15）mm 尺寸上面定位（两定位面均在前面车床工序中先加工完成）。工件装夹示意图如图 7-25 所示。

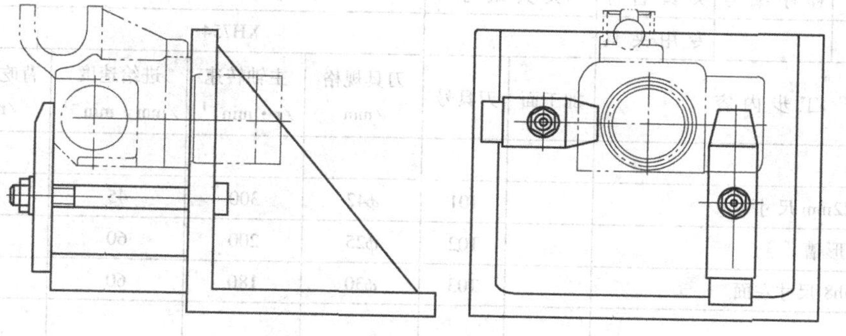

图 7-25　工件装夹示意图

4. 填写数控加工工艺文件

（1）填写数控加工刀具卡（见表 7-6）

表 7-6　数控加工刀具卡

产品名称或代号			零件名称	异形支架	零件图号		程序编号	
工步号	刀具号	刀具名称	刀柄型号	刀具			补偿值/mm	备注
				直径/mm	长度/mm			
1	T01	镗刀 ϕ42mm	JT40—TQC30—270	ϕ42				
2	T02	长刃铣刀 ϕ25mm	JT40—MW3—75	ϕ25				
3	T03	立铣刀 ϕ30mm	JT40—MW4—85	ϕ30				
4	T03	立铣刀 ϕ30mm	JT40—MW4—85	ϕ30				
5	T04	镗刀 ϕ61mm	JT40—TQC50—270	ϕ61				
6	T05	镗刀 ϕ61.85mm	JT40—TZC50—270	ϕ61.85				
7	T06	切槽刀 ϕ50mm	JT40—M4—95	ϕ50				
8	T07	倒角镗刀 ϕ66mm	JT40—TZC50—270	ϕ66				
9	T08	镗刀 ϕ54mm	JT40—TZC40—240	ϕ54				
10	T09	倒角刀 ϕ66mm	JT40—TZC50—270	ϕ66				
11	T02	长刃铣刀 ϕ25mm	JT40—MW3—75	ϕ25				
12	T10	镗刀 ϕ66mm	JT40—TZC40—180	ϕ66				
13	T10	镗刀 ϕ66mm	JT40—TZC40—180	ϕ66				
14	T11	镗刀 ϕ55H7	JT40—TQC50—270	ϕ55H7				
15	T12	铰刀 ϕ62J7	JT40—K27—180	ϕ62J7				
编制		审核		批准			共1页	第1页

（2）填写数控加工工序卡（见表 7-7）

表 7-7　数控加工工序卡片

（工厂）	数控加工工序卡片		产品名称或代号	零件名称		材料	零件图号	
				异形支架		铸铁		
工序号	程序编号	夹具名称	夹具编号	使用设备			车间	
		专用夹具		XH754				
工步号	工步内容	加工面	刀具号	刀具规格/mm	主轴转速/r·min^{-1}	进给速度/mm·min^{-1}	背吃刀量/mm	备注
	B0°							
1	粗镗 R22mm 尺寸		T01	ϕ42	300	45		
2	粗铣 U 形槽		T02	ϕ25	200	60		
3	粗铣 40h8 尺寸左面		T03	ϕ30	180	60		
	B180°							
4	粗铣 40h8 尺寸右面		T03	ϕ30	180	60		
	B270°							
5	粗镗 ϕ62J7 孔至 ϕ61mm		T04	ϕ61	250	80		

（续）

（工厂）	数控加工工序卡片	产品名称或代号	零件名称	材料	零件图号
			导形支架	铸铁	

工序号	程序编号	夹具名称	夹具编号	使用设备	车间
		专用夹具		XH754	

工步号	工步内容	加工面	刀具号	刀具规格 /mm	主轴转速 /r·min^{-1}	进给速度 /mm·min^{-1}	背吃刀量 /mm	备注
6	半精镗 ϕ62J7 孔至 ϕ61.85mm		T05	ϕ61.85	350	60		
7	切 $2\times\phi65^{+0.5}_{0}$mm $\times 2.2^{+0.12}_{0}$mm 空刀槽		T06	ϕ50	200	20		
8	ϕ62J7 孔两端倒角		T07	ϕ66	100	40		
	B180°							
9	粗镗 ϕ55H7 孔至 ϕ54mm		T08	ϕ54	350	60		
10	ϕ55H7 孔两端倒角		T09	ϕ66	100	30		
	B0°							
11	精铣 U 形槽		T02	ϕ25	200	60		
12	精铣 40h 左端面至尺寸		T10	ϕ66	250	30		
	B180°							
13	精铣 40h 右端面至尺寸		T10	ϕ66	250	30		
14	精镗 ϕ55H7 孔至尺寸		T11	ϕ55H7	450	20		
	B270°							
15	铰 ϕ62J7 孔至尺寸		T12	ϕ62J7	100	80		

编制		审核		批准		共 1 页	第 1 页

参 考 文 献

[1] 武友德，陈洪涛. 模具数控加工［M］. 北京：机械工业出版社，2005.
[2] 赵长旭. 数控加工工艺［M］. 西安：西安电子科技大学出版社，2007.
[3] 安荣. 机械制造工艺与夹具［M］. 合肥：安徽科学技术出版社，2008.
[4] 王先逵. 机械制造工艺学［M］. 北京：机械工业出版社，2007.
[5] 杨宗德. 机械制造技术基础［M］. 北京：国防工业出版社，2006.
[6] 李振平. 模具制造工艺学［M］. 北京：机械工业出版社，2007.
[7] 王德发. 简明金属切削手册［M］. 上海：上海科学技术出版社，2007.
[8] 陈宏钧. 机械工人切削技术手册［M］. 北京：机械工业出版社，2005.
[9] 赵如福. 金属机械加工工艺人员手册［M］. 上海：上海科学技术出版社，2006.